# 冻土调查与测绘

吴青柏　周幼吾　童长江　主编

科 学 出 版 社
北　京

## 内 容 简 介

多年冻土调查与测绘是冻土学研究、工程勘察的基础。本书依据新老冻土研究者30多年来从事冻土研究、调查和为工程勘察服务等方面积累的经验，总结了影响多年冻土特征、发育与退化的主要因素和基本规律，冻土调查与测绘的内容和方法，总结了冻土工程勘察的基本要求和内容，冻土图、综合冻土工程地质图、地下冰和融区分布图编制的要求与方法，简介了冻土预报的基本方法。

本书对冰冻圈科学、冻土学科相关的地质、地理、生态等领域的科研人员、大专院校师生和工程技术人员有一定的参考意义，也可作为大专院校师生、工程技术人员的培训教材。

**图书在版编目(CIP)数据**

冻土调查与测绘／吴青柏，周幼吾，童长江主编.—北京：科学出版社，2018.11

ISBN 978-7-03-059597-3

Ⅰ.①冻… Ⅱ.①吴… ②周… ③童… Ⅲ.①冻土-地质调查 ②冻土-测绘 Ⅳ.①P642.14

中国版本图书馆CIP数据核字（2018）第259246号

责任编辑：张井飞 陈姣姣／责任校对：王 瑞
责任印制：肖 兴／封面设计：耕者设计工作室

科学出版社 出版
北京东黄城根北街16号
邮政编码：100717
http://www.sciencep.com
三河市春园印刷有限公司 印刷
科学出版社发行 各地新华书店经销
*
2018年11月第 一 版 开本：787×1092 1/16
2018年11月第一次印刷 印张：21 1/4
字数：504 000

**定价：238.00元**

（如有印装质量问题，我社负责调换）

# 作 者 名 单

（以姓氏笔画为序）


| | | | |
|---|---|---|---|
| 王绍令 | 吕兰芝 | 李树德 | 吴青柏 |
| 周幼吾 | 俞祁浩 | 郭东信 | 喻文兵 |
| 童长江 | 游艳辉 | 赖远明 | |

冻土工程国家重点实验室

与

国家自然科学基金重点项目“多年冻土热力稳定性对气候-生态环境-工程活动的复合响应过程和机理”（项目编号：41330634）

**联合资助**

# 前　言

我国多年冻土面积居世界第三位，占我国国土陆地面积的22.3%，季节冻土占53.5%。在冻土分布区，岩土由冻结状态转化为融化状态和由融化状态转化为冻结状态时，其状态和性质均要发生剧烈变化，直接影响着岩土工程地质条件和环境特征，也影响着冻土区工程建筑物的稳定性。冻土层的分布、埋藏条件、冻土性质、冷生构造，多年冻土退化或新生，冷生过程和现象的发育和消融等都与环境变化、工程运营安全息息相关。中华人民共和国成立以来，科研院所、大专院校、工程建设等部门都不断地进行研究，并取得了丰硕成果。

20世纪50年代起，随着国民经济发展的需要，以及大兴安岭、青藏高原和天山等多年冻土区铁路、建筑、公路、林业、水利、矿山工程等大量开发和建设，科研院所、大专院校、工程建设等部门进行了大量的冻土工程勘察、设计、研究，开展了冻土调查、试验、观测等大规模的相互合作研究，取得了丰富的冻土科学资料，积累了大量工程设计所需的数据。20世纪70年代起为满足工程勘察、设计需要，科研院所、大专院校、工程建设等部门合作，编制了冻土方面的试验操作和勘察规程、地基基础设计和防冻害工程设计规范。中国科学院和工程技术部门合作编制了大兴安岭等地区的冻土分布图，中国科学院还编制了青藏高原冻土分布图等。

冻土调查与测绘是多年冻土分布区的基本研究方法与基础，是取得研究区冻土条件和特征的实际资料的手段，在此基础上可以确定冻土过程发生、发展和退化的规律性，冻土的成分、组构和性质，以及发生冻土-地质过程的规律性。冻土调查与测绘是冻土研究和工程开发时，研究和解决冻土工程问题的基础，在很大程度上也研究和解决冻土区水文地质条件的问题。冻土调查与测绘的重要任务，不仅是研究现存的冻土条件，而且要预报这些条件的变化及保护自然环境。

本书编写的思想是论述多年冻土特征、发育与退化的主要影响因素，以及基本规律、调查测绘方法、冻土图编制等内容，以达到认识冻土，全面开展冻土研究和为工程建设服务的目的。

本书共21章，第1、2章（周幼吾、童长江编写）为冻土调查与测绘的目的、任务，基本原则和方法。第3～7章（第3章由吕兰芝、王绍令编写，第4、5章由郭东信编写，第6、7章由王绍令编写）介绍了影响冻土发育的气候、地质-地理、植被和土壤等因素的调查研究方法；第8～18章（第8、13章由王绍令编写，第9章由李树德、周幼吾编写，第10、11章由李树德、童长江编写，第12、17章由郭东信编写，第14章由游艳辉、俞祁浩编写，第 15 章由王绍令、童长江编写，第 16 章由童长江、吴青柏编写，第 18 章由李树德、童长江编写）讨论了自然环境下，冻土的季节冻结和融化层、温度、厚度、地下冰、组构、冰缘及冷生现象、融区、冻土退化的变化规律，调查方法和工程勘察要求；第 19 ~ 21 章（第 19、20 章由童长江、吴青柏编写，第 21 章由童长江、喻文兵、赖远明编写）介绍了冻土图编制，长期观测及预测预报要求与方法。全书周幼吾进行修改，吴青柏、童长江统稿。

根据作者在青藏高原、天山、祁连山和东北大兴安岭地区从事冻土研究几十年的经验和体会，总结和汇集相关资料，2010 年开始编写本书，于 2013 年完稿，此后又历经反复修改。编写过程中得到了中国科学院冻土工程国家重点实验室人员的多方帮助，谨向他们表示衷心感谢！

本书可供冰冻圈、冻土学研究人员和工程勘察技术人员参考。

作　者

2018 年 7 月

# 目　　录

# 第1章　多年冻土调查与测绘的目的与任务

## 1.1　冻土测绘的目的与任务

冻土研究的对象是冰冻圈，即研究地球表面和地壳之中的冻结岩土体系，包括岩石和土体的短时冻结、季节冻结、多年冻结和负温盐水带。

冻土学的研究内容为：研究冰冻圈的地壳表面和地下部分，冻结的松散土体和坚硬、半坚硬岩石；研究它们在时间和空间上的发展；研究冰冻圈的地球岩石壳、水壳、大气的相互作用；研究冰冻圈的自然地理环境，包括地形、生物（包括植被）和地下冰冻圈的微观世界及与人类生产和生活等活动的相互关系，以及研究它们对冻土的形成过程、规律和冷生形成物的影响。

因此，对土体、岩石冻结和融化过程研究就成为冻土学研究的主要任务之一，包括：①冻结和融化过程的热动力条件；②正冻结和正融化土中发生的物理化学过程；③冻结岩石和土体的成分、组构、状态及性质；④冰缘（冷生）现象及其过程和形成条件。另一个任务是研究在冻土分布地区如何正确地进行工程建设，控制和预报冻土对工程建设物的影响和采用的工程措施，指导和确立冻土环境与工程建设协调发展的程序和措施。

可见，冻土学与一系列学科有着密切的联系：①地质-地理学，包括地质学（岩石学和第四纪地质学）、地貌学、地理学（包括古地理学）、水文地质学、工程地质学和地球物理学；②物理-化学，包括物理学、力学、热物理学、化学和物理化学；③工程学，包括工程建筑学、农业-林业学等。

为了研究区域冻土条件、区域水文地质条件和区域工程地质条件，必须进行冻土测绘。这是冻土地区进行任何研究与工程建设所必需的，也是最普通的方法。依据研究的目的，通常分为普通冻土研究和专门冻土研究。前者包括冻土、冻土-水文地质、冻土-工程地质调查，冻土（岩）与地下水动态调查和观测，冰缘（冷生）现象和冷生形成物及其区域规律性特征的研究等。后者是为解决某一工程建设的具体问题而进行的研究工作，不论是区域还是内容上都相对较窄些，但冻土工程特性的研究则尤为突出和重要，同时也需要进行控制和预报冻土条件变化方面的研究。

根据不同的目的、地点和方法，冻土研究可分为野外研究、室内研究、实验室研究和试验研究。野外研究是以多种调查、考察方法直接在工点现场进行。室内研究和实验室研究是在定位条件下深入研究野外资料。试验研究是以多种试验方法和手段进行冻土特性的研究。

冻土测绘是综合野外、实验室和室内工作，其任务是：①研究在自然环境条件下，季节冻土和多年冻土形成和发育规律性及其变化；②编制冻土图、冻土预报，研制控制冻土过程的措施。

冻土测绘方法的理论基础，是在一定的地质和地理条件下，岩石圈表层热量和水分交换过程的规律性，决定着季节冻土和多年冻土的形成。将季节冻土、多年冻土的热物理本质和地质–地理本质联系起来，给出定量分析，是冻土测绘最重要的方法基础。从这种途径进行的冻土测绘结果才能编制出合格的冻土图，并提出开发区冻土条件变化预报。

在研究季节冻土和多年冻土时，要确定其形成的局部规律和普遍规律。

局部规律：冻土条件各个特征和个别自然因素之间的双边关系，如雪盖和地温间，土的成分和季节冻结深度间，等等，可以定性、定量表征，也可以用公式予以表示。

普遍规律：局部规律的总体表达，反映整个自然界综合体对冻土条件形成的影响，普遍规律是通过研究局部规律之间的相互关系来认识的。例如，各种类型的季节冻土和多年冻土与一定的自然综合体的联系。

研究具体区域内季节冻土和多年冻土形成的局部规律和普遍规律，可以解释为什么存在这样或那样的冻土条件，在什么样的自然因素影响下形成这些条件，将怎样发生变化。从系统观点研究冻土，在冻土测绘过程中就应着重研究季节冻土和多年冻土的形成、生存和变化的物质系统（体系）成分和结构；大气圈–土壤–岩石圈系统内的热、质交换条件。研究自然环境综合体系内每一个要素及其组合与冻土条件的关系。这些规律性将成为冻土预报的基础。

为了将研究所得到的局部规律和普遍规律推广到其他相似地区，就必须将自然环境综合体对冻土形成和表现的影响因素，按照相似条件进行自然景观区划，并在此基础上，研究这些规律在冻土制图过程中的区域表现。

所谓景观区划，是将一系列影响冻土条件形成和表征的自然因素，依据它们的相互关系划分出不同的景观单元（类型）。这些因素包括气候、地貌、地质构造、植物、水文、水文地质条件。根据这些因素及其变化对冻土影响程度以及冻土测绘比例尺大小进行划分。景观单元（地区类型）是先按一个特征（因素）来划分，然后再按第二个特征来划分……由此划分出的景观单元类型，在其内自然条件均一，保证存在一定类型的季节冻土或多年冻土，该类型内季节冻土或多年冻土的特点有别于其他景观类型上所分布的冻土。

冻土测绘是冻土研究最完整的形式，它是冻土条件的局部和普遍规律的全面研究。在景观区划的基础上，根据研究区域冻土条件的复杂程度选择重要（关键）的研究地段，其数量取决于景观区划出来的小区数量、多样性和复杂性。每一类型的景观单元都必须有2～3个重要研究地段。实际工作表明，在冻土测绘时只得到个别冻土特征资料，只反映当时的冻层状况，而没有揭示冻土形成的规律性，就很难客观地进行冻土和冻土工程地质条件评价，也做不出自然环境的总演化和地区开发所需要的冻土预报。

正因如此，研究季节冻土和多年冻土的形成和动态的规律性，研究冻土的特征、参数等，应该是局部规律和普遍规律的具体表现。Кудрявцев（1979）和《冻土工程地质勘察规范》（GB 50234—2014）（内蒙古筑业工程勘察设计有限公司，2014）提出冻土测绘应包括下列任务。

（1）研究冻土条件与地表辐射–热量平衡及其组分的关系；

（2）研究季节冻土层和多年冻土层的分布范围及其平面断续规律性，即它们随地质–

地理环境和地表热交换特点变化的规律性；

(3) 研究季节冻结和融化层、多年冻土层在剖面上的埋藏和分层条件，以及它们受气候活动、地质构造、新构造和地表水、地下水影响的关系；

(4) 研究各种地质成因冻土层（包括冻土、正冻土和正融土）的物质成分、性质和地质特点；

(5) 研究冻土层冷生组构的特点，松散土和基岩的冷生构造、含水率和含冰率的特点，及其与成分、成因、年龄和构造发育、冻结类型和冻土过程发展动态的关系；

(6) 在对不同景观类型范围内自然条件和冻土条件之间局部规律和普遍规律分析的基础上，研究土壤表面、季节冻结层和融化层底部和年变化层底部的岩石温度动态形成的规律性；

(7) 研究土（岩）季节冻结、多年冻结和融化深度形成及其动态的局部规律和普遍规律，以及其与微区域范围内自然环境因素综合体的关系；

(8) 研究现存自然条件和区域冻土发展的历史过程中，季节冻结和融化层和多年冻土层的厚度在时间上、平面上、剖面上的变化特点；

(9) 研究多年冻土区内各种类型融区的形成和发育特点（包括随其成因、分布和表现特点的差异性，及其受冻土特点和发育历史所制约的关系）；

(10) 研究冻土冷生过程和形成物的发育、特征和分布规律，及其与现存地质–地貌、冻土–气候条件和发育历史的关系；

(11) 研究冻土层与地表水和地下水相互作用的特点，及其与现存自然条件和冻土过程发育历史的关系；

(12) 在专门冻土测绘中，研究多年冻土层的物理、力学和热物理性质、特征、参数，及其影响因素；

(13) 研究冻土工程地质条件和地区冻土工程地质评价，根据地区经济开发方向与强度及由此产生冻土条件变化的预报；

(14) 根据工程建筑物的类型、地区开发特点和冻土过程的动力学，研究地区建设和其他种类开发的经验；

(15) 研究冻土层发育历史及其随气候变迁、区域地质史及人为开发特点的关系。

由上可见，冻土测绘是研究季节冻土和多年冻土的基本和主要形式，因为它解决了广泛的科学和生产课题，囊括了研究冻土条件的所有形式。

自然环境变化和改造中，冻土测绘是预报和控制冻土过程的基础。外界因素（自然和人为）作用下，冻土状况（环境）的稳定性很大程度上决定了冻土地区自然景观的稳定性。因此，控制冻土过程应看作是控制自然条件综合体的一个组分，在自然条件定向改变而引起岩石和大气圈之间的热交换变化时，使冻土主要特征向着需要的方向改变。鉴于多年冻土层是冰冻圈自然环境系统的组成成分，冻土测绘中研究冻土条件形成、发育和变化的局部规律和普遍规律，并预报冻土环境随自然和人类活动因素的变化，也必将成为冻土地区环境保护的重要内容和工作。

## 1.2　冻土测绘的基本原则

冻土是在岩石圈-土壤-大气圈系统热质交换过程中形成的。自然界许多地质地理因素以及生物圈都参与了这一过程，影响和决定着冻土的形成和发展。冻土的形成和发展遵循物质运动普遍规律。冻土研究就必须把冻土看成是物质运动普遍规律中地质形态运动的具体表现。采用冻土测绘这样的综合性手段和方法，目的在于在自然环境综合体中进行冻土研究。为此，进行冻土测绘时应遵照下列基本原则。

基本原则一：冻土研究必须在自然环境综合体的密切联系中进行。

冻土是在自然环境总的综合体相互影响和密切关联中形成与发展的。岩石（土）的地质成因类型、地形地貌、地理以及气候特征所构成的自然环境综合体对冻土的形成起着重要的作用，也构成冻土形成具有地带性和区域性的特点。因此，在冻土研究和冻土测绘时，必须采用景观均一性的原则进行景观区划，将自然环境划分为各个不同的微区域。

景观微区划的方法是：根据地形地貌、地质和自然环境要素的均一和相似条件划分为一个景观地区，在每一个地区景观类型范围内自然条件综合体是均一的，从而冻土条件也是均一的。研究区划分出的许多地段（微区、景观类型），表征着一定的地质、地貌和自然环境的条件和要素。在每一个微区范围内开展季节冻结（融化）层和多年冻土层形成及发育规律性的具体研究。

基本原则二：冻土层所有特征、过程和现象都是连续发展着的。

自然环境在历史和时段（时间）的进程中不断地变化，季节冻结和融化层及多年冻土层的特点和基本参数也都是不断变化的。所以，冻土测绘过程中，应当研究冻土条件的变化，即其随地质-地理条件变化的自然进程和地区开发时冻土条件的变化规律性。在全面研究多年冻土层动态的基础上编制出冻土条件的变化预报。

各个景观微区域的冻土层形成和发展都与地质-地理环境个别要素间有着内在的因果联系。这一点就决定了必须在微景观区域中详细地研究季节冻结和融化层及多年冻土层形成的局部规律性。通过重点（典型）地段的冻土研究，有助于将这些规律性推广到各个景观微区域自然条件相似的地段。所得到的局部规律则是确定普遍规律的基础，而局部规律和普遍规律的综合就构成整个地区冻土条件形成的区域性规律。当区域开发时，可根据由此带来的冻土条件变化，做出相应的冻土条件变化的预报。

基本原则三：冻土层的变化是由量变到质变的过程。

冻土条件的许许多多变化都是由小到大，由量到质变化的。冻土测绘时必须密切注意和观测这些微小的现象，对确定由冻结状态过渡（转变）成融化状况（或相反）的条件极为重要。例如，冰作为造岩矿物在土（岩）中出现或消失，可使土（岩）状况发生质变。土（岩）中冰量多少和分布对如何形成不同的冷生构造和结构，制约冻土层的成分和性质，形成多种多样的冷生过程和现象起着重要作用，从而决定区域冻土工程地质的特点。

冻土测绘时必须遵循物质第一性原则，全面研究土（岩）本身是决定性因素。在研究冻土条件时，季节冻土层和多年冻土层的物质本身是基本研究对象，否则，不可能确定冻土层温度动态及其他冻土特征形成的规律性。研究冻土冷生构造形成特点时，要针对性地研究每一种岩石成因综合体及其与地质–地理环境诸因素的关系。这些冻土条件变化的规律性可成为预报冻土环境变化的基础。

基本原则四：运用分析和综合统一原则认识冻土形成的规律性。

冻土测绘过程中，不应孤立地研究局部规律，应通过分析和综合得到普遍规律。千万不可将某景观类型内冻土层及其特征看作是对该自然条件综合体的简单对应，不研究它们之间的原因联系及相互制约。也不应仅仅研究它们一一对应的双边关系，如冻土–气候、冻土–地植物条件等，而不去研究它们在原因上的相互制约性，研究它们与自然条件整个综合体的相互作用。否则就得不出从局部规律到普遍规律的认识，也就不能进行冻土条件变化的预报。

由此，冻土测绘包括以下认知阶段：

(1) 微区划——将地区分割成各个景观类型。

(2) 在景观类型内的重点（典型）地段，研究自然条件和影响冻土形成的因素。

(3) 研究和分析季节冻结和融化层及多年冻土层形成的局部规律性，包括与自然综合体各个要素间，尤其是与成分、组构和埋藏的关系。

(4) 概括–综合：一是根据自然环境所有因素的共同作用，以地区季节冻土层和多年冻土层形成的普遍规律和区域规律的形式，表达自然综合体各要素间的相互关系和相互作用；二是确定季节冻结和融化层及多年冻土层的类型。

(5) 通过实践来检验预报所确定的规律是否正确。

基本原则五：冻土层的热物理和地质地理特性的本质联系。

冻土测绘所研究的规律性取决于热动力学和热物理规律、研究区的地质和地理特点。所以，不应该将冻土条件的形成看作仅仅是热物理过程的结果。例如，雪盖的热影响不能只计算为具有一定热阻特征值的雪隔热层的影响结果。实际上，雪的影响是多样的和更复杂的，在很大程度上取决于与下伏土层性质相关土壤中热的年周转量。在同一厚度和密度的雪盖影响下，热的年周转量越大的地方，雪的热影响越大。热的年周转量取决于冻土形成和存在的地质条件，以及土壤的水分动态、辐射–热量平衡特性等。由此可见，冻土问题的全部复杂性和为什么不能将雪的热影响仅仅看作是热工现象的原因所在。在测绘过程和编制计算诺模图中，冻土条件形成的热动力学和热物理规律研究，必须全面考虑现象的地质和地理方面的因素，直接将野外测得的所有特征参数，与自然环境的特点联系起来。

基本原则六：冻土测绘包含着各种方法的综合研究。

冻土测绘是综合研究冻土形成和发育规律，依据一种方法是不可能搞清楚其规律性的。当然，方法的选择和研究深度与研究项目要求有关，也就决定了冻土测绘的方法和比例尺。

据此，冻土测绘方法主要包括以下几个方面的内容。

(1) 预先研究自然条件和冻土条件，据文献资料，利用航卫片、航空目视，划分出景观类型，并确定其特征，标定重点（典型）地段，编制地质、地貌、景观微区划工作图、冻土图，编制确定岩石温度动态特征、温度年变化深度、季节冻结（融化）深度等的计算图式。

(2) 在野外阶段，将景观类型的界限和特征准确化，使重点（典型）地段和地区

（区域）的数量和部位准确化。在这些地段和区域范围内研究冻土条件形成的普遍规律。在景观微区划的基础上，将所得结果推广到其他地区。

（3）在重点（典型）地段研究冻土条件，借助于专门的冻土方法，如自然环境因素对土的温度动态、季节冻结和融化深度影响的分析方法，冻土相分析法，构造地质和景观地貌分析法，各种类型冻土层与形态结构联系法。

专门冻土方法与以下方法综合使用：①直观研究地质、地貌、植物及其他自然因素和条件，冷生和其他地质过程和形成物（在重点地段、路线调查中、航空目视研究地区等）；②各种航卫片资料的判释方法；③地球物理方法；④岩石热动态的测热研究方法；⑤近似计算和计算机模拟方法（模拟冷生过程，冻土温度场、季节冻结和融化层中的年热周转，冻土、正冻土和正融土的性质等）；⑥试验观测和实验室研究冻土的状况和性质；⑦研究建筑和其他形式的地区开发经验；等等。

（4）在研究资料的基础上，编制现存冻土条件冻土图，预报冻土图。

（5）进行综合冻土工程地质区划，并对现存和预报的冻土条件进行评价以及研究控制冻土过程的措施。

（6）所有实际资料、冻土图和文字说明，都进入冻土测绘的报告。

# 第2章　多年冻土调查与测绘的基本方法

## 2.1　冻土测绘的基础——景观区划

冻土的特性是由某一地区的每个具体地段所特有的综合自然条件决定。在具有同样综合自然条件的地段内，都能看到相同的冻土条件。因而在冻土测绘的第一个准备阶段内，要将这样的地段或自然历史小区域划分出来，即景观区划。每个被划分出来的景观区或景观类型，都必须在它所包括的范围内具有其独有的综合自然条件和组成部分。

在划分景观类型时，必须考虑到综合自然条件的每一个因素在冻土形成和发展中的作用和意义。区划景观类型时应考虑影响冻层特征的基本因素（Кудрявцев，1979），即应基于以下特征。

（1）当地的地质构造。划分和研究地壳的地质–构造单元，如陆台和山地褶皱区，山前凹陷和现代地槽，具有形成多年冻土、冷生过程和现象的各种条件及其动力学和发展历史的特点。地质构造差异、地热条件、岩石成分和成因、埋藏条件和分布上的差异，也会影响地表和岩层中的热交换条件，并决定多年冻土层的面貌和特征。

（2）区域地貌特征。在很大程度上决定地形特点、第四纪沉积物、岩石水分动态和地表热交换条件、剥蚀和堆积作用（与新构造有关）等，这些对多年冻土层厚度形成有重要影响。

（3）水文地质条件。地下水动力学带来岩石中对流热交换，在很大程度上改变着冻土层的热状况，地下水及其特点能从根本上改变冻土层形成的地热条件。

（4）第四纪地质。第四纪沉积物的岩性和成因特点，决定着季节冻结和融化层及多年冻土层的成分、冷生组构、多年冻土层温度动态和厚度及其分布、埋藏等特征。

（5）地表条件。自然地理环境特征、植物特点、气候特征及其纬度和高度地带性直接影响地表辐射–热量平衡结构、土壤水分动态，从而形成季节冻土和多年冻土的主要特征指标。

（6）人类活动（生产和生活）的特征，可根本改变地区地质–地貌、水文地质、植被和气候条件，从而引起冻土环境的破坏和变化。

由上可见，季节冻结和融化及多年冻土形成过程与变化具有多因素性。这决定了进行任何比例尺和用途的冻土测绘必须要有景观区划。景观方法是区划的基础，有助于认识自然因素和冻土条件之间的相互关系。在冻土测绘开始以前，最好要有表征上述要素的图件和其他资料，根据这些图件和资料在野外直接进行区划。景观区划时要划分大区域单元——景观。其特点是：在测绘比例尺内，其微区具有地质–地理条件的均一性，在微区相互间有着重要区别。

自然综合体是一定要素的稳定组合，如地形和组成它的岩性、土壤、植被、地面微地形及微气候特点，在自然综合体内形成地表成因均一的景观地段。在测绘比例尺内最适宜划分的最小地段，称为景观类型或微区（或小区）。各种景观类型或微区区分的可能性和精确度取决于自然条件的复杂性和测绘比例尺大小。小比例尺测绘时，作为景观类型仅仅是划分出大的地貌单元，其特点是有着共同的地质组构，如分水岭、分水岭至河谷的坡地、河谷单元等。中比例尺测绘时，划分出更小的地段，应考虑岩石成分和性质的详细程度及区内的其他自然因素。大比例尺测绘时，划分更细，整个测绘地段处于一个地貌单元内（如河谷、某个一定的分水岭或其坡地等）。

怎样划分测绘区的景观或进行微区划？

首先按地质和构造图，确定大的构造，使测绘区纳入其内。然后，在其范围内按地质构造和地貌特征，在地形图和地貌图上及航卫片上划分出构造形态和较低级构造形态。进一步划分出有现代构造形态和地形的区域，根据航卫片资料和测绘区域的航空目测研究结果，在地形图上划分出这些区域，如隆起、背斜顶部、地垒、地堑、洼地、高地、大河的河谷等。再进一步划分地形要素和地段，并将其作为小比例尺微区划，不仅要考虑地形特征，也要考虑其他景观要素。中比例尺微区划就在细化小比例尺测绘时划出的微区，而大比例尺是在中比例尺测绘时划分出的微区做更详细的细化。

在重点（典型）地段和路线调查时，要对室内划分出来的景观类型及其界线进行修正和准确化。在此基础上编制出中小比例尺测绘专用的地貌图或第四纪沉积图，或大中比例尺用的景观微区划图。对于每一个微区划类型，都要在专门的表格内详细描述整个自然条件综合体。在进行景观微区划的同时，要选择和确定重点（典型）研究地段。此表格可以用来计算年平均地温及编制季节融化和季节冻结深度诺模图。

## 2.2 冻土测绘最合理的做法——确定重点地段和区域

重点地段应当是典型的，最广泛分布的，也有异常的局部分布的冻土条件。在这些地段所研究的规律性可以推广到整个研究区。

这是研究自然环境广泛应用的方法，在重点地段采用集中研究，在这些地段内景观类型划分比其他测绘区要详细些（应达到3～5倍）。

在小比例尺测绘时，重点地段应囊括几个微区。这样不仅可以确定每个微区的局部规律和普遍规律，还可以阐明研究区的区域冻土规律。大比例尺测绘时，重点地段都是较专门的和有针对性的，可以根据测绘目的和建筑类型的需要，设置专门场地进行专题研究。

重点地段有两种类型，即普通目的（公共的）和专门目的。

普通目的的重点地段是研究冻土条件形成的局部规律和普遍规律，这些规律性对区域内典型和广泛分布的条件具有代表性。

专门目的的重点地段则是针对性地解决一些专题，带有区域性的或方法性的特征或研究建筑经验。

根据重点地段冻土研究的结果，对测绘区主要确定如下问题：①不同地质-地理环境的地表热交换特点；②不同景观条件下，岩石中年热周转和温度年变化的传播深度；③岩石温度状态形成规律性及其与岩石成分、水分状态、雪盖、植被及其他因素的关系；④岩石的季节冻结和季节融化深度及其与各种自然因素的关系；⑤冻土冷生过程与现象，及其与各种地质–地理条件的关系；⑥多年冻土层分布、埋藏条件及其厚度的规律性；⑦多年冻土层不同冷生构造与含冰率的形成和分布规律（剖面上和走向上），及其与多年冻土层成因的关系（共生和后生）；⑧冻土、正冻结和正融化土（岩）的物理–力学、热物理性质，及其变化的规律性；⑨多年冻土层与地下水的联系和相互作用；⑩融区的形成规律；⑪多年冻土层的发展历史；⑫地区经济开发对冻土条件的影响。

选择重点地段时要考虑地区内最典型的冻土条件，也要考虑异常的冻土条件，应能概括如下情况：①岩石应能包括所有基本的（主要的）地质–成因综合体和岩相；②为区域的典型地形类型；③最广泛的季节冻土层和多年冻土层类型；④主要的冻土冷生现象和融区。

重点地段的数量取决于测绘区域自然条件和冻土条件的复杂性以及对冻土和其他方面的研究程度。在多年冻土南界附近地区的自然条件最为复杂，且变化最大。因此，自然环境因素对冻土条件形成影响的分析和研究工作量需要加大，重点地段的地层剖面上变化越大，深部研究方法的作用也就越大。测绘专门目的性越明确，测绘的比例尺就越大。

总的来说，根据各种比例尺测绘的经验，重点地段上的研究程度比其他测绘区要详细5～10倍。

根据冻土研究的实践，普通目的的重点地段的大小变化，小比例尺为1～10km，大比例尺为0.2～1km。专门目的的重点地段，小比例尺为0.2～2km，大比例尺为0.1～0.3km。

在选择重点地段时，还要考虑：①地段能够进行钻探和物探工作；②重点地段若穿过河谷（有岩石露头）到分水岭，可提供最为丰富的信息资料；③为了能充分地和合理地利用中小比例尺地质测绘和找矿工作中的勘探工程（钻井、试坑、矿井、巷道等），重点地段宜设置在矿区和各种建筑场地上。对有经济前景的地区，要研究得详细些；④能够收集到一系列航空摄像和卫片资料，更充足选择地段的理由，可预先综合详细判读自然条件和冻土条件，以减少重点地段的数量，大比例尺测绘时，重点地段（场地）的数量要与设计阶段相协调，负责取得后期冻土预报所需要的冻土及其他工程地质指标。

自然条件复杂程度是根据地质构造、地貌条件和地形及冻土条件研究资料基础上进行评估的。根据冻土条件的复杂程度分为以下几种。

（1）简单冻土条件地区：低温（地温<–3℃）后生多年冻土层（厚度>200m）连续分布区。

（2）复杂冻土条件区：连续分布区，含巨厚的低温共生多年冻土层，有重复脉冰和热喀斯特作用。

（3）很复杂的冻土条件区：①多年冻土呈零星岛状、断续和大片岛状分布，主要是后生的，其成分、温度动态和厚度多变，形成的规律性复杂，有地下水影响和大气降水的渗透。②由于人的生产活动造成强烈开发地区。

冻土条件的复杂程度也决定着测绘时采用各种研究方法的工作量、形式及顺序。

重点地段的研究是否充分，取决于各重点地段的任务、对研究冻土条件形成的局部规律和普遍规律以及获得冻土基本特征的作用和意义。深入研究起支柱作用的重点地段，应该有可能认识地区地质发展史，并给出季节冻土层和多年冻土层基本分类特征指标。在重点地段由一个微区到另一个微区用分析和推演方法所确定的规律性应当推广到自然条件相似的区域。小比例尺测绘时，要将详细研究结果推广到其他区域，可以在地质图上和在野外经过校准的地貌图和景观区划图上进行，这就是冻土制图。这一原则对更小比例尺或非测绘比例尺的冻土图（1∶100 万、1∶250 万、1∶500 万）也是适用的。在这种情况下，冻土测绘的地区作为重点地段。以综合地质地理区划为基础，将其范围内确定的规律推广到类似地区。

选择重点地段总的格式如下：

（1）按地质、地形和景观（地质–地理）微区划图、卫片或普通小比例尺航片及区划冻土概图来确定自然条件和冻土条件的变化及其复杂程度；

（2）根据各种文献、冻土概图和航卫片资料编出冻土实际资料图，以此为基础来评价重点地段（如研究得最好的建筑区）的代表性，并补充尚缺的研究资料；

（3）对测绘区尚未研究过的地段，拟定必须补充的重点地段（分普通目的和专门目的）。

## 2.3　冻土测绘的基本形式——路线调查

为了将重点地段研究的冻土条件形成的基本规律性推广到其他测绘地区，需要进行线路调查。观察从一个微区到另一个微区自然条件的变化，定量评价每个因素对冻土条件影响的变化。在野外工作开始前需要确定线路调查的平面图，线路一定要横切复杂地段，将重点地段的部位和范围在图上标明和准确化。

冻土调查线路应考虑用最小工作量取得最佳效果的方案，能控制被研究区域的冻土分布与特征。一般采用纵向和横向结合、点和面结合的原则，且尽量与交通条件相结合。

为在短期内高效完成上述任务，首先要正确选择线路。调查线路布置时必须坚持以下规则：①线路应当横穿预先微区划时划出主要地段的所有类型；②线路应当沿着横切大地貌（谷地、盆地、分水岭、山口等）的方向布置，在主要河谷，要沿谷口直至分水岭，以及横切河谷；③线路布置密度、位置和方向、数量和观测点间距以及勘探深度，取决于某个区的具体条件和复杂程度，岩石冻结层的分布与埋藏特征，以及冻土研究任务和种类，在重点地段和场地上应当布置最多的研究点；④在测绘过程中不断地修正线路研究的平面图。

基线应该有利于研究者能够看出和描述不同地貌单元上的地区性冻土类型和特征，在各地区性冻土类型间布设一些辅助线，以便能够确定它们的界线。

线路调查（研究）的主要任务：①为了研究自然条件的变化特性要追索地质、地貌、植物的分布界线；②确定季节融化和季节冻结的深度，以及每个微区域中它们随具体自然因素的变化关系；③调查冻土地质形成物（即冷生过程和现象，经常以典型的地形和微地形特征显露出来），并填图；④地表水和表层水（冻结层上水和上层滞水）取样分析，冻结层上水、贯穿和非贯穿融区水及其形成的冰椎进行取样分析和填图；⑤ 利用试坑、浅槽和露头调查岩石松散层，调查断裂带，出露和裸露在地表的岩石松散度和裂隙度；⑥调查冻土–水文地质和冻土–工程地质过程和现象；⑦调查人为活动的状况及其对冻土的影响。

在小比例尺测绘中跑线路时，建议采用 1∶10 万地形图和同样比例尺或更大比例尺的地质图。中、大比例尺测绘时最好采用同样比例尺或更大比例尺的图。

每一组线路应当预先在航卫片上安排，观察点应放在露头、泉眼、冰椎、冻胀丘、热融滑塌和融冻泥流、滑坡等。每个观察点的描述应当附有照片、素描图（柱状图、土层露头的示意剖面，指出取样地点、微地形和植物特点）以及阶地高度、坡度、季节融化深度等。观察点上要描述自然条件的变化（植被特点、地貌单元及其地段的交替、岩性特点的变化、地面排水性），地下水出露点，湖和水流（取水样）的尺寸、水的深度和温度；冻土融化深度，冷生和其他地质现象；露头，旧坑（巷）道，房屋和工程建筑变形发育地段，等等。

## 2.4　冻土测绘和冻土图比例尺

冻土测绘的比例尺取决于研究任务、自然条件的复杂性和区域冻土研究的程度，以及地区经济开发的阶段性。所有比例尺的测绘中采用统一的研究方法，有利于揭示冻土条件形成的局部、普遍和区域规律性。在此基础上进行冻土制图、冻土过程预报、冻土–工程地质区划和地区评价，以及为保护自然环境控制冻土过程提出方案。

冻土测绘比例尺（Кудрявцев，1979）[《冻土地区工程地质调查规程》(DZ/T　0061—1993)]可分为以下几种。

小比例尺　1∶50 万～1∶10 万，用于整个地区范围内同时揭露分水岭和谷地冻土形成和发育规律。

中比例尺　1∶5 万～1∶2.5 万，用于确定分水岭或谷地内各地貌单元（阶地、洼地、台地、山坡等）冻土形成和发育规律。

大比例尺　1∶1 万～1∶5000，用于揭露谷地或分水岭的任何单元上各地段的冻土形成和发育规律。

详细专用的　1∶2000 和更大的，用于揭露冻土或冻土现象形成和发展的地方性特点，以及在不大的面积上解决具体课题或工程建筑任务。

小于 1∶50 万比例尺的冻土测绘不采用。因为 1∶100 万和更小比例尺的冻土研究基本上是带有踏勘性质的，一般在室内借助于收集和概括已有冻土、工程地质及其他研究的资料，在 1∶250 万、1∶1000 万的图上编制地带–区域冻土图时使用。

1）小比例尺（1∶50 万～1∶10 万）冻土测绘

小比例尺冻土测绘，通常与水文地质和工程地质测绘综合进行。其目的是在国民经济发展的远景规划阶段进行地区性的冻土–水文地质和冻土–工程地质评价。一般以现有的实际资料和已确定的区域性基本规律作为基础的。

1∶20 万和 1∶50 万比例尺冻土测绘没有原则上的差别。1∶50 万包括的面积大，经济效益高一些。对于自然条件和冻土条件复杂的地区或者经济开发强烈的地区，最好进行 1∶20 万的综合冻土测绘。

目前 1∶10 万的冻土测绘实际上不再进行。因为耗资大，其面积比只是 1∶50 万的

1/25。如有1∶50万，即可进行比例尺更大的（1∶5万）测绘；如已有1∶20万，可立即进行1∶2.5万~1∶1万测绘。在相应的小比例尺冻土测绘时，研究重点地段的比例尺可采用同样的比例关系。

2）中比例尺（1∶5万~1∶2.5万）冻土测绘

专门性的。在不大的区域内，需要在某种经济开发区域，开展综合冻土-水文地质和工程地质测绘。这种测绘一般在技术-经济报告的方案论证阶段进行，个别情况也有对论证设计任务书进行的。

中比例尺测绘的任务：更详细地研究地区冻土条件形成的局部规律和普遍规律。进行专门冻土工程地质区划中用以评价冻土、工程地质和水文地质条件，作为编制区域的和具体的冻土预报。进行中比例尺测绘时，在重点地段和线路调查中设立定点长期观测、采用仪器观测和试验研究的分量就要加强。在具有小比例尺背景下，对原先已确定的局部规律和普遍规律的重点地段，以至整个测绘区作进一步准确化和具体化，结果显示中比例尺测绘具有最佳结果。

3）大比例尺（1∶1万~1∶5000）冻土测绘

为某一特定区域开发所用，一般是为设计任务书论证服务的。对于冻土条件简单的地区，可以在已确定建筑物的结构特点和建筑体配置的工作阶段进行。通常情况下，在中小比例尺测绘已经掌握了区域冻土规律性的基础上才能进行。大比例尺冻土测绘必须做一系列的冻土和冻土工程地质图及剖面图。

可见，冻土测绘的比例尺取决于研究的目的性、冻土条件的复杂性、区域研究程度及其经济开发阶段。总的来说，随着比例尺增大，试验和实验工作的工作量加大，长期观测和动态观测及计算方法工作量也加大。工作量增大是因为需要确定冻融土的物理、热物理和力学性质，以便在做工程冻土预报和为保护自然环境研究时提出控制冻土过程的方法。

应该明确，有什么样比例尺的冻土测绘，就有什么样比例尺的综合冻土图。不可用较小比例尺的冻土测绘成果去编制大比例尺的综合冻土图，否则将无法满足精度要求。

这里应该强调以下几个方面的内容。

（1）冻土、水文地质、工程地质三种调查间，共同的测绘对象都是岩石及其状况和性质。因此，冻土测绘能和水文地质及工程地质测绘结合在一起综合进行，可取得最好的结果。这种综合研究最合理，有科学论证，又经济合理，有助于更迅速、更深入和更有论证地研究冻土、水文地质和工程地质条件形成的规律性，对各种工程建筑配置、非远景规划地区开发、自然环境保护及其方向性变化的研究都很有必要。因此，三者结合可以看作是冻土测绘时综合研究自然条件的方法。当然，随着测绘比例尺的增大，不同的地区具体开发形式不同，水文地质、工程地质测绘将从综合调查中分化出来。

（2）要保证得到高质量的冻土测绘和冻土图，必须做到：①在测绘过程中，首先要研究和揭示冻土条件形成的规律性，并在图上反映出来，所得资料可以作为冻土预报和冻土-工程地质评价的基础。如果规律性未揭示，也不能借助冻土图和表格反过来解释，而冻土条件只是表现了与研究阶段相应的自然条件形式，那么，无论多么大数量的实际资料点，也不能算是高质量和高标准地完成了测绘工作。②必须有很高专业知识的冻土专家来进行冻土测绘。他们掌握冻土测绘方法及现代理论，了解现时区域的和专题的冻土资料，善于对所取得的结果和知识进行科学和生产概括，善于应用现代调查研究方法、因素分析法来揭示冻土条件形成的局部规律和普遍规律。③保证质量要贯穿于冻土测绘的各个阶段。

## 2.5　冻土测绘的阶段

冻土调查必须取得以下资料：①调查区域的气候条件；②调查区域的冻结环境状态（地质–地理、水文及水文地质、土壤与植被、自然景观和人为活动等）以及冻土的全部特征；③研究该地区与冻土有关的所有作用和现象的表面状态，形成条件；④在勘探（钻探、坑探）中确定冻土层特性及其成分、构造和埋藏情况，测定冻土温度状况。

任何比例尺的冻土测绘都应分三个阶段进行，即准备阶段、野外阶段和室内阶段。

### 2.5.1　准备阶段

（1）从编制工作大纲开始。大纲要反映课题任务的目的和要求，以及包括完成这些任务的具体期限。

（2）在组织准备野外工作的同时，要进行科学资料等的准备工作，即预先提出研究区冻土条件的概念，并形成规律性，能预先编制初步的景观–地貌和冻土图。

在编制工作大纲时要做好以下工作：①收集研究区域已发表和未发表的专门冻土和所有其他相邻的研究资料（如地形图、航卫片、地质和地质构造概况和图件、剖面图、露头描述、地貌图和第四纪沉积图、植被图、气候和水文资料，以及以往的冻土、水文地质、工程地质、地球物理资料等）；②预先判释航卫片、地貌或第四纪沉积成因类型图和景观微区划图；③选择重点地段，并对每一地段编制专门的研究大纲；④预先编制综合冻土图的初步图例；⑤初步编制冻土图的草图，在图上把研究较差的地段标明出来；⑥初步确定钻探和其他勘探工程方案、位置和工程量；⑦当采用地球物理研究时，确定测绘地段（即各重点地段及地段间相连接的剖面）设计方案及其与地面测绘、勘探工作协调和互补性；⑧编制踏勘、航空目视和路线调查的协调草案、研究大纲，以及其他方面的准备和组织工作。

景观微区划草图的编制应在比测绘比例尺更大的比例尺图上进行。野外工作开始前应对测绘区域的航卫片进行分析和研究，弄清楚测绘区域冻土条件的背景情况，确定冻土特征变化范围和研究深度。

### 2.5.2　野外阶段

按照预先制定好的大纲进行工作，并在测绘过程中对大纲不断地进行修正。这样做有利于提高冻土测绘的质量和效率，有助于不断地发现新问题或难以解决的问题。

野外阶段的主要任务是：①在重点地段和路线调查中，研究一定自然综合体冻土条件形成的局部规律和普遍规律，可采用航卫片资料和冻土研究的专门方法，以及地质、地貌、植物、微气候、地球物理等专业性方法进行；②在取得和分析实际资料的基础上，对冻土草图进行野外修正和确认；③在没有图的地段编制比测绘比例尺大的野外冻土草图；④冻土测绘的勘探过程中，要编制钻孔柱状图、试坑剖面图以及露头和其他勘探工程的剖面图；⑤根据资料初步编制出野外的区域冻土地质横剖面，阐明自然环境因素和冻土特征之间的局部规律性。

勘探深度与数量：通常可不超过20m。这大体上能研究到多年冻土的温度年变化层。勘探的数量视研究的详细程度及所采用的比例尺而定。一般情况下，在重点地段每平方公里一般不少于3个控制孔，深度不小于15m；辅助孔4～6个，深度一般为8～10m。

在野外测绘阶段，应对建筑物、房屋、交通、土地改良、造林等地区建设的经验和教训进行研究。因为它们表征人类经济生产活动对冻土环境条件及其变化的影响。要详细地研究和绘制自然条件破坏和与其有关过程的发展。

在野外阶段进行冻土工程地质和水文地质研究时，要对各种地质成因综合体的岩石进行试验测试。野外试验测试分析结果将用于测绘阶段、剖面修正和场地的取样。试验测试、长期观测和实验室分析都将有助于阐明局部规律和普遍规律，且是相关计算的原始资料。

### 2.5.3 室内阶段

室内阶段是完成野外和实验室研究的最终工作，其主要工作有：①整理和分析冻土测绘的野外调查（研究）和试验测试资料；②通过计算和模拟（数值）计算，使自然环境每一个因素对冻土年平均温度及季节冻结和融化深度形成的影响更加准确和精确；③编制现有天然条件的冻土图、冻土条件变化预报图，根据地质构造和地貌特征进行冻土和冻土-工程地质区划；④编制分区描述和冻土区域分类说明及其特性；⑤编制地区冻土和冻土-工程地质评价表，提出保持冻土条件最佳状况定向改变自然条件的建议；⑥编写冻土调查、研究报告，报告中应给出冻土研究成果及其科学结论，报告应图文并茂，报告应包括冻土特性、局部规律和普遍规律，图的编制方法和分析，冻土预报，地区冻土-工程地质评价以及控制冻土过程的建议措施，应附有实际材料图、冻土分区图、勘探编录和柱状（剖面）图及试验分析资料表，综合冻土-地质剖面图，照片和影像资料，等等。

## 2.6 冻土测绘——预报和控制冻土过程的基础

冻土测绘的目的和任务，不仅仅是了解和掌握现有天然条件下的冻土特性和规律性，更主要的任务是要对全球气候变化和人类活动影响下冻土环境和特性变化的预测预报。因此，冻土测绘的所有成果都将成为预报和控制冻土过程的基础。

多年冻土区自然景观对外界作用的稳定性，很大程度取决于冻土条件对这些作用的稳定性。冻土条件决定了土壤层和下伏岩层的特殊温度动态与冻结、融化状况；决定了冻土中特殊的湿度条件和含冰特征，从而决定了冻土融化时的融沉性或冻结时的冻胀性；决定了冻土区所具有的特殊冷生过程和现象，特殊的成壤特征和植被生长的生态条件等。因此，控制冻土过程的发展应看作是控制自然条件综合体中的每一个组分。自然条件的定向改变必然改变着岩石和大气圈的热交换结果，从而可按需要的方向去改变冻土的主要特征。多年冻土层是冷岩带自然系统的组成部分，保护冷岩带的自然环境就应当作依据冻土测绘过程的冻土预报工作，即预见自然环境变化结果，使地区开发时每一个因素的改变得到严格监督和定向发展。按目前的科学技术水平和理论实践，有可能通过对自然环境因素的定向措施来控制冻土过程。

通过冻土测绘过程以研究局部规律和普遍规律，定量考虑所确定的相互联系，有助于控制冻土和融土的温度和水分动态，土的季节冻结和融化深度，并按实践需要的方向来控制土的性质。在实践中，这种对冻土过程和自然系统综合体其他组分的控制应当以冻土预报为基础。冻土预报是完成测绘之作，它总括冻土发育的规律和冻土、气候、地质及自然环境等其他特征所获得的具体资料。

在冻土预报表格中应当表明冻土的成分、季节冻结和融化深度及其温度动态随每一个自然环境因素的变化情况和关系。在预报表格中还应给出冻土的地质和冷生过程随同一些自然环境因素可能变化而发展的分析。当将预报资料推广到全区时，在各种比例尺测绘的预报评价图上应给出控制冻土过程和改造环境综合措施的建议。

事实上，冻土中尚有许多复杂因素（因子）的内在基因和关系还未搞清楚，外界影响因素对冻土的作用及其反馈仍在探索中，加上冻土测绘和试验测试的方法、手段有限。因此，冻土测绘中难以取得它们之间相关关系的资料，就导致冻土预报的精度和准确性受到很大的限制。

(1) 气候方面。人们都清楚，冻土是气候影响的产物。在全球气候转暖的影响因子和作用尚未确切弄清楚时，所有气候变化预测模型的确切性都在讨论中，必然导致冻土条件变化和温度动态预报的可靠性受到很大限制。

(2) 地质方面。多年冻土的存在、冻结沉积岩的高含冰率、地面温度变化较差大、冻裂和裂缝的冰劈裂过程等，都形成了冻土区岩石风化的特殊条件和成岩成冰的独特环境，使冻土具有独特的物理和强度性质，且随着冻土环境条件变化而产生的冻结与融化过程使得冻土条件变得复杂化，增大了冻土条件变化预报的难度。

(3) 地形地貌方面。冻土冷生地质过程和形成物的广泛发育形成了独特的微、中地形形态。冻土层的不透水性使地表水和地下水联系、地下水径流和排泄复杂化，进而改变着河流、湖塘和地下水的动态。这些都使得冻土环境的水热状态出现不平衡，影响着多年冻土层的发育和变化，且通过自然条件的基本特征进而影响所有景观特征的相应发育。这方面的冻土预报仍在探索中。

# 第3章　多年冻土区气候调查与研究

气候是地球环境的一个主要组成部分，是人类活动的基本条件。众所周知，冻土是在岩石圈-土壤-大气圈系统热质交换过程中形成的。自然界许多地质地理因素参与这一过程，气候是最重要的因素之一，多年冻土的生成、发育及其演变与气候变化密切相关。所以在调查和研究冻土、开发和利用冻土区资源时首先要了解区域气候特征，尤其要掌握气候变化的基本特点。

## 3.1　冻土区气候特征

我国多年冻土主要分布在青藏高原和北方的一些高山区，如天山、阿尔泰山、阿尔金山、祁连山、太白山、五台山、长白山等，以及东北大小兴安岭地区。

中国位于欧亚大陆的东南部，面积广，从北往南大致穿越35个纬度（53°N～18°N），东西相隔61个经度（135°E～74°E），地形复杂，地势西高东低，广阔的地理位置和复杂的地形，独特的大气环流和太阳辐射等特点，决定了中国的基本气候特征。

在中国境内三个地势阶梯中，西部地区几乎位于第一、第二阶梯上。多年冻土总面积的80%以上分布在西部的高山、高原区内。西部地区自南向北跨越了从北亚热带到寒温带7个纬度气候带，地形相对高度差达7000m以上，造成气候具有明显的纬向和垂向分异性，导致各种气候特征值的变幅都非常大。例如，年太阳总辐射量由3305MJ/$m^2$（四川峨眉）到11000MJ/$m^2$（西藏昆莎），年日照数由784h（四川宝兴）和946.8h（四川峨眉）到3353.9h（青海冷湖），年平均气温由-2～-5℃（藏北高原）到22～24℃（广西南部），≥10℃积温由0～500℃（藏北高原）到8710℃（云南元江），年降水量由6.9mm（新疆托克逊）到4095mm（藏南巴错卡）（秦大河，2002a），等等。总之，西部地区几乎包括了从亚热带到寒温带的众多气候类型，且大部分大气以干旱和严寒气候为主。青藏高原及西部一些高山区气候严寒，发育着多年冻土和冰川，盆地内气候干旱，多分布着沙漠。

青藏高原虽处于中低纬度地带，深居内陆，但地势高亢，大气洁净，为全国年总辐射最大的地区，一般为6700～9200MJ/$m^2$，其年总辐射量随海拔的增加而增加，高度影响明显大于纬度影响。广阔高耸的青藏高原大部分地区的年平均气温均低于0℃，高原面上一般为-2～-5℃，许多高山顶部可达-28～-10℃，发育着全球海拔最高、面积最大的多年冻土。现代高原大面积的持续低温提供了充分的冷储，它可以抑制或减缓土层升温，从而有利于高原多年冻土的保存和发育。

大小兴安岭地区位于我国东北部，纬度在47°N～53°N，为寒温带气候区。纬度对区内气温影响起主导作用，由南向北年平均气温变化于0～-5℃，是我国气候最寒冷的地区，如漠河气象站极端最低气温达-52.3℃（1969年2月13日）。本区冬季长达6～7个月，是全国降雪期最长，积雪最深的地区，降雪期达7个月，积雪深度达30～50cm。由于受西伯利亚、蒙古高压的控制和影响，每年11月中旬至翌年3月底，区内广泛分布着逆温层，逆温层厚度为500～1000m，逆温梯度为漠河1.0℃/100m，嫩江0.8℃/100m，海拉尔0.5℃/100m，逆温层厚度和逆温梯度由北向南逐渐减薄、减弱（周幼吾等，2000）。区内广泛而稳定的冬季逆温状态，对多年冻土的发育和分布有重要影响。大小兴安岭山地、广布的茂密森林、大面积的沼泽湿地及冬季的逆温现象等综合作用，使我国东北多年冻土分布从欧亚大陆明显向南突出，是比北半球相同纬度内多年冻土南界向南延伸几个纬度带的主要原因。

处于青藏高原外围山峰的气温，通常要低于青藏高原面上相同海拔（相同纬度）地区的气温。因为每年10月至翌年3月高原上空大气为冷源，而3～9月为热源。因此青藏高原比外围山地要温暖些。我国东部高山区，气温一般随海拔而降低，气温直减率为0.5～0.6℃/100m。特别是相对高度差较大，孤立的山峰有利于垂直气流的形成，云量增加，辐射收入降低和较丰富的降水，使高山区气温下降明显，从而导致各山区垂直自然景观带谱变化明显。从山脚到山顶，一般由阔叶林→针叶林→灌木→高山草原→高山草甸→高山苔原→高山冰雪带变化，个别山峰在高山草甸带以上部位开始发育多年冻土。由此可见，我国各冻土区的气候特征是区域自然地理条件的综合反映，是形成和保存多年冻土不可缺少的关键因素。

## 3.2　多年冻土分布与气温的关系

寒冷气候是冻土形成的重要因素之一，冻土分布与气温关系密切。“冰冻三尺非一日之寒”，要形成一定厚度的大面积多年冻土必须具备长时间的零下低温条件。因此年平均气温值是初步判断某地区有无多年冻土及衡量冻土发育程度的重要指标。

年平均气温通常可用以表征空气冷暖程度和热量资源的多少，反映了各地区地表辐射——热量平衡和大气环流的特征，是一个地区气候特征的重要参数。因此，气温是影响和反映多年冻土或冻土区生态环境的一个重要因子。不同地理位置和气候单元温度及光照条件有很大的差异，从而造成各地区多年冻土分布界线（南界或下界），与现代年平均气温有很好的相关性。这种相关性随地区的差别而存在明显的不同，如我国大小兴安岭地区多年冻土南界东段摆动在0～0.5℃年平均气温等值线，南界中段在0℃等值线附近，南界西段变化于0～-1.0℃等值线。东部高山地区多年冻土下界一般在-1.0～-3.0℃年平均气温，在西部高山，高原区多年冻土下界变化于-2.0～-4.0℃年平均气温。可见，西部高山、高原冻土的存在需要有较低的年平均气温条件，这与高原、高山区特殊的太阳辐射和地表热量平衡及独特的大气环流有关。如青藏高原和大小兴安岭两地严寒的气候为多年冻土的形成和保存提供了基本条件，同样为年平均气温-5.0℃左右的多年冻土区，由于太阳年总辐射量的差别，青藏高原年辐射总量一般为67000～9200MJ/m$^2$，而大小兴安岭地区为41000～45000MJ/m$^2$，两地地面辐射和热量平衡的收支差异，造成两地气温年较差悬殊（表3.1），相应地冻结和融化指数差别也很大（表3.2），从而造成两地多年冻土区地表景观和冻融强度有明显差异，导致两地初始形成和保存多年冻土要求的年平均气温值不同。相比较，青藏高原冷季气温较高，冻结指数少，年较差小，要形成多年冻土则要求更严酷的低温气候条件，所以在年平均气温低于-2.0℃的情况下，才可以发育和保存多年冻土。

**表 3.1　大兴安岭和青藏高原主要台站气温和年较差对比**

| 地区 | 站名 | 纬度 | 经度 | 海拔/m | 年平均气温/℃ | 1 月平均气温/℃ | 7 月平均气温/℃ | 年较差/℃ |
|---|---|---|---|---|---|---|---|---|
| 大兴安岭 | 漠河 | 52°58′N | 122°30′E | 435 | -5.0 | -30.9 | 18.3 | 49.2 |
| | 根河 | 50°47′N | 121°31′E | 717 | -5.2 | -30.5 | 18.1 | 48.6 |
| 青藏高原 | 土门格拉 | 32°49′N | 91°34′E | 4950 | -5.2 | -19.4 | 5.9 | 25.3 |
| | 风火山 | 34°27′N | 92°30′E | 4700 | -5.2 | -16.2 | 7.9 | 24.1 |
| | 五道梁 | 35°17′N | 93°36′E | 4645 | -5.7 | -17.3 | 5.4 | 22.7 |
| | 沱沱河 | 33°57′N | 92°37′E | 4533 | -4.5 | -16.5 | 7.5 | 24.0 |
| | 木里 | 38°15′N | 99°12′E | 4016 | -5.8 | -17.5 | 6.0 | 23.5 |

**表 3.2　大兴安岭和青藏高原主要台站季节冻结和融化指数对比**

| 地区 | 台站 | 年平均气温/℃ | 冻结指数/℃·d | 融化指数/℃·d | 冻结和融化指数差/℃·d |
|---|---|---|---|---|---|
| 大兴安岭 | 漠河 | -5.0 | 3735 | 1968 | 1967 |
| | 根河 | -5.2 | 3745 | 1802 | 1943 |
| | 图里河 | -5.4 | 3648 | 1707 | 1941 |
| | 满归 | -5.4 | 3987 | 2034 | 1953 |
| 青藏高原 | 风火山 | -5.2 | 2406 | 529 | 1877 |
| | 五道梁 | -5.7 | 2576 | 476 | 2100 |
| | 沱沱河 | -4.5 | 2323 | 717 | 1606 |
| | 木里 | -5.8 | 2480 | 442 | 2038 |

## 3.3　地表面辐射-热量平衡与多年冻土形成

辐射平衡取决于地表面能量收支及气温和地温变化，而后者不仅取决于太阳总辐射量，还与地面反射率和有效辐射有关，尤其是多年冻土的形成与地表面辐射-热量交换有关。地表面辐射-热量平衡的结构决定了多年冻土层形成及动态变化。为了研究土层与地表发生的热过程间的相互关系，有必要了解在整年内辐射-热量平衡各分量对地表及土层温度的影响。

地表的热量平衡方式实际上是能量守恒定律的一种表现形式，一般表示为

$$R=\mathrm{LE}+P+B \quad 或 \quad R-\mathrm{LE}-P=0 \tag{3.1}$$

式中，LE 为消耗于总蒸发过程（包括土壤水分蒸发和植物蒸发）的热量（$\mathrm{MJ/m^2}$）；$P$ 为地表与大气间的湍流交换所消耗的热量（$\mathrm{MJ/m^2}$）；$B$ 为土壤热通量（$\mathrm{MJ/m^2}$）。

冻土的形成与地表面的辐射-热量交换有关，年内辐射-热量平衡方程可用下式表示：

$$Q_n = (Q_i + Q_s)(1 - \alpha) - Q_e = LE + P + B \tag{3.2}$$

式中，$Q_n$为地面辐射平衡（辐射差额）；$Q_i$、$Q_s$分别为太阳直接辐射、散射辐射；$\alpha$为地面反射率；$Q_e$为地面长波有效辐射；$P$为湍流交换所消耗的热量；$B$为土壤热通量。

众所周知，在中高纬度的大气，一年伴随着季节的更替，直接和散射辐射的收入，地表特征及其反射率和最终的地表所吸收辐射量的变化是很大的。随着地表温度的变化，有效辐射也发生很大变化。蒸发过程也是如此。

土层温度状况除取决于辐射平衡（$Q_n$）和通过地表的热流（$B$）外，还与地中热流（$q$）有关，可用下列辐射-热量平衡方程来评价地表热量收入（$Q_d+q$）：

$$Q_n + q - LM - P = B \tag{3.3}$$

式中，$P$为主要消耗于地表于大气间的热力相互作用；LM为下垫面内生和外生过程（包括水分蒸发、凝结、升华等）；$B$为土壤热通量。

辐射-热量平衡的结构对冻土的形成和动态变化有决定性作用。根据式（3.2）分析全年辐射-热量平衡总情况，看不出平衡的结构随时间的变化，但是分开冬、夏半年来看情况则不同。夏季有效辐射（$Q_e$）总是明显小于吸收辐射（$Q_i+Q_s$）$(1-\alpha)$，其中$Q_i$、$Q_s$分别为太阳直接辐射、散射辐射；$\alpha$为地面反射率；$Q_e$为地面长波有效辐射，所有$Q_n$为正值，热流方向由地表指向地中。在多年冻土区，由于夏季要吸收大量热量用于表层岩（土）层融化，所以热流值要比非冻土区大；而到冬季，太阳总辐射较弱，加上雪盖的反射率，吸收辐射小于有效辐射，$Q_n$出现负值，热流方向由地中指向地表。土层冻结发生在有效辐射大于吸收的期间，即辐射平衡具有稳定的负值的时期，地面温度在此期间降至0℃以下，冻土逐渐形成（周幼吾等，2000）。

我国多年冻土区大部分位于西部干旱、半干旱地区。从多年冻土区地面热量平衡组成（表3.3）可以看出，在较干旱地区湍流交换热要占辐射平衡值的70%～75%，以青藏高原（门格拉为代表），为最大占75%，蒸发耗热仅占23.8%～28.4%，青藏高原为最小，两项之和青藏高原占98.8%～98.9%。青藏高原面上辐射平衡值很高，但仍然可以发育和保存多年冻土，原因是98.8%～98.9%的辐射平衡年总量消耗于蒸发耗热和湍流热交换方面，而与土层热交换量仅为1.1%～1.2%。也就是说，高原面上所获得的绝大多数热量是以感热和潜热形式向大气层逸散，使得高原上近地面气温并没有显著升高，使地下土层长期处于冷却状态。

**表3.3　我国多年冻土区地面热量平衡组成状况**　　单位：MJ/($m^2$·a)

| 地区 \ 项目 | | 辐射平衡 $Q_d$ | | 蒸发耗热 LE | | 湍流交换 $P$ | | 土壤热交换 $B$ | | 下垫面性质 | 资料来源 |
|---|---|---|---|---|---|---|---|---|---|---|---|
| | | 1 | 2 | 1 | 2 | 1 | 2 | 1 | 2 | | |
| 青藏高原 | 土门格拉 | 2792.6 | 100 | 664.5 | 23.8 | 2093.8 | 75.0 | 34.3 | 1.2 | 连续冻土区 | 谢应钦和曾群柱，1983 |
| | 昆仑山垭口 | 1737.4 | 100 | 493.3 | 28.4 | 1224.8 | 70.5 | 19.3 | 1.1 | 连续冻土区 | 谢应钦，1996 |
| 大兴安岭北部 | | 1599.4 | 100 | 699.2 | 43.7 | 799.7 | 50.0 | 100.5 | 6.3 | 大片冻土区 | 周琳，1991 |

注：1表示各组成热量值；2表示占辐射平衡的百分数（%）。

土壤热交换量（即土壤热通量）是连接气候与冻土层上部土层热状况的纽带，是评价冻土形成、发展和消融的重要参量，尽管土壤热交换量年内正负值的差值很小，却不可忽视。由于有各种周期和波幅的气候波动存在，土壤热交换量年内正负值的差值在长时间内（地质尺度）不断变化，在岩石圈表层可积累成巨大的热力循环值（热通量），形成充分的冷储（或热储），足以形成或融化几百米厚的多年冻土层。

用土壤热通量值可以了解当前多年冻土的变化趋势。假如在寒区内一年中暖季土壤热交换量小于冷季土壤热交换量，即土层年总吸热量小于放热量。年总热量积累为负值。如果连续几年均出现负值积累，土层热周转总量长期处于负值状态，即可形成和发育新生多年冻土层，并使已形成的多年冻土处于稳定状态。反之，如果土壤层热通量连续几年出现正值，土层长期处于吸热状态，热储不断增加，则不利于多年冻土形成，并使已有的多年冻土逐渐转为退化状态。由此可见，土层热通量是评价多年冻土层热状况、温度动态变化及热稳定性的关键参数。

在辐射-热量平衡结构的形成中，地质地理因素起着重要作用，属于这些因素的首先是各种天然覆盖（雪、植被、水被）、地形、坡向、覆盖层及其下垫土（岩）层的成分和含水率，水文及水文地质条件。所有这些因素决定了地表的日照条件、反射率及所有的热过程。对具体研究项目及具体地区，因其地质地理条件的特殊性，决定了各自辐射-热量平衡分量的形成亦有其各自的特点。即使在同一地区，也因自然景观综合体的不同，平衡结构也有差别。这种差别以及自然环境诸因素在形成辐射-热量平衡中的作用和意义、在冻土测绘中都应该进行仔细研究，有些项目应进行专项调查和长期观测，如土层热通量值。在此基础上才有可能为冻土区各类建筑物的设计和冻土预报提供必要的资料。

## 3.4 地表面辐射-热量平衡观测

在冻土冻融观测中，能量平衡的研究能够对该地区的上边界条件动态和大气冻结条件的一般特征做出评价，尤其是能对多年冻土分布特点和埋藏条件、融区的形成和其他很多方面做出评价。因此，在重大研究课题及冻土区重点建设项目中，应选择典型多年冻土地段布置地表辐射-热量平衡观测场，起码应坚持一整年的观测，有条件的台站应长期观测。

到达地面的太阳辐射（即总辐射）包括直接太阳辐射（以下简称直接辐射）和散射辐射。太阳辐射到达地面之后，一部分被地面反射回去，即反射辐射；另一部分为地面所吸收，称为吸收辐射。一年中进入大气上界单位面积上的太阳辐射能量，仅有一半左右为地面所得到。地面吸收了太阳辐射使之增暖，并源源不断地向大气放出热辐射，即所谓长波辐射。大气一方面吸收太阳短波辐射和地面长波辐射、吸收地面感热和水汽凝结潜热，另一方面大气本身也向地面发射长波热辐射（大气逆辐射）。由于太阳辐射经过大气发生复杂的转换，引起了辐射能形式的很大变化，从而构成了一个完整的辐射体系（罗汉民等，1986）。

### 3.4.1 地面热量平衡与冻土的关系

近地层的热量交换，取决于净辐射、湍流扩散系数和土壤热力特征，特别是冻土区土壤热力特征决定着地表到土壤中的热量传输和储存。近年来，大气边界层研究也揭示出土壤热通量是一个重要的参量，其热力特征的变化都对冻土、地表和大气间的能量交换产生影响。

按照能量平衡原理，在白天，地面上受到太阳辐射而获得热量，使得地表比土壤层更热，于是除部分热量与空气湍流热交换和部分热量消耗于地表蒸发外，有一部分热量从地表向下层土壤传输。在夜间，长波辐射冷却，地表失热使得地表冷于下层土壤，于是下层土壤的热量就向上输送。这种地表与下层土壤之间的热量交换，是地球热平衡的重要特征。研究土壤间的热交换可以了解土壤中所能吸收和释放热量的状况，直接关系到大气和土壤中能量的分配，它对气候变化的研究有着重要作用。

季节冻土和多年冻土的形成与地表能量平衡紧密相关。据年内辐射平衡的关系，有如下关系：

$$Q_n = P + \mathrm{LE} + B$$

$$Q_n = (Q_d + Q_s)(1 - \alpha) - Q_e$$

式中，$Q_n$为辐射平衡量值；$P$ 为地表面与大气间的湍流交换量；LE 为蒸发耗热；$B$ 为通过地面的热流（热通量）；$Q_d$、$Q_s$分别为太阳直接辐射、散射辐射；$\alpha$ 为地表反射率；$Q_e$为地面长波有效辐射。

在夏季，地表短波辐射远远大于有效辐射，所以地表净辐射为正值，且达到最大。故此，热量由地表向土壤中传输，冻土部分有消融趋势；而在冬季，太阳辐射较弱，加上雪盖的反照率大，地表短波净辐射小于长波有效辐射，所以地表净辐射出现负值。当地面温度转至0℃以下，LE 和 $P$ 两项接近于 0，由能量平衡方程，此时地表热通量为负值，即负的地表热通量意味着土壤下层有热量向上传输，此时热量来源于土壤中未冻水的冻结所产生的热量及地中热流。因此，土壤的冻结发生在有效辐射大于短波吸收辐射的期间，即辐射平衡具有稳定负值的时期，地表得以降至0℃以下。尽管年内净辐射的正值一般大大超过其负值，存在长时间的负值的地表净辐射则对冻土的形成或保存有着重要的意义（汤懋苍等，1998）。

研究辐射-热量平衡及其结构对认识冻土学中的高度地带性和纬度地带性有意义。显然，直接辐射、散射辐射和吸收辐射同有效辐射、蒸发、湍流热交换和土中热循环一样均服从高度地带性和纬度地带性，并且对不同的气候区和地植物带有其确定的值（瓮笃鸣，1997）。

辐射-热量平衡的结构在很大程度上取决于蒸发，对于大气条件（气温、湿度、风向、风速等）保持不变的每一地区，其个别地段蒸发量取决于土壤湿度和植被特点，如某些开发区采取土壤排水措施后，蒸发量就会急剧减弱，最终导致年平均地温升高；同样如破坏植被，则会造成土壤干旱化，蒸发量减少，亦会导致年平均地温升高。设置人工地表盖层会改变吸收辐射量，特别是强烈地减小蒸发耗热，使土层表层温度状况发生很大变化。如青藏公路铺设沥青路面后，地表年平均温度可提高 4 ~ 6℃，年较差明显增大。

辐射-热量平衡结构中湍流热交换值与土壤表面温度、水分及地面风速风向、地表植被等均有关，只有全面地考虑辐射-热量平衡式中所有分量间的相互联系，才有可能搞清土壤温度状况与湍流热交换的关系。

### 3.4.2　辐射观测

按照辐射来源可把辐射量分为两类，即太阳辐射和地球辐射。

太阳辐射是太阳发射的能量，入射到地球大气层顶上的太阳辐射，称为地球外太阳辐射，其97%限制在0.29～3.0μm光谱范围，称作短波辐射。地球外太阳辐射的一部分穿过大气到达地球表面，而另一部分则被大气中的气体分子、气溶胶质点、云滴和云中冰晶所散射和吸收。

地球辐射是由地球表面以及大气的气体、气溶胶和云所发射的长波电磁能量，在大气中它也被部分地吸收。300K温度下，地球辐射功率的99.99%波长大于3000nm，99%波长大于5000nm。温度越是降低，光谱越是移向较长的波长。

因为太阳辐射和地球辐射的光谱分布重叠很少，所以在测量和计算中经常把它们分别处理。气象学把这两种辐射的总和称作全辐射。

可见光是人眼可见的辐射。可见辐射的光谱范围，是按标准观测者对光谱光效能定义的。下限在360～400nm，上限在760～830nm（王炳忠，1988）。因此，可见辐射的99%处于400～730nm。波长短于400nm的辐射称作紫外辐射，而长于800nm的称作红外辐射。有时，紫外辐射的范围又分为三个亚区（王炳忠，1988）：

UV-A：315～400nm；

UV-B：280～315nm；

UV-C：100～280nm。

### 1. 单位和标尺

气象辐射量、符号和定义及单位宜采用国际单位制（SI），参见表3.4。

**表3.4　气象辐射量、符号和定义**

| 量 | 符号 | 关系式 | 定义，附注 | 单位 |
|---|---|---|---|---|
| 向下辐射（Downward radiation） | $\phi\downarrow$① | $\phi\downarrow=\phi_g\downarrow+\phi_l\downarrow$ | 向下辐射通量（radiation flux） | W |
| | $Q\downarrow$ | $Q\downarrow=Q_g\downarrow+Q_l\downarrow$ | 向下辐射能量（radiation energy） | J（W·s） |
| | $M\downarrow$ | $M\downarrow=M_g\downarrow+M_l\downarrow$ | 向下辐射出射度②（radiation exitance） | $W/m^2$ |
| | $E\downarrow$ | $E\downarrow=E_g\downarrow+E_l\downarrow$ | 向下辐照度（irradiance） | $W/m^2$ |
| | $L\downarrow$ | $L\downarrow=L_g\downarrow+L_l\downarrow$ | 向下辐射率（radiance） | $W/m^2sr$ |
| | $H\downarrow$ | $H\downarrow=H_g\downarrow+H_l\downarrow$（g=总辐射）（l=长波辐射） | 向下给定时间间隔中的辐照量（radiant exposure） | $J/m^2$（每单位时间间隔） |

续表

| 量 | 符号 | 关系式 | 定义，附注 | 单位 |
|---|---|---|---|---|
| 向上辐射（Upward radiation） | $\phi\uparrow$<br>$Q\uparrow$<br>$M\uparrow$<br>$E\uparrow$<br>$L\uparrow$<br>$H\uparrow$ | $\varphi\uparrow=\varphi_r\uparrow+\varphi_l$<br>$Q\uparrow=Q_r\uparrow+Q_l\uparrow$<br>$M\uparrow=M_r\uparrow+M_l\uparrow$<br>$E\uparrow=E_r\uparrow+E_l\uparrow$<br>$L\uparrow=L_r\uparrow+L_l\uparrow$<br>$H\uparrow=H_r\uparrow+H_l\uparrow$ | 向上　辐射通量<br>向上　辐射能量<br>向上　辐射出射度<br>向上　辐照度<br>向上　辐射率<br>向上　给定时间间隔中单位面积的辐射能量 | W<br>J（W·s）<br>$W/m^2$<br>$W/m^2$<br>$W/m^2 sr$<br>$J/m^2$（每单位时间间隔） |
| 总辐射（Global radiation） | $E_g\downarrow$ | $E_g\downarrow_g=S\cdot\cos\theta_\theta+E_d\downarrow$ | 水平面上的半球辐射（$\theta_\Theta$ =太阳天顶角）③ | $W/m^2$ |
| 向上/向下长波辐射（Upward/down ward Long-wave radiation） | $\phi_l\uparrow\phi\downarrow$<br>$Q_l\uparrow Q_l\downarrow$<br>$M_l\uparrow M_l\downarrow$<br>$E_l\uparrow E_l\downarrow$<br>$H_l\downarrow H_l\downarrow$ | | 下标 l=波长<br>如只考虑大气辐射，可以再加下标 a，例如 $\phi_{l,a}\uparrow$ | 同向下辐射 |
| 反射太阳辐射（Reflected solar radiation） | $\varphi_r\uparrow$<br>$Q_r\uparrow$<br>$M_r\uparrow$<br>$E_r\uparrow$<br>$L_r\uparrow$<br>$H_r\uparrow$ | | 下标 r=反射（如果要对定向和散射反射做出区别，可以附加下标 s=定向和 d=散射） | 同向下辐射 |
| 净辐射（Net radiation） | $\varphi^*$<br>$Q^*$<br>$M^*$<br>$E^*$<br>$L^*$<br>$H^*$ | $\varphi^*=\phi\downarrow+\varphi\uparrow$<br>$Q^*=Q\downarrow+Q\uparrow$<br>$M^*=M\downarrow+M\uparrow$<br>$E^*=E\downarrow+E\uparrow$<br>$L^*=L\downarrow+L\uparrow$<br>$H^*=H\downarrow+H\uparrow$ | 如果只考虑短波辐射或长波净辐射，附加下标 g 或 l 到每一符号下 | 同向下辐射 |
| 直接太阳辐射（Direct solar radiation） | $S$ | $S=S_0\cdot\tau$<br>$\tau=e^{-\delta/\cos\theta}\theta$ | 因为这是一个特殊量，一个单独的符号（$S$）用于太阳辐照度。<br>大气透射率 $\tau$=（atmospheric transmittance）<br>$\delta$=光学厚度（optical depth）（垂直） | $W/m^2$ |
| 太阳常数（Solar constant） | $S_0$ | | 大气层外，归一化到平均日地距离的太阳辐照度（solar irradiance） | $W/m^2$ |

注：①符号-或+可用于代替↓，↑（例如 $\phi^+\equiv\varphi\uparrow$）。

②辐射出射度为单位面积发射出的辐射能量；辐照度为单位面积接收的辐射通量。通常符号 $M$ 或 $E$，可用于通量密度。虽然并未专门推荐，符号 $F$ 定义为 $\phi$/面积，也可以引用。

③在倾斜的表面情况下，$\theta_\theta$ 为表面的法线与太阳方向之间的夹角。

### 2. 气象要求

1）资料的获取

最普通的是记录和获得辐照度和辐照量在一小时内的平均值和总量。也有很多要求较短时间的资料少到一分钟甚至几十秒（对于有些方面的能量应用），一天的总量也是常用的。对于气候学的应用，需要的是固定的真太阳时或固定的大气质量值的情况下的太阳直接辐射的测量值。浑浊度的测量必须在很短的响应时间进行，以减少大气质量各种变化引起的不确定性。

对于辐射测量来说，记录和获得有关观测状况的资料是特别重要的。这包括仪器的类型和溯源性、校准的历史，及其所在地点、安置和维护的记录。

2）准确度

WMO 规定为，辐照度要求的准确度在≤8MJ/($m^2$ · a）时为±0.4MJ/($m^2$ · a)，在>8MJ/($m^2$ · a)时为±5%。规定可达到的准确度为±5%。

对于其他的辐射量所要求的准确度没有正式统一的意见，但在本章涉及各种测量类型的章节讨论了准确度。一般来说，高质量的测量在实际中是很难达到的，但对日常的业务，只要使用现代的设备是可以达到的。现仍在使用的有些系统不是最佳运作状态，对很多应用来讲，性能稍差仍需接受。然而，对最高质量资料的需求是日益增多的。

3）采样与记录

要满足准确度的要求，最好是采取每分钟观测，即使最终记录的数据是长达一小时或更长时间的累积总和。一分钟数据点可累计总和，或者可以用 6 个或更多个的单个采样来计算平均辐射通量。大多数倾向于数字的资料系统，而图线记录器和其他类型的积分器很不方便，也难以保持在适当的准确度水平。

4）观测时间

在世界范围的辐射测量站网中，重要的是资料是同一的，不仅是在校准方面，而且观测时间也是同一的。因此，全部的辐射测量应当在一些国家称为地方视时（LAT），而其他一些国家称为真太阳时（TST）进行。然而，因为标准时或世界时容易使用，因此人们乐于将其用于自动化系统。不过，只有在把资料换算到真太阳时而不致产生重要的信息损失时才是合适的。将标准时换算为太阳时，可参考《气象行业标准汇编》附录 F（中国气象局政策法规司，2007）。

### 3. 测量方法

气象辐射仪器可用各种标准来分类：所测变量的类型、视场、光谱响应、主要用途等。最重要的分类类型列于表 3.5。

**表 3.5　气象辐射仪器**

| 仪器类型 | 测量参数 | 主要用途 | 视角（sr） |
|---|---|---|---|
| 绝对直接辐射表（Absolute pyrheliometer） | 直接太阳辐射 | 一级标准 | $5\times10^{-3}$（半角近似于 2.5°） |

续表

| 仪器类型 | 测量参数 | 主要用途 | 视角（sr） |
|---|---|---|---|
| 直接辐射表（Pyrheliometer） | 直接太阳辐射 | 校准用二级标准<br>站网 | $5\times10^{-3}\sim2.5\times10^{-2}$ |
| 分光直接辐射表（Spectral Pyrheliometer） | 宽谱带中的直接太阳辐射（如带有 $OG_{530}$、$RG_{630}$ 等滤光片） | 站网 | $5\times10^{-3}\sim2.5\times10^{-2}$ |
| 太阳光度表（Sun photometer） | 窄谱带中的直接太阳辐射（如在 500±2.5nm 和在 368±2.5nm） | 标准<br>站网 | $1\times10^{-3}\sim1\times10^{-2}$<br>（全角近似于2.3°） |
| 总辐射表（Pyranometer） | （Ⅰ）总辐射<br>（Ⅱ）天空辐射<br>（Ⅲ）反射太阳辐射 | 工作标准<br>站网 | $2\pi$ |
| 分光总辐射表（Spectral Pyranometer） | 宽带光谱范围中的辐射（如带有 $OG_{530}$、$RG_{630}$ 等滤光片） | 站网 | $2\pi$ |
| 净总辐射表（Net pyranometer） | 净总辐射 | 工作标准<br>站网 | $4\pi$ |
| 地球辐射表（Pyrgeometer） | （Ⅰ）向上长波辐射（下视）<br>（Ⅱ）向下长波辐射（上视） | 站网 | $2\pi$ |
| 全辐射表（Pyrradiometer） | 全辐射 | 工作标准 | $2\pi$ |
| 净全辐射表（Net pyrradiometer） | 净全辐射 | 站网 | $4\pi$ |

绝对辐射表是自校准的仪器，也就是落在传感器上的辐射由能够准确测量的电功率代替。但是，这种转换不可能绝对完美，与理想情况的偏差决定了辐射测量的不确定度。

然而，大多数辐射传感器都不是绝对的，必须由一个绝对仪器来校准。这样，测量值的准确度就取决于下面诸因子，对于一台有良好特性的仪器来说，所有这些参数都应该是清楚的。

（1）分辨率，即能够被仪器检测出来的辐射量的最小变化；

（2）灵敏度（输出的电信号与所施加辐照度的比值）的长期漂移，即一年的最大可能变化；

（3）由于诸如温度、湿度、气压、风等环境变量的变化而产生的灵敏度变化；

（4）响应的非线性，即与辐照度变化有关的灵敏度变化；

（5）对于设定的如接收表面的黑度、视窗孔阑效应等光谱响应的偏差；

（6）对于设定的余弦响应和方位响应的方向性响应偏差；

（7）仪器或测量系统的时间常数；

（8）附属设备中的不确定性。

应该根据使用的目的来选择仪器，某些仪器能在特定的气候、辐照度和太阳位置下正常运行就很好。

#### 4. 总辐射

太阳辐射是地球能量的主要来源，它是地球表层各种物理过程和生物过程的基本动力，地球上许多自然现象的发生和变化，主要由太阳辐射能的差异、转化和输送所引起的。太阳辐射是地球气候形成的最重要因子，从长期观察实验和气候学角度来研究太阳辐射量在大气中的传输以及在地球表面的交换、分配规律，是气候学研究的首要任务之一(罗汉民等，1986)，一直受到气候学和冻土学界的重视。

我国地域辽阔，地形复杂，下垫面条件多样，使得各地辐射条件悬殊，进而影响全国气候的多样性和复杂性。例如，青藏高原是地球上海拔最高、地形最复杂的高原。巨大的高原占据了对流层约 1/3 的高度，剧烈的高原自身加热作用形成了高原及其周围地区特有的气候状况，对亚洲季风、全球大气环流及全球气候变化都有强烈的影响，同时也决定了高原冰川、冻土及植物生态系统分布特征和演化规律。

多年冻土区是气候变化的敏感指示器。我国多年冻土面积占到了高原面积的 66%。多年冻土区土壤由于冬季冻结、夏季融化，致使其自身热力状况发生变化，导致了下垫面的热力条件的改变，从而影响了地气系统的能量和水分交换，进而影响区域气候。地球表面能量主要源于太阳辐射能，太阳辐射是影响多年冻土热状况的重要的外部因素，研究太阳辐射对多年冻土的影响可为进一步研究冻土区多年冻土的热力效应及在区域气候变化中的作用。

由于气候是指长期平均的天气状况，所以太阳辐射是最重要的气候形成的因子之一。不同地区的气候差异和季节交替，主要是太阳辐射能量在地球表面分布的不均匀及其随时间变化所引起的。

总辐射是地面的主要能源，是辐射差额的主要组成部分，它的分布和变化能影响到温度场和气压场的变化。因此它是气候形成和变化的主要原因。

总辐射是直接太阳辐射到达量和散射辐射到达量之和。通常，在晴朗的白天，直接辐射占总辐射的绝大部分；阴天时，散射辐射占总辐射的大部分，甚至总辐射全部为散射辐射。

仪器的安装、使用、维护使用注意事项见《太阳辐射能的测量与标准》(王炳忠，1988)。

#### 5. 反射辐射

反射辐射是指地表对太阳向下总辐射的向上反射部分。它直接依赖于总辐射大小和地表反射率。间接依赖于云的类型、云量、水汽含量、大气气溶胶、土壤类型、干湿状况、植被与水被特征、积雪等因子。

反射辐射的仪器与总辐射仪器相同，唯一要注意的是安装时仪器玻璃罩朝下，即观测来自地面反射的短波太阳总辐射。

仪器的安装、使用、维护使用注意事项与总辐射完全相同（王炳忠，1988）。

#### 6. 地表长波辐射

地表长波辐射是指地表向上的热辐射，即地表普兰克（Planck）热发射。它严格地依赖于地表温度高低、土壤干湿状况及植被、水被等特征。

地表长波辐射仪器的安装与使用维护按《气象行业标准汇编》（中国气象局政策法规

司，2007）执行。

**7. 大气逆辐射**

大气逆辐射是指大气以长波形式向下发射的那部分热辐射。它依赖于云的类型、云量多少、大气的温度、湿度层结等参数（瓮笃鸣，1997）。

如上所知，大气逆辐射是大气向下辐射到地表面上的长波辐射，其方向与地表长波辐射方向相反，基本原理是一样的。所以大气逆辐射的观测仪器与地表长波辐射一样，唯一的区别是安装时仪器表头朝上。以便接收大气向下的长波辐射。

具体的安装与总辐射和反射辐射一样，将感应面朝上，长波辐射表安装在水平的平台上。安装地方的条件、要求、使用注意事项和维护方法与长波辐射相同。

**8. 净（全）辐射**

随着辐射在地学领域的广泛应用，在农、林、科学和地学研究中，人们并不需要高精度的辐射分项观测（如直接辐射、散射辐射、总辐射、反射辐射、有效辐射等）。所以，近年来地表辐射观测多采用简化的全辐射和净（全）辐射来观测辐射差额（辐射平衡）。

全辐射不仅包括来自太阳的短波总辐射（0.3～3.0μm），也包括来自地球和大气的长波热辐射（3.0～100μm）。用于测量水平台面上向上或向下的短波加长波的辐射通量值。因此，向上的全辐射减去向下的全辐射即为地面的辐射平衡或辐射差额。

全辐射表的构造、安装、使用和维护与反射辐射表大致相同。

净（全）辐射是太阳与大气向下发射的全辐射和地面向上发射的全辐射之差，即水平面上的辐射差额（辐射平衡）。因此，用一个净（全）辐射表的观测就简单地代替了向上和向下的两个全辐射表的观测。净（全）辐射是研究地球热量收支状况的主要资料。净（全）辐射为正，表示地表增热，即地表接收到的辐射大于发射的辐射，净辐射为负，表示地表损失热量。

**9. 地热流量**

地热流量是指土壤表面与较深层土壤间的热量传递过程。当作用面吸收了太阳的辐射能转为热能后，一部分热量就要传递给土壤深层，热流的方向是从土壤表面指向土壤深处。如果作用面的温度低于土壤深处时热流方向就相反。

用热流板可观测土壤中不同深度（2cm、5cm、10cm、20cm）的地热流量，在多年冻土层上、下限处埋设热流板可监测多年冻土层热动态变化。土壤热通量观测通常是采用热流板来测量，或土壤热通量板测量。热流板有普通热流板和自校正热流板。

土壤热通量的方程式：

$$Q = \alpha V \tag{3.4}$$

式中，$Q$ 为热通量（$W/m^2$）；$\alpha$ 为系数，即校正系数；$V$ 为输出电压。

自校正热流板通过板上的加热膜对加热脉冲的响应得到校正系数。每 2 小时进行一次，总时间为 8 分钟，在此时间内电流通过电阻产生已知数量的热通量。加热与不加热时热流板的热通量 $Q$ 与输出电压之差 $V$ 的 2 倍的商就是热流板的校正系数 $\alpha$：

$$\alpha = \frac{Q}{2V} \tag{3.5}$$

$$\alpha = V_c^2 \cdot R/R_c^2 \cdot A \cdot 2[V(0) - V(190)] \tag{3.6}$$

加热膜的电阻 $R=100\Omega$，热流板的表面积 $A=40.71 \cdot 10^{-4}\mathrm{m}^2$，通过 $R$ 的电流可测定已知电阻值的灵敏电阻器上的电压 $V_c$ 而获得。

采用小铲挖一个小坑，离地面 5～8cm 处垂直坑壁上掏一个水平槽，将热流板水平地插入槽中，使热流板与土紧密接触，原土回填土坑。

相关的仪器安装、观测和计算应按所采用的仪器说明进行。

## 3.5 地面主要气候要素观测

在冻土测绘和研究中，气候资料是最重要的基础资料之一，气候的原始资料一般来源于气象站，所以应首先去气象部门搜集测区内已有的气象资料，如测区内没有气象站，则利用相邻最近的气象站的资料。当然在应用这些资料时要考虑当地的纬度、海拔、地形、距离水体（河流、湖泊）的远近、地表植被及表层岩性等是否一致。如测区内没有气候资料，就要专门设置简易气候站或自动气象站进行专项的气象观测。

地面气象观测场应根据科研任务的需求，来考虑布置气象台（站），观测场的位置、个数等。一般气象观测场应为东西、南北向，大小应为25m×25m，有辐射观测的应为35m（南北向）×25m（东西向）。受条件限制的高山站、无人站和一般站的观测场大小应以满足仪器设备的安装为原则。有积雪观测及地温观测的场地，应满足《地面气象观测规范》中对积雪观测的要求。各种观测仪器位置如图 3.1 所示。

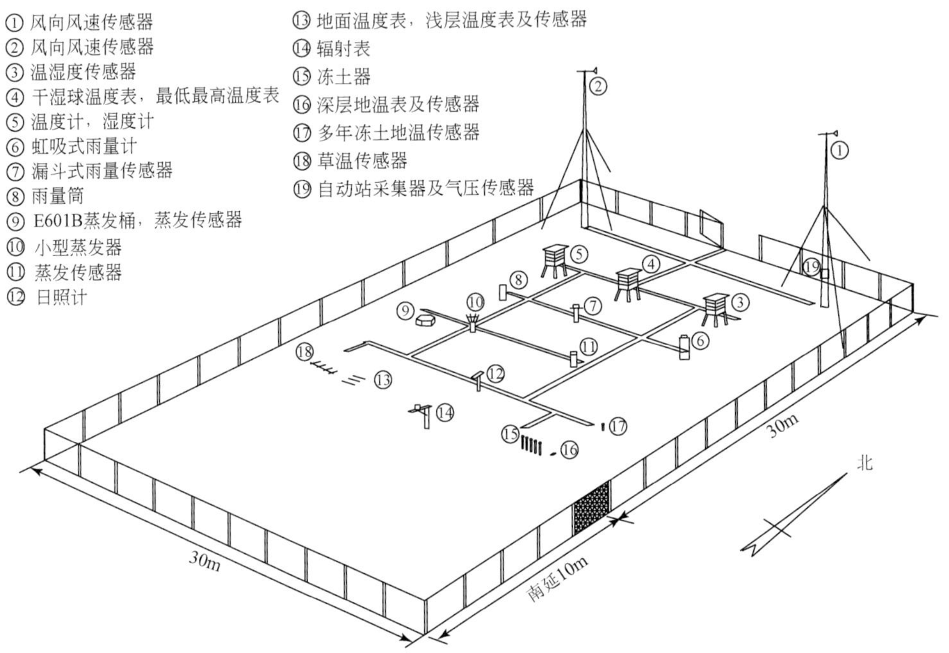


图 3.1　观测场仪器布置参考图

与冻土研究密切相关的气候要素有气温、空气湿度、降水、蒸发、风速风向、雪深、雪密度、地面辐射、地温（地表温度、浅层地温）等，有条件下增设土壤湿度、土壤热通量观测。为资料应用的合理性，上述气候要素观测应严格按中国气象局编发的《地面气象观测规范》（中央气象局，1979）执行。可能条件下，可设置深层冻土地温（深度>20m）和涡动通量观测。

**1. 空气温度**

空气温度（简称气温）是表示空气冷热程度的物理量，气温的单位以摄氏度（℃）表示，取一位小数。

地面气温的测定是离地面1.5m高度处的气温。

气温包括定时气温、日最高气温、日最低气温，配有自记温度计的台站应作气温的连续记录。

百叶箱是安置测定温湿仪器用的防护设备，它的作用是防止太阳对仪器的直接辐射和地面对仪器的反射辐射，保护仪器免受风、雨、雪等影响，并使仪器感应部分有适当的通风，能实地感应外界空气温度和湿度的变化。百叶箱内干球温度表是用来观察定时气温值。

自动气象站是采用温湿度传感器观测，即铂电阻温度探头和容性相对湿度传感器来测量空气温度和湿度。

**2. 空气湿度**

空气湿度（简称湿度）是表示空气中的水汽含量和潮湿程度的物理量。温度包括水汽压、相对湿度、露点温度。

水汽压（$e$）是指空气中水汽部分的压力，单位以毫巴（mbar）表示，取一位小数。

相对湿度（$U$）是指空气中实际水汽压与当时气温下的饱和水汽压之比，以百分数（%）表示，取整数。

露点温度（$T_d$）是指空气在水汽含量和气压不变的条件下，冷却达到饱和的温度，单位以摄氏度（℃）表示，取一位小数。

配有湿度计的台站应作相对湿度的连续记录，并挑选出相对湿度的日最小值。

空气湿度通常用干、湿球温度表配合观测。

**3. 降水量**

降水量是指从天空降落到地面上的液态或固态（经融化后）降水，未经蒸发、渗透、流失而在水平面上聚集的深度。

降水量以毫米（mm）为单位，取一位小数。配有自记仪器的，作降水量的连续记录，并进行整理。

测定降水量的仪器有雨量筒、翻斗式遥测雨量计或虹吸式雨量计。

自动气象站采用称重传感器来计算降水的雨量。

**4. 蒸发量**

气象台站测定的蒸发量，是指一定的蒸发器中的水因蒸发而降低的深度。蒸发量以毫米（mm）为单位，取一位小数。

测定蒸发量用小型蒸发器和 E-60 型蒸发器。

**5. 雪深和雪密度**

雪深是从积雪表面到地面的垂直深度，以厘米（cm）为单位，取整数。

雪密度是单位体积（$cm^3$）的积雪重量，以克/厘米$^3$（$g/cm^3$）为单位，取一位小数。

当台站或观测场地地面被雪（包括米雪、霰、冰粒）覆盖超过一半时要观测雪深。在规定的日子，当雪深达到或超过 5cm 时要观测雪密度。在冷季地面长期积雪随时间的延长，而密度发生变化，所以在积雪期间要定期观测积雪厚度、雪密度变化。

测定雪深用量雪尺或普通米尺，测定雪密度用体积量雪器或雪秤。

雪深、雪密度的观测地段，应选在观测场周围较平坦、开阔的地方。

自动气象站是采用超声测距探头测量从探头到所测平面的距离来确定雪的深度。

**6. 地温**

地面和地中不同深度的土壤的温度统称地温。

地面温度是指直接与土壤表面接触的温度表所示的温度，包括地面温度、地面最高温度、地面最低温度。

（1）季节活动层的地温观测应包括地面温度、较差、近地表层地温、季节活动层内地温以及覆盖层下的温度较差等观测。

（2）地面（0cm）温度包括裸露土壤表面、草地面、雪面的温度及最高、最低温度观测：①采用 0cm 玻璃液体温度表、最高和最低温度表观测（或采用红外温度传感器测量）；②观测场地面积为 2m×4m，地面疏松、平整的裸露段、草地面段及雪盖段；③温度表应水平卧伏半地面、草地面、雪面场地的中央，感温头应半卧于下垫面，半露空气中。最低、最高温度表自北而南平行排列，相隔间距为 5cm；④地面温度表观测时间为每日的 2：00、8：00、14：00、20：00 各一次，最高、最低温度表于每日 20：00 观测一次。

（3）近地表层（地面下 5cm、10cm、20cm）地温观测：①置于地面温度观测同一场地；②采用热敏电阻或铂电阻地温感应器或玻璃液体曲管地温表；③感温头水平伏卧埋入不同深度，曲管地温表的感温头应朝北埋入，当表层开始冻结时，即停止用曲管地温表；④观测时间为 2：00、8：00、14：00、20：00 各一次。

（4）季节活动层（地面下 40cm、80cm、160cm、320cm）地温观测：①选择不同覆盖物（草地面、植被、雪盖和裸露）自然地面；②观测场地面积为 3m×4m，地面平坦；③采用热敏电阻或铂电阻地温感应器或玻璃液体直管缓变地温表；④由东向西，由浅而深，间隔 50cm，垂直钻孔埋入不同深度（温度感应器中心为准）；⑤40cm 地温表于每日 2：00、8：00、14：00、20：00 各观测一次，80cm 以下的地温表于每日 14：00 观测一次。

（5）在季节融化深度处上、下 10cm 宜布设测温元件，进行加密观测。

（6）对自然地面（草地面、灌木、乔木、雪盖、表土层、各种岩石等）、人工覆盖层（沥青、混凝土、碎石、砾石、块石、黑化和灰化）和地形（坡度、坡向等）等环境条件，视许可条件宜设置地面温度与较差观测（长时或冬夏短时）。

自动气象站是采用温度传感器测量地温，地面温度一般采用红外温度传感器（由热电堆和热敏电阻构成）测量，地中温度采用温度传感器（铂电阻或热敏电阻温度传感器）测量。

**7. 季节融化和季节冻结深度**

用达尼林冻土器可观测到大片连续多年冻土区内的季节融化深度和岛状多年冻土区内（指垂向上不衔接的多年冻土）及季节冻土区内的季节冻结深度。

土层季节冻结和季节融化深度以厘米（cm）为单位，取整数。

达尼林冻土器由外管和内管组成，外管为硬塑管，埋入土中起套管保护作用；内管为一根有厘米刻度的软橡皮管（管内有固定冰柱的线绳）底端封闭，顶端与短金属管、木棒及铁盖相连，内管内应灌注当地干净的井水至刻度的0线处。内管长度一般为3.5~4.0m。

冻土器应安置在观测场内平坦地面处，有直管地温表的台站，可安置在直管地温场中320cm深地温表的西边，相距约50cm，外管和内管的0线刻度要与地表平齐。

自动气象站是采用温度传感器观测地温，将温度传感器按一定距离插入土层测量地中温度，通常以0℃温度位置来判断土层季节冻结或融化深度。

## 3.6　气候资料整理及其应用

**1. 气象资料统计方法**

上述观测的气候原始资料经整理编制成月报表、年报表后才能应用，“地面气象月报表”是在观测簿、自记记录纸和有关材料的基础上编制而成的，为了日常服务和编制年报表的需要。月报表中除了定时记录、自记记录和日平均、日总量之外，还有经过初步整理的侯、旬、月平均值，以及总量值、极端值、频率和百分数值、本月天气气候概况等，地面气象月报表是气象台站所积累的气象情报资料原始档案，是一个月气候观测的资料汇总。各项目的抄录内容要求和统计方法均严格按照“地面气象观测规范”要求认真填写。

**2. 气候资料在冻土研究中的应用**

水、热条件是影响寒区多年冻土发育、分布及地表景观特征的主要因子，是冻土环境评价的基本要素之一，水、热也是重要的气候资源。在冻土调查和研究工作中，气候资料的应用很普遍、范围广，是基础性资料。

多年冻土分布与年平均气温及年平均地面温度有很好的相关性，一般认为在年平均地面温度0℃的地段则有可能形成或残留多年冻土。在小比例尺区域冻土编图中，可充分利用区域内的气温资料，勾出年平均气温等值线来圈定多年冻土分布范围（即南界），并可将多年冻土区按气温等值线再进行区划，如在编制1∶200万大小兴安岭多年冻土区图时，经过调查分析认为，该区多年冻土分布主要受纬度地带性影响，而纬度地带性特征是以气候因素的分布为基础，次要的因素有地形、地貌、岩性、植被、水文等。因此，气候因素在很大程度上决定和控制着冻土的纬度地带性规律，表现为冻土的实际分布状况及主要特征与年平均气温有密切关系，并与某些气温等值线大致吻合。基于这一点，则以年平均气温为一级分带的主要依据，将全区划分为四个带：①年平均气温-5.0℃以北部地段为大片连续多年冻土带；②-5.0～3.0℃等值线为岛状融区多年冻土带；③-3.0℃线与多年冻土南界之间为岛状多年冻土带；④南界线以南地区为季节性冻土区（郭东信和李作福，1981）。

利用长序列（几十年）的气温变化资料可研究冻土热动态变化趋势，并可预报多年冻土。

利用气温年较差和地面温度年较差可计算该处的最大季节冻土深或最大季节融深（上限值），并可评价冻融作用的强度及冻土现象的发育条件和分布规律。

青藏高原气温低，降水较少，地表干旱是影响高原多年冻土特征的主要因子，以干燥度（年蒸发量与年降水量之比）作为主要指标，年降水量和年平均相对湿度为辅助指标，它既是影响地面温度和气温的要素，又是直接反映降水状况的直接指标。因此，按降水量和干燥度划分出的地域类别，可借鉴于多年冻土类型划分。相应地将青藏高原多年冻土划分为湿润型、亚湿润型、半干旱型、干旱型和极干旱型5种类型（王绍令，1997）。这种新的划分方法可较明显地反映出各类冻土区的自然景观、生态环境、冻土及冰缘现象，土层含水（冰）率及其工程性质差异，它更突出地表现出冻土环境特征，是冻土区划和制图的新尝试。

利用浅层地温资料可间接地判断出该场地处的最大季节冻深或最大季节融深（上限值）。

长期的地温和地中热流监测资料可判断多年冻土变化趋势及变化速率等。

地面辐射-热量平衡是研究土（岩）层热动态的基础，应用地面辐射-热量平衡观测值可以完整地表达多年冻土层热量收支状况的相互关系及温度动态变化趋势。

总之，气候资料在冻土调查和研究多年冻土区开发、各类建筑物设计、施工和运营中均是必不可缺的资料。

# 第4章　测绘与调查时地形地貌的研究

## 4.1　冻土调查对地形地貌研究的意义及目的

由于不同地形地貌单元形态及其海拔、坡向、坡度的不同，产生接收太阳辐射量差异。同时也因不同地形地貌单元使之表面水分状况、径流、大气降水渗透条件、积雪厚度及存在时间长短以及植被等出现不同，这些自然条件综合制约着不同地形地貌单元的冻土层形成条件、分布及地温特征的不同。因此，在进行冻土调查测绘时（尤其是大范围小比例尺冻土调查）应明确了解两个问题：一是了解查清工作区各类型地形地貌单元冻土分布规律、厚度及地温特征；二是查清及解决不同地形地貌单元冻土彼此产生差异的原因。

## 4.2　冻土调查对地形地貌研究的内容及方法

### 4.2.1　对工作区的地形地貌概况进行线路调查

线路调查的基本路线方向，应该沿着横穿工作区大地貌（分水岭、谷地、山坡、阶地、剥蚀堆积缓坡等）的方向布置，以便研究者能更全面地观察到不同地形地貌单元综合自然景观条件，辅助线路应当沿着各地形地貌类型间设想的界线去布置，这样以便于查明彼此之间的差异。通过上述纵横路线调查，确定出地形地貌单元界线，为冻土分区、微分区打下基础。

地形地貌调查线路布置的数量、密度取决于工作区自然条件的复杂程度，以及冻土埋藏特征。总的原则是能够全面了解查明工作区各地形地貌类型的综合自然条件及彼此差异。

### 4.2.2　地形地貌线路调查内容

工作区地形地貌调查应完成下列工作内容：

（1）查明区域地形地貌剥蚀堆积特点，以及地貌成因类型（剥蚀堆积山前缓坡、冲洪积扇、分水岭、河谷、阶地、洼地、残丘等），最后在相应比例尺（工作区既定比例尺）图上画出各地貌成因类型界线，为后续工作提供资料准备。

（2）对各种地貌成因类型，须查明记述其松散层的成因类型、岩性成分、粒度、结构构造、含水量、厚度以及与基岩的接触关系。这一工作可利用天然地质剖面去完成，如找不到可利用的天然剖面，需要进行简单坑探来完成。

（3）记述各地形地貌类型地表水分状况（干湿程度）以及植被种类、覆盖度等。

（4）对各地形地貌类型应调查记录其上有什么冷生地貌现象产生，如冻胀丘、冰椎、冻胀草丘、滑塌、滑坡泥流阶地等，需记述每个冷生地貌类型的形态特征及其形成原因等。

### 4.2.3 地表水体对多年冻土条件的影响调查研究

为查明河水、湖泊对沿岸（河滩、阶地、岸边斜坡及分水岭）各地貌单元岩层冻结条件特征及温度状态的影响。应沿着横穿河谷、湖泊断面，对上述各地貌单元进行地球物理勘探了解其岩层冻融状态及深度。在此基础上以查明岸边融区分布范围为目的时，可适当定位进行钻孔测温，孔深应在 15 ~ 20m。

关于河流、湖泊对岸边地层温度的影响，据国内外冻土研究者的众多观察及钻探证实具有如下一些看法及规律。

（1）一般当湖水、河水冬季结冰后，冰层之下尚有水层存在的情况下，其湖底、河床下一定深度范围内地层处于融化状态，即存在非贯穿融区。

（2）当湖泊、河谷宽度（水域宽度）大于当地多年冻土厚度，湖泊、河谷下通常存在贯穿融区。

（3）对小河而言，河床中常有裸露地段，冬季期间河水常可冻结至河底。这种情况下，河床下一般不存在融区，而河床下多年冻土温度可能低于岸边地带。

### 4.2.4 调查与研究是否存在逆温及其对地层温度的影响

当工作区地形比较复杂，峡谷与分水岭海拔相差大的情况下，往往会存在逆温现象。因而破坏岩层年均温度的高度地带性规律，导致谷底及山坡下部的地温低于分水岭。

确定工作区是否存在逆温现象，须在谷底与分水岭建立简易气温观测站，依一年四季同时测量的气温来确定。为了解逆温对岩层温度的影响，必须在高、低处气温观测站附近打钻进行地温观测，观测孔深应在 15 ~ 20m。对高、低处地温观测站附近的地表自然条件（地表湿度、植被、雪盖等）应尽量记录，以求避免因自然条件差异而影响逆温效应。

### 4.2.5 坡向对多年冻土形成条件影响的调查与研究

不同坡向的山坡接收太阳辐射热存在差异，尤其对朝南坡与朝北坡而言，二者辐射热收入相差更大，由此导致不同坡向年平均温度不同，致使各自的冻土条件产生差异。据现有资料表明，中天山地区同一地方在北坡多年冻土分布下界 2700 ~ 2900m；在南坡多年冻土分布下界 3100 ~ 3250m，平均南北坡冻土分布下界相差 350m 左右。再者，铁道部第三勘测设计院（1994）在大兴安岭北部阿木尔冻土观测站定位观测结果显示：一般阴坡存在多年冻土；阳坡（南坡）无冻土或存在高温冻土（地温>-0.5℃）。

可见，在进行区域冻土调查时，为了阐明不同地形地貌类型彼此冻土形成差别，需要进行坡向对冻土形成条件的影响调查研究。尤其是以科研为目的而进行的中、小比例尺冻土调查时，此项研究更不可缺少。

在研究坡向对区域冻土条件的影响时，需对不同坡向（重点是南、北坡）山坡上打钻孔进行地温观测，孔深15～20m。各坡向的钻孔位布置应尽量考虑地表自然条件（海拔、植被、岩性特征等）一致或相似，避免或减小其他自然因素对坡向影响效应的干扰。

### 4.2.6　雪盖对多年冻土形成条件影响的调查研究

雪盖对其下土层的温度状态作用具有双重性。当冬季来临气温降低至0℃以下时，雪盖的存在对其下土层可起防寒保温作用，其保温作用大小与雪盖密度、厚度增长过程均有关系；春季气温回升时，雪盖的存在对土层起到冷却作用，尤其是雪盖较厚的情况下，气温已回升至0℃以上时，有些地段尚有积雪存在。这时雪盖的存在不仅反射掉部分太阳辐射，同时融化积雪也消耗大量太阳辐射热，与已无雪盖的地段相比，雪盖较厚的地段对其土层起到极大的降温冷却作用。

由于研究区不同地形地貌类型其地表形态不同，起伏高低也有差异，由此形成冬季积雪过程及厚度不同，积雪过程中对其下土层冻结条件影响也就有差别。为了了解阐明不同地形地貌类型条件下，雪盖对其下土层温度状态影响差异，需对雪盖进行如下调查研究。

（1）在研究区内不同地形地貌类型地表积雪过程按旬记录雪盖堆积、消失（融化）过程。

（2）为便于对比雪盖存在对土层温度动态的影响，需建立清除积雪（无积雪）场地，面积不小于25m×25m。在无雪场地上进行地表温度及浅层地温观测（深度0.4m、0.8m、1.6m、3.2m），观测时间每5天一次。

（3）观测各地形地貌类型稳定雪盖形成存在及开始消失（融化）过程及其时段。

（4）对各地形地貌类型观测雪盖厚度及密度变化过程，每旬观测记录一次。

（5）对各地形地貌类型场地需进行雪盖表面及雪盖下地表及浅层地温观测（深度0.4m、0.8m、1.6m、3.2m），观测时间每5天一次。

最后，通过上述积雪调查研究的记录，得出在不同地形地貌类型地段雪盖厚度、雪盖表面、雪盖下地表及浅层地温年平均值，找出彼此间的差异及其成因。

# 第 5 章　第四纪地质及地质构造研究

## 5.1　第四纪地质的调查研究

### 5.1.1　冻土调查时研究第四纪沉积层的目的

第四纪沉积物是地球表层最上部的岩层堆积层，同时也是各种类型建筑物的地基及基础埋置的层位。由于第四纪沉积物多为松散堆积，孔隙度较大，冻结时含有不定量的含冰率，这对基础的冻胀与融化下沉，以及建筑地基稳定性具有很大影响。第四纪沉积物有多种成因类型，不同成因类型的松散堆积物，其岩性成分、厚度、颗粒度、湿润程度，以及含冰率有较大差别，影响多年冻土特性和发育程度，对地基及建筑物稳定性影响不同，所需采取的设计原则及技术处理措施也不同。这一切的确定均需依据第四纪沉积物调查研究结果而定。可见冻土测绘时对第四纪沉积物进行调查是非常必要的。

### 5.1.2　第四纪沉积物的成因类型及其基本特点

残积物：是陆地地面的基岩受物理、生物化学风化作用而残留在原地的风化堆积物。这些风化堆积物的岩性与下伏基岩有直接关系，上部颗粒较细，下部颗粒为粗粒母岩岩屑，再下为具有裂隙的基岩（母岩），最后为基岩，整个剖面具有分层结构。碎屑物带具明显棱角，无分选及磨圆，没有层理、具有较大的孔隙度。厚度无一定规律，取决于残积条件，由几米至几十米。一般易风化基岩的残积层较厚，反之较薄。残积物经常分布在起伏平缓山地顶面，剥蚀缓坡或较平坦的地段。

坡积物：是风化产物在片状流水的冲蚀或重力作用下，沿山坡形成的堆积物。坡积物的岩性与下伏岩层没有联系，但其成分、颜色与上方基岩性质有密切关系，其是上方基岩风化产物被片状流水冲蚀或重力作用至此堆积而成的产物。没有良好的分选作用，粒度由山坡向坡脚逐渐变细，坡积物的底部至坡地表面粒度也是逐渐变细。重力作用下，较粗大的颗粒一般堆积在紧靠斜坡，细小颗粒分布在离开斜坡稍远的地方。粒度成分混杂，由圆棱碎石到细粒土。

构造上具有与斜坡相平行的不明显层理，粗粒沉积往往以透镜体或夹层的形式出现。

冲积物：在沟槽范围内，由流水形成的堆积物。山区河流一般只发育单层砾石结构的沟床相堆积，在山间盆地及宽谷中发育漫滩相堆积，其冲积物分选较差，具透镜状或不规则的袋状构造。冲积物厚度不大，一般不超过 20m。

平原区河流一般具有河床相、河漫滩相及牛轭湖相堆积。正常的河床相沉积结构，一般底部河槽冲刷，其上为厚度不大的石块、粗砾组成的蚀余堆积，再上面为由分选较好的具斜层理及交错层理组成的漫滩相堆积，其成分多为中细砂及粉质黏土、粉土，与下伏河床相呈二元结构。牛轭湖相堆积，其成分是由淤泥质及黏砂土组成，并含有机质，呈暗灰色或黑灰色，具水平层理及斜层理结构。

洪积物：山地丘陵地带受暂时性（主要对降水而言）流水冲蚀，将岩石碎屑物带到山口及沟口形成的扇形堆积物。

洪积物大小混杂，分选差，颗粒多带有棱角。洪积扇顶以粗大砾石为主，中部地带及扇缘地带颗粒变小，以粉砂、粉土、亚黏土为主。具有粗糙的斜交层理，有时夹有透镜状或条带状的细粒碎屑及黏土混合体。洪积物厚度变化较大，在上升强烈的山前地带其厚度达到百米以上，面积可达数万平方米，或形成广阔的洪积平原。

湖积物：是由各种湖泊（淡水湖及咸水湖）所形成的堆积物。

淡水湖包括以下三种沉积，以黏土为主并含有砂砾的堆积物，碳酸盐、铁锰、硅酸、铝土质等化学沉积，泥灰岩、硅藻土、泥炭、油页岩等有机质沉积。上述三种堆积物由湖岸至湖心呈规律性分布，边缘带为粗碎屑组成的湖岸堆积，再向湖心为砂砾组成的湖滨堆积，最中心地带为 0.01mm 以下的粉砂、黏土，以及各种有机物组成的湖心堆积。

第四纪沉积物成因类型对多年冻土特征有着明显影响（表 5.1）。

**表 5.1　不同成因类型土中各类冻土的比例**

| 冻土工程类型 \ 比例/% \ 成因 | 湖积 | 坡积 | 残坡积 | 洪积 | 冲洪积 | 冰水 | 冲积 |
|---|---|---|---|---|---|---|---|
| 少冰冻土 | | 24.5 | | 16.9 | 17.9 | 51.4 | |
| 多冰冻土 | | 7.6 | 44.3 | 7.0 | 9.9 | 12.2 | 1.4 |
| 富冰冻土 | 24.3 | 12.7 | 2.3 | 20.0 | 7.6 | 15.5 | |
| 饱冰冻土 | 23.5 | 20.5 | 22.7 | 23.9 | 25.8 | 12.0 | 0.5 |
| 含土冰层 | 52.2 | 34.7 | 30.7 | 21.9 | 8.9 | 3.9 | 5.1 |
| 融区 | | | | 10.3 | 29.8 | | 93.0 |

## 5.2　冻土调查对地质构造研究的目的

地表面以下的岩石是由多种地质构造单元组成的，如陆台、地槽、山地褶皱区、山前凹陷、背斜、向斜等地质构造单元，其岩石成因、岩层成分、形态分布及埋藏条件等具有许多差异。这一切影响到地表和岩层中热流及热交换条件，进而对冻土形成、发育规律、分布特征等产生影响。因此，在冻土调查时需查明地质构造对冻土的影响，特别是进行大范围小比例尺冻土调查时，其工作区可能包含多个地质构造单元，且冻土条件各异，可能是后续冻土区划的依据。这种情况下，进行地质构造研究更具实际意义。

## 5.3 地质构造对多年冻土影响的原因

冻土层是大气圈与岩石圈综合作用的产物。因此，冻土层的发生、发展及其分布特征不仅受太阳辐射的制约，而且来自地球内部的热量对它亦有极大的影响。

已有地热资料分析表明，地中热流分布与地质构造有密切的依属关系。古老的地质构造或构造相对稳定的地区地中热流低，挽近的地质构造、活动较强的地区热流值高。资料统计表明，不同时代的地质构造区，其地中热流值（中国科学院地质研究所地热组，1978）如下：前寒武纪褶皱区为0.93μcal/(cm$^2$·s)①；加里东褶皱区为1.11μcal/(cm$^2$·s)；海西褶皱区为1.24μcal/(cm$^2$·s)；中生代褶皱区为1.42μcal/(cm$^2$·s)；新生代火山作用区为2.20μcal/(cm$^2$·s)。

一般情况下，地质构造越是古老稳定的地区，地壳的分异程度越高，放射性元素越集中于地壳表层。这一是因为散热条件好，二是因为长期的剥蚀作用使地壳的放射性元素含量日益减少，总生热量越来越小，深部地温也随之降低。同时，地中能量的释放，又使地壳更趋向稳定。这就是大地热流、地质构造时代及构造活动三者之间具有上述依属关系的原因所在。

以霍拉河盆地为例，说明地质构造对该盆地多年冻土分布特征的影响。该盆地地处大兴安岭北部大片连续多年冻土带，系古莲煤矿的所处地。地理纬度为52°27′N～53°03′N、129°52′E～122°04′E。

霍拉河盆地系大兴安岭北部中低山地中的山间盆地之一，面积60～65km$^2$，盆地底部海拔为514m，四周山地海拔为720～740m，相对高差在200m左右。

该盆地是在海西褶皱带上发展而形成的中生代断拗陷盆地，与四周山地以NW、NE、SN向三组断裂相接。NE向的$F_3$、$F_5$断裂分别为盆地北缘及南缘边界；NW向$F_1$、$F_6$断裂构成盆地NE、SW端边界（图5.1）。SN向断裂有$F_4$、$F_2$两条。$F_4$断裂是盆地西缘的控制断裂，性质为正断层。$F_2$断裂位于盆地中部，是正断层，向西倾，活动时间与煤系地层同期，是同沉积断裂。该断裂将盆地分成两部分，西部为断陷盆地，相对沉降使煤系地层厚达1300m；东部为断拗陷盆地，相对抬升使煤系地层缺失中、上岩段。厚度仅几米至200～300m（图5.2）。

综上所述，不难看出盆地的发生、发展经历过复杂的地质历史过程。中生代以来受纬向构造控制，海西期花岗岩沿NE、NW方向断陷成盆地，并接受白垩纪煤系地层沉积。煤系地层沉积过程中SN向断裂使盆地基底产生分异，西部表现为沉降，东半部呈现为相对抬升，由此导致盆地东、西半部沉积地层差异。东半部只残留煤系地层底部砂砾岩段；西半部接受了全套煤系地层，使砂泥岩含煤岩段近于或出露地表。该盆地上述地质构造及其发生、发展过程，对盆地后期多年冻土的形成及分布产生深刻影响，主要表现如下。

据勘探及测温表明，自盆地中心向盆地边缘多年冻土厚度明显变薄，温度升高，至四周边缘某些地段有融区出现。依此方向，冻土厚度自盆地中心由100～120m至盆地边缘逐

---

① 1cal=4.19J。

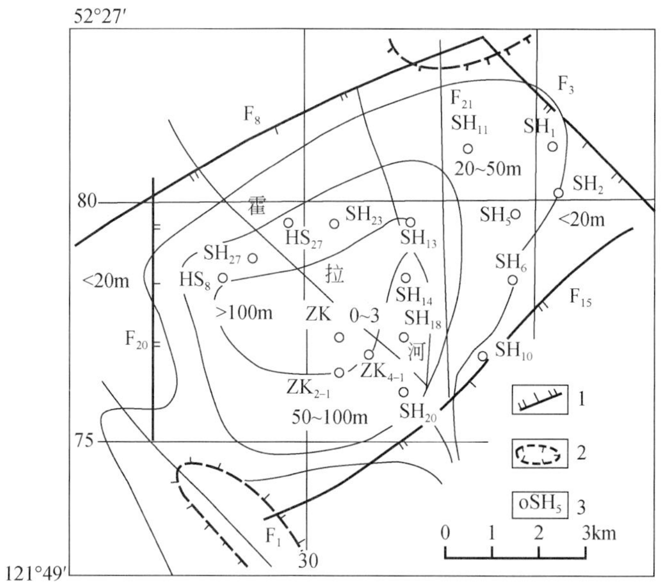


图5.1　霍拉河盆地断裂带及钻孔分布图

1. 断裂带；2. 融区范围；3. 勘探及抽水孔

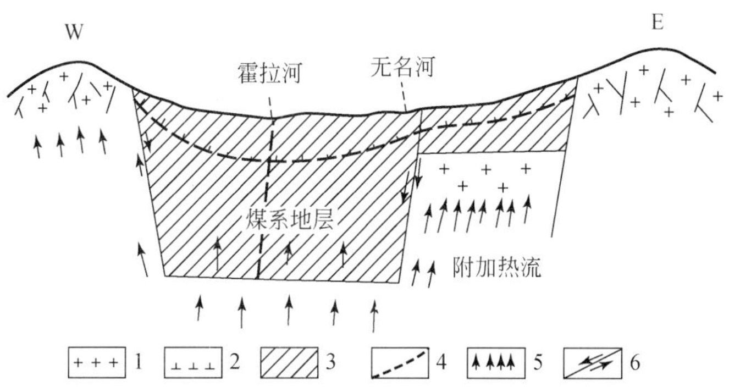


图5.2　霍拉河盆地地质构造及热流重分布示意图

1. 花岗岩；2. 冻土下限；3. 煤系地层；4. 隐状断裂；5. 附加热流；6. 断裂带

渐减薄为20～15m。冻土温度由-2.9℃升高到-0.5℃左右（图5.3）(郭东信等，1989)。SN向$F_2$断裂将盆地分成东、西两部分，二者冻土温度、厚度差别甚大。西部断陷盆地冻土温度为-2.0～-3.0℃，厚度为60～120m，东部断拗陷盆地冻土温度为-0.5～-1.0℃，厚度为15～50m（表5.2）。

**表5.2　霍拉河盆地东、西部冻土厚度对比**

| 盆地部位 | 盆地西半部 | | | | | | |
|---|---|---|---|---|---|---|---|
| 钻孔 | $CK_8$ | $CK_{13}$ | $CK_{14}$ | $CK_{18}$ | $CK_{20}$ | $CK_{23}$ | $CK_{29}$ |
| 冻土厚度/m | 86 | 120 | 78 | 70 | 95 | 77 | 87 |
| 盆地部位 | 盆地东半部 | | | | | | |
| 钻孔 | $CK_1$ | $CK_2$ | $CK_5$ | $CK_6$ | $CK_{10}$ | $CK_{11}$ | |
| 冻土厚度/m | 32 | 28 | 31 | 28 | 16 | 31 | |

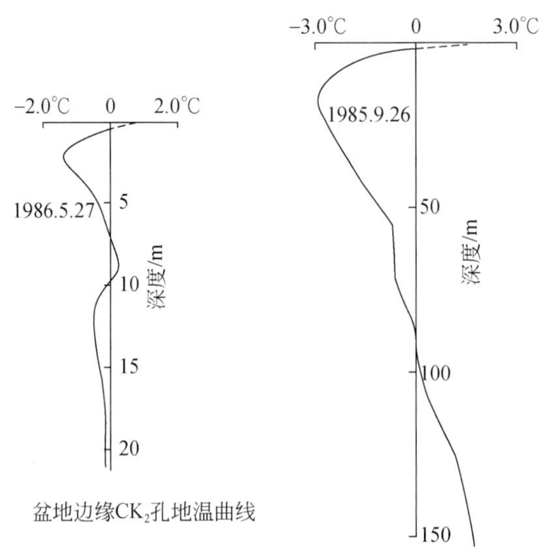


图 5.3　霍拉河盆地冻土地温曲线

形成盆地上述冻土温度、厚度分布规律及盆地东、西部冻土温度、厚度差异的原因如下：其一，前已述及盆地与四周山地均以断裂相接，断裂性质决定盆缘断裂带附近裂隙发育，并具较好的开放性，从而有利于地下水的运移与富集。因此加速了盆缘地带冻土退化变薄及融区的形成。其二，盆地东、西半部花岗岩基底起伏高差近 1000m。由于岩层的导热率随地质年代的增大而增大，古老花岗岩基底导热率高，热阻小。煤系地层导热率低，热阻大。同时，煤系地层的层理近于水平，这更增大了来自地下深部热流的阻力，由此导致来自于地下深部均匀的热流于盖层（煤系地层）产生重分布，热流将向基底抬升较高的盆地东半部集中，使其得到更多的附加热流（图 5.2）。因此导致盆地东半部冻土发育程度不如西半部，即盆地西半部冻土厚度大于东半部，且地温亦低。其三，由于盆地基底升降差异，盆地东半部抬升幅度较大，基底之上仅沉积煤系地层，下部为砾岩段，其上松散堆积物也较薄，仅 2 ~ 3m。因此有利于大气降水渗透，对多年冻土生成与保存十分不利。盆地西半部是相对沉降区，不仅接收了全套煤系地层（下部砂砾岩段、中部砂泥岩段、上部含煤砂岩段），而且其上松散堆积物厚达 8 ~ 10m。同时，地表形态和缓，排水不畅，从而导致沼泽化，泥炭层发育。这一切都表明盆地东半部更有利于冻土的发育与保存，也是造成盆地东半部与西半部的冻土温度、厚度差异的因素。

## 5.4　基底起伏，构造形态与冻土条件形成关系的研究

基底起伏，构造形态的不同，可导致来自地下深部比较均匀的热流于地壳表层产生重分布。这是由于岩层的导热率随地质年龄的增加而增大，古老基底或老的致密岩层导热率高，热阻小，其上覆较新的沉积层，尤其是新生界的半胶结或松散沉积层热阻大，导热率低。另外，由于岩石导热率具有各向异性，平行层面方向导热率大，热阻小，垂直层面方

向导热率小，热阻大。在基底隆起及褶皱角度较大的情况下，热流将沿着热阻较低的部位集中。这样，在基底隆起或背斜构造轴上部可以得到附加热流（图5.4)(郭东信，1985)，同时在其上部亦可观测到较大热流值及地温梯度；相反在基底拗陷、向斜区，在相同深度上则有较小热流值及地温梯度。因此，在基底隆起及背斜构造地区冻土层地温比较高，厚度薄；基底拗陷及向斜构造区冻土层地温低，厚度大。

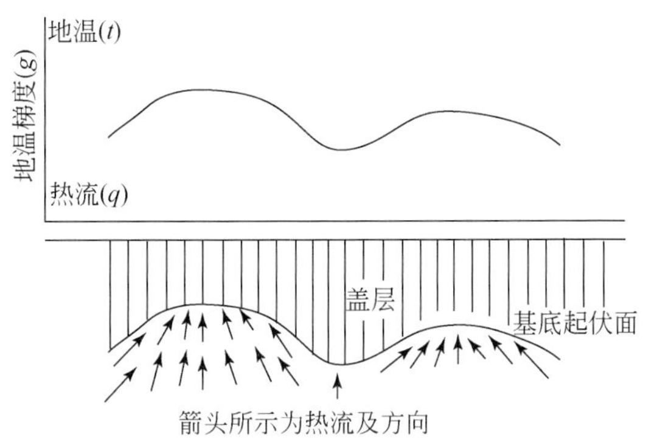


图5.4 地质构造与地温、地热、地温梯度的关系

## 5.5 对断裂带、喀斯特、泉华、火山等的研究

断裂带对冻土条件的影响与地下水沿断裂运动有关系，其对冻土条件影响程度取决于断裂带渗透程度及充水度特征。如断裂带岩层破碎强度大，断裂带厚度也大，并有地下水沿断裂出露成泉水，这样在泉水出露点周围冻土层消失形成贯穿融区。因此在进行冻土调查时，要弄清断裂带的厚度、岩层破碎状况、渗透率及断裂的充水程度，以及附近是否有泉水出露等。有时断裂被侵入岩或水热形成物堵住，此种情况下断裂渗透率可能很小，地下水出露受阻。这种情况下对冻土条件的影响比较复杂，应进行坑探或钻探了解其状况。

在冻土调查时对喀斯特地貌分布区，应了解喀斯特溶洞、落水洞的分布情况。这样的地貌区地表水或降水可能由此渗入（流入）地下使冻土层消失或厚度减薄，一般可指示为多年冻土消失或埋藏比较深。对喀斯特地貌分布应有相当数量的勘探及测量地温工作。

泉华及熔岩的出露均是地热活动及火山曾经喷发于地表的显示。一般情况下这样地区的地中热流值比较大。地温梯度高，由此对冻土层产生影响，使其下限抬升，冻土厚度减薄，地温升高，也可能使冻土层消失成为融区。因此在泉华及熔岩分布区进行冻土调查时，除按冻土测绘比例尺布置一定数量勘探及测温外，为查清该区地热异常分布状况及其对冻土的影响状态（冻土温度、厚度、分布）还应增加一定量的勘探及测温工作。

## 5.6 对新构造运动的研究

新近纪以来发生的地质构造称为新构造运动。从前文介绍可知，新近纪及新生代的地质构造区，其地中热流值为 2. 2μcal/(cm$^2$ · s)，比较老的地质构造区热流值大一倍多。因此，在进行冻土调查时，对存在新构造活动的地方应给予注意，弄清此处冻土发育状况与邻区的不同。为野外冻土调查工作方便，下面将我国新构造运动的特点、类型以及对新构造运动的研究方法介绍如下。

## 5. 6. 1　我国新构造运动的特点

新构造运动是从新近纪至现代所出现的构造运动。由新构造运动所控制的地层及地貌上表现出来的地质构造称新构造。

我国新构造运动在运动方向上的特点是：在大陆部分以垂直升降运动为主，上升地区的面积约占我国陆地领域的 80%，而且越到后期隆起范围越扩大。

新构造运动的幅度是西部大于东部。西部最大上升幅度可达 7000m，深拗陷相应的也可达 4000 ~ 5000m；中部上升一般为 1000 ~ 2000m，下降一般不超过 1000m；东部上升幅度一般在 500m 以内，局部达 1000m 以上，下降幅度可大于 1000m。

我国新构造运动发展历史，大致可划分为以下几个阶段：

（1）中新世至上新世，是新构造运动开始发生时期。广泛的夷平的地面开始抬高，遭受侵蚀切割。开始出现断裂垂直运动，拗陷或断陷逐渐形成或加深。东部地区还有第一期火山活动。

（2）上新世末至更新世初，是新构造运动普遍表现强烈时期，地壳上差异运动达到最剧烈阶段，火山活动强烈。这个时期隆起地区的范围开始扩大，我国西部内陆盆地的边缘大部分由下降转变为隆起，东部也有少数下降地区转变为隆起。

（3）更新世至全新世时期，振荡性、间歇性的运动非常普遍，大陆部分总的趋势是隆起地区不断扩大。下更新世末和中更新世的后期在我国西部及中部的若干盆地，又出现了一次由下降向隆起的转变。到近期，上升的范围更加扩大，影响到我国东部盆地及平原的边缘部分。

（4）现代构造运动时期，是指正在影响人类经济活动（如地震、滨海沉降）的构造运动。对于现代构造运动的资料，除根据大地测量所获得的地面升降速度资料外，历史上记载的和仪器记录的地震资料，可作为现代构造运动的证据。

## 5. 6. 2　我国新构造的基本类型

依据一定标志对新构造进行分类。国外一般是按新构造的规模大小、形态特征、演化历史和形成时代进行分类。中国地质、地貌学界则针对中国新构造的实际情况，提出以新构造运动特征及运动所产生的新构造形态的差异性，作为划分新构造类型的标志，将中国新构造划分为大面积拱形构造、差异性断块构造、挤压褶皱构造及断褶构造等基本类型（表 5. 3）。

表 5.3　我国新构造的基本类型和主要特征

| 基本类型 | 主要特征 |
| --- | --- |
| 大面积的拱形构造 | 是广大范围内升降运动所形成的构造，构造的内部差异性很小，通常核部的运动幅度最大，各部分运动不均匀，表现为年轻地层或夷平面有规律地逐渐倾斜变形。这类构造的边缘，常伴生断裂，或在核部、翼部形成补偿性地堑，有时则表现为一端的“翘起”，形成单斜状的隆起。这类构造广泛分布于我国中部 |
| 差异性断块构造 | 具有强烈的差异性，断块错动绝大部分继承了古老的深大断裂。在我国分为两个亚类：一种是大幅度的差异性断块构造，相邻两断块的断距很大，地形上为高耸的断块山与深断陷盆地相间，我国西部大部分地区属于这种构造；另一种是“破裂构造”，表现为断块间差异性不大，运动幅度较小，但仍然具有强烈的活动性，沿断裂带有强烈的地震、火山及温泉活动等，我国东部沿海大部分地区具有这种构造特点 |
| 挤压褶皱构造 | 断裂错动派生的次一级构造，常与大幅度差异性断块的构造相伴生。由于断块的升降，逆断裂的活动使年轻沉积物遭受挤压形成一系列平行排列的长垣、短背斜，这些表层褶曲在深部往往转变为断层。这类构造常见于我国西部内陆盆地边缘的年轻沉积物中 |
| 断褶构造 | 是“封闭”阶段的新生代地槽及其边缘拗陷中特有的构造形态地槽活动历史结束，并过渡为地台。整个构造可划分为三带：①新生代地槽回返后的褶皱带，到新构造时期发展成为强烈的断块隆起；②边缘拗陷回返形成一系列强烈的褶皱及逆断层；③最外缘为新的近期拗陷，伴之有平缓轻微的褶皱。这类构造见于我国喜马拉雅山及台湾 |

## 5.6.3　新构造的研究方法

对新构造研究的主要方法是地质法和地貌法。

### 1. 地质法

地质法是通过分析地质构造、第四纪沉积物剖面以及沉积物的厚度，以研究新构造的方法。

（1）构造形态与构造关系的研究：第四纪沉积物构造的研究是新构造运动的最好见证。在山麓和山间盆地及平原中，褶皱和逆掩断层构造发育得非常广泛，如在三门峡、甘肃河西以及我国其他地区都可见到出露很好的新构造。但在研究沉积物构造时，必须与一些非构造作用（如冰川、滑坡、泥石流等）所引起的假构造变动加以区别。

（2）第四纪沉积物剖面的研究：研究第四纪沉积物的剖面可以确定它们形成时期的地壳运动性质。在山区洪积扇的垂直剖面中沉积物成分（自下而上）从粗粒向细粒和微粒更换，则说明山岭的下降或隆起带的收缩；而垂直剖面中沉积物向相反顺序更换，则表明隆起区的扩大。但必须与物质搬运时的季节变化、气候条件的改变所引起的更换加以区别。

（3）第四纪沉积物厚度的研究：研究沉积厚度能够确定物质的搬运区和堆积区。巨厚的物质堆积一般表示地壳的下降和供给这些物质地带的上升。因此厚度很小的沉积物或沉积物的缺失，就表示地壳的上升。巨大厚度的激烈变化及其向小厚度的过渡，同样也表示新构造运动的存在。第四纪断层活动也可能使沉积物厚度发生变化。

**2. 地貌法**

地貌法是通过分析地貌的各种不同形态及其组合关系，这里仅介绍几种常用的方法。

(1) 河谷阶地的研究：它是确定新构造运动的一个基本方法。在一条长大河流中，由于沿河地壳活动性的差异，出现的阶地类型也不一样。侵蚀阶地、基座阶地等说明地壳上升；而掩埋阶地等说明地壳下降；无阶地的地段说明地壳相对稳定。

(2) 河道纵横断面的研究：河道上、下游纵横断面经常由于新构造运动而发生变化。河面河谷宽阔处，相应的第四纪沉积层变厚，即代表沉降区；河面河谷狭窄处第四纪沉积相反变薄，即代表隆起区。

(3) 研究水文网的变化：一条河流袭夺另一条河流支流的各种现象或者袭夺整条河流，乃是上升区和下降区重新分布的特有标志。在河流的上升地区，侵蚀作用重新活跃起来，产生急速的向源侵蚀，重新活动的河流袭夺较为发育的河流的支流和主流。

地壳的上升或下降也引起河床侧向的迁移（即河流改道），有时迁移的距离很大。如果上升规模小于河流长度，河流中游水流则移向一旁而绕过上升地区，在平面上形成河流弯曲。但必须注意将新构造引起的河流袭夺和改道与岩性成分的改变和其他因素引起的变化严加区别。

(4) 洪积扇和洪积阶地的研究：在山区常常见到老洪积扇前发育较完整的新洪积扇，洪积扇的叠置或洪积阶地的形成，说明山区上升。新洪积扇总是向上升地区的另一旁移动。

(5) 冲沟、崩坍、滑坡以及沿构造线排列的温泉等，一般都是新构造运动在地貌上的反映。

## 5.7　有关地质及地质构造资料收集

根据冻土调查的目的，应向相关地质、矿产、水利工程等部门收集冻土调查工作地区的地质图、地质构造图以及相关的文字报告，收集区内航卫片等。

地层及地质时代可查阅相关资料。

# 第 6 章　多年冻土区的植被调查

覆盖一个区域的植物群落总体称该区域的植被。

多年冻土区植被是气候、地貌、土壤、水文及冻土层等多种自然因素长期共同作用的结果，它是区内草地资源和林地资源的主体，是可利用的再生资源，植被的存在为多年冻土发育和保存创造了有利条件，是维系多年冻土地区生态环境稳定的关键因子之一。

## 6.1　植被的作用及生态效应

(1) 通过光合作用吸收 $CO_2$，释放 $O_2$，调节多年冻土区的碳氧平衡。

(2) 通过对水分的吸收和蒸腾作用，参与正常的水循环；具有涵养水资源，缓解极端水情的作用。

(3) 植被的遮阴作用，改变了下垫面性质，大部分植被下地温有所下降，因此对多年冻土发育和保存有利。

(4) 通过植被的代谢和生化作用，促进土壤的生成，并改善土壤性状，增强土壤生产力。

(5) 植被的覆盖可防治土壤侵蚀。

(6) 具有吸尘滞尘、吸纳和分解污染物，起净化环境的作用。

(7) 植被是食物链的重要环节，对保持物种间生态平衡，防治虫灾起调控作用。

(8) 植被是野生动物栖息、繁衍的场所。

(9) 可过滤及净化空气和水体中有害的微生物，为人类提供舒适的生活环境。

(10) 植物的生态特征是对环境因子长期适应的结果，因此它对环境具有指示作用。

由此可见，植物一方面为消费者提供生活的物质和能量，另一方面还起着稳定其生态环境的作用，具有涵养水源，保持水土流失、防治风沙及调节小气候的生态功能。

## 6.2　植被的基本类型及其主要特征

多年冻土区植被是气候、微地貌、土壤、水文及冻土层等自然因素长期综合作用的结果。多年冻土区上部的活动层是植物赖以生存的场所，冻土环境是植物生存和发展的基础，地温、光照、湿度及土壤养分等是重要的环境因子，不同的生境聚生着特定的植物群落。

我国广袤的多年冻土区，植物种类较多，加上气候、地形、地貌等区域差异，导致各类多年冻土区植被组合特征截然不同，本章将分别简述青藏高原和大小兴安岭两大多年冻土区植被的基本类型及其主要特征。

### 6.2.1　青藏高原多年冻土区

#### 1. 植被的地理分布规律

青藏高原多年冻土区主要位于高原腹部、西部及四周高山区。高耸的地势、复杂的地形、多种大气环流形式及严寒的气候均对植被的分布有着重要影响。尤其是降水和气温是控制植被类型分布的主要因素。高原上水、热分布特征是由东西向表现为水平差异，南北向表现为垂直差异，即在同一高度上气温自东向西递增，降水量自东向西递减。受水热条件影响，高原植被相应地表现出水平地带性规律，自东南向西北，高原面在逐渐升高，干旱程度增强，气温降低，植物分布依次为寒温带针叶林→高寒灌丛→高寒草甸→高山草原→高寒荒漠的变化趋势。

在水平地带性基础上，随着海拔的增加，气温降低，又叠加了垂直带性影响，导致本区植被垂直分布差异显著，造成高原不同地段，由于植被垂直带的基带不同，形成了不同的植被垂直带谱。

祁连山中段南坡（青海湖北部）：从3300m以上依次分布高寒草原草甸、灌丛草甸、高寒草甸及高寒荒漠，4900m以上为岩屑坡稀疏植被带和高山冰雪带。

昆仑山北坡（青藏线）：基带为寒温性荒漠带，3200～4000m为寒温性荒漠草原带，4000～4800m为高寒草原草甸带，4800～5000m为垫状植被带，5000m以上为岩屑坡稀疏植被带和高山冰雪带。

唐古拉山东段北坡（玉树南部）：植被基带为寒温性针叶林带，4000～4700m为高寒灌丛草甸带，4700～5100m为高寒草甸、草原带，5100m以上为岩屑坡稀疏植被带和高山冰雪带。

喜马拉雅山中段（日喀则南部）：在3800～4400m为温性森林草原，4400～5300m为高寒草原和高寒草甸，5300～5600m为岩屑坡稀疏植被带，5600m以上为高山冰雪带。

综上可见，各类植被垂直带下界是由北向南，由东向西逐渐升高，它与高原上气温、降水的区域分异规律基本上是吻合的。

#### 2. 植被的基本类型及分布

高寒草原和高寒草甸是青藏高原多年冻土区内分布面积最广的植被类型，两者的面积约占高原多年冻土区总面积的80%，此外，还有少量的森林、灌丛、荒漠及垫状植被等。

1）高寒草原

其分布于海拔4000m以上广阔的高原面上，是在较寒冷的半干旱环境下形成的。以耐干寒旱生的多年生草本植物为优势种，草丛低矮，层次结构简单，生长发育期短，覆盖度为30%～60%，其代表性种属是紫花针茅、青藏苔草、扇穗茅，伴生种有紫羊茅、沙生蒿、异针茅、异叶青兰等，是高原上良好的牧场。

2）高寒草甸

它是在寒冷半湿润环境下形成的，高原上沼泽草甸地段往往是多年冻土最发育的地段。

它以寒冷中生，多年生草本植物为优势种、草丛低矮，层次结构简单，覆盖度为 50% ~ 80%，且具有较厚的草皮层。

按其所处海拔、微地貌部位及地表水分状况等又可细分为高寒草原化草甸、典型高寒草甸和高寒沼泽化草甸三种。

（1）高寒草原化草甸

它属高寒草原与高寒草甸的过渡类型，以高山嵩草、异针茅草为代表，伴生种有羊茅、柴草茅、早熟禾、风毛菊等，主要分布于地表较干的山前平原，山地阳坡下部及宽阔的高阶地面上，覆盖度为 50% ~70%。

（2）典型高寒草甸

其主要分布于地表较潮湿的高原面上，以嵩草草甸为主，主要有矮嵩草、高山嵩草、伴生有线叶嵩草、青藏苔草等，覆盖度为 60% ~80%，生长茂盛，为高原优良牧场。

（3）高寒沼泽化草甸

其主要分布在海拔 4500m 以上排水不畅的平坦地段，山间盆地、碟形洼地、高山鞍部，山麓潜水溢出带以及高山冰雪带下缘地段。地表为沼泽化湿地，通常下伏为高含冰量冻土，以藏嵩草为优势种，伴生有羊茅、青藏苔草、华扁穗草等，覆盖度为 50% ~80%，是良好的牧场。

3）森林

高原多年冻土区内几乎无树木生长，但在高原东部，南部多年冻土区外围发育着大面积的森林，北起祁连山东段，向南经西倾山、阿尼玛卿山、巴颜喀拉山、唐古拉山东段及藏东南的深季节冻土带内发育着寒温性针叶林，主要有青海云杉、川西云杉、紫果云杉、祁连圆柏、大果圆柏等。

4）灌丛

高原岛状多年冻土区及高山多年冻土下界附近地段，往往是灌丛发育地段，它通常分布于海拔 3500 ~4500m 的山地阴坡，较阴冷、潮湿、日照时间短、土层较薄，但未分解或半分解的粗有机质多，组成灌丛层的优势种是中生性杜鹃、高山柳、金露梅、箭叶锦鸡儿，草本有苔草、嵩草、珠芽蓼等。灌丛高 50 ~120cm，覆盖度为 40% ~80%。

5）荒漠

在高原北部及西部海拔 4600 ~4800m 高山地带及广阔的可可西里地区为高寒荒漠或半荒漠分布区，该区气候严寒干旱，成土条件差，多风沙土，荒漠土、盐碱土，土层薄，较粗，肥力差，以旱生的高山嵩草、矮嵩草、苔藓、地衣为主，植被稀疏，多为蓬状、矮小，覆盖度为 5% ~20%，在畜牧业上利用价值很小。

6）垫状植被

其是高原多年冻土区高山地带垂直分布最高的植被类型，其上为高山冰雪带。表层以冰碛物和寒冻风化破碎的块石、碎石为主，成土过程极弱，仅在块石间形成少量细颗粒土，有机质积累少，且分解不完全，植物生存条件极差。主要种属有点地梅、雪莲花、雪灵芝、钻叶风毛菊、网状大黄、六叶龙胆、高原毛茛等，植被稀疏，矮小呈垫状，覆盖度小于 5%。

### 3. 植被的主要特征

高原多年冻土所处的独特的地理位置及严寒的气候，使许多植物种属已达到边缘分布及极限分布状态。目前已成为珍贵的种属和高原基因库。

高原多年冻土区边缘及外围地带以灌丛、森林及草原类型为主，而广阔的连续多年冻土区内植被主要是高寒草原和高寒草甸两大类，这两类植被主要特征如下。

（1）植物组成较简单，群落外貌单调，每平方米有植物 8 ~ 15 种，以禾本科、莎草科为优势种。

（2）植物个体低矮，产草量低，平均高度只有 5 ~ 15cm，产草量平均为 50 ~ 70kg/亩①。

（3）植物生长期短，以营养繁殖为主，生长发育时间约 100 天，能在短暂的生长期内很快完成其生长及繁殖过程。

（4）植被适应能力强，根系发达，短根茎，结集在土壤上层，形成一层坚实的草结皮层。

（5）目前高原气候持续转暖，冻土退化，干旱化及沙化严重，造成高原植物生存环境极为脆弱，促使一些植物向中生、旱生化特征演化。

### 4. 植被与冻土退化、沙化的关系

植被能减弱风速，减少土壤表面的蒸发，增加近地表空气层的湿度和阻止土壤表层的热量交换，保持水土、防风沙。

在高原多年冻土区，茂密的植被有利于多年冻土的保存和发育，而冻土环境又能为植物生长提供充足的水分及独特的生态环境，但较低的土温又抑制一些植物的生长和发育。总之植被与多年冻土二者之间相辅相成、相互制约、相互作用、协同演化、共同构成了多年冻土自然生态平衡系统。

近几十年来，草地超载放牧，人类和啮齿类动物破坏植被，导致高原草地退化，水土流失、沙化，其现象日趋严重，从而又进一步促使和加速冻土退化。从植被类型分析，草地退化最严重的是高寒草甸，其次为高寒草原，其中约 60% 的高寒沼泽化草甸均呈现出不同程度的退化迹象。而高寒沼泽化草甸大多分布在多年冻土发育地段，亦充分证实草地退化与冻土退化的相互关系。

冻土呈区域性退化改变了高原植物的生境条件和生态环境，迫使多年冻土区内的高寒沼泽化草甸、高寒草甸及高寒草原均不同程度地呈逆向演替。图 6.1 中演替方向均造成地表植被覆盖度呈减少趋势，从而又进一步导致多年冻土退化。照此发展下去，形成反复的恶性循环，只能造成图 6.1 中第①种演替结果面积越来越少，第②③种演替加速向劣势方向发展。高原多年冻土区的植被演替，草地退化如不及时采取有效措施，任其发展下去，造成本区内的冻土环境和生态平衡失调，水土大量流失，势必形成两种不可逆的恶性循环

① 1 亩≈666.67$m^2$。

(图6.2)，所产生的最终后果将是草地大面积退化、沙化和荒漠化，高原生态环境变劣。

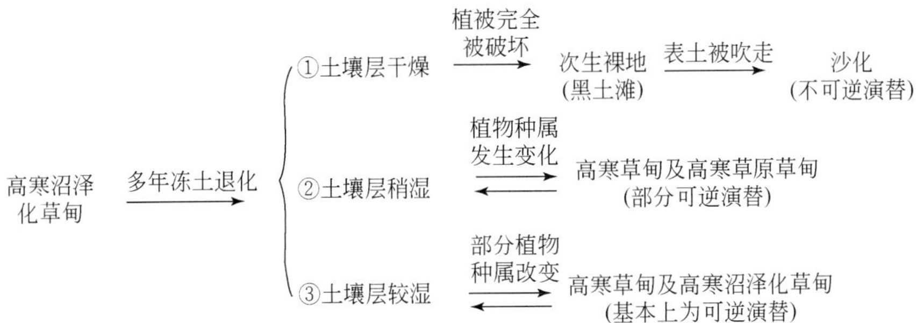


图6.1　高原多年冻土区内高寒沼泽化草甸植物群落演替系列模式

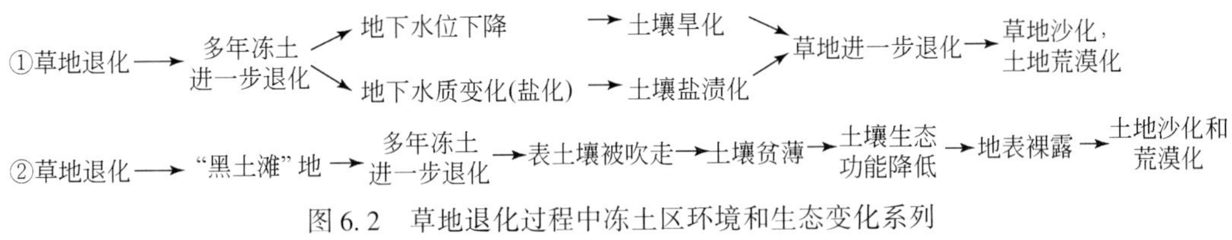


图6.2　草地退化过程中冻土区环境和生态变化系列

目前高原上草地退化、沙化、土地荒漠现象正不断地扩展和蔓延。可见，植被和土地沙化之间存在着不可分割的内在联系。因为植被与沙化都受气候条件控制，两者在发生、发展过程中存在着一种相互影响、相互作用的正反馈关系。如果气候变干，则降水量随之减少，生物生产力下降，植物种类减少，植被覆盖度变小，地表则开始沙化，进而引起土壤营养成分流失，微生物数量和种类减少，成壤作用减慢，生物生产力进一步下降，植被种类进一步减少，覆盖度越来越小，沙化发展速度加快。如此往复循环作用，直到植被、沙化、气候间达到一种新稳定协调状态为止。如果气候转湿润，降水量增加，则生物生产力进一步增加。如此循环过程亦持续到植被、沙化及气候间达到另一种新的稳定协调状态为止。在高原多年冻土区不同地段可出现不同程度的沙化；相应地在不同程度沙化地段，亦发育着不同的植被类型和植被形态（严水玉等，1996）。

## 6.2.2　大小兴安岭多年冻土区

### 1. 植被的地理分布规律

1）水平地带性规律

本区植物区系成分是以东西伯利亚植物为主（约占51.5%），并深受东北植物区系（约占38.7%）及蒙古植物区系（约占2.3%）的影响，还有少数北极高山区系的侵入（周以良等，1991）。

森林为本区的绝对优势植被。在本区北部、西北部属寒温带针叶林，组成植被的建群种和优势种为兴安落叶松、白桦、越桔、笃斯越桔、杜香等。向南、向东逐渐过渡为温带针阔叶混交林，典型种属有樟子松、红松、兴安落叶松、白桦、紫椴、山杨、水曲柳、蒙古栎、榛子等。本区西南部邻近呼伦贝尔温带草原、南部及东南部为松嫩平原温带森林草地。

2）垂直地带性规律

大兴安岭山脉纵贯本区中部，直接影响和控制本区植被分布，地形、气候、土壤等方面差别，导致各地段植被类型及其组合的差异，并表现出植被分布的垂直地带性规律，在垂向上可划分出三个带及三个亚带（表 6.1）(吴征镒等，1983)，除亚高山矮曲林带外，其他地区地带性植被均是森林植被，优势种均为兴安落叶松，但其在不同带因生境条件差异，组成的群丛不同。

**表 6.1　大兴安岭各山峰植被垂直带的分布高度**　　单位：m

| 垂直带（亚带） | | 典型地带性植被 | 各山峰地理坐标（海拔，纬度，经度） | | | | |
|---|---|---|---|---|---|---|---|
| | | | 小尼里古鲁山<br>1446m<br>50°05′N<br>121°55′E | 青年岭<br>1350m<br>51°04′N<br>121°20′E | 英吉里山<br>1460m<br>51°06′N<br>122°08′E | 奥科里堆山<br>1530m<br>51°50′N<br>122°08′E | 白卡鲁山<br>1410m<br>52°19′N<br>123°21′E |
| Ⅰ 亚高山矮曲林带 | | 偃松矮曲林 | | | >1450 | >1350 | >1240 |
| Ⅱ 山地寒温性针叶疏林带 | | 偃松、兴安落叶松林 | >1380 | >1320 | 1300 ~ 1450 | 1200 ~ 1350 | 1100 ~ 1240 |
| Ⅲ | $Ⅲ_1$山地上部寒温性针叶林亚带 | 塔鲜、东北赤杨、云杉、兴安落叶松林 | 1050 ~ 1380 | 1000 ~ 1320 | 980 ~ 1300 | 900 ~ 1200 | 800 ~ 1100 |
| | $Ⅲ_2$山地中部寒温性针叶林亚带 | 兴安杜鹃、樟子松、兴安落叶松林 | 600 ~ 1050 | 580 ~ 1000 | 560 ~ 980 | 510 ~ 900 | 450 ~ 820 |
| | $Ⅲ_3$山地下部寒温性针叶林亚带 | 蒙古栎、兴安落叶松林 | <600 | <580 | <560 | <510 | <450 |

从表 6.1 可见，本区三个带和三个亚带的分布高度是从北向南逐渐升高，且分布带幅亦逐渐加宽。

但应该指出：本区山势较低，相对高差不很大，加上全区总体地势自东南向西北呈波浪状缓慢上升，造成垂直地带性和水平地带性规律混合作用，致使各带内组成植物群丛的差异是逐渐过渡的。因此不同带之间既有区别，又有联系，相互交错、演化，构成目前本区植被的分布格局。

## 2. 植被基本类型

植被分类是将组成植被的各种各样植物群落依据一定的原则，进行分类，纳入一定的分类系统，从而使杂乱现象条理化，以达到对植被有一个较系统、较全面的认识。据统计全区大约有 960 种植物，本书主要介绍周以良等编著《中国大兴安岭植被》一书中的植被分类系统，周以良等将全区植物划分为 6 个植被型，14 个植被亚型，27 个群系，80 个群丛，以简表形式表示（表 6.2）(周以良等，1991)。

**表 6.2　大兴安岭植被类型简表**

**森林**

Ⅰ　针叶林

一、落叶松林

（一）兴安落叶松

1. 兴安杜鹃、兴安落叶松林
2. 越桔、兴安落叶松林
3. 杜香、兴安落叶松林
4. 越桔、杜香、兴安落叶松林
5. 泥炭藓、杜香、兴安落叶松林
6. 塔藓、东北赤杨、兴安落叶松林
7. 赤茎藓、兴安落叶松林
8. 修氏苔草、兴安落叶松林
9. 蒙古栎、兴安落叶松林
10. 草类、兴安落叶松林
11. 偃松、兴安落叶松林

二、松林

（一）樟子松林

1. 兴安杜鹃、樟子松林
2. 杜香、樟子松林
3. 草类、樟子松林
4. 贝加尔针茅、兔毛蒿、樟子松林

（二）偃松矮曲林

1. 岩高兰、偃松矮曲林

三、云杉林

（一）鱼鳞云杉林

1. 塔藓、越桔、鱼鳞云杉林

（二）红皮云杉林

1. 越桔、杜香、红皮云杉林
2. 泥炭藓、红皮云杉林

Ⅱ　针阔叶混交林

一、落叶松、桦树混交林

（一）兴安落叶松、白桦林

1. 杜香、兴安落叶松、白桦林
2. 石棒绣线菊、兴安落叶松、白桦林
3. 草类、兴安落叶松、白桦林
4. 越桔、兴安落叶松、白桦林
5. 兴安杜鹃、兴安落叶松、白桦林
6. 榛子、兴安落叶松、白桦林

Ⅲ　阔叶林

一、桦树林

（一）白桦林

1. 兴安杜鹃、白桦林
2. 草类、白桦林
3. 榛子、白桦林

（二）黑桦林

1. 榛子、黑桦林
2. 胡枝子、黑桦林

（三）岳桦林

1. 小叶樟、银老梅、岳桦矮曲林
2. 越桔、杜鹃、岳桦林
3. 偃松、岳桦林

二、栎树林

（一）蒙古栎林

1. 榛子、蒙古栎林
2. 胡枝子、蒙古栎林

续表

三、杨树林

（一）山杨林

1. 榛子、山杨林　　2. 兴安杜鹃、山杨林

（二）甜杨林

1. 红瑞林、甜杨林

四、钻天柳林

（一）钻天柳林

1. 稠李、钻天柳林

五、赤杨林

（一）毛赤杨林

1. 五蕊柳、毛赤杨林　　2. 红瑞林、毛赤杨林

**灌丛**

Ⅳ　针叶灌丛

一、松灌丛

（一）偃松灌丛

1. 岩高兰、偃松灌丛　　2. 越桔、偃松灌丛

二、桧灌丛

（一）兴安桧灌丛

1. 砂藓、兴安桧灌丛

Ⅴ　阔叶灌丛

一、杏灌丛

（一）山杏灌丛

1. 兔毛蒿、山杏灌丛

二、榛子灌丛

（一）榛子灌丛

1. 乌苏里苔草、榛子灌丛

三、柳树灌丛

（一）蒿柳灌丛

1. 小叶樟、柳叶绣线菊、蒿柳灌丛

**草原**

Ⅵ　草甸草原

一、兔毛蒿草原

（一）兔毛蒿草原

1. 贝加尔针茅、兔毛蒿草原

二、百里香草原

（一）黑龙江百里香草原

1. 兔毛蒿、黑龙江百里香草原

**草甸**

Ⅶ　典型草甸

一、拂子茅草甸

（一）小叶樟草甸

1. 白花地榆、金莲花、小叶樟草甸

续表

Ⅷ　沼泽草甸
一、拂子茅草甸
（一）小叶樟草甸
　1. 修氏苔草、小叶樟草甸

**沼泽**
Ⅸ　草本沼泽
一、苔草沼泽
（一）修氏苔草沼泽
　1. 小叶樟、修氏苔草沼泽
（二）灰脉苔草沼泽
　1. 修氏苔草、灰脉苔草沼泽
Ⅹ　灌木沼泽
一、桦树沼泽
（一）卵叶桦沼泽
　1. 修氏苔草、沼柳、卵叶桦沼泽
（二）柴桦沼泽
　1. 修氏苔叶、小叶杜鹃、柴桦沼泽
（三）扇叶桦沼泽
　1. 修氏苔草、杜香、扇叶桦沼泽

**草塘（水生植被）**
Ⅺ　沉水型草塘
　1. 龙须眼子菜草塘
　2. 轮叶狐尾藻、龙须眼子菜草塘
　3. 菹草草塘
　4. 东北金鱼藻草塘
　5. 小狸藻、东北金鱼藻草塘
　6. 线叶水马齿草塘
　7. 长叶水毛茛草塘
　8. 苔草、杉叶藻草塘
Ⅻ　浮叶型草塘
　1. 睡莲草塘
　2. 萍蓬草、睡莲草塘
　3. 轮叶黑藻、莲叶荇菜草塘
　4. 浮叶慈姑草塘
　5. 白花驴蹄草草塘
　6. 小掌叶毛茛草塘
ⅩⅢ　漂浮型草塘
　1. 浮萍草塘
　2. 水木贼、浮萍草塘
　3. 叉钱苔草塘
ⅩⅣ　挺水型草塘
　1. 蒙古香蒲草塘
　2. 紫背浮萍、蒙古香蒲草塘
　3. 菖蒲草塘
　4. 黑三棱草塘
　5. 小黑三棱、黑三棱草塘
　6. 矮黑三棱草塘
　7. 泽泻草塘
　8. 线叶眼子菜、慈姑草塘
　9. 芦苇草塘

注：植被型：不加数码，用黑体字。植被亚型：用Ⅰ、Ⅱ、Ⅲ……数字，统一编号。群系组：用一、二、三……在植被亚型下编号。群系：用（一）、（二）、（三）……在植被亚型或群系下编号。群丛组或群丛：用1、2、3……在群系下编号。

森林为大兴安岭的绝对优势植被型，分布面积大，纵贯全区。从树种组成上分为三个亚型，即针叶林、针阔叶混交林及阔叶林，其中针叶林为本区地带性植被或原生植被，遭破坏（不合理采伐或火烧等）后，衍生成阔叶林或针阔混交林。

各级分类单位命名方式：

优势种或标志种+主要层片的建群种，如兴安杜鹃、兴安落叶松林、岩高兰、偃松灌丛、白花地榆、金莲花、小叶樟草甸、修氏苔草、沼柳、卵叶桦沼泽等。

大兴安岭的落叶松林仅包括一个群系，即兴安落叶松林，是本区植被的主要建群种或优势种。兴安落叶松能够在低温的土壤中进行生理活动，在很短的生长期中通过强烈的同化和蒸腾作用完成生活周期，并由于冬季落叶这一特征更使其具有较强的抗寒能力，其生态适应多年冻土区的冷生环境，生长范围广，几乎遍布全区。依生境条件的差异，兴安落叶松在植物组成、结构和外貌上有很大变化，又可划分出 11 个群丛或群丛组（表 6. 2）。

（1）兴安杜鹃、兴安落叶松林；

（2）越桔、兴安落叶松林；

（3）杜香、兴安落叶松林；

（4）越桔、杜香、兴安落叶松林；

（5）泥炭藓、杜香、兴安落叶松林；

（6）塔藓、东北赤杨、兴安落叶松林；

（7）赤茎藓、兴安落叶松林；

（8）修氏苔草、兴安落叶松林；

（9）蒙古栎、兴安落叶松林；

（10）草类、兴安落叶松林；

（11）偃松、兴安落叶松林。

上述 11 个群丛或群丛组的相互生态序次或演替关系如图 6. 3 所示（周以良等，1991）：

针阔叶混交林在本区仅是一种过渡植被类型，主要是由于原生的各类兴安落叶松林经采伐、火烧后，以白桦为主的阔叶树种侵入而形成的。所以此类针阔叶混交林在组成、结构上极不稳定，但分布较广。

本区阔叶林大多为针叶林衍生的次生森林植被，主要有白桦林、蒙古栎林、黑桦林、山杨林等，能构成小面积林，分布不普遍。

本区其他如灌丛、草原、草甸、沼泽等类植被本书不再赘述。

**3. 森林植被与冻土的关系**

大小兴安岭呈“人”字形横亘于我国东北的最北端，绵延千里，茫茫林海是抵御西伯利亚寒流和蒙古风沙的天然屏障，对保护东北平原及华北平原生态起着重要作用。

大面积森林和沼泽湿地是本区多年冻土赖以发育和生存的基本条件。

森林植被可滞留大部分的太阳辐射，一般能阻止到达土层辐射总量的 54% ~65% 。对森林气候的系统观测表明：在无林地表测得太阳辐射强度为 4. 5J/( $cm^2$ · d)；在树高 15m 的松林中，辐射强度为 0. 167J/( $cm^2$ · d)；在树高 10 ~20m 云杉和白桦混交林中辐射强度仅为 0. 084 ~0. 127J/( $cm^2$ · d)；在密闭云杉林中的辐射强度为 0. 29J/( $cm^2$ · d)。可见，无林地表的太阳辐射是森林植被下的 12 ~49 倍（王春鹤等，1999）。在根河生态站内 6 月中、上旬林冠上和林冠中一天内的净辐射对比观测表明：林冠下净辐射通量仅为林冠上部

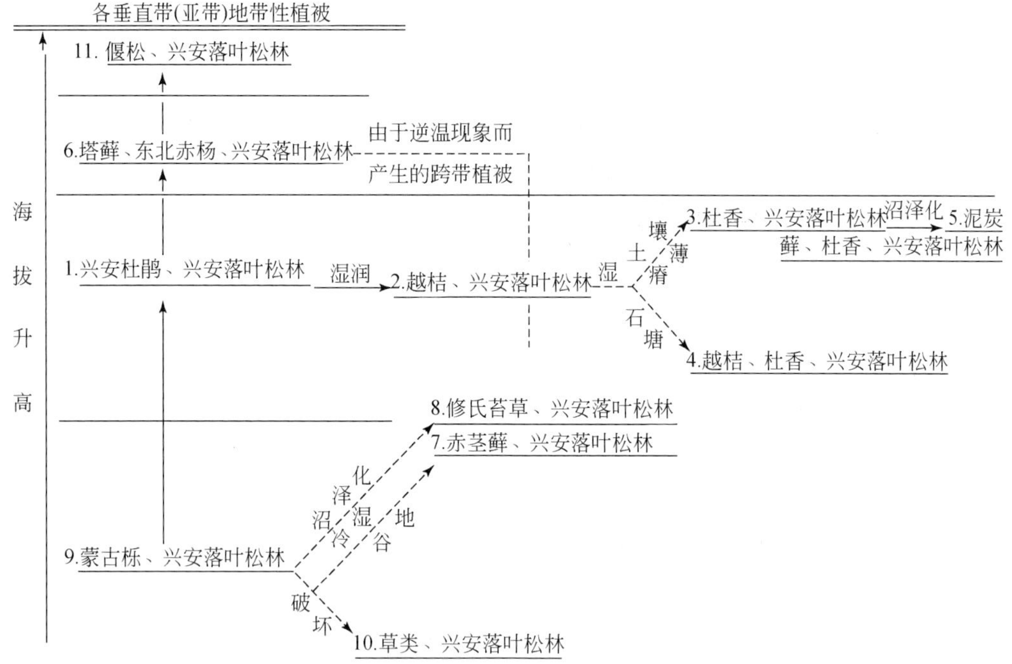


图6.3　11个群丛或群丛组的相互生态序次或演替关系

的60%（周梅，2003），将近40%的热量被林冠层反射和吸收，其最终导致森林植被下地温低于无林地段。从本区长期地温观测资料分析：在暖季森林植被可减缓土层升温，而在冷季亦可相对减弱土层降温。对冻土地温分析结果表明，森林植被暖季相对降温的贡献大于冷季相对增温的贡献。可见本区森林植被有利于多年冻土生存。

森林大面积采伐后，采伐迹地失去了高大的树木和枯枝落叶层的热力屏障，使太阳辐射直达地表，增加了辐射强度，改变了地表生态环境条件，同时对下伏多年冻土有以下影响：

（1）在暖季皆伐迹地的日平均气温明显高于天然林地1.7～2.0℃，导致季节融化深度增加20～30cm。

（2）森林采伐后覆盖度降低，增强地表空气对流、风速增大，造成皆伐迹地的日平均相对湿度比天然林地平均小2.8%。

（3）皆伐迹地空气湿度减小，促使土壤水分蒸发加快，造成季节融化层含水量减少50%（周梅，2003），土层明显变干，最终结果是地温升高。

（4）皆伐迹地由于植被减少，暖季太阳净辐射热通量增加，造成地表下20～30cm深处地温平均升高3～5℃（陈亚明和印艳华，1996）。

总之，本区大面积地采伐森林后，失去了森林的屏障效应，改变了皆伐迹地的气温、湿度、蒸发、土壤水分等环境要素。上述要素综合作用，致使地温升高，季节融化深度增大，加速多年冻土退化进程。

# 6.3 植被对多年冻土的指示

## 6.3.1 植被指示性的原理

植被的生态特征是对其环境因子长期适应的结果，并对环境具有指示作用。

植被群落在其漫长的系统发展过程中综合适应各种生态因素，因此各植物群落可相应反映出本身的生境。

多年冻土区活动层是植物赖以生存的场所，活动层的土温和水分对植物生长起决定性作用，因此植被与活动层有密切关系。一般植物根系的末端延伸不到多年冻土层内，加上活动层内地温较低，透气条件差，土壤的营养物质较贫乏，抑制植被的发育。故多年冻土层埋藏越浅，地温越低，对植被生长的影响就越大。同时，多年冻土区植物的生长与所处的微地貌部位、地表水文条件及下伏多年冻土分布状况有关。因此，可以从各类植物群落、群丛的位置大致判断出其下伏多年冻土的分布状况。利用此原理，在多年冻土区内寻找和建立相对标志性的指示植物，然后可将标志性植物作为该区冻土调绘的一种方法和手段。

植被作为冻土指示标志是相对的，即同一种植物在一些地区可作为冻土指示标志，而在另一些地区指示效果不佳。可见植物对冻土的指示性，仅对一个具体地区是确定的。因此，有必要研究不同地区不同类型冻土与特定植物群落之间的关系，从而确定出不同类型冻土地区的指示性植物。

## 6.3.2 青藏高原多年冻土区

本区植被大多为多年生草本植物，个体矮小，植被呈丘状、斑状、片状及稀疏零散状分布，覆盖度依次减小（从80%逐渐减小至小于10%）直到裸地。植被与冻土关系复杂，植被对浅层地温呈现双重作用（金会军等，2008），可起冷却作用，亦可起保温作用，究竟那种功能占优势，与所在地段、植被类型及覆盖度有密切关系。

在高原冻土区边缘地带，地表以茂密藏嵩草为主的沼泽化草甸地段，加之有冻胀丘发育，这些地段可判定为多年冻土岛。如青藏公路南段的两道河盆地，NO.1场地位于盆地中心的沼泽湿地内生长藏嵩草、矮嵩草等，覆盖度达80%，钻孔揭露多年冻土层厚达70m，年平均地温-1.1℃。而相距150m的NO.2场地内地表为稀疏的小嵩草，覆盖度为20%～30%，现已成为季节冻土区。

在安多河谷地各类植被下5cm深处暖季短时间的地温有明显差别（表6.3），该谷地内表土层均为含砾粉土，其不同植被下的浅层地温则有差别，藏嵩草、矮嵩草地温低，下伏为多年冻土岛，其他植物下地温较高，为季节冻土区。

**表6.3 安多河谷地不同植被覆盖下的地温对比（1996年9月下旬）**

| 植物种属 | 藏嵩草 | 矮嵩草 | 沙生针茅 | 垫状点地梅 | 稀疏小蒿草 | 亚砂土裸地 |
|---|---|---|---|---|---|---|
| 植被覆盖度/% | 80～90 | 50～80 | 40～50 | 20～30 | 10～20 | 0 |
| 5cm深处地温/℃ | 2.3～4.5 | 3.6～4.8 | 4.2～6.3 | 5.2～8.4 | 4.7～4.9 | 3.2～3.8 |
| 冻土类型 | 多年冻土岛 | | 季节冻土区 | | | |

在大片连续冻土区内，植被、岩性及含水率等局地因素的组合决定着季节融化深度和地下冰的发育状况。植被生长茂密部位，往往是细颗粒土层较厚、水分条件较好的地段，此处地下冰亦发育。以风火山为例（表6.4），通过植被、岩性及含水率组合可判断冻土和地下冰的发育状况。

**表6.4 风火山地区植被、岩性与冻土的组合规律**

<table>
<tr><th rowspan="2">植被分布</th><th colspan="4">影响因素</th><th rowspan="2">冻工程土类别</th><th rowspan="2">冻土现象</th></tr>
<tr><th>微地貌</th><th colspan="2">岩性</th><th>水分</th></tr>
<tr><td>零星垫状草甸</td><td>山顶，陡坡，河漫滩</td><td>基岩、坡残积物、河卵砾石</td><td rowspan="5">少 细颗粒含多量 多 ↓</td><td rowspan="5">少 含水率 多 ↓</td><td>少冰冻土</td><td>石河、石海、石多边形</td></tr>
<tr><td>稀疏草甸</td><td>高阶地，山前缓坡高地</td><td>坡积物、残积物、砂、砾石、碎石</td><td>多冰冻土</td><td>多边形，鱼鳞坡</td></tr>
<tr><td>斑状草甸、鱼鳞状草甸</td><td>缓坡中部，盆地</td><td>坡积物，粉砂、砾石、碎石</td><td>富冰冻土</td><td>冻胀斑土，泥流，鱼鳞坡，多边形</td></tr>
<tr><td>片状草甸、丘状草甸</td><td rowspan="2">缓坡中、下部，泥流堆积区、阶地、盆地的低洼积水地段</td><td rowspan="2">坡积、冲积、泥流堆积的粉质黏土、含砾粉质黏土</td><td>饱冰冻土</td><td rowspan="2">泥流滑塌，冻胀丘，沼泽湿地，冻胀草丘，热塘湖塘，沼泽湿地，冻胀丘</td></tr>
<tr><td>丘状草甸、沼泽草甸</td><td>含土冰层</td></tr>
</table>

不同植被下季节融化深度亦有明显不同，利用植被类型可初步确定出季节融深的范围（表6.5）。

**表6.5 青藏公路沿线植被类型与最大季节融深的关系** 单位：m

| 植被类型 | 沼泽化草甸 | 高寒草甸 | 高寒草原化草甸 | 高寒草原 | 高寒荒漠 |
|---|---|---|---|---|---|
| 最大季节融深 | 0.9～1.3 | 1.2～1.7 | 1.5～2.2 | 2.0～2.6 | 2.5～3.2 |

## 6.3.3 大小兴安岭多年冻土区

兴安落叶松生态适应范围广，几乎遍布全区，直至47°N的阿尔山地仍可生长兴安落叶松，但在北部片状多年冻土区占优势，向南至岛状冻土或季节冻土区逐渐过渡为零星分布。因此，以兴安落叶松单一树种作为识别多年冻土存在的标志是不可靠的，依生态环境条件的差异，兴安落叶松可与其他植物组成不同的群丛林，有些群丛林可有效地指示多年冻土分布状况（张汉文，1983）。

（1）兴安落叶松-偃松林属于高山植物群落，主要分布在海拔 800～1000m 的山地，该地段海拔高，气温低，普遍发育着多年冻土，它是指示多年冻土存在的典型植被群落。

（2）兴安落叶松-杜香林一般分布在山地阴坡或半阴坡、地表较潮湿，此林型下一般存在着多年冻土层。

（3）兴安落叶松-泥炭藓-杜香林和兴安落叶松-苔草-杜香林是指示多年冻土存在的主要林型，其分布于河漫滩或山前缓坡地段，一般下伏高含冰量的多年冻土层。

（4）林区沼泽草甸，以莎草为主，并生长一些沼柳，主要分布于低洼的湿地内，地表为丘状、墩状塔头草，其下伏为多年冻土层。

（5）本区北部绿苔、水藓发育地段，地温最低，多年冻土和地下冰相当发育，地表的"老头树"是典型标志。

（6）在林区内有倒木、醉林及树干从根部劈开等现象的地段，说明该处土层的冻胀及融沉作用强烈，可能与下伏多年冻土层有关。

（7）沿河两岸生长柳树、杨树林地段及区内东部、南部黑桦-榛子林，兴安落叶松-柞树林、草原等地段，一般为融区或季节冻土区。

总之，在冻土测绘中可充分利用植被的指示性，间接地获得冻土的有关信息。

铁道部第三勘测设计院在本区铁路勘测过程中积累了一套利用植被指示多年冻土和工程地质条件的经验（表 6.6）（交通部第一铁路设计院，1975），以后在本区的各项冻土工程地质勘测中可以借鉴。

**表 6.6　大兴安岭地区常见植被与多年冻土分布特征的关系**

| 植被群丛 | 地貌部位 | 一般地质情况 | 地下水位 | 冻土类型 | 工程地质评价 |
|---|---|---|---|---|---|
| 兴安落叶松 | 山脊、山坡、洪积台地、冲积扇 | 山脊部位松散层薄，以碎石土为主，其他为粉土、粉质黏土 | 山脊、山坡无地下水，洪、冲积扇地下水位 1～2m | 山脊及向阳坡一般无多年冻土，其他地段为少冰，多冰冻土 | 较好-良好 |
| 樟子桧 | 多生长于山脊向阳坡处 | 表土层薄为碎石土、角砾土，基岩埋藏浅 | 一般无地下水 | 无多年冻土 | 良好 |
| 白桦 | 缓坡、洪积台地、洪积扇 | 黏性土及碎石土 | 地下水位 1～2m | 根据地表状况，确定有无多年冻土 | 较好 |
| 榛子树 | 山坡、洪积扇、二级阶地 | 多为黏性土，厚 0.5～2.0m | 阶地处地下水位较高 | 一般无多年冻土 | 较好 |
| 杜鹃灌丛 | 台地、洪积扇、山坡 | 碎石土或块石土 | 地下水位较深 | 多年冻土 | 差 |

续表

| 植被群丛 | 地貌部位 | 一般地质情况 | 地下水位 | 冻土类型 | 工程地质评价 |
| --- | --- | --- | --- | --- | --- |
| 羊草、白草、猫尾草等 | 一级阶地 | 黏性土厚0.3～0.8m，以下为卵石土 | 地下水位1～2.5m | 南部为季节冻土，北部为多年冻土 | 较好 |
| | 洪积扇，二级阶地 | 黏性土厚0.5～2.5m，以下为卵石土 | 地下水位1～2.5m | 南部为季节冻土，北部为多年冻土 | 较好 |
| | 缓坡 | 黏性土厚1～2m，以下为碎石土或基岩 | 地下水位大于3m | 阴地为多年冻土岛 | 差 |
| | 陡坡 | 碎石土厚1～2m，以下为基岩 | 无地下水 | 季节冻土或融区 | 良好 |
| 笃斯灌丛 | 地表潮湿地段 | 表层30～40cm有机质土，以下为黏性土 | 地下水位小于1.0m | 大多为多年冻土 | 较差 |
| 塔头草 | 季节性积水的河漫滩 | 表层泥炭厚0.2～0.3m下部为砂卵砾石 | 地面积水 | 大多为融区，少数为岛状冻土 | 较差 |
| | 阶地、台地及山坡脚处 | 表层泥炭厚0.2～0.4m，下部为沼泽土 | 地面积水 | 高含冰量多年冻土 | 差 |
| | 山间洼地 | 表层泥炭厚1～3m | 地面积水 | 多为厚层地下冰 | 很差 |
| 地衣苔藓 | 向阳的洼地、阶地 | 表层为未腐朽泥炭，厚度大于3m | 地面潮湿 | 多为厚层地下冰 | 很差 |

近几十年来，随着全球气候转暖，加上林业大量开发及人类活动的加剧，导致本区多年冻土加速退化，南界北移。同时造成兴安落叶松林的分布界线亦随之北移，林中某些群丛发生演替，形成冻土和森林植被协同演化的格局。

## 6.4　植被调查方法

植被调查是冻土测绘的一个主要内容，是研究不同类型冻土区各群丛所包括植物的种类、数量和条件，以及单位面积的平均个体数、密度、覆盖度等，了解各植被群落与多年冻土分布及土壤、水文之间的相互关系。

在熟习和掌握前人研究成果的基础上，制定出野外工作计划和采集样品种类、范围和数量。

野外植被调查应与土壤调查及现场冻土勘探（主要坑探）等工作同时进行，除了穿越路线调查外，应综合考虑选择有代表性地段，进行样地详细的地植物调查（汪劲武，1983；《三江源自然保护区生态环境》编辑委员会，2002）。

### 1. 样地选择原则

（1）不同类型、类别的冻土区均应布置样地。
（2）样地应避免设置在群落交错区。
（3）样地应选择在同一微地貌单元或同一类型的土壤层上。
（4）每个调查区应设 3 ~4 个样地。

### 2. 样地尺寸

根据植被类型选择，一般木本科植物样方为 30m×30m 或 25m×25m；灌丛样方为 5m×5m 或 10m×10m；草本或垫状植物样方为 1m×1m。

### 3. 样地调查内容

（1）木本种的植物种数、胸径、树高、株树、乔木层的盖度；灌丛的物种数、盖度和高度；草本和垫状植物物种数、盖度和高度，用上述数值来量度各植被类型的群落多样性。
（2）用 GPS 确定样地的位置及微地貌部位，并分别录像。
（3）分别统计各样地植被覆盖度、植物类型及其所占比例。
（4）同时测量当时气温、地表温度及不同深度的浅层地温。
（5）在采集植物标本的同时，调查地表水分状况，采集土样和测定土壤含水率。
（6）调查不同植物根系深度及其与下伏多年冻土层的关系，从而寻找各种植物与多年冻土的关系。

### 4. 怎样采集植物标本

植被调查的重要环节是采集植物标本。植物标本是进行科学研究、辨认种类的第一手材料，亦是永久性的查考资料（汪劲武，1983）。
（1）因为鉴定种类主要靠花、果形态，因此必须采集带有花、果的标本。
（2）草本植物，矮草要连根挖出，使根、茎、叶、花（或果）全具备。
（3）木本植物选择带有花、果、叶的枝条，一般长 25 ~30cm 最合适。
（4）现场记录：采集号、地点、时间、定名、生态环境、采集者，并认真填写各样方调查表。
①乔木层野外样方调查表

群落名称:__________　样方面积:__________　野外编号:__________　层次名称:__________
层高度:__________　调查时间:__________　记录者:__________　第____页

| 编号 | 植物名称 | 高度/m | 胸径/m | 株数 | 盖度/% | 物候期 | 生活力 | 生活型 | 附记 |
|---|---|---|---|---|---|---|---|---|---|
| | | | | | | | | | |
| | | | | | | | | | |

②灌木层野外样方调查表

群落名称：__________　样地面积：__________　野外编号：__________　层次名称：__________
层高度：__________　层盖度：__________　调查时间：__________　记录者：__________
第____页

| 编号 | 植物名称 | 高度/m | | 冠径/m | | 丛径/m | | 株丛数 | 盖度/% | 物候期 | 生活力 | 生活型 | 附记 |
|---|---|---|---|---|---|---|---|---|---|---|---|---|---|
| | | 一般 | 最高 | 一般 | 最大 | 一般 | 最大 | | | | | | |
| | | | | | | | | | | | | | |

③草本层野外样方调查表

野外名称：__________　样地面积：__________　野外编号：__________　层高度：__________
层盖度：__________　调查时间：__________　记录者：__________　第____页

| 编号 | 植物名称 | 花序高/cm | | 叶层高/cm | | 冠径/cm | | 丛径/cm | | 株丛数 | 盖度/% | 物候期 | 生活力 | 生活型 | 附记 |
|---|---|---|---|---|---|---|---|---|---|---|---|---|---|---|---|
| | | 一般 | 最高 | 一般 | 最大 | 一般 | 最高 | 一般 | 最大 | | | | | | |
| | | | | | | | | | | | | | | | |
| | | | | | | | | | | | | | | | |

密度=个体数目/样地面积；优势度=底面积（或覆盖面积总值）/样地面积；频度=包含该样地数/样地总数；重要值=相对密度+相对优势度+相对频度；物种多样性 Shannon 指数 $H=\sum(P_i\log_2 P_i)$。湿地、草甸和草原需要做植物组成、植物高度、生物量（收割法：收割后烘干、称干重）的研究。

（5）所需工具：标本夹、剪刀、镐、铲、野外记录本、标签、草纸、绳子、塑料布等。

（6）野外采集的标本最初还是湿的，需要经过不断换纸，吸水并压干，运回室内最后鉴定并长期保存。

# 第7章　多年冻土区的土壤调查

## 7.1　土壤定义和功能

土壤是历史自然体，是位于地球陆地表面和浅水塘底部的具有生命力、生产力的疏松而不均匀的聚积层，是地球系统中的组成部分和调控环境质量的中心要素。它有自身的生成、发展过程，并受到生物、气候、母岩、时间和人为因素的深刻影响。

土壤是联结有机界和无机界的中心环节，与植物密切相关，并构成生态系统的核心和生物食物链的首端，其功能主要表现在以下五个方面。

（1）土壤是植物生长的基质和营养库，绝大多数植物以土壤作为生长的基质，土壤提供了植物的生长空间、水分和必要的矿质元素。

（2）土壤是许多生物的栖居地，是污染物降解和转化的重要场所。

（3）土壤是形成许多冻土现象的物质基础。

（4）土壤具有自动调节能力，是土地资源的主体。

（5）土壤是历史地质、地理信息的载体，如利用古土壤层的$^{14}C$和孢粉资料可恢复古地理环境。土壤亦可间接地反映出当地水分、热量及动植物状况。

多年冻土区寒冷的气候使植物残体难以被微生物分解，形成泥炭。冻土沼泽湿地是在高纬度或高海拔、冷湿环境下形成的一种特殊的森林、沼泽湿地类型。全球北方高纬度沼泽湿地约占陆地面积的3%，却储存250～450pgC，约占陆地总储碳量的30%（Gorham，1991）。在地质历史时期冻土区沼泽湿地是大气$CO_2$非常重要的吸收地。据估计，在过去的10000年，泥炭地对大气$CO_2$的储存，使全球的温度下降了1.5～2.5℃（Holden，2005），是全球最重要的碳汇。最近全球气候模型预测21世纪多年冻土区将是全球气候变暖最显著的地区。如大兴安岭地区从1961年至今所有气象台站升温0.9～2.2℃，其中升温1.5℃以上的台站占75%以上；青藏高原近40年来平均气温上升了0.7℃，两地升温均高于全国的平均值。冻土区沼泽湿地对全球气候转暖的响应主要包括地温升高，季节融化层增厚、多年冻土层减薄或消失，以及土地利用方式的改变等，这些变化将会刺激微生物的活性，增加土壤温室气体的排放，冻土退化造成冻土地区土壤碳库发生由“汇”向“源”的转化。不过目前关于多年冻土区沼泽湿地土壤有机碳分解对气候转暖的响应还存在争议。有的研究认为气温升高会增加土壤微生物的活性，从而促进了土壤有机碳的分解，这将进一步增加大气$CO_2$的浓度，气候转暖与土壤矿化之间存在着正反馈机制。但也有研究认为，气候转暖和大气$CO_2$浓度的增加会对植物产生“施肥效应”，促使植物的生长，植被和土壤将固定更多的碳，因此气候转暖与土壤矿化之间存在着负反馈机制（王宪伟等，2010）。

由此可见，土壤在冻土区生态系统中具有维持本系统生态平衡的自我调节能力。同时土壤是土地资源的主体，在植被和其他物质生产中是不可缺少的资源，也是整个人类社会和生物圈共同繁荣的基础。

土壤亦是地理景观的一部分，土壤的发育和形成是一个复杂的物理、化学、生物学和地学过程。在诸多自然因素中，对土壤的发育、形成及演变起主导作用的主要是气候因素和生物因素。在冻土区，现代多年冻土的发育和保存与湿地的沼泽土具有共生机制关系，两者相互作用、相互依存。在区域分布上表现明显的宏观一致性，即现代湿地和沼泽土最发育的地段往往是多年冻土亦很发育，其地面同时发育着泥炭丘、热融湖、洼地、串珠状水系即冰椎等冻土现象。所以，土壤亦是冻土区划和分类的主要依据之一。

地形、气候、生物、母岩和时间五大成土变量因素影响土壤的形成和发育。在多年冻土区寒冷的气候和强烈的冻融风化作用对土壤影响很大，但高海拔的青藏高原多年冻土区土壤和高纬度大小兴安岭多年冻土区土壤的类型和特性又有明显差别。

## 7.2　青藏高原多年冻土区的土壤

### 7.2.1　发育特征

（1）年轻性：青藏高原自新近纪末整体抬升以来，第四纪经过多次冰期和间冰期交替，高原各山地成土时间普遍较短。据$^{14}$C 测定，高山寒漠土多发育在近代冰碛上，成土年龄不足 300 年（冷龙岭采样）。高山草甸土成土年龄为 3670±70 年（日月山垭口海拔 3455m 处采样）和 3590±90 年（橡皮山海拔 3800m 处采样）。

（2）土壤矿物风化弱，粗骨性强，细土物质少，黏粒含量只有 5% ~15% 。

（3）土层薄，一般厚 10 ~ 40cm，土体风化程度低。

（4）在高原内部湖盆区，第四纪沉积物中含有大量的硫酸盐及氯化物，不同时期的含盐沉积物成为湖盆地带土壤发育的基质，再加上干旱的气候、盐生的植被，封闭的地形等环境因素，导致湖盆地带各类土壤均含有程度不同的可溶盐。

### 7.2.2　分布特征

青藏高原东西长 2400km，跨 26 个经度，南北宽 1200 ~ 1300km，跨 12 个纬度，面积达 $250\times10^4$km$^2$，高度变化于 2000 ~ 8000m，平均海拔在 4000m 以上，年平均气温为-2 ~ -10℃，由于地形和山脉的影响，各地区降水、湿度差异相当大。广阔的高原年平均气温从南向北递减，年平均降水量从东南向西北递减，植被在同一方向上出现地带性更替，多年冻土下界、雪线、冰缘带下界随之变化，这就决定了高原土壤水平地带和垂直性的地域性分布规律。

#### 1. 土壤水平分布规律

与降水条件相吻合的年干燥度和自然景观也由东南向西北演变，从湿润山地针叶林，半湿润高山灌丛和高山草甸，半干旱高山草原到干旱高寒荒漠草原和极干旱的荒漠，与之相应的土壤带可概括为森林土壤、高山土壤、荒漠土壤三个土壤系列，并形成以棕壤和灰褐土、亚高山灌丛草甸土、高山草甸土、高山草原土、高山荒漠草原土和灰棕荒漠土为主体的土壤带（图7.1）（《青海省综合自然区划》编写组，1990）。

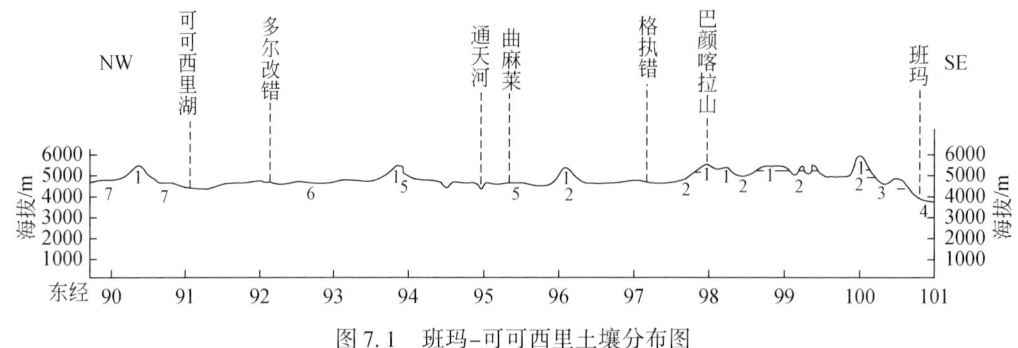


图7.1　班玛–可可西里土壤分布图

1. 高山寒漠土；2. 高山草甸土；3. 亚高山灌丛草甸土；4. 棕壤；
5. 高山草甸草原土；6. 高山草原土；7. 高山荒漠草原土

### 2. 土壤垂直分布规律

青藏高原土壤分布随高度的增加、有规律地相应于生物气候的变化而发生更替的现象，祁连山、昆仑山、唐古拉山和喜马拉雅山所处地理位置不同，在不同基带土壤上形成了不同的垂直带谱结构，同一土壤类型带谱下界高程由北向南逐渐升高（表7.1）。高原边缘地势高差悬殊，带谱结构比较复杂；高原内部山地高差小，带谱结构简单。

**表7.1　青藏高原主要土壤垂直分布状况**　单位：m

| 主要土壤类型 | 分布高原 | | | |
|---|---|---|---|---|
| | 祁连山系<br>大通河流域 | 巴颜喀拉山系<br>黄河流域 | 唐古拉山系<br>通天河流域 | 喜马拉雅山脉<br>雅鲁藏布河流域 |
| 黑钙土 | 2600 ~ 3300 | 3200 ~ 3600 | | 3000 ~ 3500 |
| 灰褐土 | 3200 ~ 3600 | 3500 ~ 3800 | 3700 ~ 4100 | 3500 ~ 4200 |
| 山地草原土 | 3100 ~ 3600 | 3200 ~ 4200 | 4000 ~ 4600 | 3600 ~ 4800 |
| 高山草甸土 | 3600 ~ 4200 | 3800 ~ 4800 | 4400 ~ 5200 | 4200 ~ 5500 |
| 高山寒漠土<br>（或高山碎石带） | 4000 ~ 4500 以上 | 4800 ~ 5000 以上 | 5000 ~ 5300 以上 | 5500 ~ 5700 以上 |

### 3. 土壤局地分布规律

高原土壤在水平和垂直带性分布规律的基础上，地形、母质及水文地质条件的作用形成一系列局地分布规律，具体表现形式如下。

（1）枝形土壤组合：土壤随河流水系呈树枝状伸展。

（2）扇形土壤组合：在各山地两侧洪积扇的不同部位，因成土母质、水文地质条件的差异，形成不同的土类，如唐古拉山北侧扇形地上部是高山草甸草原土、中下部是高山草原土，扇缘低地是潜育草甸土或沼泽泥炭土。

（3）盆地土壤组合：土壤类型从湖盆中心向四周更替，如可可西里地区的咸水湖，湖岸低处是盐渍土、草甸盐土，向四周高处依次出现盐化高地草原土、山地草原土。

（4）对称形土壤组合：表现为土壤组合沿各主干河流两岸呈对称分布。

### 7.2.3　土壤类型的性质及特征

青藏高原面积辽阔，自然条件复杂，地形、气候、植被、母质、成土年龄以及人为因素对土壤的发生发展有极深刻的影响，因而土壤类型较多，经归纳合并为 14 个土类，40 个亚类，分述如下（《青海省综合自然区划》编写组，1990）。

#### 1. 高山寒漠土

高山寒漠土多发育于唐古拉山、昆仑山和祁连山等高山上带，大部分为碎石，细粒物质仅在岩屑及块石间沉积。它脱离冰川作用最晚，成土年龄最短，土壤发育的绝对年龄一般在 30 ~ 400 年，原始成土过程起主导作用，土壤贫瘠，植被稀疏，目前暂不宜利用。

#### 2. 高山草甸土

高原上年降水量超过 300 ~ 400mm 的地区均可发育高山草甸土，多分布在山地缓坡、山间河谷、古冰碛台地及山前冲积–洪积扇区上，成土母质以坡积残积物、冰碛物、冰水沉积物和冲洪积物为主，经反复冻融作用形成，植被以小嵩草、矮嵩草、苔草为主，覆盖度为 50% ~ 70%，地表常有地衣、苔藓附生。按其发育阶段和程度可划分出以下三个亚类：

（1）原始高山草甸土；

（2）碳酸盐高山草甸土；

（3）高山草甸土。

高山草甸土层根系致密，富有弹性，耐践踏，宜牧性强，草质柔细，营养丰富，是理想的夏季牧场。

#### 3. 亚高山草甸土

亚高山草甸土主要分布在寒冷湿润、半湿润地区，其年平均气温为 -1 ~ -2℃，年降水量为 400 ~ 750mm，多为季节冻土区。亚高山草甸土的成土过程以腐殖质积累过程和融冻过程为主，而且比高山草甸土更强。植被以杜鹃、高山柳、箭叶锦鸡儿为主，伴生金露梅、鲜卑木等，草本植物有小嵩草、矮草、圆穗蓼、苔草等。土中有机质含量高，氮、磷、钾丰富，适宜高寒常绿阔叶灌丛、落叶灌丛及杂草生长。

#### 4. 高山草原土

在高原上，高山草原土广泛分布在年降水量小于 400mm 的山间盆地，山麓洪积扇，河盆高阶地上。以残积、冲积、风积母质为主，年平均气温为-1 ~ -3℃，干燥度在1.5以上的大陆性气候区，在寒冷、多风、干旱、植被稀疏的自然条件下成土过程较弱，有机质含量较少，再次经风沙作用后，黏粒含量低，多砾质土或含砾砂壤质土。植被以寒冷旱生半旱生多年生密丛禾草，根茎薹草及小半灌木为主，覆盖度为40% ~50%，是重要的高山牧场，可分为以下三个亚类：

（1）高山草甸、草原土；

（2）高山草原土；

（3）高山荒漠化草原土。

**5. 灰褐土**

灰褐土是温凉干旱、半干旱气候的山地森林及森林灌丛植被下发育的森林土壤，主要分布在高原各山地的北坡，大多在季节冻土区内，成土母质为花岗岩、砂岩、板岩风化的坡残积物。灰褐土是在弱腐殖质积累过程和弱淋溶过程作用下形成的，土壤由凋落物层、腐殖质层、黏化层和母质层构成，按土壤淋溶的强弱和土中碳酸盐含量可分为以下三个亚类：

（1）淋溶灰褐土；

（2）灰褐土；

（3）碳酸盐灰褐土。

灰褐土中腐殖质层厚、疏松、富含水分，适合发展林业。

**6. 暗棕壤**

暗棕壤是温带湿润地区针叶林下发育的土壤，是青藏高原东南部边缘山地土壤垂直带谱的主要土类，处于海拔3500 ~4100m，年平均气温0 ~3.8℃，年降水量600 ~1000mm地带。林下环境阴湿，有利于有机质积累，水分充足，生草过程强，土壤侵蚀弱，只发生溶质迁移，微生物活动慢，生物残体转化慢，易积累，有机质含量丰富，营养元素多，肥力高，是林木生长的最佳基地。

**7. 黑钙土**

黑钙土主要分布在东祁连山的冷龙岭、达坂山、拉脊山及高原东部2600 ~3500m的山麓洪积扇、低山及丘陵地带，上接亚高山灌丛草甸土，下接山地栗钙土。气候温凉半湿润半干旱，植被为杂类草原和草甸草原，覆盖度为60% ~80%，母质有坡积残积物、冲积物、冰水沉积物及风成黄土等。黑钙土多分布于山地阴坡，海拔高、气温低、有机质和氮素丰富，是理想的草原基地，适宜发展牧业，分为以下三个亚类：

（1）淋溶黑钙土；

（2）黑钙土；

（3）碳酸盐黑钙土。

**8. 栗钙土**

栗钙土分布在高原东部海拔2400 ~3200m的山地下部，是很多山地基带土壤，处在温带半干旱草原环境，植被类型由旱生丛生禾本科草类组成，成土母质多为黄土状沉积物和坡积残积物，矿质化远大于腐殖质积累程度，表面多有钙积层及粗砂，分为以下五个亚类：

（1）暗栗钙土；

（2）栗钙土；

（3）淡栗钙土；

（4）盐化栗钙土；

（5）灌淤栗钙土。

**9. 灰钙土**

灰钙土发育在高原东北部海拔 2200～2300m 以下河谷内，是荒漠草原特性土类向西的延伸部分，成土母质在丘陵上为风积黄土，在阶地和山前平原为黄土状沉积物。植被属温带多年生丛生禾草、旱生灌木及荒漠草原类型，具有草原土壤所特有的腐殖质层和钙积层特点，也具有荒漠结皮和荒漠土壤的某些特征。矿物风化很弱，质地粗，属粉砂壤，分为以下三个亚类：

（1）灰钙土；

（2）淡灰钙土；

（3）灌淤灰钙土。

**10. 棕钙土**

棕钙土仅发育在高原极干旱气候区内，大陆性强，风沙大，冻融变化剧烈，成土母质为坡积残积物、洪积物、风积物及河湖沉积物。植被属旱生或超旱生草原化荒漠类型，主导成土过程仍表现为弱腐殖质化过程和强石灰聚积过程，漠境土壤的积盐过程和石膏化过程也非常突出。棕钙土的利用应首先解决水的问题，并同时进行土壤改良，分为以下三个亚类：

（1）棕钙土；

（2）淡棕钙土；

（3）盐化棕钙土。

**11. 灰棕漠土**

灰棕漠土是温带荒漠区的地带性土壤，成土母质为第四纪砂砾质洪积物、残积坡积物和新近纪含石膏夹岩盐的风化残积物。极大陆性气候、雨量少、温差大，植被稀疏对灰棕漠土的形成起重要作用，表现在土壤生物积累过程极弱，原始成土过程增强，土壤表现明显漆皮化、龟裂化，并形成特有的荒漠结皮，土体中铁、铝、氧化物基本上不发生移动，碳酸钙在土体表层聚积，土层薄，以砂砾石为主要成分，开发利用比较困难，可分为以下三个亚类：

（1）灰棕漠土；

（2）盐化灰棕漠土；

（3）石膏灰棕漠土。

**12. 盐土**

盐土主要分布于高原上的湖滨滩地、河间洼地和河谷阶地，母质为冲洪积物，土层中含有大量的易溶盐，以氯化物为主，硫酸盐次之，可分为以下三个亚类：

（1）沼泽盐土；

（2）草甸盐土；

（3）残积盐土。

**13. 风沙土**

在高原江河源区及西昆仑地区，风沙土分布很普遍，常在栗钙土、棕钙土、灰棕漠土及高山草甸土带之内呈带状分布，上述地区气候干旱、温差大、物理风化强烈、植被稀疏、沙源丰富、大风频繁。土壤受母质制约，机械颗粒粗，水分条件极差、植被稀疏、有机质含量低，发育程度弱，多处在幼年成土阶段，分为以下三个亚类。

（1）流动风沙土；

（2）半固定风沙土；

（3）固定风沙土。

**14. 沼泽土**

沼泽土主要发育于江河源区，多年冻土发育，成土母质为冲积物、湖积物，质地粘、透水性差，生长喜湿植物，主要有嵩草属、苔草属等。土壤下部长期受水侵渍，处于嫌气环境，形成浅灰色的潜育层，可分为以下五个亚类：

（1）泥炭土；

（2）泥炭沼泽土；

（3）腐殖质沼泽土；

（4）草甸沼泽土；

（5）盐化沼泽土。

高原上沼泽土发育地带，植被生长良好，产草量高，是很好的冬春牧场。

## 7.3 大小兴安岭多年冻土区的土壤

大小兴安岭位于欧亚大陆多年冻土区的东南边缘，介于46°30′N～53°31′N，气候属西伯利亚寒温带南部和中温带北部，主要受西伯利亚-蒙古高压影响，加上地形、地势等因素的综合作用，气温由北向南逐渐升高，降水由沿海向内陆递减，造成冬季严寒而漫长，夏季短，相对比较湿润的大陆性气候。

### 7.3.1 土壤发育特征

本区的气候、地貌、冻土和植被，直接影响土壤的形成和发育特征，如大兴安岭中、北部主要为落叶松，西南部为山地森林草原，呼伦贝尔高平原则为大草原，小兴安岭分布着以红松为主的针阔混交林，植被类型的差异显然与土壤密切相关（表7.2）。

**表7.2　大小兴安岭地区土壤与气候、冻土、植被、地貌等因素的关系**

| 气候带 | 气候区 | 冻土类型 | 地貌特征 | 主要植被群落 | 地带性土壤 |
|---|---|---|---|---|---|
| 寒温带 | 湿润区 | 片状冻土 | 中低山、苔原、河谷 | 落叶松、杜鹃 | 棕色针叶林土 |
| 温带 | 湿润区 | 岛状冻土 | 中低山、丘陵 | 红松、阔叶林 | 灰棕壤土 |
| | | 岛状冻土 | 苔原和阶地 | 森林、灌木草甸、草甸草原 | 黑土 |
| | 半湿润区 | 岛状冻土 | 冲、洪积平原 | 草甸草原 | 黑钙土 |
| | | 岛状冻土 | 中、低山 | 山地森林草原 | 灰色森林土 |
| | 半干旱区 | 岛状冻土 | 山前洪积扇及高平原 | 草原及干草原 | 暗栗钙土 |
| 暖温带 | 湿润区 | 季节冻土 | 中、低山、丘陵 | 阔叶林 | 棕色森林土 |
| | 半湿润区 | 季节冻土 | 低山、丘陵及高阶地 | 阔叶林、灌木 | 褐土 |
| | 半干旱区 | 季节冻土 | 低山、丘陵、高平原 | 草原及干草原 | 暗栗钙土 |

大面积森林植被下的各类森林土是在严寒的气候下发育的，有机质含量高、分解慢、土层结构简单而薄，粗骨性强，而典型的地带性土壤为棕色针叶林土。

## 7.3.2　土壤分布特征

### 1. 土壤水平分布规律

本区自北而南可分为棕色针叶林土、黑土、暗棕色森林土及潜育棕色森林土、草甸黑钙土、棕色森林土及草甸棕色森林土。在漠河附近的高阶地及低山，缓丘上主要分布棕色针叶林土，沿河两岸则主要为黑土，向南至嫩江流域主要分布棕色森林土及潜育暗棕色森林土。小兴安岭地区主要为黑土。呼伦贝尔高原已进入温带半干旱地区，主要分布着暗栗钙土，沿河谷两岸多为砂丘，主要为砂土、栗钙土，高平原低处为盐化草甸土及盐土。在呼伦湖东岸为草甸土、盐土，西岸则为草甸暗栗钙土及盐土。

### 2. 土壤垂直分带规律

在大兴安岭中部和西南部山地，山体高、地形高差大，导致土壤垂直带谱较明显，以大兴安岭中部摩天岭（太白山）为例，说明土壤垂直带谱分布系列，摩天岭是甘河、阿里河的发源地，海拔1528m，山地高差约1000m，在海拔500～900m地带为暗棕色森林土，900～1200m为山地灰色森林土及山地淋溶黑钙土，1200～1350m为泥炭潜育土及草甸土，1350m以上为棕色针叶林土。阿尔山及黄岗梁山地同属大兴安岭山脉的西南部，纬度偏南，但因地势较高，同时体现出纬度和高度带性综合影响的规律，土壤类型较复杂。

### 7.3.3 土壤分类

以土壤发生学分类的理论为基础，各系统尽量采取统一分类的原则，以便于互相交流和应用。根据上述出发点，提出本区土壤分类原则如下。

**1. 土类**

同一土类具有在同一地带内受相似的成土因素的影响，具有相似的发生阶段与主导的成土过程，并在土壤理化及生物性质上具有相似特征的土壤系列，也具有相似的利用和发展方向。

**2. 亚类**

在同一地带的同一土类中，因生物、气候与水分条件的差异，可在相似的土壤发生阶段与主导的成土过程中，有几个发生分段及其他伴生的成土作用影响，因而形成不同的土壤亚类，各亚类土壤性质均有质的差异。例如，棕色针叶林土要细分为棕色针叶林土、生草棕色针叶林土、灰化棕色针叶林土等亚类，其主要发生阶段与成土过程是寒温带针叶林下森林土生土过程。在地势低平、草甸化过程较明显时，就形成生草棕色针叶林土。在地势较高、土层较干处就形成灰化棕色针叶林土。本区土类较多，较复杂，经归纳合并为 11 个土类，37 个亚类（表 7.3）(中国科学院林业土壤研究所，1980)。

**表 7.3 大小兴安岭地区土壤分类表**

| 土类 | 亚类 |
|---|---|
| 1. 棕色针叶林 | 棕色针叶林土；生草棕色针叶林土；灰化棕色针叶林土 |
| 2. 山地苔原土 | 山地原始苔原土；山地泥炭化苔原土 |
| 3. 暗棕色森林土（灰棕壤、暗棕壤） | 暗棕色森林土；白浆化暗棕色森林土；草甸暗棕色森林土；潜育暗棕色森林土 |
| 4. 灰色森林土 | 灰色森林土；暗灰色森林土 |
| 5. 黑土 | 黑土；草甸黑土；潜育化黑土；白浆化黑土 |
| 6. 黑钙土 | 草甸黑钙土；淋溶黑钙土；黑钙土；碳酸盐黑钙土 |
| 7. 栗钙土 | 暗栗钙土；草甸栗钙土 |
| 8. 草甸土 | 暗色草甸土；草甸土；碳酸岩草甸土；潜育草甸土；盐化草甸土；碱化草甸土 |
| 9. 沼泽土 | 草甸沼泽土；腐殖质沼泽土；泥炭沼泽土；泥炭土 |
| 10. 风沙土 | 生草沙土；黑钙土型砂土；栗钙土型砂土 |
| 11. 盐碱土 | 沼泽化盐碱土；草甸盐碱土；草原盐碱土 |

综合分析，本区土壤地带性结构较简单，大兴安岭区代表性的地带性土壤——棕色针叶林土遍布于各山顶、岗梁及高阶地处，沟谷洼地及山间碟形低地分布着大面积的沼泽土，河流和湖泊沿岸分布着草甸土等隐域性土壤。

# 7.4 土壤调查方法

## 7.4.1 调查方法和原则

土壤作为“自然体”是特定的历史-地理因子的产物，它的形成、发展及演化都不可能消除地理背景的影响。每一种土壤类型都有一定的地理意义的分布区，所以就应该调查和认识不同土壤地理分布的规律。

土壤地理分布是土壤沿上下左右各方面的延展和随不同地理空间而变异的状况。土壤层是地球上岩石圈、水圈、气圈和生物圈相互作用，相互联系的纽带及主要场所。在土壤调查过程中主要采用区域对比、类型对比及历史对比的原则，把相同条件所形成土壤的相似性，与不同条件所形成土壤性状的差异性，做科学的归纳与区分，准确定名，从而揭示土壤特性、形成与演化的实质，进一步总结与植被、冻土现象、冻土组构之间的关系。

## 7.4.2 土壤剖面形态观察与描述

它是土壤调查的一个主要工序，是研究和认识土壤分布、成因、组构、物理成分及其与母岩、地形、地貌、植被、水文地质条件之间关系基本的最直接的方法。

尽量利用一些现有的天然新鲜剖面（如各种工程开挖的断面、沟谷的岸边等），但也要挖一定数量的土坑，连接成系统的土壤剖面（林培，1988；赵其国和龚子同，1989）。

具体剖面线和观察点数量是根据调查内容、目的及填图比例尺确定的，首先根据已有的原始资料、地形图、遥感影像数据等，大致估算调查区需要多少剖面，将剖面线、点布置在不同的影像图部位上，其布置的方式大致有下列几种：

（1）网格状均匀布置；

（2）集中于不同的地貌部位，采取路线形式布置；

（3）集中于不同的影像区，控制式布置。

土壤剖面线的具体布置原则：

（1）对调查区内的地表景观具有代表性；

（2）地形比较平缓，即土壤发育条件相对较稳定；

（3）应选择天然原始土壤层，注意避开路旁、地埂边、渠道边、坟墓及人为扰动的土层。

每个剖面线按要求布置一定数量的剖面坑，土坑深1.0～1.5m，宽0.7～0.8m，坑壁应垂直、清晰，便于观察与摄影。

每个坑点应描述以下内容：坑的编号、位置、纬度、经度、海拔、地形、微地貌、坡向、坡度、地表植被、母岩、有机质、侵蚀状况、水分状况、地下水位、土的颜色、质地、色斑、组构、松散程度、根系、孔隙及pH。

土壤质地粗细程度的野外鉴定一般可分为七个等级（表7.4），具体方法是手感法加以放大镜观察。所谓手感法，就是将土粒放在左手掌心中，用右手手指搓捻以得到一些手指的感觉，其中有湿搓法与干搓法，一般以湿搓法为主。湿搓法，即在野外从土壤剖面每一层中取出一个指头大小的土团放于掌心，用适量的水加以调湿，使之处于合适的状态，先后依次搓成0.5cm直径的球，2mm左右的细条，并弯成2cm左右直径的圆圈，最后压成薄片，参考表7.4所列内容鉴定土壤质地类型。

**表7.4　土壤野外质地手感鉴定分级标准**

| 手测感觉 | 质地类型 |
|---|---|
| 一般全为单颗的砂粒，干时放在手中，砂粒会自指缝中自动流出，湿时可以勉强成球，但一触即散 | 砂土 |
| 含有一定的粉粒和黏粒以形成某些黏结性，但这些个体还容易看出，湿时可以搓成球并可以搓成2mm左右的细条，但手轻轻提取即断 | 砂壤土 |
| 砂粒、粉粒和黏粒大致相等，干时呈土块状，但易捻碎，湿时能搓成2mm的细条，成型较好 | 壤土 |
| 粉粒含量超过50%，中等数量的细砂及少量黏粒，干捻时有柔软的“面粉”感觉，干时形成的土块易破碎，湿时可搓成2mm的土条，但2cm直径的圆圈易断裂 | 粉粒壤土 |
| 黏粒增多，干时土块较硬，难捻碎，湿时可搓成2mm左右的细条，也易弯成2cm直径的圆环，环外缘有细裂隙，压扁时发生粗裂缝 | 黏壤土 |
| 几乎看不到砂粒，干时土块坚硬，难碎，湿时不但能搓成2mm的细条，而且能形成2cm的圆环，无裂隙，但压平时其边缘发生裂缝 | 壤黏土 |
| 看不见砂粒，全为黏土，干时土块坚硬，因为胶化铁胶膜，土色往往发红。湿时将土条能压平成片，且有滑润感觉，而具有黏土光泽，并沾手难洗 | 黏土 |

注：修改自高教统编教材。

在多年冻土区沼泽土分布较广，在土壤学中一般认为土层中有机质体积含量超过30%，并可见到植物残渣或者有一定的分解，即可定名为沼泽土，其典型剖面为两个基本土层，上部为泥炭层或半分解的粗腐殖质层，下部为潜育层。按泥炭累积或土壤腐殖质的状况与潜育程度又可分为以下五个亚类：

（1）表层有草根和粗腐殖质层，亚表层出现多量铁元素，下部为潜育层的草甸沼泽土；

（2）腐殖质层中草根较少，结构不明显，少铁、锰结核，下部为潜育层的腐殖质泥炭土；

（3）泥炭层厚达20cm，下为分解好的腐殖质层及潜育层的泥炭腐殖质沼泽土；

（4）泥炭层厚度在50cm左右，下为潜育层的泥炭沼泽土；

（5）泥炭层为50～200cm或更厚，下为潜育层的泥炭土。

在工程上，冻土中粗颗粒土的泥炭化程度$\xi>3\%$，黏性土的泥炭化程度$\xi>5\%$时，则要考虑对冻土的强度指标程度具有不太好的影响。泥炭化程度是指单位体积土中所含植物残渣和泥炭的质量$m_p$与冻土的骨架质量$g_d$之比（%），即$\xi=m_p/g_d\times100$（%）。

### 7.4.3　土壤标本采集

在完成土壤剖面的描述后，要采集不同类型代表性土样，一般在坑内自下而上选每层的典型部位 5 ~ 10cm 厚土层，采取 250g 重的土样，装入土样袋中，同时平行取土样含水量测定，记录下采取地点，剖面线、点、编号、层次、取样深度、采样日期、天气状况、采样人等。土样要及时晾干，防止发霉和变质。

在野外，土壤剖面的描述多强调单个土体或聚合体的特性，但综合填图时应特别注意各剖面、点间土体性质的相互联系及其变化，并进行合并归类统一定名。整个野外土壤调绘应是协调统一的，最终为土壤制图提供准确、完整的基本信息。

### 7.4.4　成型土调查

在多年冻土区和深季节冻土区表层为细粒易冻胀土的地段，主要由冷生作用造成了具有一定几何形状的形成物称为成型土（patterned grounds），亦称构造土，它是冻土现象的一部分，是强烈冻融、冻胀作用的产物，应属寒区土壤调绘的内容之一。目前国际上广泛应用 Washburn（1978）的分类原则，首先调查其形状、尺寸、物质成分及植被状况等，按形态特征将成型土分为环、多边形、网、阶、条，然后按物质分异情况分为分选的和非分选的两亚类（表 7.5）。这一分类具有简单、明确、实用的特点，并且有利于进一步研究其成因。在野外调绘的同时，用不同符号将其标绘在图上，并在文字报告中有专门章节叙述。

### 7.4.5　室内工作

（1）各自修改成图：在没有经过路线验证的地区可采用内插法加以修正，最后各自完成一个自己负责地区的完整草图。

（2）拼图：如有几个组同时进行外业调绘，则需共同在一起相互拼图。

（3）完成统一的土壤分类系统和制图图例。

（4）纠正和转绘成图。

（5）编写文字报告和论文。

**表 7.5　成型土的分类**

| 类型 | | 作用 | | | | | | | | | | | | |
|---|---|---|---|---|---|---|---|---|---|---|---|---|---|---|
| | | 开裂是主要的 | | | | | 开裂是次要的 | | | | | | | |
| | | 干裂 | 膨胀开裂 | 盐裂 | 冻缩开裂 | | 沿基岩节理的冻融作用 | 多年冻融分选 | 物质位移 | 差异冻胀 | 盐胀 | 差异融化和淋滤 | 差异物质位移 | 溪流 |
| | | | | | 季节冻缩开裂 | 多年冻缩开裂 | | | | | | | | |
| 环 | 非分选的 | | | | | | | | 物质位移非分选环 | 冻胀非分选环 | 盐胀非分选环 | | | |
| | 分选的 | | | | | | 节理－裂隙分选环 | 原生冻融分选环 | 物质位移分选环 | 冻胀分选环 | 盐胀分选环 | | | |
| 多边形 | 非分选的 | 干裂非分选多边形 | 膨胀开裂非分选多边形 | 盐裂非分选多边形 | 季节冻缩开裂非分选多边形 | 多年冻土裂隙非分选多边形（包括冰楔和多年冻土楔多边形） | 节理－裂隙非分选多边形 | | 物质位移非分选多边形 | | | | | |
| | 分选的 | 干裂分选多边形 | 膨胀开裂分选多边形 | 盐裂分选多边形 | 季节冻缩开裂分选多边形 | 多年冻土裂隙分选多边形 | 节理－裂隙分选多边形 | 原生冻融分选多边形 | 物质位移分选多边形 | 冻胀分选多边形 | 盐胀分选多边形 | 热融分选多边形 | | |
| 网 | 非分选的 | 干裂非分选网（包括冻融草丘） | 膨胀开裂非分选网 | | 季节冻缩开裂非分选网（包括冻融草丘） | 多年冻土裂隙非分选网（包括冰楔和土楔） | | | 物质位移非分选网 | 冻胀非分选网 | 盐胀非分选网 | | | |
| | 分选的 | 干裂分选网 | 膨胀开裂分选网 | | 季节冻缩开裂分选网 | 多年冻土裂隙分选网 | | 原生冻融分选网 | 物质位移分选网 | 冻胀分选网 | 盐胀分选网 | 热融分选网 | | |

续表

| 类型 | | 作用 | | | | | | | | | | | | |
|---|---|---|---|---|---|---|---|---|---|---|---|---|---|---|
| | | 开裂是主要的 | | | | | 开裂是次要的 | | | | | | | |
| | | 干裂 | 膨胀开裂 | 盐裂 | 冻缩开裂 | | 沿基岩节理的冻融作用 | 多年冻融分选 | 物质位移 | 差异冻胀 | 盐胀 | 差异融化和淋滤 | 差异物质位移 | 溪流 |
| | | | | | 季节冻缩开裂 | 多年冻缩开裂 | | | | | | | | |
| 阶 | 非分选的 | | | | | | | | 物质位移非分选阶 | 冻胀非分选阶 | 盐胀非分选阶 | | 物质坡移非分选阶 | |
| | 分选的 | | | | | | | 原生冻融分选阶 | 物质位移分选阶 | 冻胀分选阶 | 盐胀分选阶 | 热融分选阶 | 物质坡移分选阶 | |
| 条 | 非分选的 | 干裂非分选条 | 膨胀开裂非分选条 | | 季节冻缩开裂非分选条 | 多年冻土裂隙非分选条 | 节理－裂隙非分选条 | | 物质位移非分选条 | 冻胀非分选条 | 盐胀非分选条 | | 物质坡移非分选条 | 溪流非分选条 |
| | 分选的 | 干裂分选条 | 膨胀开裂分选条 | | 季节冻缩开裂分选条 | 多年冻土裂隙分选条 | 节理－裂隙分选条 | 原生冻融分选条 | 物质位移分选条 | 冻胀分选条 | 盐胀分选条 | 热融分选条 | 物质坡移分选条 | 溪流分选条 |

# 第 8 章　季节冻结和季节融化层调查与测绘

在寒区地表土（岩）层经受季节冻结和季节融化的反复循环作用，产生了季节冻结层、季节融化层及季节冻土层等，这些名词含义目前仍有不同的解释（周幼吾等，2000；邱国庆等，1994；王春鹤等，1999），容易造成混淆，因此有必要将季节冻结层和季节融化层的差异以及与季节冻土层的区别探讨清楚。

## 8.1　季节冻结层与季节融化层的差别

### 8.1.1　定义

季节冻结：指地温年均值高于 0℃土层的冻结，是表层土寒季丧失热量的结果。

季节融化层：在多年冻土区内每年暖季单向融化，寒季双向冻结，其年平均地温低于 0℃的表土层［图 8.1（a）］，其下伏为多年冻土层。

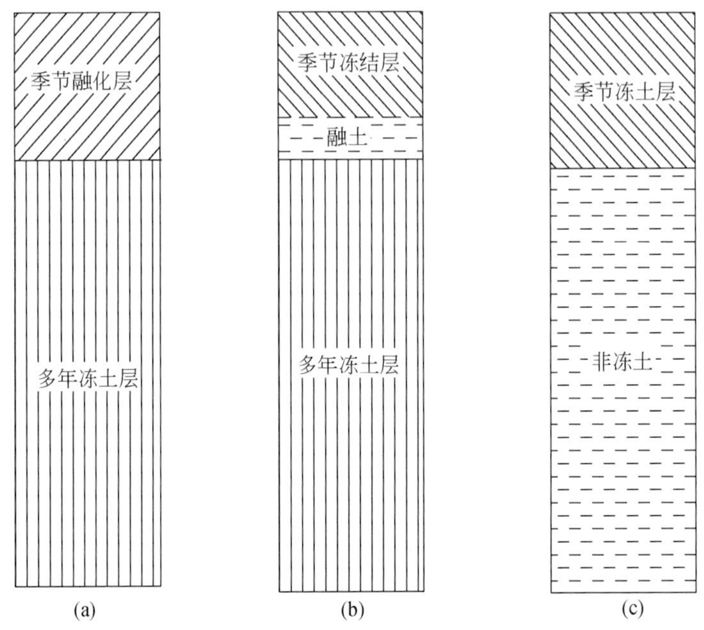


图 8.1　季节融化层、季节冻结层与季节冻土层剖面对比

季节冻结层：在多年冻土区内每年寒季冻结、暖季融化的土层，其地温年均值一般高于 0℃［图 8.1（b）］，下伏为融土夹层、融区或深层多年冻土层。

季节冻土层：在季节冻土区内每年寒季冻结、夏秋季全部彻底融化完毕的表土层［图

8.1（c）]，下伏土层为非冻土。

从以上的定义明显看出季节融化层、季节冻结层与季节冻土层三者之间的本质差别。

潜在冻结：在季节冻结区，假如负温期的热周转全部消耗于季节融化层冻结外，靠剩余热周转可使下伏部分多年冻土层降低地温，这部分降温厚度叫潜在季节冻结，为衔接的低温多年冻土区，冻土层稳定或将发育。

潜在融化：在季节冻结区正温期的热周转大于负温时的热周转，融化季节冻结层外，剩余热周转还可继续融化更大的厚度，这部分融化厚度叫潜在季节融化，为高温多年冻土区，冻土层将升温或出现退化。

## 8.1.2　垂向剖面上的差别

在垂直剖面上季节融化层下部直接与多年冻土层相连接，为衔接型多年冻土［图 8.1（a）]，即季节冻结深度大于季节融化深度。

在垂直剖面上季节冻结层与多年冻土层之间存在着融土夹层，为不衔接型多年冻土［图 8.1（b）]，即季节冻结深度小于季节融化深度。它往往发育在多年冻土区边缘地带或由人为因素造成的，通常表征为多年冻土退化的迹象。

多年冻土区内在暖季融化、寒季冻结，水分频繁冻融相变的活动表层称活动层，它包括季节冻结层和季节融化层（图 8.2）。

在季节冻土区，季节性冻融的土层称为季节冻土层［图 8.1（c）]，该冻结层在夏、秋季完全且彻底融化掉，下部任何深度内绝无多年冻土层。其形成分布的广大地区称为季节冻土区（图 8.2）。

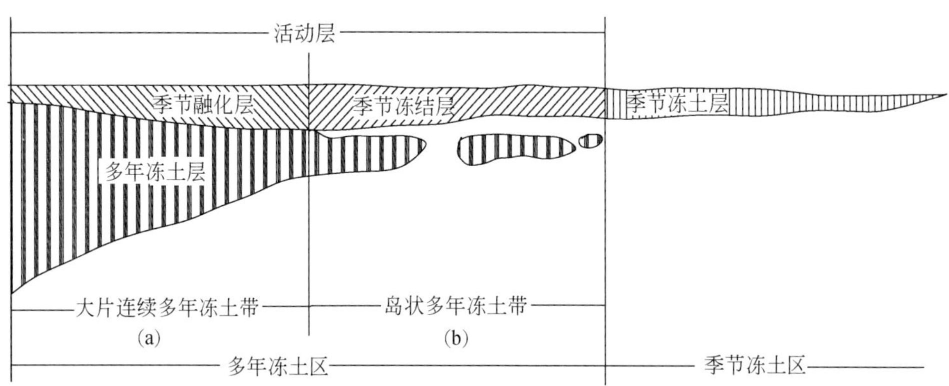


图 8.2　多年冻土层、季节融化层、季节冻结层与季节冻土层水平分布示意图

## 8.1.3　水平方向分布的差别

季节冻结层和季节融化层在水平分布的地带性上亦有明显的规律和差别（图 8.2）。在大片连续多年冻土带内，多年冻土多呈衔接状，上部为季节融化层；在岛状冻土和融区内，局部出现不衔接现象，上部为季节冻结层，活动层仅包括多年冻土区上部的季节

融化及季节冻结层，但是它不包括季节冻土区内的季节冻土层（有些学者认为应包括季节冻土区）。

## 8.1.4　生成时间、季节的差别

季节融化层因表土接受热量而融化，所以生成季节在暖季。多年冻土区一般从 5 月开始，随着气温逐渐升高，积雪消融，大地回春，地表受热而开始逐渐融化，多年冻土上部生成季节融化层。恰恰正在此时，季节冻结层开始消融减薄，直到 9 月底或 10 月初达到最大融化深度，其生存时间是在温暖的季节里。暖季过后，寒季到来，大地封冻，季节融化层受冷渐渐回冻，逐渐减薄。与此恰恰相反，季节冻结层是地表受冷、散失热量而冻结，故生成于寒季，一般开始于 9 月底或 10 月初，此时亦是季节融化层回冻减薄之际，随气温下降季节冻结层逐渐加深，直到翌年的 5 ~6 月。

## 8.1.5　热力作用与动态差别

季节融化层与季节冻结层，由于生成的季节、存在时间不同，其形成、发展、减退乃至消失过程的热量来源、气温与地温的差别、热量收支状况、热力传导方向，以及年平均地温等热力作用、动态过程均有明显差别（表 8.1）。从表 8.1（王春鹤等，1999）可见，季节融化层在暖季里形成时吸收空气中的热量，热流由大气向地层中传输，热力传导的方向是从上向下。与此相反，季节冻结层在寒季形成，土层向空气中散发热量，热流由土层向大气中传输。当空气中的冷量超过地层散热量，冷量从上向下传递，土层达到负温时开始冻结。上述各种热力作用过程及热力动态状况，热量交换最后平衡的结果是季节融化层下的年平均地温低于 0℃；而季节冻结层下的年平均地温一般高于 0℃。

季节融化层发育在暖季，即在气温和地表温度转为正温后开始，因此季节融化过程线（0℃或-0.1℃等值线）内土层温度均高于其外的温度（图 8.3）（周幼吾等，2000）。而季节冻结层是发育在寒季，气温和地表温度转为负温后开始，季节冻结过程线以内土层温度均比其外部土层的温度低（图 8.4）（周幼吾等，2000）。

**表 8.1　季节融化层与季节冻结层热力作用动态对照**

| 土层名称 | 气温与地温比较 | 热量收、支状况 | 热传导方向 | 年平均地温/℃ |
|---|---|---|---|---|
| 季节融化层 | 气温高于地温 | 暖季地层吸收空气中大量热量，属吸热过程 | 热流由大气向地层中传输，热力从上向下传导 | <0 |
| 季节冻结层 | 气温低于地温 | 寒季地层向空气中放出热量，属放热过程 | 热流由地层向大气中传输，冷量从上向下传递，热力从下向上传导 | 0.5 ~ -0.5 |

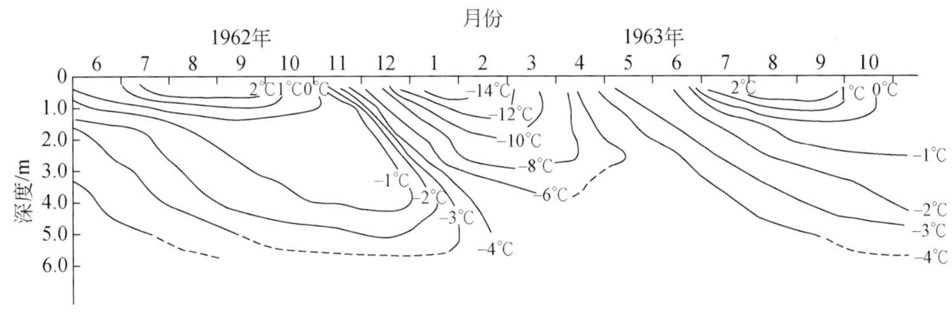


图 8.3　青藏高原风火山地区季节融化层地温变化

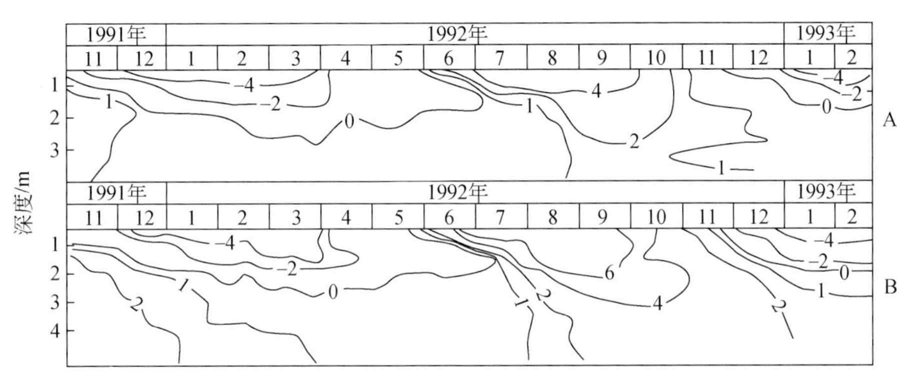


图 8.4　大兴安岭阿木尔地区季节冻结层地温变化

A. 天然林地；B. 火烧地

## 8.1.6　融、冻作用方向与动态差别

季节融化层是暖季受热，随其接受大气热量自上而下单向融化，其融化的速度随着气温的高低而变化，通常 4 月下旬至 5 月初，气温开始转暖，白天近地面气温高于 0℃，积雪融化，土表层开始融化，而夜间气温降为负温，白天地表融化层夜间又冻结，季节融化层处于昼融、夜冻的不稳定冻融状态。随着暖季的到来，气温逐渐升高，季节融化层经过稳定融化阶段，发展为迅速融化阶段，到动态平衡阶段需 6 ~ 7 个月，整个融化阶段完全是自上而下的单向融化。季节冻结层的融化，除了来自大气中的热量，还受地热影响，即来自下部融土的热量，是自上而下和自下而上的双向融化，其双向融化完，需要 3 ~ 4 个月。当季节融化层达到最大季节融化深度时即为多年冻土上限，下伏土层是多年冻土，两者呈衔接状。季节冻结层的双向融化，一般均能化完，下伏土层是融土，或在融土层下部深埋藏多年冻土，季节冻结层和多年冻土不衔接。

季节融化层在寒季来临时，受近地面冷空气的作用，自上而下冻结，同时还受下卧多年冻土冷量的影响，自上限向上回冻，因此季节融化层的回冻是自上而下和自下而上的双向冻结。季节冻结层下伏土层为融土，没有自下而上的回冻，只是受冷季冷空气的影响，自上而下的单向冻结（表 8.2）（王春鹤等，1999）。

**表 8.2　季节融化层与季节冻结层的冻融作用、动态对照**

| 土层名称 | 冻融作用方向 | | 冻融延续日期及速率比 | | |
|---|---|---|---|---|---|
| | 冻结时 | 融化时 | 冻结延时/d | 融化延时/d | 冻融速率比 |
| 季节融化层 | 自上而下和自下而上双向冻结 | 自上而下单向融化 | 60 ~ 80 | 180 ~ 200 | 融化延时大约是冻结延时的 3 倍 |
| 季节冻结层 | 自上而下单向冻结 | 自上而下和自下而上双向融化 | 150 ~ 180 | 90 ~ 120 | 冻结延时大约是融化延时的 2 倍 |

### 8.1.7　对气候变化响应的差异

季节融化层与季节冻结层的根本性差异是吸热、放热过程。当吸热和放热条件发生变化时，必然引起两者相对应，向着相反方向的变化。近几十年来，全球性气候转暖，气温、地温逐渐升高，季节融化层接收热量增多，所以其融化深度将随着气候不断转暖而逐渐加深。与此相反，季节冻结层的放热量随着寒季气温的升高而减小，其冻结深度将逐渐减薄。两者均表现出冻土退化的迹象。反过来，如果气候又逐渐变冷，气温下降，地表接受的热量逐渐减少，季节融化层的融化厚度将逐渐减薄。与此相反的季节冻结层的厚度就要随着气候变冷而逐渐变厚。

### 8.1.8　对工程建筑危害的差别

季节融化层与季节冻结层在建筑工程中，对地基基础的危害有明显差别。

在各项建筑施工过程中，如果季节融化层上部的草根层、泥炭及天然植被被铲除，必然打破原有地表面的热平衡状态，改变季节融化层的融化速度、融化深度，促使上限下降，多年冻土融化。尤其是高含冰量冻土层融化后，土层含水率超过液限呈过饱和态状，失去承载力，造成热融沉陷，热融滑塌，翻浆等，使建筑物破坏。

在强冻胀土分布区，季节冻结层会产生强烈的冻胀，使建筑物产生冻胀裂缝，各类基础不均匀抬起变形，线路电杆冻拔、涵管脱节、挡墙裂开错位、渠道渗漏等冻害。

从以上对照分析可见，季节冻结层和季节融化层相辅相成，是多年冻土区上部土层既统一又有差异的一对“孪生兄妹”。它们同是多年冻土层与大气层之间的传热媒介，但两者的热量收支状况相反，发生、发展及变化过程的时间不一致，造成融化和冻结的内涵、性质相反。

## 8.2　土季节冻结和季节融化的影响因素

季节冻结和季节融化层每年都要经历反复的冻融作用，是多年冻土区热动态最为活跃的部位。影响土季节冻结和季节融化的因素很多，大体可分为两大类：第一大类是与外界影响有关的因素（外因）；第二大类是与土层本身条件有关的因素（内因），但这两种因素不能截然分开，外因总是通过内因起作用的。外因包括纬度、经度及海拔等地带性因素，以及地形、地貌、坡向、植被、积雪、风沙、水被等局地因素及人为因素。内因主要为土层的岩性、含水率、孔隙度等。上述因素的影响多呈综合作用，其本质均是通过土层温度（地温）反映出来，有时很难区别出那一种因素的影响程度及数量。

## 8.2.1　地带性因素

年平均气温值是地带性因素的综合反映，气温是表示空气冷热程度的物理量，它直接控制季节冻结和季节融化层厚度变化。年平均气温反映了各地区地表辐射-热量平衡和大气环流的特点，年平均气温的分布明显受到纬度、经度和海拔的影响。表 8.3（周幼吾等，2000）列出我国各主要冻土区年平均气温（$T_a$）与纬度（$x_1$）、经度（$x_2$）及海拔（$x_3$）关系的回归方程，并用表 8.3 中所列方程式可计算出任何地点的年平均气温值。同时，表 8.3 中亦反映出我国各主要冻土区年平均气温均有向北、向东及向高处降低的趋势。确切地说，在经度、海拔相同的情况下，年平均气温随纬度的增加而降低；在纬度、海拔相同时，年平均气温随经度的增加而降低；在相同的经度和纬度下，年平均气温随海拔的升高而降低。年平均气温越低，季节融化层越薄，反之，季节冻结层越厚。年平均气温每变化 1℃，季节融化层变化 0.2 ~ 0.35m；海拔每上升 100m，年平均气温相差 0.5 ~ 0.7℃；纬度每相差 1.5°左右（即南北相差 200km 左右）则年平均气温相差 1℃。地带性因素亦影响着降水、云量和日照等，同样对各地区气温、地温、冻土分布有不同的影响。

**表 8.3　我国多年冻土区内年平均气温（$T_a$）与纬度（$x_1$）、经度（$x_2$）及海拔（$x_3$）的相关关系**

<table>
<tr><th>因素</th><th>地区</th><th>台站数</th><th>回归方程 $x_i$ /(°)</th><th>相关系数 $R$</th><th>与 $x_i$ 对应的标准回归系数 $B_i$</th></tr>
<tr><td rowspan="4">年平均气温/℃</td><td>东北地区</td><td>120</td><td>$T_a = 59.499-0.8015x_1-0.1479x_2-0.005036x_3$</td><td>0.9323</td><td>$B_1=-0.6661$<br>$B_2=-0.1595$<br>$B_3=-0.4429$</td></tr>
<tr><td colspan="2">大兴安岭多年冻土区</td><td>$T_a = 22.657-0.869x_1+0.174x_2-0.005x_3$</td><td>0.785</td><td>（常晓丽）</td></tr>
<tr><td>新疆地区</td><td>55</td><td>$T_a = 67.3733-1.1583x_1-0.0594x_2-0.005164x_3$</td><td>0.9389</td><td>$B_1=-0.7798$<br>$B_2=-0.0617$<br>$B_3=-0.7917$</td></tr>
<tr><td>青藏高原</td><td>78</td><td>$T_a = 66.3032-0.9197x_1-0.1438x_2-0.005596x_3$</td><td>0.9526</td><td>$B_1=-0.7674$<br>$B_2=-0.1991$<br>$B_3=-1.1159$</td></tr>
</table>

## 8.2.2　局地因素

我国多年冻土分布既受纬度、经度、海拔区域地带性因素控制，又受植被、积雪、风沙、水被、地质构造、微地形、地貌等局地因素影响，其对冻土的影响是错综复杂的。如植被、积雪、水被等因素在不同条件下具有增高或降低地温的双重特性，致使在很小范围内浅表层热状况可能有很大的差别，从而造成同一小区多年冻土分布、地温、季节冻结和季节融化层的明显差异。

### 1. 植被

植被对冻土的影响是复杂的。植被通过水分交换影响季节融化层地温，通常是通过其对大气和土层水分交换的方式进行的。植被滞留大部分的太阳辐射，能阻止到达表面土层辐射的54%～65%，极大地减少了进入土层使地温升高的热量，同时植被能降低近地表风速，减少表土层水分蒸发及向大气放热的强度。由此可见，植被对地表层可起冷却作用，也可起保温作用。究竟哪种功能占优势，与所在的地区、植被类型及植被覆盖度大小均有密切关系。

大小兴安岭多年冻土南界比欧亚大陆其他地区向南突出4～10个纬度，除了地形和广布的沼泽湿地影响外，最重要的是该区茂密的森林植被为多年冻土发育和保存创造了条件。森林、林下灌丛及苔藓植被，在暖季起遮阳作用，可减小地面较差和降低地面温度，结果减少对林下季节融化层的溶解热能，使季节融化深度大大减少。如阿木尔林区的苔藓层和枯枝落叶层可减小地面年较差2.4～5.2℃（6%～13%），降低地面年平均温度0.1～0.3℃（9%～27%），使季节融化深度减小0.2～0.5m。

逆温层的环境影响下，在同一地区不同类型植被下季节融化深度变化相当大。从霍拉河盆地实例（表8.4）分析可知，该盆地位于大兴安岭北部，植被对季节融化深度的影响是有规律的，从低到高即随着高度的增加，土壤水分逐渐变少，由喜水性植被逐渐变成阔叶林及耐干寒适瘠薄土壤的兴安落叶松、樟子松等，季节融化深度由盆地中心的0.8～1.1m，渐渐加深到2.0～3.0m，高处达4.5m，甚至在山顶阳坡处无多年冻土。

**表8.4　霍拉河盆地植被对季节融化层的影响**

| 地貌部位 | 主要植被类型 | 地表水分状况 | 最大季节融化深度/m |
|---|---|---|---|
| 盆地中心 | 塔头莎草、丛桦、杜斯 | 积水、高位沼泽 | 0.8～1.1 |
| 盆地中心外围 | 塔头莎草、丛桦、杜斯，尚有幼小落叶松 | 环形沼泽地 | 1.1～1.6 |
| 盆地内阴坡及缓坡 | 由发育不良的落叶松、白桦过渡到茂密落叶松 | 较湿 | 1.5～3.0 |
| 盆地东北碎石垅 | 樟子松 | 较干燥 | 2.2～2.9 |
| 山顶或阳坡上部 | 樟子松为主夹少量落叶松 | 干燥透水 | 2.8～4.5 |

注：据王家澄等资料整理。

本区植被茂密，林内小气候对冻土的影响是相当复杂的。总趋势是，森林在暖季对土层起冷却作用，而在冷季则主要起保温作用，但暖季降温的贡献一般大于冷季增温的贡献。

在青藏高原多年冻土区东部和南部边缘地带高山灌丛和沼泽草甸植被下往往是多年冻

土岛发育地段，而邻近相同高程的高山草原地段则为季节冻土。据统计前者比后者的年平均地面温度低 1.2～1.5℃，多年冻土下界要低 150～200m。

在高原腹部，植被以多年生草本植物为主，个体矮小，以高寒草甸、高寒草原及高山荒漠植被为主，稀疏程度差别大。因此植被覆盖度对浅层地温的影响已成为主导因素，在其他因素相似的情况下，如植被覆盖度依次减少（90%减至 20%），地面年较差相应减小 4.1～1.5℃（17%～6%），最大季节融化深度从 1.0m 增至 2.5m。据观测资料表明，安多河谷地各类植被下 5cm 深处 1996 年 9 月下旬的地温即有明显差别（表 8.5），该谷地表土层为含砾亚砂土，含水率为 9.3%～13.2%。在岩性含水率基本相同的情况下，浅层地温随植被覆盖度减小，地温逐渐增高，季节融化深度增大。但覆盖度减小到 10%～20%甚至为裸露的亚砂土地段，地温反而降低，随之季节融化深度变浅。

**表 8.5　安多河谷地不同植被覆盖下的地温对比**

| 植物种属 | 藏蒿草 | 矮蒿草 | 沙生针茅 | 垫状点地梅 | 稀疏小蒿草 | 亚砾土裸地 |
|---|---|---|---|---|---|---|
| 植被覆盖度/% | 80～90 | 50～80 | 40～50 | 20～30 | 10～20 | 0 |
| 地温（5cm 深处）/℃ | 2.3～4.5 | 3.6～4.8 | 4.2～6.3 | 5.2～8.4 | 4.7～4.9 | 3.2～3.8 |

高原上 3 个观测站的长期观测资料更能说明植被对季节融化深度的影响（金会军等，2008）。

1）两道河观测站

其位于青藏高原南部岛状冻土区内，NO.1 场地位于两道河盆地中心沼泽湿地内，植被覆盖度约 90%，NO.2 场地处在盆地中心外围草甸的边缘地带，植被覆盖度为 20%～30%（目前 NO.2 场地已退化为季节冻土区），两场地相距约 100m，表层岩性相似。1976 年该盆地内年平均气温为-3.6℃，年降水量为 468.8mm，1975～1977 年进行对比观测。表 8.6（金会军等，2008）列出两场地全年汇总资料。

**表 8.6　青藏线两道河盆地 1976 年 NO.1 和 NO.2 场地资料对比**

| 观测场 | 不同深度处地温年平均值/℃ | | | | | | | | | 地面温度年较差/℃ | 最大季节融深/m |
|---|---|---|---|---|---|---|---|---|---|---|---|
| | 0cm | 5cm | 10cm | 15cm | 20cm | 40cm | 80cm | 160cm | 320cm | | |
| NO.1 | -1.4 | -1.1 | -1.2 | -1.3 | -1.1 | -1.0 | -1.1 | -1.1 | -1.3 | 22.7 | 102 |
| NO.2 | -1.1 | -0.95 | -0.75 | -0.8 | -1.0 | -0.73 | -0.6 | -0.2 | -0.1 | 26.8 | 490 |

详细分析上述两场地所有观测资料可见：NO.1 场地由于植被覆盖度比 NO.2 场地大，在暖季（5～9 月）茂密的植被滞留太阳辐射，显著地减少进入土层的热量，结果导致 NO.1 场地 0～320cm 深段浅层地温普遍低于 NO.2 场地 1～3℃，可见，在暖季植被相对起冷却作用。在冷季（10 月至翌年 2 月），致密的植物根系和表层的草炭土层保温条件相对较好，减少土层向大气的散热强度，此时 NO.1 场地浅层地温普遍高于 NO.2，表明植被起保温作用。但从一年平均地温分析（表 8.6），NO.1 场地各深度普遍低于 NO.2 场地 0.2～1.2℃，地面温度年较差小 4.1℃，造成两场地最大季节融深相差很大，NO.1 场地为 102cm，NO.2 场地为 490cm。

2）土门格拉观测站

在植被稀疏地段，植被对地温的影响即退于次要地位，如在唐古拉山南麓多年冻土区的土门格拉站相邻的 NO. 4 和 NO. 5 场地，两场地岩性均为亚砂土，含水率相同，NO. 4 场地为高山草原植被，覆盖度为 20% ~30%，NO. 5 场地为植被全部被铲除的裸地。1965 年全年观测资料表明（表 8. 7），植被稀疏的 NO. 4 场地浅层地温年均值普遍高于 NO. 5 场地。究其原因，在 1 ~2 月 NO. 5 场地裸地地表层直接被冷风吹刮，土层散热快，而在 5 ~9 月的降水季节，NO. 5 场地裸地土壤蒸发耗热大于 NO. 4 场地。结果导致浅层地温年平均值 NO. 5 场地要低于 NO. 4 场地，NO. 4 场地地面年较差（25. 7℃）大于 NO. 5 场地（24. 8℃）。因此，NO. 4 场地的最大季节融深（187cm）亦大于 NO. 5 场地（154cm）。

**表 8. 7　土门格拉站 1965 年 NO. 4 和 NO. 5 场地资料对比**

| 观测场 | 不同深度处地温年平均值/℃ | | | | | | | | | 地面温度年较差/℃ | 最大季节融深/cm |
|---|---|---|---|---|---|---|---|---|---|---|---|
| | 0cm | 25cm | 50cm | 75cm | 100cm | 150cm | 200cm | 250cm | 330cm | | |
| NO. 4 | −2. 08 | −2. 76 | −2. 69 | −2. 66 | −2. 47 | −2. 35 | −2. 34 | −2. 24 | −2. 21 | 25. 7 | 187 |
| NO. 5 | −2. 17 | −3. 07 | −2. 88 | −2. 83 | −2. 78 | −2. 66 | −2. 69 | −2. 58 | −2. 48 | 24. 8 | 154 |

类似土门格拉 NO. 4 和 NO. 5 场地还有青藏公路沿线可可西里 NO. 5 和 NO. 6 场地，场地附近多年冻土和地下冰很发育，地表为高寒草甸，植被覆盖度为 20% ~30%，两场地相邻，根系层下为粉质黏土，含水率亦相近。NO. 5 场地保持原始的天然植被，NO. 6 场地将植被全部铲除始终保持裸地状态。经过多年对比观测结果，NO. 5 场地各深度地温年均值比 NO. 6 场地高 0. 2 ~0. 3℃，充分说明，植被铲除后地温降低的事实。

综上所述，高原多年冻土区的高寒草甸、高寒草原地段，在地形、岩性、含水率等条件相似时，浅层地温和季节融化深度受植被覆盖度的影响显著，植被茂密时对地表土层可起冷却作用，随着植被覆盖度减小，冷却作用亦减弱。当植被覆盖度在 20% ~30% 状况下，对地温影响作用最小，相对比较地温亦高。当植被覆盖度小于 20% 变成稀疏植被，甚至裸地时，地温反而降低。此时表土层直接蒸发耗热和反射率扮演重要的冷却作用，从而造成比邻近区植被覆盖度为 20% ~30% 地段的地温要低。由此可见，单以植被对比，其覆盖度的临界值为 20% ~30%，此值上下植被对同一地区的浅层地温的影响会产生转换。

## 2. 积雪

季节性积雪在地-气热交换过程中的作用随气温、降雪和雪盖持续时间及雪本身物理的特征差异而变化。积雪对季节融化层和浅层地温影响的全过程较复杂，它取决于降雪时段、积雪持续时间、堆积部位、融化时段和速度，并与雪盖厚度、密度、结构以及小气候和微地形均有密切关系，构成雪盖及下伏土层特殊的地热状态。

高原上降雪分布极不均匀，因此各地雪盖厚度及持续时间则是决定下伏地温状况的主要因素。在高原东部和南部大部分地区，冬季为稳定积雪区（积雪日数超过 160 天），降雪量大、雪层厚、持续时间长。在冬初，积雪随降温过程中同步存在及发展而形成稳定的季节性雪盖。在 12 月至翌年 2 月底，雪盖对下伏土层起保温作用，如祁连山东段达坂山北坡，海拔 3600 ~3800m 地段，年降水量可达 850mm，稳定积雪期长达 180 ~200 天，平均稳定积雪厚度为50～80cm。综合分析对比各场地一年内冷期的积雪效应，雪盖所起保温作用占主导地位，导致积雪厚而持续时间长的地段，多年冻土下界海拔较邻近积雪薄地段提高200～250m。有积雪场地的最大季节冻结深度为150cm，无积雪者达260cm。

在高原北部和西部的河谷和高平原地带冷季降雪较少，最大积雪厚度一般不超过20cm，而且保存时间短，因此，雪盖的保温作用微弱。由于其他季节气温较高，降雪很难形成稳定雪盖，融雪吸热，并蒸发耗热，下伏地温反而会降低。这种情况下，不稳定雪盖对土层相对起冷却作用。如祁连山中段木里盆地，三个观测场均位于海拔3800m的多年冻土区内，岩性、含水率基本相同，场地为砂砾石土。在观测期间（1965～1967年），NO.1场地冷季随时清除积雪，NO.2和NO.3场地内保持天然积雪状况。1966年全年观测结果表明（表8.8）（周幼吾等，2000），NO.2和NO.3场地季节融化层底面的地温年均值分别比NO.1场地要低1.2℃和1.1℃，最大季节融深比NO.1场地分别小1.0m和0.9m，表明该区积雪的降温作用对浅层地温和季节融化层的影响占主导地位。由此可见，高原积雪对浅层地温和季节融化层的影响是随地区和一年内不同时段而变化的。

**表8.8　木里盆地3个观测场地资料对比（1966年）**

| 场地 | 不同深度处地温年平均值/℃ | | | | | | | | 最大季节融深/cm | 季节融化层底面地温年均值/℃ | 地貌部位及场地状况 |
|---|---|---|---|---|---|---|---|---|---|---|---|
| | 0cm | 25cm | 50cm | 75cm | 100cm | 150cm | 200cm | 250cm | | | |
| NO.1 | -3.1 | -2.0 | -2.0 | -1.9 | -1.8 | -1.5 | -1.3 | -1.1 | 230 | -1.2 | 一级阶地，平缓随时清理降雪 |
| NO.2 | -3.9 | -2.8 | -2.9 | -2.7 | -2.6 | -2.3 | -2.1 | -2.3 | 130 | -2.4 | 一级阶地，平缓保持天然积雪 |
| NO.3 | -3.7 | -2.5 | -2.7 | -2.5 | -2.5 | -2.2 | -2.2 | -1.9 | 140 | -2.3 | 一级阶地，平缓保持天然积雪 |

大小兴安岭地区负温期可达6～7个月，积雪深度一般为20～50cm，稳定积雪期长达150～180天，积雪对季节融化层影响错综复杂，可综合归纳为下列几种作用（王春鹤等，1999）。

（1）雪盖反射起降温冷却作用：稳定雪盖的反射率达70%，经阿木尔地区冬季实测，积雪密度为0.142～0.155g/cm$^2$，雪面上温度比当时的气温低2～3℃，致使下伏土层地温年均值降低，季节融化深度减小，有利于多年冻土保存。

（2）雪盖保温作用：因雪盖减小地面较差，对下卧土层相对起保温作用，雪盖越疏松，其保温作用就越大。

（3）雪盖的隔热作用：雪盖是热的不良导体，它能阻挡土层和大气间的热交换，在冷季实际上起隔热保温作用。

（4）正温后滞留积雪的冷却作用：冬去春来，气候变暖，滞留下的积雪融化需要消耗大量的热量，这时雪盖下土层地温回升受到严重阻滞和推迟，季节融化层厚度减小，对下伏土层相对起冷却作用，可保护多年冻土。

总的比较，大小兴安岭地区积雪对季节冻结和季节融化层的影响程度比青藏高原更明显，更复杂。

### 3. 水被（地表水体覆盖）

水被的热作用与植被和雪盖的作用有相似之处，但亦有差异。多年冻土区的水被无论从水量和相态上都随季节而变化。此外，还有流动和静止状态及水质等差别。沼泽湿地的水被可以降低地温，促使冻土形成或保护冻土。多种水被尤其是动水被可提高地温，消融冻土。水被下的地温状况主要取决于水被类型、厚度、水温、运动状态及水被覆盖时间等。

1）静水被

（1）沼泽湿地：其大部分为季节性水被，多年冻土往往与沼泽湿地共生。在暖季，湿地内浅层地温最低，融深最小；在冷季，冻结的腐殖质土及草炭层为高含冰量冻土，导热系数大，利于散热降温，形成较强的温度补偿效应。因此，在多年冻土区腹部沼泽湿地处往往是地下冰发育，地温较低，冻土层较厚的地段；在多年冻土边缘地带，它往往是多年冻土岛的残留地段。

（2）湖塘：湖塘对浅层地温的影响取决于湖的成因、大小（深度、宽度）、积水期长短、冷季冰厚、水温、盐度、与地下水的水力联系以及当地多年冻土条件（厚度、地温）等。在多年冻土区湖塘类型较多，湖塘对地温的影响也很复杂。

通常湖塘可升高湖底地温，季节性湖塘下促使季节融深加大。常年积水湖塘是否为贯穿融区取决于该区所处的地理位置、湖面大小、水深和冷季冰厚等。如果冷季湖冰厚小于水深、冰下常年积水、淡水在4℃时密度最大，因此湖底地温始终为正。由此可推断，在多年冻土区常年积水水深大于1m，直径大于100m的淡水湖下一般为贯穿融区。

多年冻土区的盐湖和咸水湖则很特殊，在青藏高原西部盐湖较多，大多数以碳酸盐型和硫酸钠亚型为主，矿化度平均为202g/L，最高达355g/L（陈克造，1981），天然盐水在-15～-20℃时密度最大，盐湖水下无对流，热交换仅靠传热。因此，湖面较大，湖水较深的盐湖底部的水层全年均要保持负温，即使在暖季，湖底层水温约-5℃；而冷季可达-20℃，它可能有利于多年冻土的形成和保存。另外在高原干盐湖区沉积的盐土地层中发育着湿寒土。

2）动水被

动水被指不断流动的河水。在多年冻土区，不论河流大小均能不同程度地升高地温，加大季节融深。

（1）季节性河沟：在多年冻土区季节性小河和沟谷甚多，其冷季冻结断流。但暖季河水仍能携带大量热渗入下伏土层，产生热交换，提高土温，加大融化深度。在多年冻土区腹部地段，河沟下一般仍发育多年冻土，只是河沟下天然上限比两岸处要深0.3～0.5m。在多年冻土边缘地段，河沟下一般为季节冻土，其两岸沼泽地为薄层冻土岛。

（2）中、小河流：常年性河流对浅层地温的影响，主要取决于河流的流量、水深、水温、冰厚、河床下地层的渗透性，以及与地下水及构造地热背景的关系等。

在中等流量的河流主河道下，一般为贯穿融区，河漫滩以上部位为多年冻土区，如高原上的楚玛尔河、雅玛尔河、扎加藏布曲等。在小河流下为非贯穿融区，其天然上限深达5～7m，再下面仍有升高地温、减薄多年冻土的趋势。

(3) 大河：高原上的沱沱河、通天河、大兴安岭北部的阿木尔河、大林河等均属大河。其河床宽、流量大，向下伏土层传递的热量亦多，不但河床下为贯穿融区，甚至影响河漫滩及阶地下的地温，使其地温升高，季节融深加大。

**4. 地形、地貌**

地形、地貌可影响较大范围的季节冻结和季节融化。坡向、坡度等微地形可直接影响到地面接收太阳辐射的强度，坡向不同，接收太阳辐射的热量、日照时间明显不同，尤其在高纬度的大小兴安岭地区显得更为突出。暖季，南坡日照时间长，太阳直射地表，其热量大于北坡，造成南北坡地表的明显差别。南坡往往比北坡陡，植物生长不如北坡，松散沉积物的厚度也比北坡薄，土层颗粒较粗，含水率较少，且积雪融化早于北坡等。这些差别均加强了南坡地温比北坡高，地面温度较差比北坡大，季节融化深度随之比北坡大。据统计，同一地段的松散土层的年平均地温，阳坡比阴坡高0.4～3.2℃。最大季节融化深，阳坡比阴坡大0.4～1.7m，而最大季节冻结深度，阳坡比阴坡则浅0.5～0.7m，从而造成阳坡上部一般为季节冻土区。

## 8.2.3　内部因素

内部因素主要指土层本身条件有关的因素，如岩性、含水率、密度及孔隙度等，这些因素直接决定着土的季节冻结和季节融化深度。

由不同矿物成分、不同粒度组成的松散堆积物，其孔隙度、比重、密度有很大差别。不同岩类其节理、裂隙亦有明显差别。因而，不同土（岩）中的含水率和热学性质差别很大。松散层的土颗粒越细，其表面能越大，持水能力越强，饱和含水率越高，比热越大，导热系数越小。所以，细颗粒最大季节融深一般比粗颗粒土浅。岩性的差别，造成小范围地段内，季节融深变化很大。据大兴安岭地区数百个坑探、井探资料统计（表8.9）(王春鹤等，1999）表明，通常情况下，基岩风化层最大季节融深为3.0～5.0m，砂、卵砾石层为2.4～3.5m，碎石土类为1.5～2.5m，粉质黏土为1.1～1.6m，草炭粉质黏土为0.8～1.2m，腐殖质土层为0.5～1.0m。

**表8.9　不同岩性多年冻土上限深度试坑个数统计**　单位：个

| 上限深 | 0.5～1.0m | 1.1～1.5m | 1.6～2.0m | 2.1～3.5m | >3.5m |
|---|---|---|---|---|---|
| 腐殖质土层 | 70 | | | | |
| 粉质黏土 | 2 | 63 | 15 | | |
| 粉土 | | 3 | 72 | 14 | |
| 砂砾石土 | | | 1 | 40 | 2 |
| 基岩、残积层 | | | | 8 | 12 |

在自然界，细颗粒土的含水率往往较大，尤以腐殖质土层含水率最大，可达100%～200%，水相变耗热多，造成季节冻结和季节融化深度均很小。青藏公路沿线大量勘探统计资料（表8.10），可反映出青藏高原季节融化深度与岩性的关系。由表8.10可见，卵

砾石土颗粒粗，相对含水率小，而季节融深最大，融深变化由大到小依次为卵砾石土、碎石土、砂土、粉土、粉质黏土、黏土。含腐殖质黏土、粉质黏土颗粒细，相对含水率较大，其季节融深一般很浅。

**表 8.10　青藏公路沿线各大地貌单元不同岩性的最大季节融深（上限）统计** 单位：m

| 大地貌单元 | 西大滩 | 昆仑山区 | 楚玛尔河高平原 | 可可西里山区 | 风火山区 | 沱沱河盆地 | 开心岭山区 | 通天河盆地 | 唐古拉山区 | 安多河谷地 |
|---|---|---|---|---|---|---|---|---|---|---|
| 黏土 | | 1.1～1.3 | 1.5～1.8 | | 1.0～1.3 | 1.6～1.8 | | 1.6～1.8 | 1.2～1.4 | |
| 粉质黏土 | 1.5～1.8 | 1.2～1.6 | 1.6～2.0 | 1.2～2.5 | 1.2～1.8 | 1.5～2.0 | 2.0～2.4 | 1.5～1.9 | 1.4～2.2 | 1.8～2.6 |
| 粉土 | 1.7～2.2 | 1.4～1.8 | 1.8～2.4 | 1.5～1.8 | 1.5～2.0 | 1.6～2.8 | 2.2～2.6 | 1.6～2.8 | 1.5～2.4 | 2.0～2.9 |
| 砂土 | 2.0～3.0 | | 1.5～2.6 | | | 2.5～3.5 | | 2.5～3.6 | | 2.5～3.1 |
| 碎石土 | 2.2～3.2 | | | 1.8～2.2 | 1.8～2.3 | | 2.5～2.8 | | 1.3～2.3 | |
| 卵砾石土 | 3.0～4.0 | | 2.5～2.9 | | 2.0～2.4 | 2.5～3.6 | | 2.5～3.8 | | 2.8～3.8 |

### 8.2.4　人为因素

近几十年来，随着经济的发展，多年冻土区铁路、公路不断延伸，矿山开采、城镇扩大，建筑物增多，人口和畜牧业剧增等一系列人类经济活动均改变了冻土生态环境，造成冻土退化，季节融深加大，融区范围扩展，甚至使下伏薄的多年冻土层融完。

目前青藏公路沥青路面下人为上限可达 9～10m 深，采暖房屋下形成深达 8m 的融化盘。大兴安岭林区许多原在多年冻土区内建设的林业局及居民点，如根河、松岭、大阳气、林海、新林、塔原等城镇内现已均退化为融区。森林开发后造成林中植被、气温、湿度、蒸发量、地温等环境要素变化，其必然导致季节冻结和季节融化层的变化。经暖季期间的对比观测可知，皆伐林地比天然林地日平均气温高 1.7℃，日平均风速增加 0.6m/s，浅层地温升高 3～5℃，季节融化层含水率减少 50%，最终导致季节融深增加 10～30cm（陈亚明和印艳华，1996）。青藏高原东部人类活动较多，随着畜牧业的迅速发展，对草场资源掠夺性利用日益加剧，过度放牧、开垦草地，人类和啮齿类动物破坏植被等造成草场严重退化、水土流失、沙化。草地冻土生态环境失调已成为高原牧区严重的环境问题，明显地表现出地表植被覆盖度减小，土层中水分减少，季节融深加大，直至薄层多年冻土完全消融。由此可见，随着寒区开发力度加大、加快，人为因素对季节冻结和季节融化的影响将会越来越强，并变得更复杂。

## 8.3　季节融化深度（上限）的判识方法

当土层达到最大融化深度时，其冻融界面称多年冻土上限。上限包括天然上限和人为上限两大类。本章节简要介绍天然上限的判识方法。

### 8.3.1　直接勘测法

在最大季节融化深度出现的 9 月底至 10 月上旬时段，采用钻探、坑探、针探及物探等方法可直接探查出上限深度。此方法简便，较精确可靠，目前广泛应用，但受时间限制，需大量劳动力。

### 8.3.2　挖探-冻土构造分析法

季节融化层由于受到反复的冻融作用，其水分和冻土构造具有一定的分布规律，即在上限附近形成一个富冰带，其上部为弱含冰带，在弱含冰带之上又有一个相对含冰量增多的带。一般将弱含冰带和其下的富含冰带界面处定为上限。在不同岩性、水分条件下，冻土构造特征有所不同，下面以三种典型土为例。

（1）细颗粒土为主的冻土构造：整个季节融化层和上限附近的多年冻土含冰率均较大。但上限之下土体中冰层通常是连续的（即厚层地下冰层），上限以上冰层则是非连续的，以整体状、微层状、网状构造为主。

（2）砂砾石土为主的冻土构造：在上限之上一般为整体状构造和砾岩状构造，即砂砾石之间仍相接触。上限之下以包裹状构造为主，即砂砾石基本上被冰包围着，以冰为介质相互联结。

（3）风化破碎带及基岩中的冰层构造：在上限之上岩石裂隙部分被冰充填，一般较干燥。但在上限以下裂隙多为冰充填，可见到明显的裂隙冰。

冻土构造分析法可在任何时间内挖探采用。依据上述地层剖面上冻土构造和地下冰分布的差异来判定上限位置，但需要野外现场实际经验的积累和判断能力。

### 8.3.3　挖探-测温法

在土层很干燥的地段，探坑内各深度的冻土构造无明显差别时，则可借助坑壁地温测量方法来判断上限位置。其做法是，在最大融化季节，将刚挖毕的探坑内的背阴侧壁清出新鲜土层剖面，立即在不同深度，将温度计探头垂直插入于坑壁的土内 10 ~ 20cm 处，观测地温状况，利用地温变化来判断上限位置。整个操作过程动作要快，以防外界温度对天然地温的影响。

### 8.3.4　挖探-查表计算法

此方法是建立在工作区及附近有长期浅层地温观测资料的基础上。首先综合绘制出季节融化层的融化速率图（图 8.5），标出不同时段的融化深度百分率。在融化季节内，在任何时间，任何地点仅需探测当时的天然的融化深度，然后在该图中找出该时间的天然融化深度占最大融化深度的百分比，最后计算出其最大融深值。举例说明：如 5 月 30 日在某地点用钢钎探测当时天然融深为0.35m，查图得出，5月30日天然融深仅占最大融深的20%，利用公式：

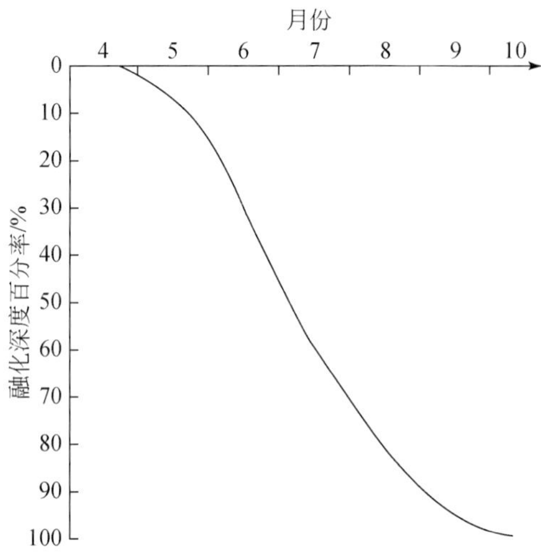


图8.5 多年冻土区季节融化速率图

$$H_r = \frac{h_r}{n} = \frac{0.35}{0.2} = 1.75\text{m}$$

式中，$H_r$为最大融化深度（m）；$h_r$为勘测时所得的当时融深（m）；$n$为相应于$h_r$时的融深百分率（%），可从图8.5查取。

利用上述公式得出该地点最大融深为1.75m。

## 8.3.5 冻土器测量法

目前我国气象、水文等部门通用的冻土器是仿制苏联出产的A. И. 达尼林冻土器。如将冻土器埋置在不衔接多年冻土区或季节冻土区内可测得最大季节冻结深度，而埋置在衔接状多年冻土区内可测得最大季节融化深度。

具体做法是：在开展监测的前一年，用坑探或钻探将冻土器埋置在冻土地温观测场内，待地温恢复到施工前的平衡状态时，即可进行连续观测。在9月底或10月初，冻土器胶管中水、冰界面处的刻度，即为场地处最大季节融化深度。在4月其胶管中冻结的冰柱停止再向下发展时，该冰柱的深度即为场地的最大季节冻结深度。

此法很直观，精度较高，但需要人工连续观测。注意冻土器胶管中灌注的水应以当地冻结层上水为宜。每年秋末应对冻土器的标高进行复核或修正。

## 8.3.6 观测地温法

通常用直管地温表、热电偶、热敏电阻等温度探头，直接连续观测不同深度处的浅层地温，绘制出地温过程线，利用0℃（或冻结温度）的等温线来确定冻融界面位置，判定出最大季节融深和最大季节冻深。在布置地温观测场时，应同时埋置冻土器，由此可将地温观测资料和冻土器量测结果相互对比，准确地判定其最大季节冻深和最大季节融深值。

## 8.3.7　试验分析法

季节融化层在冻结过程中产生水分重分布，其水分分别向两个冻结面（即地表冻结面及上限处冻结面）方向迁移，使得中部冻结土层部位成为弱含水带。根据此规律，在挖探坑时，在不同深度取样测含水率，然后绘制垂向的含水率分布图（图 8.6）。根据含水率分布曲线的判断，下面含水率最大段之上部 10～20cm 处为冻土上限。

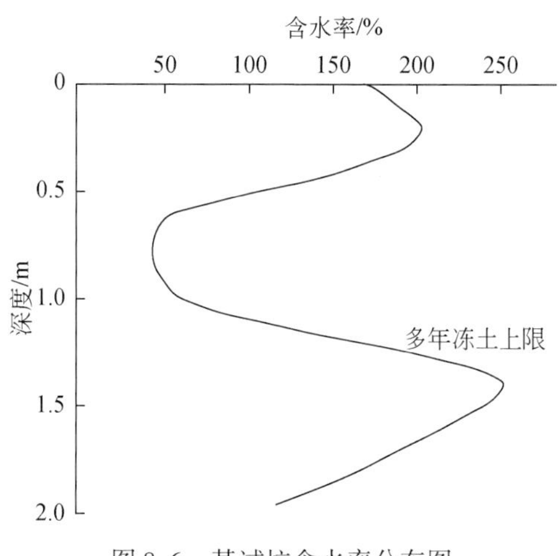


图 8.6　某试坑含水率分布图

## 8.3.8　植物根系指示法

多年冻土地区植物生长与冻土关系较密切，一定的植被反映了其下土层的特定热量和水分特性。由于多年冻土层直接阻碍植物根系向下生长，如大兴安岭地区兴安落叶松，树干虽很高大，但树根向下扎的很浅，只能在季节融化层内侧向延伸，故根据密集植物根系向下延伸的深度来间接判定最大季节融深值。

## 8.3.9　统计查表法

目前多年冻土内有关上限的勘测资料很多，在系统搜集前人资料的基础上，按地区分别对不同岩性、不同含水率及不同植被条件下上限值列成统计表（表 8.10），如欲得知新的勘测点的岩性、含水率及植被状况，可利用上述统计表格，查得相似的最大季节融深。

## 8. 3. 10 地球物理勘探法

在多年冻土区用于探测多年冻土层及其上限位置的地球物理方法主要有电阻率法、探地雷达法、高密度电法、浅层地震法。冻结土层与非冻结土层的含水、含冰不同，使其在电阻率、介电常数、地震波速度等具有明显的差异，成为利用地球物理方法在多年冻土区确定冻土层、上限及地下冰层的应用基础。探地雷达法目前较为普遍地用以多年冻土上限。

## 8. 3. 11 计算法

有关确定季节融深的计算方法很多，各有其边界条件及适用范围，经反复比较推荐下列几种。

（1）数理解析法：方法简单、方便，但选用公式时应特别注意选用那些和已知原始资料相近或类似的计算公式，以保证计算结果的精度。

（2）斯蒂芬解析法：精度较高，其近似解使用方便，但需要大量的气温及土层本身物理特性的资料（徐学祖和付连弟，1983）。

（3）库德里亚夫采夫公式：能较好地反映出冻融深度与土的岩性、温度场、雪盖、植被、地貌等的关系，使用范围广，解值较准确，至今仍在工程实践中采用。

（4）经验公式法：国内很多学者在不同地区、不同条件下总结出很多经验或半经验公式来计算季节融深，简单，方便，也能满足一定的精度要求。但应用时应特别注意经验公式所适用的相关条件。

上述可见，季节冻深和季节融深的判识方法很多，要根据实际情况灵活选用最适合的方法，有时可同时使用几种方法相互对照比较得出精确值。

# 第9章　多年冻土分布、温度动态与厚度的调查研究

多年冻土分布、温度和厚度，是大气圈与岩石圈之间在各种自然地理、地质因素参与下长期热交换的产物，是区域自然历史发展的现实表现。不同的区域，具有不同的自然条件组合和与之相协调的冻土分布、温度和厚度。因此它们不仅是区域冻土和历史冻土研究的主要内容，也是恢复大气圈与岩石圈热交换历史过程中的重要依据，所以是冻土调查研究的主要内容。

## 9.1　我国多年冻土分布的温度与厚度

我国区域冻土的调查研究，始于20世纪50年代森林矿山资源和公路、铁路等建筑的修建。随着国家生产建设发展的需要，冻土研究的专门机构相应而生。从60年代初新组建的中国科学院冰川冻土研究所开始对广大的多年冻土地区展开了较系统的科学考察。现已对东北大小兴安岭、青藏公路、青藏铁路、新藏公路、青康公路沿线，天山南北，祁连山区的木里、热水等地区，进行了较为详细的勘测研究，并对阿尔泰山、横断山部分山地进行了冻土考察研究，同时对兰州附近的马御山进行了高山冻土岛对气候变化响应的观测研究。《中国冻土》一书（周幼吾等，2000）系统总结了50年来我国冻土学的主要研究成果。本章就以该书为基础并参考以往其他的研究成果对我国多年冻土的分布、温度、厚度的主要特征做一概述。

我国多年冻土主要分布在东北大小兴安岭、西部高山及青藏高原等地，总面积约175.39万$km^2$（王涛等，2006），其中东北地区约29万$km^2$，青藏高原为125.8万$km^2$，其他高山区为20.56万$km^2$。

### 9.1.1　山地多年冻土

在我国西部高山地区（祁连山、天山、阿尔泰山等山地）多年冻土的分布，主要受海拔控制，具有明显的垂直地带性规律。多年冻土仅出现在一定的海拔以上，岛状多年冻土出现的最低海拔的连线即为多年冻土分布下界。由下界往高处，冻土分布的连续性增大，冻土温度降低。与此同时也具有水平分布上的不完整和经向的差异性。这是因为这些高山由许多平行断块山和山间断陷盆地及谷地组成，其走向分别为北西西、东西和北西，地势由西向东降低，山地垂直分带明显，一般上部为现代冰川和冰缘带，中部为深切侵蚀带；下部及山间盆地边缘为干燥剥蚀带。在这些山地，多年冻土年平均温度一般为-0.1～-2.5℃。最低可达-4～-5℃，冻土厚度由几米、十几米、几十米至100～200m（表9.1）。随着海拔增高，温度降低，冻土厚度增大。例如，祁连山热水地区，海拔每升高100m，

冻土年平均地温降低 0.6℃，厚度增加 14 ~ 21m。而在天山，海拔 2700 ~ 3000m，与热水地区有同样的地温递减率，但冻土厚度变化较大，为 31m/100m；海拔 3000 ~ 3400m 冻土的温度、厚度，随着海拔的升高变化缓慢。此外，在阿尔泰山、天山和祁连山多年冻土分布的下界，变化在 2200 ~ 3900m，并自北而南和自西北向东南方向升高，也表现出一定的纬向差异性。

**表 9.1　我国西部多年冻土的分布特征**

| 分布地区 | 峰顶海拔高度/m | 多年冻土面积/$10^4$km$^2$ | 多年冻土下界高度/m | 年平均气温/℃ | 实测年平均地温/℃ | 峰顶活动层底部年平均温度计算值/℃ | 多年冻土厚度/m | |
|---|---|---|---|---|---|---|---|---|
| | | | | | | | 实测值 | 峰顶最大厚度计算值 |
| 阿尔泰山 | 4374 | 1.1 | 2200 ~ 2800 | <-5.4 | 0 ~ -5.0 | -14.1 | | 400 |
| 天山 | 3963 ~ 7435 | 6.3 | 2700 ~ 3100 | <-2.0 | -0.1 ~ -4.9 | -6.8 ~ -23.3 | 16 ~ 200 | 200 ~ 650（最大 1000） |
| 祁连山 | 3616 ~ 5808 | 9.5 | 3500 ~ 3900 | <-2.0 | -0.1 ~ -2.3 | -2.8 ~ -12.1 | 5 ~ 140 | 100 ~ 400 |
| 昆仑山 | 6488 ~ 7723 | | 3900 ~ 4200 | <-2.5 | -0.2 ~ -3.5 | -12.2 ~ -21.1 | 60 ~ 120 | 400 ~ 680 |
| 喀喇昆仑山 | 8611 | | 4400 | | | -23.4 | | 750 |
| 昆仑山-唐古拉山北坡间丘陵地带 | 4700 ~ 6305 | | | <-5.0 | -1.5 ~ -3.5 | -5.9 ~ -11.3 | 30 ~ 130 | 200 ~ 370 |
| 高平原及河谷地带 | 4500 ~ 4650 | | | -4.0 ~ -5.0 | 0 ~ -1.5 | | 0 ~ 60 | |
| 唐古拉山南坡 | 4500 ~ 4780 | 150.0 | 4600 ~ 4700 | -2.0 ~ -5.5 | 0 ~ -2.0 | | <20<br>30 ~ 60 | |
| 巴颜喀拉山-阿尼玛卿山 | 5202 ~ 6282 | | 4150 ~ 4400 | | | -4.7 ~ -11.1 | 7 ~ 49 | 160 ~ 370 |
| 冈底斯山-念青唐古拉山 | 6656 ~ 7111 | | 4800 ~ 5000 | | | -8.1 ~ -10.6 | | 270 ~ 350 |
| 喜马拉雅山 | 7060 ~ 8848 | 8.5 | 4900 ~ 5300 | <-2.5 | | -8.0 ~ -17.6 | | 270 ~ 570 |
| 横断山 | 6168 ~ 7556 | 0.7 | 4600 ~ 4900 | <-3.2 | | -7.5 ~ -13.2 | | 250 ~ 420 |

以祁连山地区为例具体讨论一下西部高山冻土的分布、温度和厚度发育的规律性：

祁连山是 20 世纪晚期以来强烈上升的褶皱断块山地，由一系列 NW-SE 方向排列的断块山地所组成，海拔一般在 4000 ~ 5000m，最高峰（团结峰）为 5805m。各山地之间为一系列长条形断陷谷地及盆地，谷地、盆地海拔一般在 3000 ~ 4000m，总的趋势是西高东低。各山地以古生界地层为主，岩性主要为火山岩、碎屑岩及碳酸岩。各谷地、盆地盖层是古近系—新近系湖相及第四系河湖相沉积，岩性多为泥岩、粉砂岩、泥灰岩及砂砾岩。

据实测资料（表 9.2）祁连山地区海拔 3480 ~ 4033m 范围内，多年冻土的年平均地温为 0.0 ~ -2.4℃，冻土厚度为 8.0 ~ 139.0m。其变化趋势是随海拔的升高地温降低，厚度增大，但是变化梯度在各高度带内并不一致（图9.1、图9.2）。在海拔3550m以下地温向低处有所降低，厚度并无增大。海拔3550～3700m，地温和厚度变化很小，每升高100m地温降低值小于0.2℃，厚度增大值不足8m。在3700～4200m地温降低0.4～14℃，厚度增加10.9～42.5m。用回归方程分析表明，冻土厚度随年平均地温的降低而增加，地温每降低1℃，冻土厚度增大31.9m（图9.3）。

这与程国栋和王绍令（1982）、童长江和吴青柏（1996）分别对青藏高原和西部地区多年冻土厚度与年平均地温间的相关资料结果基本是一致的，即年平均地温每降低1℃，多年冻土厚度增大30m左右。在平面分布上，连续冻土区多年冻土的年平均地温为-1.5～-2.4℃，多年冻土厚度为50～139m；岛状冻土区年平均地温一般为0～-1.5℃，多年冻土厚度由几米、十几米至几十米不等。这种差异显然是由地势高低决定的。

**表9.2　祁连山地区多年冻土温度和厚度实测值**

| 地区 | 孔号 | 海拔/m | 年平均地温/℃ | 多年冻土厚度/m | 多年冻土上限/m | 地貌部位及岩性 | 资料来源 |
|---|---|---|---|---|---|---|---|
| 洪水坝（黑河源头） | 1 | 3839 | | 46.0 | 2.0 | 山前平原戈壁带 | 郭鹏飞，1983 |
| | 2 | 3830 | -1.5 | 79.3 | 1.7 | 山麓冰碛台地 | |
| | 3 | 4033 | | 139.3 | 1.7 | 山麓丘陵，白垩系砂岩 | |
| | CK1 | 3977 | -1.4 | 71.8 | 4.6 | 河流一级阶地，冲积层，风化砂页岩 | 中国科学院冰川冻土沙漠所，1971* |
| 木里 | CK2 | 3989 | -2.4 | 69.4 | 1.2 | 山前缓坡、坡残积、石英砂岩 | |
| | CK3 | 3968 | -2.0 | 84.1 | 0.95 | 二级阶地后缘，冲积层、砂页岩及煤层 | |
| | CK4 | 3977 | -2.0 | -60.0 | <1.0 | 二级阶地前缘，冲积层、砂页岩及煤层 | |
| | 12/1 | 3993 | | 60.0 | 1.0 | 丘陵区，侏罗系砂页岩 | 郭鹏飞，1983 |
| | 15/1 | 4016 | <0 | 76.0 | 2.0 | 山前平原戈壁带 | |
| | 1 | 3985 | | 95.0 | 1.0 | 丘陵区，砂页岩及煤系 | |
| 江仓 | CK90 | 3888 | | 86.7 | <1.0 | 山前平原戈壁带沼泽地 | Guo et al.，1983 |
| | CK95 | 3882 | | 50.0 | <1.0 | 山前平原戈壁带 | |

续表

| 地区 | 孔号 | 海拔/m | 年平均地温/℃ | 多年冻土厚度/m | 多年冻土上限/m | 地貌部位及岩性 | 资料来源 |
|---|---|---|---|---|---|---|---|
| 热水 | 福 1 | 3595 | 0.0 ~ -0.1 | 11.0 | 2.8 | 山前坡地，大块碎石类类土 | 热水冻土队，1976** |
| | 冻 2 | 3480 | -0.6 | 20.0 | 1.4 | 山前缓坡，沼泽地 | |
| | 冻 5 | 3487 | | 8.0 | 2.3 | 山前缓坡，沼泽地 | |
| | 69-4 | 3680 | -0.1 | 8.2 | 1.8 | 沼泽地，坡洪积物 | |
| | 新 1-1 | 3696 | -0.6 | 30.0 | 1.1 | 山前缓坡，沼泽地 | |
| | 301 | 3862 | -1.5 | -60.0 | 2.4 | 山顶，坡残积，碎石 | |
| 走廊南山北坡 | K1 | 3530 | <0 | 33.2 | 1.8 | 高山沟脑，石炭系页岩 | 郭鹏飞，1983 |
| 托来山南坡 | 11 | 3950 | | 78.4 | 1.6 | 高山区，志留系千枚岩 | |
| 党河南山 | 40 | 3742 | | 12.0 | | 山麓沟谷 | |
| 达坂山北坡 | 坑道 | 3500 | | 25.0 | 1.5 ~ 2.0 | 高山沟谷，奥陶系火山碎屑岩 | 郭鹏飞，1983 |
| 达坂山垭口段（宁张公路） | CK2 | 3886 | | 15.0 | | | 王绍令等，1995 |
| | CK5 | 3991 | | 56.0 | 2.5 | | |

* 中国科学院冰川冻土沙漠研究所，1971，青海省木里煤田聚乎更矿区冻土与水源问题研究资料汇编，第一册。

** 中国科学院冰川冻土沙漠研究所. 1976. 青海省热水矿区冻土考察研究报告。

注：青藏高原多年冻土厚度（$H$，m）与年平均地温（$t_h$，℃）间的关系式：据程国栋等为 $H=15.91-31.43t_h$，据童长江等为 $H=15.84-27.17t_h$，两式的相关系数相同，即 0.94。

在上述海拔的总趋势控制下，局部因素对多年冻土的温度和厚度有很大影响。本区存在冬季逆温层现象，目前的钻孔资料又大多在盆地和山麓地带，冻土的温度和厚度比正常值相应要低和厚。海拔 3550m 以下一定高度范围内，冻土温度向低处有所降低，这显然与冬季逆温、岩性和含水量等局部因素的影响不无关系。

坡向的影响明显，如据钻孔揭示，在托来山北坡海拔 3830m，揭露出多年冻土厚度 79.3m，而在走廊南山南坡海拔 3839m 处，冻土厚度仅 46m。又如，在走廊南山东段北坡海拔 3530m 处，冻土厚度 33.2m，而在该山南坡同样高度上则未发现多年冻土（郭

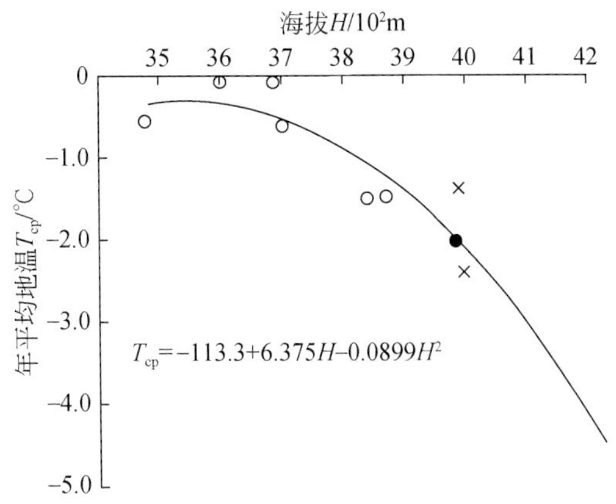


图 9.1　祁连山区多年冻土年平均地温与海拔的关系

●洪水坝；×木里；○热水

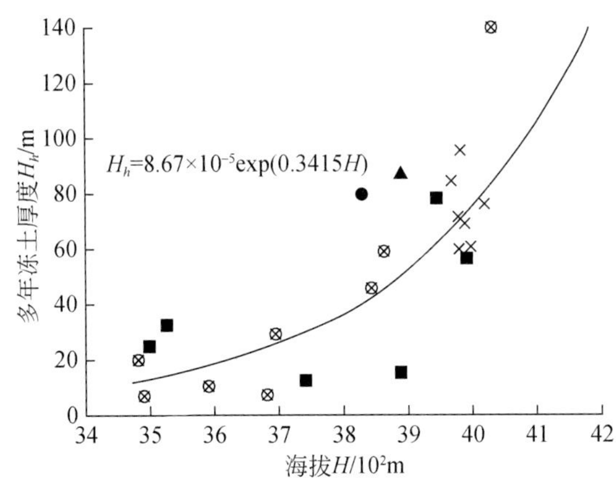


图 9.2　祁连山区多年冻土厚度与海拔的关系

▲江仓；■山区；○洪水坝；×木里；○热水

鹏飞，1983）。

岩性和含水量的影响：在祁连山、热水地区多年冻土分布的下界附近（热水柴达尔沟西部）的季节冻土区内出现多年冻土岛（面积 0.5km$^2$的洼地），只因为岛内土颗粒比岛外细，含水量大，形成沼泽地，结果岛上年平均地温为-0.1℃，岛外却为 1.2℃。在本区缓坡及一些河流阶地上，有不同程度的沼泽化或有较细土层，是多年冻土发育的有利场所。因而多年冻土的地温较低，厚度较大，地下冰也较发育。目前所观测到的最低年平均地温（-2.4℃）出现在木里盆地（图 9.4，CK2 孔），最厚的多年冻土层（139.3m）在洪水坝盆地（CK3 孔）揭示。巨厚的（3～5m 甚至到 9m）地下冰层在热水和木里见到，均与地面较潮湿及土层颗粒细密切有关。即使在同一沼泽地（图 9.5），中心与边缘沼泽化程度的差异也使多年冻土厚度有很大的变化，沼泽地中心（冻 2 钻孔）多年冻土厚度在 20m 左右，而在相距 330m 的边缘地带（冻孔 5）多年冻土厚度仅 8m，地下冰层的厚度也是自边缘向中心递增。

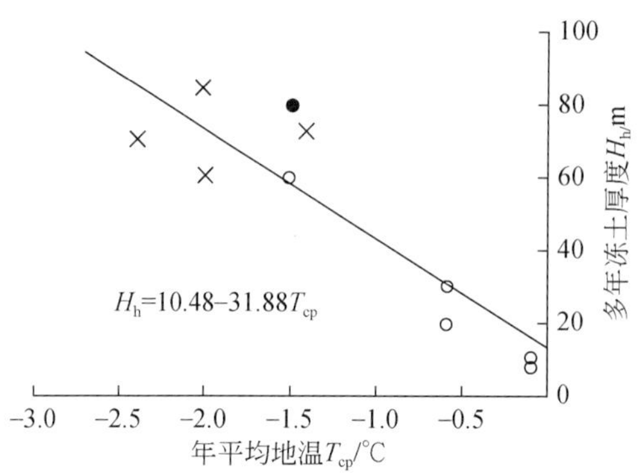


图 9.3　祁连山多年冻土厚度与年平均地温关系
● 洪水坝；×木里；○ 热水

根据木里地区钻孔资料（图 9.4）冻土层中的地温的年变化深度在 11 ~ 15m。地温深度变化呈正梯度型（温度自上而下升高），地温增温率在冻土层内变化在 1℃/22.5m（CK4 孔）至 1℃/46.7m（CK1 孔）。比较 CK2 孔与 CK3 孔可见，CK2 孔的海拔比 CK3 孔高 21m，相应 CK2 孔中冻土年平均地温低至-2.4℃，而 CK3 孔为-2.0℃。但是，由于岩性、含水量影响，地温增温率 CK2 孔中大致为 1℃/24m，而 CK3 孔中为 1℃/36m，因而多年冻土厚度在 CK2 孔中比 CK3 孔小 15m。CK3 孔中冻土增温率为 1℃/30m，到达煤层后增至 1℃/16.7m，致使冻土层迅速消减。此外，冻结层下水的作用也可提高地温增温率，大大减小冻土厚度。CK4 孔与 CK3 孔分别位于木里地区上哆嗦河二级地的前缘与后缘，年平均地温均为-2.0℃，CK4 孔中 52m 深处见冻结层下水，增温率升至 1℃/18.9m，几乎为 CK3 孔的 2 倍，结果 CK4 孔中冻土层厚度比 CK3 孔要小 24m（表 9.1）。在深层基岩裂隙水和温泉出露地带，以及河床、河漫滩地带，可出现融区，年平均地温为正值，发育着季节性的冻土层，如在木里孤山泉水融区及河流融区，年平均地温可达 1.5 ~ 2.9℃（图 9.6）。

在祁连山区东段，冬季积雪厚的地区有可能形成局部融区，如宁张公路达坂山垭口地段，积雪平均厚度有 70 ~ 80cm，若取积雪密度为 150 ~ 190kg/m$^3$，在年平均气温-2.5℃，年较差为 24℃情况下，按库德里亚夫采夫公式计算，此处积雪可升高年平均地面温度 4.4 ~ 5.3℃，即地面温度为 1.9 ~ 2.8℃。钻孔测温资料证明，年平均地温在 CK3 孔（海拔 3824.8m）为 2.0 ~ 3.1℃，在 CK4 孔（海拔 3773.9m）中为 0.9 ~ 1.0℃。只有在此高度以上才有小厚度的多年冻土，如达坂山垭口 CK2 孔和 CK5 孔（表 9.1）。

## 9.1.2　高原多年冻土

青藏高原冻土区是世界中低纬度地带海拔最高、面积最大的冻土区（面积约 105.83 万 km$^2$）(王涛等，2006)，其范围北起昆仑山，南至喜马拉雅山，西抵国界（东帕米尔、

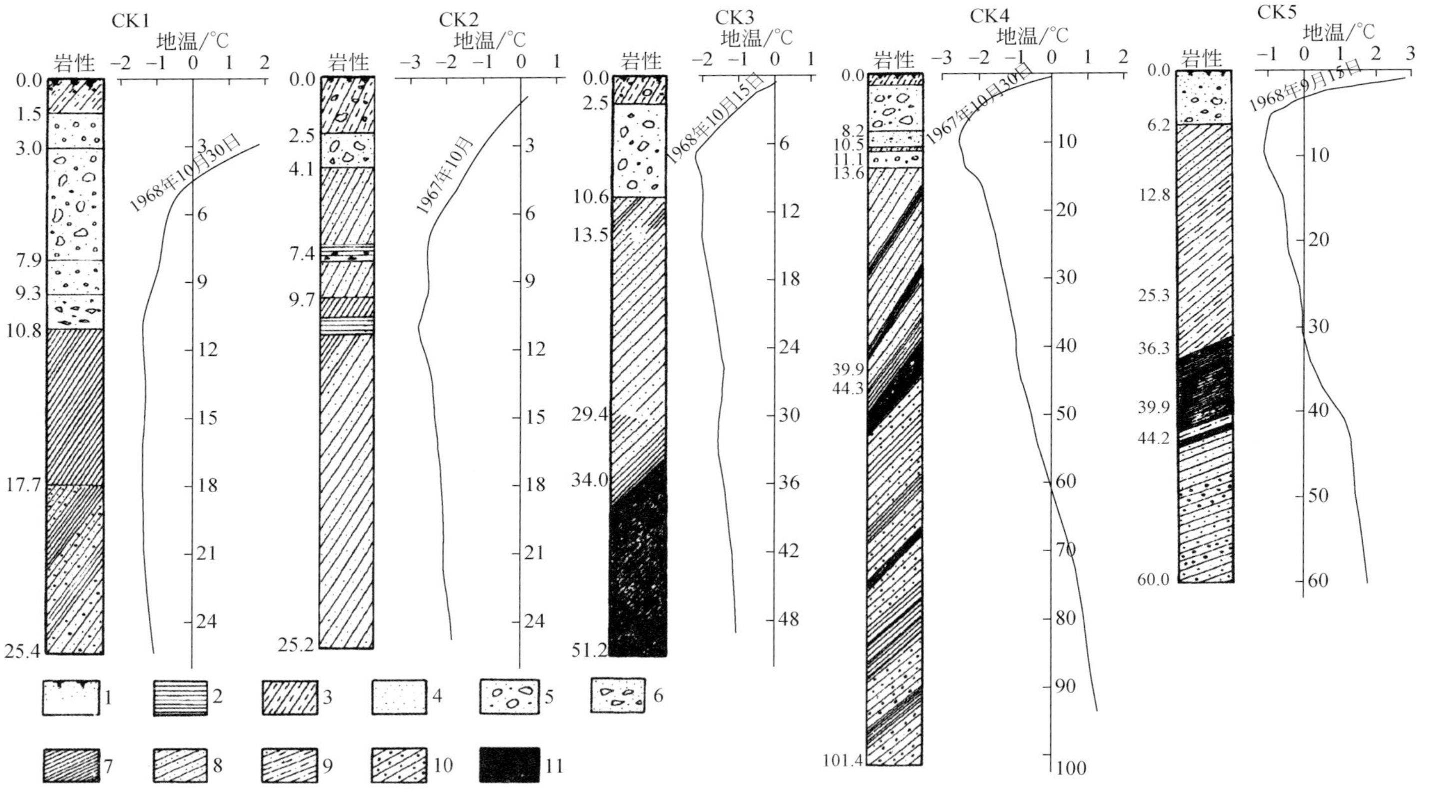


图9.4 木里地区部分钻孔地温曲线（据木里冻土队，1971）*

1.草根层；2.黏土层；3.亚黏土层；4.砂层；5.砂砾石层；6.砂碎屑层；7.页岩；8.砂岩；9.粉砂岩；10.砂砾岩；11.煤层。CK5位于平缓残山，其余各孔见表9.1

*中国科学院冰川冻土沙漠所木里冻土队.1971.青海省木里聚乎更矿区冻土与水源研究资料汇编，第一册。

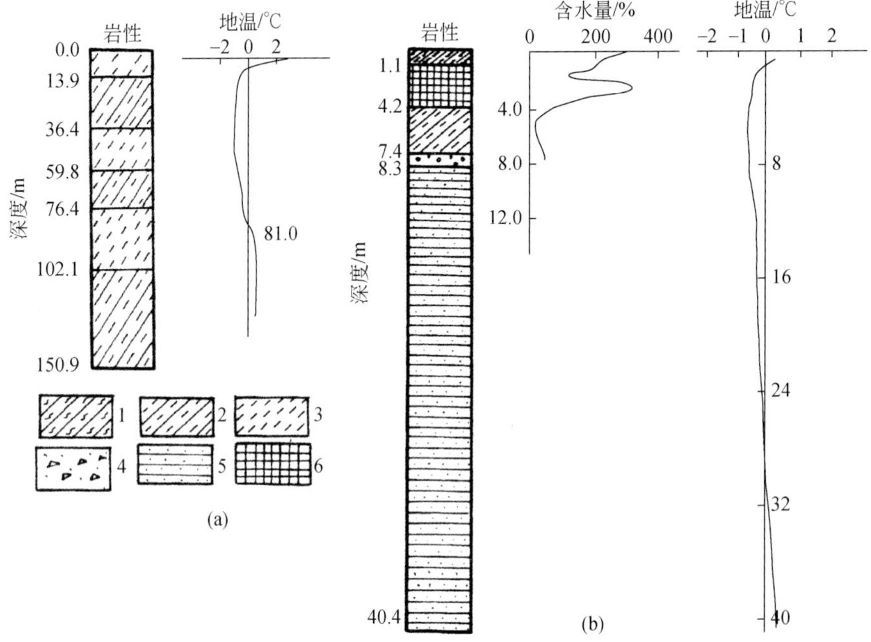


图 9.5　洪水坝、热水地区部分钻孔地温曲线

（a）洪水坝钻孔，NO. 2；（b）热水新 1-1 孔。1. 草炭层；2. 粉质黏土层；3. 粉土层；4. 碎石层；5. 基岩（砂岩等）；6. 冰层

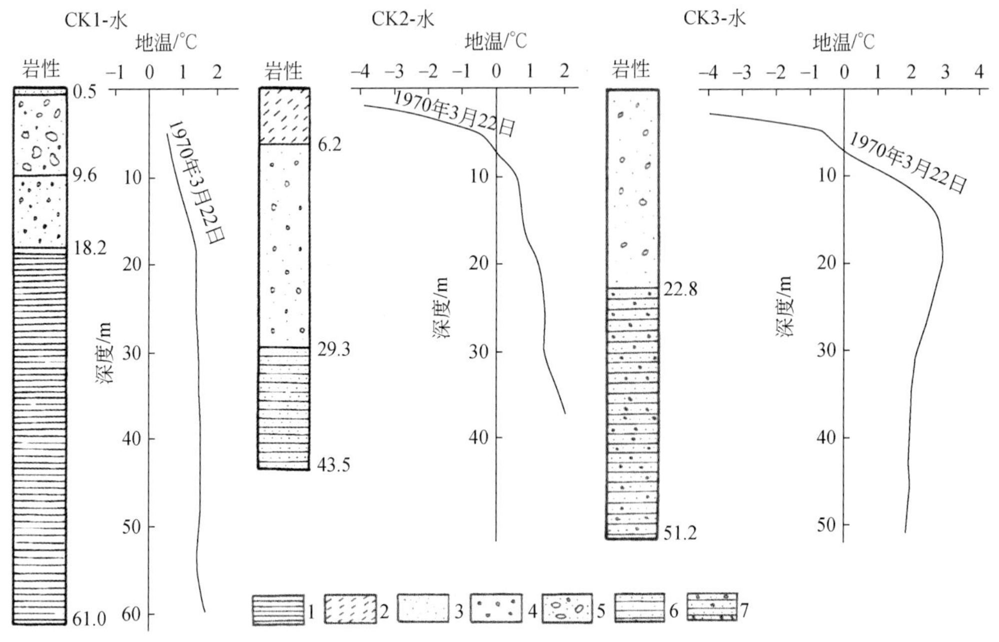


图 9.6　木里融区地段部分钻孔地温曲线（据木里冻土队，1971）①

钻孔位置：CK1-水　上、下哆嗦河汇流段；CK2-水　孤山山前泉水出露区；CK3-水　上哆嗦河中游段河边

岩性说明：1. 黏土层；2. 亚砂土；3. 中砂层；4. 砂砾石层；5. 卵石层；6. 细砂岩；7. 含砂泥质砂岩

① 中国科学院冰川冻土沙漠研究所冻土队 . 1971. 青海省木里聚乎更矿区冻土与水源研究资料汇编，第一册。

喀喇昆仑山和阿里高原），东缘横断山脉西部，巴颜喀拉山和阿尼玛卿山东南部。高原既高大又严寒的特点，决定着高原冻土的存在和广泛分布。其西北高、东南低的地势结构和气温与降水西北低、东南高的分布，制约着高原多年冻土发育的差异性。西北部和北部是青藏高原的主体，地貌形态为完整的高原面，高原面平均海拔为4500～5000m，年平均气温为-4～-6℃，为高原多年冻土最发育的地区，多年冻土大片连续分布，地温低，厚度大。随着地势向周边地区倾斜，冻土发育的程度相应变差。例如，由高原面往南，在班公湖-改则-东巧-安多-丁青一线以南，进入岛状多年冻土区。

在地质构造上，此线恰好是两个构造区的界线。以北为昆仑褶皱带、可可西里-巴颜喀拉山构造区、羌塘-青南-三江构造区；以南为藏北构造区、喜马拉雅褶皱带。各构造带又可划分为若干个次一级构造层和褶皱带，其间以深大断裂相接。自上新世纪末，印度与欧亚两板块碰撞后期以来，青藏高原抬升加剧，使上新世末平均高度只有1000m的青藏高原，在200万～300万年时间一跃而成为地球上最高大的高原。自上新世末，青藏高原构造活动十分强烈，各构造层及褶皱带的褶皱和差异隆升，导致高原呈现出山地、谷地、断陷盆地相间的地貌格局，致使地貌单元上沉积物的岩性、岩相及地质结构呈现出明显差异。这些差异对山地、谷地、盆地多年冻土的发育给予深刻影响，使高原冻土发育特征的地带性规律叠加上了地域差异。例如，在高原冻土最发育的地区沿断裂带有构造-地热融区、河流、湖泊融区存在，从而破坏了冻土分布的连续性。

高原冻土的下界是由地面和大气热交换过程中各种地带性和区域性因素共同决定的，绝非单一因素的函数。但在生产实践中，可以选用一个决定冻土生存的主要因素作为冻土下界的标志。在热交换过程中，冻土存在和生成的必要条件是地面年平均温度为0℃。而地面温度与大气温度又有良好的相关关系，因此可选用年平均气温作为冻土生存的标志。根据高原北部和祁连山区地面和大气温度的关系可知（童伯良和李树德，1983；周幼吾等，2000），高原冻土下界处在不考虑构造地热的前提下，位于北坡具有草甸植被的粉质黏土地段，年平均气温 $T_a \leqslant -2.8$℃时，地面年平均气温才能低于0℃，形成岛状多年冻土；砂砾石层处的年平均气温 $T_a \leqslant -3.8$℃时，才可形成大片多年冻土区，可将此温度作为形成多年冻土下界的标志；阳坡碎石堆积物中出现多年冻土的年平均气温约为-5.6℃，可作为大片多年冻土的下界标志（童伯良和李树德，1983）。

青藏公路自北向南穿越高原不同类型的冻土区，沿线做了大量的勘探工作和长期观测研究。根据过去的研究成果，昆仑山区冻土分布的垂直带性特别明显，在西大滩由海拔4150～4250m，季节冻土区过渡到岛状多年冻土区，并随海拔的增加，地温迅速降低，到昆仑山北麓4350m处进入大片连续冻土分布区。由北向南一直到唐古拉山以南的安多县境内，延长550km，再往南，青藏公路又进入岛状多年冻土区。

岛状多年冻土分布下界海拔随纬度降低而升高的规律非常明显。在青藏线纬度每降低1°，冻土下界上升120～130m。这里多年冻土分布下界大致与年平均气温-2～-3℃相当，而连续多年冻土区，一般要低于-4℃（表9.2）。这与前述统计分析结果很接近。

在海拔4500～4900m的连续冻土区内，实测到的冻土年平均地温为0～-3.5℃，最大的冻土层厚度为128.1m（唐泉沟钻探资料）。4900～5000m地区，冻土温度更低，冻土厚度更大。在南界附近海拔4780m以下的岛状冻土区，年平均地温一般在0～-0.5℃，冻土厚度不超过25m（表9.3）。

青藏公路沿线的地温年变化深度在10～16m，一般在岛状冻土区，融区及邻近地段较大，在山地丘陵地带较小。多年冻土温度和厚度状况可概括如下：在岛状冻土区（西大滩）年平均地温0～±1℃，多年冻土厚度小于20m。在大片连续冻土区有三种情况，一是高山、丘陵地带，冻土年平均温度为-1.0～-4.0℃，冻土厚度30～130m；二是江河源高平原的河谷平原带，冻土年平均温度为-1.0～-1.5℃，冻土厚度小于60m；三是河谷地带，冻土年平均温度为-0.1～-0.9℃，冻土厚度为几米、十几米，最大可达到50m。在大河（如沱沱河）、河床、河漫滩地段年平均地温可以达到0.5～1.0℃。在沱沱河北岸的渗透辐射融区年平均地温在融土中为1.2～2.1℃，多年冻土区为-0.3℃左右。

造成上述不同地段冻土温度、厚度差别的诸因素中，最主要的是海拔。随海拔的升高，冻土温度降低，厚度增大是普遍的规律。

**表9.3 青南-藏北高原北部主要钻孔中冻土温度、厚度一览表**

| 顺序 | 钻孔及所在位置 | 岩性 | 海拔/m | 年平均地温/℃ | 多年冻土厚度/m | 多年冻土上限/m |
|---|---|---|---|---|---|---|
| 1 | 西大滩高漫滩（西大滩1号孔） | 碎石土、砂砾石土 | 4280 | 0.0～0.2 | 10 | 5 |
| 2 | 西大滩一级阶地（钻孔4） | 碎石粉质黏土 | 4427.5 | 0 | 8 | 3.1～3.2 |
| 3 | 西大滩一级阶地后缘（钻孔5） | 碎石、砾石、粉质土 | 4373 | 0.0～ -0.1 | 13.5 | 4 |
| 4 | 西大滩南山前断陷盆地（钻孔8） | 碎石粉质土、碎石粉质黏土 | 4464 | -0.2～ -0.4 | >20.0 | 3.6 |
| 5 | 西大滩山前洪积扇前缘（钻孔12） | 碎石土、碎石粉质土 | 4515 | -1.0～ -1.2 | >50.0 | 4 |
| 6 | 西大滩山前洪积扇前缘（钻孔13） | 含腐殖质碎石粉质土、碎石粉质黏土 | 4500 | -1.0～ -1.2 | >48.0 | 2.8 |
| 7 | 昆仑山垭口盆地62道班东南（水文孔） | 粉质黏土、粉质土 | 4687.7 | -3.2 | 75 | 1.5 |
| 8 | 昆仑山垭口盆地62道班西（试验孔） | 砂砾石、粉质黏土、粉质土 | 4692 | -3 | >80.0 | 1.5 |
| 9 | 昆仑山垭口盆地62道班东南（桩基试验孔） | 砂砾石、粉质黏土、粉质土 | 4700 | -2.4 | >70.0 | 2 |
| 10 | 昆仑山垭口公路西（昆站1） | 粉质黏土、粉质土 | 4780 | -3.3 | 120 | 1.3～1.4 |
| 11 | 昆站6-1 | | 4621 | -2 | 47 | |
| 12 | 昆站18-1 | | 4688 | -2.7 | 73 | |
| 13 | 62道班河西200m缓坡 | | 4672 | -2.9 | 75 | |
| 14 | 昆站24-1 | 粉质黏土、粉质土、粉砂、中细砂互层、冰层 | 4770 | -4 | 92 | |
| 15 | 62道班西4.2km钻孔（楚钻-1） | | 4473 | -1 | | |
| 16 | 69道班西北80m钻孔 | | 4482 | -0.9 | 42 | |
| 17 | 五道梁钻孔 | | 4659 | -2.7 | 65 | |

续表

| 顺序 | 钻孔及所在位置 | 岩性 | 海拔/m | 年平均地温/℃ | 多年冻土厚度/m | 多年冻土上限/m |
|---|---|---|---|---|---|---|
| 18 | 五道梁西南50m钻孔 | | 4610 | -1 | 37 | |
| 19 | 可可西里试验场钻孔3 | | 4750 | -2.9 | | |
| 20 | 可可西里测温孔 | | 4755 | -2.8 | | |
| 21 | 秀水河河漫滩 | | 4560 | -0.7 | | |
| 22 | 79道班后左冒西孔曲阶地上 | | 4650 | -1.8 | | |
| 23 | 79道班后（钻孔Ⅰ-4） | | 4650 | -1.3 | | |
| 24 | 风火山西大沟南坡Ⅱ-3孔 | | 4760 | -2.5 | | |
| 25 | 风火山气象站20m孔 | 粉质土、粉质黏土、冰层、泥质页岩 | 4650 | -2.5 | | |
| 26 | 风火山冻土站1号孔 | | 4800 | -3.5 | >120.0 | 1.2 |
| 27 | 风火山垭口Ⅲ-2孔 | | 4900 | -3 | | |
| 28 | 风火山垭口Ⅲ-6孔 | | 4930 | -3.9 | | |
| 29 | 风火山垭口Ⅲ-9孔 | | 4760 | -3 | | |
| 30 | 沱沱河南钻孔 | | 4592 | -0.8 | 47.1 | |
| 31 | 沱沱河Ⅱ-5孔 | | 4532 | -0.1 | 12 | |
| 32 | 通天河北岸四级阶地（CK11） | | 4570 | -0.2 | 19 | |
| 33 | 通天河北岸三级阶地（CK6） | | 4567 | -0.3 | | |
| 34 | 雁石坪倍布曲河二级阶地（CK98-1-1） | | 4760 | -0.2 | 8 | 3.2 |
| 35 | 土门格拉钻孔 | | 4900 | -1.9 | 90 | 2 |
| 36 | 瓦里百里塘2号孔 | | 5000 | -4 | 128 | 2.8 |
| 37 | 111道班钻孔 | | 50.39 | -1 | 68 | |
| 38 | 112道班附近（112-1孔） | | | -0.9 | 30 | 2 |
| 39 | 114道班（CK114-2） | | 4832 | | 4～5 | |
| 40 | 114道班（CK114-6） | | 4826 | -0.1 | | |
| 41 | 115道班西南（CK115-3） | | 4810 | -0.8 | | |
| 42 | 116道班北钻孔 | | | -0.9 | 40 | 2.1 |
| 43 | 116道班（CK116-3） | 粉质黏土、冰层 | 4800 | -0.2 | <10 | 1.8 |
| 44 | 西昆仑甜水海（2号孔） | 粉质黏土、冰层、碎石层； | 4840 | -3.2 | ～110 | 1 |
| 45 | 花石峡南20km（2号孔） | 7.6m以下砂板岩 | 4487 | -0.9 | ～80 | 1.2 |

资料来源：据文献（李树德等，1998；程国栋和王绍令，1982），并参考青藏公路沿线多年冻土图（童伯良等，1983a）。顺序45据朱林楠口述。

昆仑山区，由于地形起伏大，地温随海拔升高而降低的变化尤为明显。据地温推算，西大滩昆仑山垭口，海拔每上升100m，冻土年平均温度降低0.7～0.8℃。青藏高原上年平均地温随海拔的升高的降低率为0.5～0.8℃/100m。多年冻土厚度随海拔的升高而增大，青藏线约为20m/100m，东部为13～17m/100m。

现有测温钻孔均分布在5000m以下的地区。如果按0.7℃/100m的地温逆减率推算，在昆仑山5000m、6000m及7000m的高山上，年平均地温相应为-4.5℃、-11.5℃及-18.5℃。按上述冻土厚度随高度的递增率，可以推算多年冻土厚度的最大值，在昆仑山区为400～680m，在长江河源区高平原上的丘陵地带为200～370m（表9.1）。

区域性自然地理、水文地质等因素对冻土厚度与温度的影响，一般来说坡向对冻土的主要作用随纬度的升高而增强，在中纬度的作用是中等。然而，在青藏高原风火山地区测得的太阳辐射平衡年总值在全国为最大（曾群柱等，1982；谢应钦和曾群柱，1983）。这就使高原上坡向作用相应增强，从而导致南北坡年平均地温可相差2℃。在高原南部的喜马拉雅山主脊的南北坡，夏季空气湿度南坡比北坡大，致使海拔4300m处南坡的年平均气温反比北坡低1.1℃，冻土下界低100～200m，在地温和厚度方面也必然会有相应的反映，但南北坡各自的阴坡冻土比阳坡发育。

地质构造因素对冻土的影响是多方面的，地质构造复杂地段的冻土特征变化较大。在断层上盘往往发育派生的张性及张扭性断裂，是地下水良好储水和储水结构，水量丰富，对冻土层提供了附加热能，从而削减了冻土层的厚度，甚至形成构造融区；断层下盘发育冻土的条件较好。

在冻土区内的断陷谷地，如西大滩、温泉，堆积着厚达300～1000m的冰水相砂砾石层。它们是高原地下径流排泄的良好地段，阻碍了冻土层发育。在构造抬升地段，冻土层普遍发育良好，但由于山体剥蚀所形成的岩屑堆积物广泛分布于山前地带，它们的导热率及其表面的年平均温度和年平均地温远较黏性土大，以致在相同条件下砂砾石层的冻结厚度比黏性土小。西藏土门格拉地区因岩性不同，年平均地温可相差0.5～0.7℃。高原北部的河谷盆地大多数沿北西西向构造线展布，堆积着厚200～600m的湖相沉积物。在盆地底部河流的高河漫滩及阶地上，普遍发育着厚70m左右的冻土层，但在唐古拉山南麓的瓦里百里溏盆地，形成厚达128.1m的冻土层。在我国东北大小兴安岭地区和俄罗斯外贝加尔地区，沟谷盆地的冻土厚度一般比分水岭处的大。这是由于高原盆地宽浅，地势平坦，植被发育较差，冬季逆温现象不明显，因此河谷盆地冻土层的地温较高，厚度较薄。此外，盆地系地下水储水构造，在厚达数十米的冻结层下，承压水的热能阻止了冻土层向深处发展。这是形成高原河谷盆地中冻土层厚度较小的重要原因。而瓦里百里塘盆地中冻土层下水的顶板距冻土下限205m，为早更新世的湖相粉质黏土，所以承压水对上覆冻土层的影响较小，使冻土层获得了较好的发育条件。

在同等条件（海拔、岩性等）下，多年冻土温度的纬度地带性大致是纬度每降低1°，多年冻土年平均地温升高0.5℃。

从以下地温曲线上可以看出，小梯度的地温曲线多见于岛状冻土区接近融区的边缘地段，冻土温度高，厚度小，冻土层处于不稳定状态［图9.7中的（d）～（f）］（周幼吾等，2000）。大于正常梯度的地温曲线出现主要与冻土层下限附近有承压含水层［图9.7中的（b）和（c）］和构造的地热融区［图9.7中的（a）］有关，地温梯度一般≥5℃/100m。表9.4资料表明，地温梯度大的地段往往地中热流值较大，因而冻土地温升高，冻土厚度减薄。

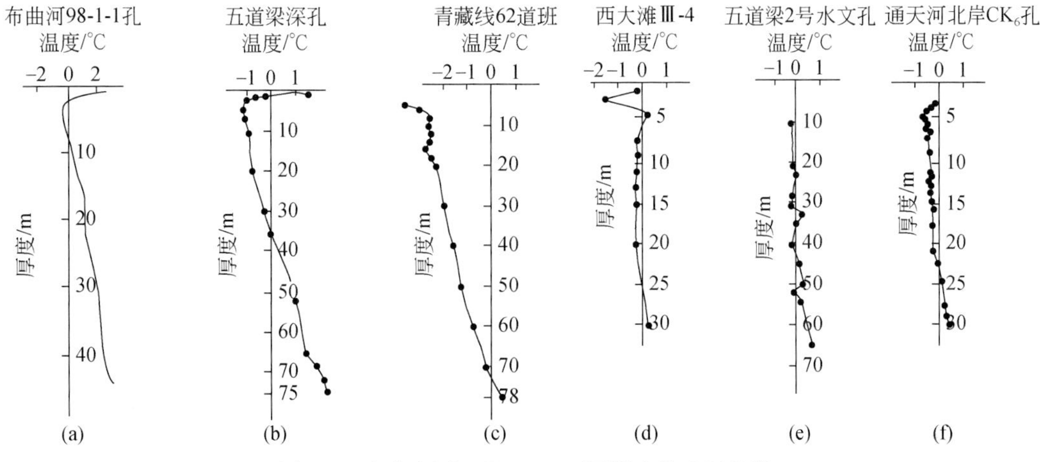


图9.7　青藏高原（Ⅲ$_3$区）不同梯度的地温曲线

（a）～（c）大梯度地温曲线；（d）～（f）小梯度地温曲线

在排除上述因素影响地区，冻土地温梯度一般在正常范围（3℃/100m左右），地中热流值也相应较小。在其他条件同等情况下这里的冻土温度低，厚度较大。在昆仑山垭口，风火山和西昆仑山甜水盆地（图9.8、图9.9）年平均地温接近-3.5℃，钻孔虽未打穿多年冻土层，但据地温曲线的地温梯度属于正常的多年冻土的厚度也可能大于120m。除地温低，海拔超过4800m原因外，与土层颗粒细也有很大的关系。

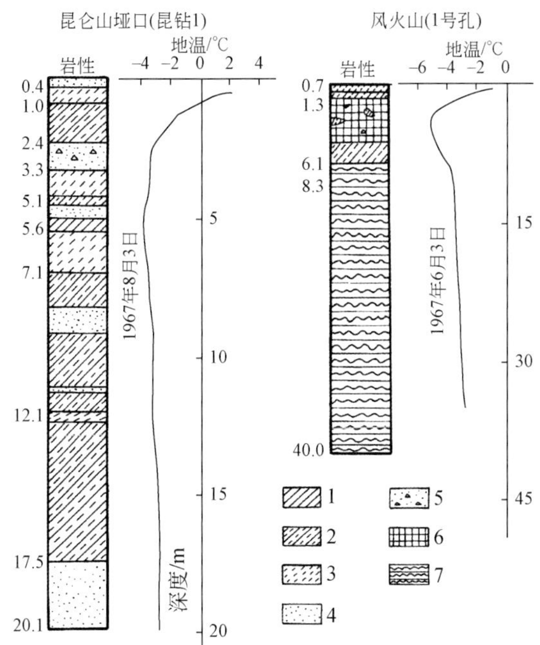


图9.8　昆仑山垭口、风火山缓阴坡岩性和地温曲线

1. 重亚黏土或黏土；2. 亚黏土；3. 亚砂土；4. 砂土；5. 砂砾石土；6. 冰层、夹少量亚黏土和碎石；7. 泥质页岩

另外从图 9. 10 曲线看出，该曲线是扭曲型曲线，表示了该处冻土层为退化型曲线。说明青藏公路北端西大滩多年冻土有明显的退化迹象。

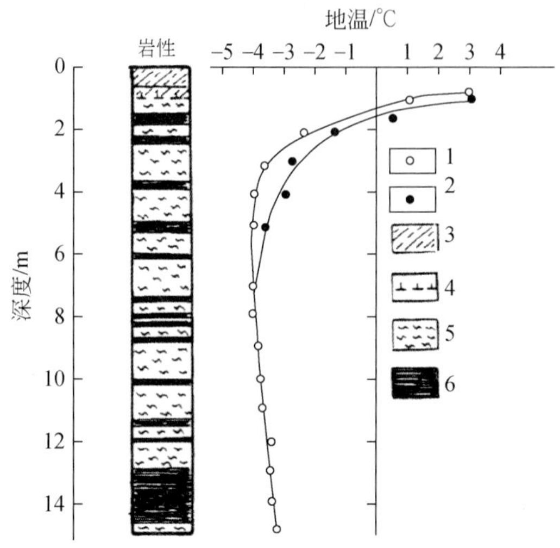


图 9. 9　西昆仑甜水海 2 号钻孔岩性和地温曲线

1. 1987 年 8 月 28 日测温；2. 1987 年 8 月 21 日测温；3. 亚黏土；4. 冻土上限；5. 含土冰层；6. 纯冰层

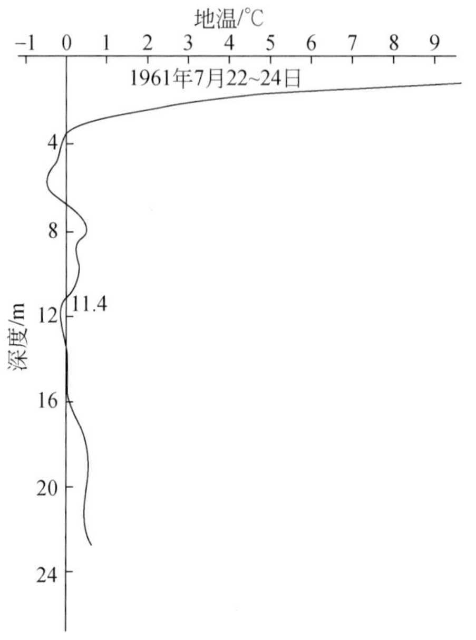


图 9. 10　青藏高原西大滩地 1 号钻孔测温曲线

总的看来，青藏高原地处中、低纬度，太阳辐射强烈加上地质构造最为年轻，构造变动强烈，深大断裂较为发育，且分布密集，新构造运动也很强烈，致使许多地区地温梯度大，地中热流高，因而在相同的年平均气温、岩性等条件下，青藏高原的冻土层年平均地温要高一些，冻土层厚度要小一些。这也是青藏高原多年冻土分布下界处年平均气温比东北大小兴安岭冻土区南界处年平均气温要低2~3℃的原因之一。

## 9.1.3 高纬度多年冻土

东北多年冻土区位于欧亚大陆多年冻土区的南缘地带，面积约29万$km^2$，介于46°30′N~53°30′N，海拔几百米至1000m上下大小兴安岭沿北东、北西方向纵贯该区东西部，嫩江河插入中间。地势总的是东西高，中间略低。自然景观包括了大兴安岭北部和中部的针叶林区，小兴安岭的针阔混交林区，松嫩平原森林草原区北部及内蒙古高原（呼伦贝尔锡林郭勒高原）干草原、荒漠草原区北部。气候上属于我国最冷的寒温带和中温带的北部。太阳总辐射和辐射平衡的分布大致与纬线平行，降水由沿海向内陆递减。

### 1. 东北多年冻土分布的主要特点

（1）冻土分布主要受纬度地带性制约，自北向南，随着年平均气温的升高（-5~0.0℃），气温较差减小（50~40℃），多年冻土所占面积的百分比（简称连续性）由80%减至5%以下，由大片分布至岛状和稀疏岛状甚至到零星分布；年平均地温升高，由北部的-4℃到南部的0~-1℃，而融土的温度由1℃至3~4℃；多年冻土的厚度由上百米减至几米（表9.4）(郭东信等，1981；周幼吾和郭东信，1982)。

**表9.4　中国东北多年冻土的分布特征**

| 多年冻土区 | 年平均气温/℃ | 年平均地温/℃ | 多年冻土所占面积/% | 多年冻土厚度/m |
|---|---|---|---|---|
| 大片分布（断续分布） | <-5 | -4.0 | 70~80 | 50~100 |
| 大片岛状分布 | -3~-5 | -1.5~2 | 30~70 | 20~50 |
| 岛状和稀疏岛状<br>及零星分布 | 0~-3 | -1~3~4 | 5~30<br><5 | 5~20 |

（2）海拔影响的叠加使东北多年冻土分布更具有特色。一是表现在大兴安岭地区的多年冻土比小兴安岭更为发育，大片、大片-岛状分布的多年冻土集中在大兴安岭，而在小兴安岭只有岛状和稀疏岛状冻土分布，冻土层温度由西向东升高，东北多年冻土的自然地理南界，在西部可到46°30′N，东部只到47°48′N。二是我国东北较邻近的西伯利亚南部地区更为发育（尤其是大片多年冻土的出现），海拔起了重要作用。三是东北多年冻土区的自然地理南界呈“W”字形，正是在纬度地带性控制下，大小兴安岭山地影响所致（图9.11）。

（3）低洼处冻土条件更加严酷。山间洼地和河谷阶地有苔藓生长和泥炭层发育的沼泽地段，冻土温度最低（-3~-4℃），地下冰发育，冻土厚度也最大（100m及其以上）。这与土（岩）性质和含水量有关。冬季逆温层存在实为决定因素，而且在地形切割深度地区尤为突出。

（4）东北岛状、稀疏岛状和零星分布冻土区南北宽200~400km，其面积比大片和大片-岛状两个区的面积大得多。该广阔地带实际上是多年冻土与季节冻土相互过渡的地带，是对地表热交换条件变化反应敏感的地带，也是生产实践中经常遇到冻胀、融沉等不良工

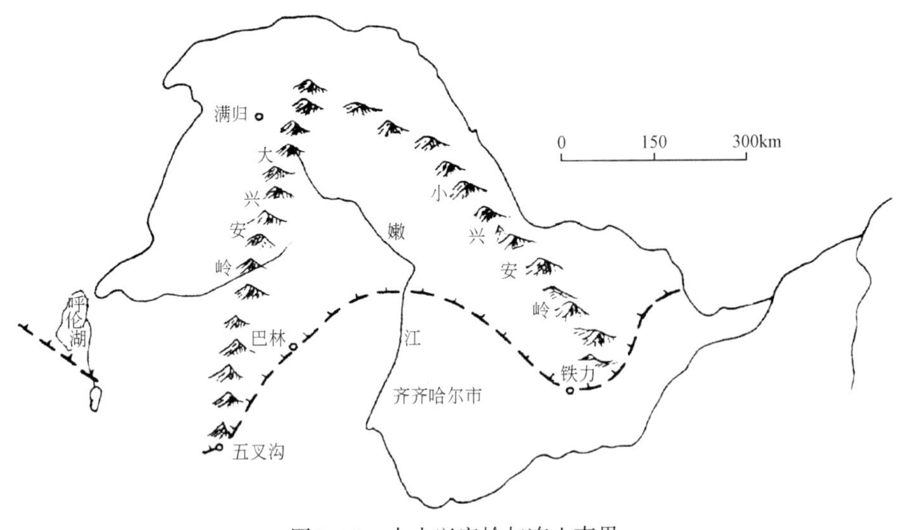


图 9. 11　大小兴安岭与冻土南界

程地质现象的地带。

**2. 多年冻土的温度与厚度发育的规律**

20 世纪 60 年代以来，铁道部第三勘测设计院、内蒙古大兴安岭林业勘测设计院、哈尔滨铁路局齐齐哈尔铁路科研所、黑龙江省大兴安岭林业勘测设计研究院等单位，在线路勘测、选线、运营等生产活动中积累了大量有关冻土厚度温度方面的实测资料。同时为探索该区冻土温度、厚度分布规律与一些自然环境之间的关系，还针对性地进行过勘探和测温工作，较系统地记录了满归、阿木尔一些地段的气温、地温，使以往资料得到补充和配套。无疑这一切对认识该区冻土温度、厚度形成规律及其与各种自然因素的关系起了重要作用。

从图 9. 12、表 9. 5 明显看出，该区冻土温度、厚度总体格局受纬度控制，与其分布及发育程度相一致，由南界往北，随着纬度增大，年辐射量减少，年平均气温降低，冻土温

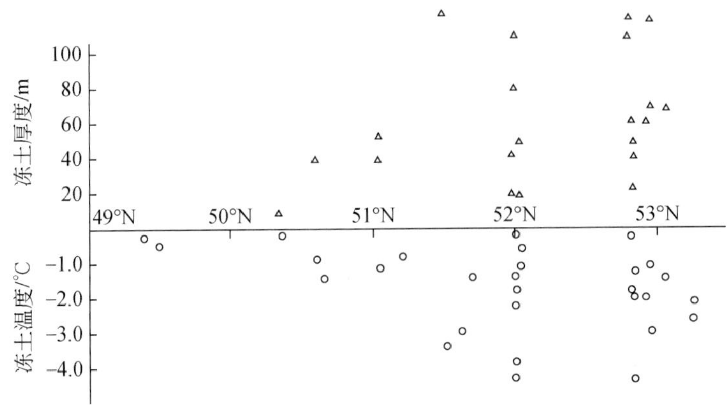


图 9. 12　大小兴安岭冻土厚度、温度与纬度关系

度由 0℃降到-3.0℃，最低可达到-4.2℃；厚度由几米增加到 50～80m，最大计算值可达 140m。

由图 9.12 可以看出，冻土温度、厚度点并非呈斜线，而是有一定的离散度，表明冻土温度、厚度总体格局受纬度控制的同时，还受到其他自然地理、地质条件的影响。

**表 9.5　大兴安岭多年冻土厚度、温度汇总**

| 地点 | 纬度/N | 海拔/m | 年平均气温/℃ | 年平均地温/℃ | 冻土层厚度/m | 年变化深度/m | 资料来源 |
|---|---|---|---|---|---|---|---|
| 洛古河 | 53°20′ | 800 | | -2.0～-2.5 | | 15 | 中科院冰川冻土所 |
| 兴安镇西 | 53°25′ | 260 | | CW01：-1.75 | | | 中科院寒旱所，2008，中俄管道冻土工程地质报告* |
| 西林吉 | 53°05′ | 670 | -5.0 | -1.3 | 66～70 | 14 | 戴竟波，1982，冰川冻土，4（3） |
| 二十二站北 | 52°50′ | 320 | | CW03：-0.06 | | | 中科院寒旱所，2008，中俄管道冻土工程地质报告 |
| 二十二站 | 52°45′ | 370 | | 0W04：2.0 | | | |
| 霍拉河盆地 | 52°57′～52°03′ | 560～740 | -4.8 | 东部：-0.5～-1.0<br>西部：-1.0～-2.9 | 20～50<br>70～120 | 12～14 | 郭东信，1989，冰川冻土，11（3） |
| 林中 | 52°55′ | 707 | | -1.9 | 61.5 | 15 | 内蒙古大兴安岭林业勘测设计院资料 |
| 朝晖 | 52°52′ | 726 | -5.4 | -1.1 | 41 | 13 | 戴竟波，1982，冰川冻土，4（3） |
| 阿木尔 | 52°50′ | 约 747 | -5.4 | CK0：-1.9<br>CK39：-1.7<br>CK38：-0.1<br>CK37：-42 | 62<br>47～50<br>21.5<br>110～120 | 10～13 | 铁道部第三勘测设计院，1994，《冻土工程》 |
| 塔丰 | 52°25′ | 560 | -2.8 | -0.3 | 15.4 | 12 | |
| 瓦拉干镇南 | 52°30′ | 445 | | 0W05：-1.78 | | | 中科院寒旱所，2008，中俄管道冻土工程地质报告 |
| 加漠公路 K276 | 52°26′ | 410 | | 0W06：-0.7 | | | |
| 翠岗站北 | 52°19′ | 440 | | 0W07：-0.6 | | | |
| 大乌苏站南 | 51°47 | 500 | | 0W08：-0.40 | | | |
| 翠岭 2#隧道 | 51°40′ | 1072 | -4.6 | -1.3 | 约 50 | 14 | 戴竟波，1982，冰川冻土，4（3） |
| 新林北 | 51°40′ | 517 | | 0W09：-1.20 | | | 中科院寒旱所，2008，中俄管道冻土工程地质报告 |
| 宏图 | 51°38′ | 816.5 | -4.6 | -2.0 | 约 70 | 13 | 戴竟波，1982，冰川冻土，4（3） |

续表

| 地点 | 纬度/N | 海拔/m | 年平均气温/℃ | 年平均地温/℃ | 冻土层厚度/m | 年变化深度/m | 资料来源 |
|---|---|---|---|---|---|---|---|
| 莫尔道嘎北2km | 51°35′ | | -5.4 | -3.1 | | 14 | 铁道部第三勘测设计院，1994，《冻土工程》 |
| 牛耳河 | 51°32′ | 约980 | | -3.3 | | | 内蒙古大兴安岭林业勘测设计院资料 |
| 塔源北 | 51°26′ | 585 | | 0W010：-2.60 | | | 中科院寒旱所，2008，中俄管道冻土工程地质报告 |
| 新天站北 | 51°08′ | 545 | | 0W011：-1.22 | | | |
| 春友 | 51°12′ | 720 | | -0.7 | | | 戴竞波，1982，冰川冻土，4（3） |
| 得尔布尔 | 51°05′ | 约1123 | -5.4 | -1.1 | 40~54.4 | | 铁道部第三勘测设计院，1994，《冻土工程》 |
| 根河 | 50°41′ | 约980 | -5.5 | -1.3 | | | |
| 伊图里河 | 50°38′ | 约990 | -5.2 | -0.8 | 40 | | |
| 加格达奇郊区 | 50°23′ | 382 | -4.0 | -0.1 | 7~16 | 14 | |
| 加漠公路k7.5 | | | | -0.7 | | | 中科院寒旱所，2008，中俄管道冻土工程地质报告 |
| 大杨树 | 50°08′ | 360 | -0.2 | 0.1 | 1.3~7.0 | 14 | |
| 乌尔其汉 | 49°33′ | 约700 | | | -0.4 | | 内蒙古大兴安岭林业勘测设计院资料 |
| 牙克石 | 49°24′ | 667 | -2.9 | | -0.2 | | |

* 中国科学院寒区旱区环境与工程研究所. 2008. 中俄原油管道冻土工程地质报告。

### 3. 多年冻土温度与厚度的地域分异及其影响因素

冻土温度、厚度地域差异与各自周围环境因素密切相关，也就是说，地域环境条件组合不同，是形成冻土温度、厚度地域分异的最基本原因。根据铁道部第三勘测设计院等单位在阿木尔、满归两地不同方向的山谷断面上的勘探，测温及地面调查等系统研究，将所取资料绘成图9.13~图9.15。由图可以看出，断面上不同地貌部位环境条件不同，冻土温度、厚度也不同。谷底的环境条件有利于冻土生成与保存，冬季逆温的存在，导致谷底具有最低的气温。按邻区（外贝加尔）资料推算，谷底比分水岭年平均气温要低3~4℃。同时谷底松散层厚于两山坡5~10倍，其厚度变为10~20m，其上发育泥炭及苔藓层，地表潮湿并成沼泽化湿地，含大量的水分而有利于保温作用。苔藓层中水分消耗大量蒸发潜热，阻止太阳辐射热往下传递，对冻土起降温作用。

阴坡及半阴坡与阳坡比较，阴坡接收太阳辐射不及阳坡的二分之一。对生成和保存冻土而言，谷底集中了最有利条件；相反，阳坡生成和保存冻土最为不利，阴坡及半阴坡介于中间状态。图9.13~图9.15显示：该区北部谷底及低洼地段，冻土厚度一般为50~80m，最大100m以上，冻土温度为-1.5~-2.0℃，最低达-4.2℃；阴坡和半阴坡冻土厚度为25~50m，温度为-1.0~-2.0℃；阳坡冻土厚度一般不超过20m，温度不低于-1℃；山顶及分水岭由于不受逆温和其他自然因素的综合影响，多数无冻土。冻土南界附近，一般阳坡无冻土存在，冻土大多数出现在低洼地及谷底地段，冻土厚度一般不超过10~

15m，温度不低于-0.5～-1.0℃。

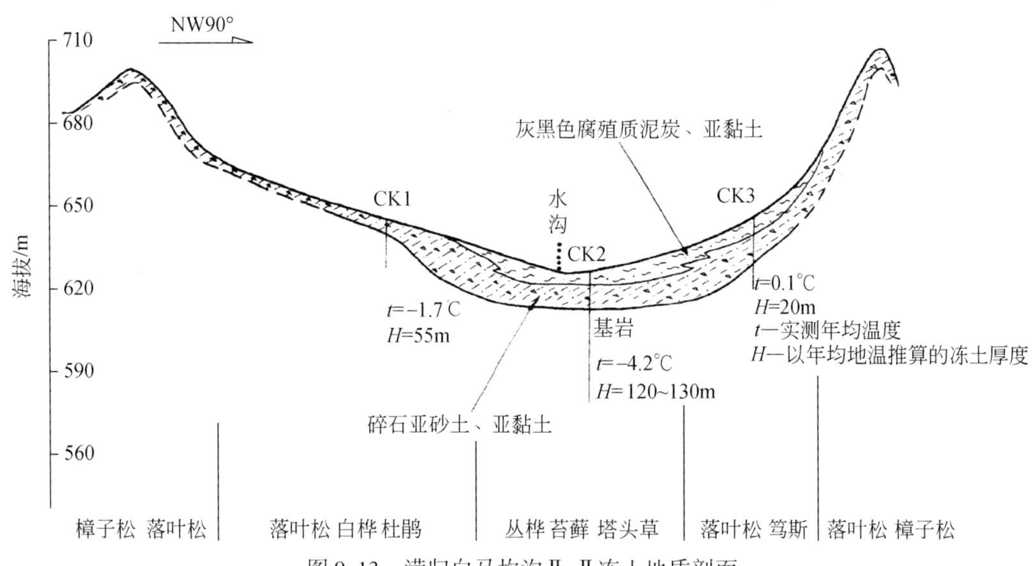


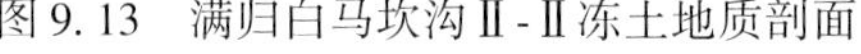
图 9.13　满归白马坎沟Ⅱ-Ⅱ冻土地质剖面

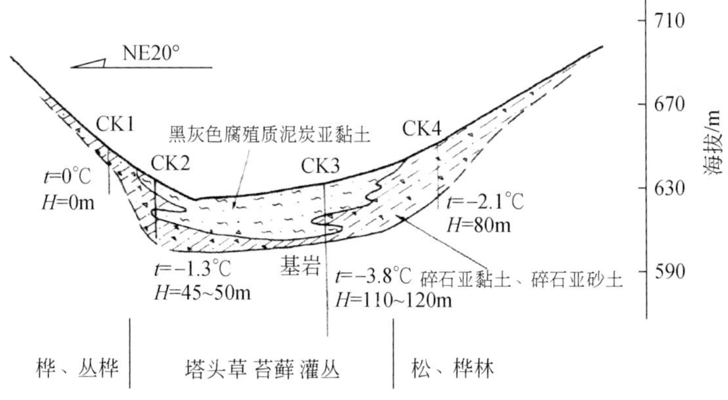


图 9.14　满归白马坎沟Ⅰ-Ⅰ冻土地质剖面

地质构造对冻土温度、厚度的影响：大小兴安岭山地自新近纪末以来，在老构造基础上一直处于缓慢差异抬升，山地及分水岭长期经受剥蚀风化，裂隙发育，而且松散堆积很薄，风化层一般为 2～3m 有利于大气降水渗透，对多年冻土生存和保存十分不利。而谷底及山间盆地是相对沉降区，大量收容来自山顶的剥蚀物质，松散层厚于山顶的几倍。同时，谷底地表形态和缓，排水不畅，从而导致沼泽化、泥炭层发育。可见，该区地质历史发展过程赋予谷底及山间盆地的自然条件总和对冻土生存和保存更为有利。该区主要发育 NW、NE、EW 向三组断裂构造，控制着该区水文网。经勘探证明：黑龙江、呼玛河、阿木尔河、塔河、大林河、甘河等大河河床均无多年冻土存在。不仅如此，而且有些河流岸边一定范围之内形成融区，或多年冻土下限抬升、厚度减薄。上述河流某些段直接落于断裂带上，断裂构造成了地表水和地下水交换的通道，使河床形成地热异常，地热梯度加

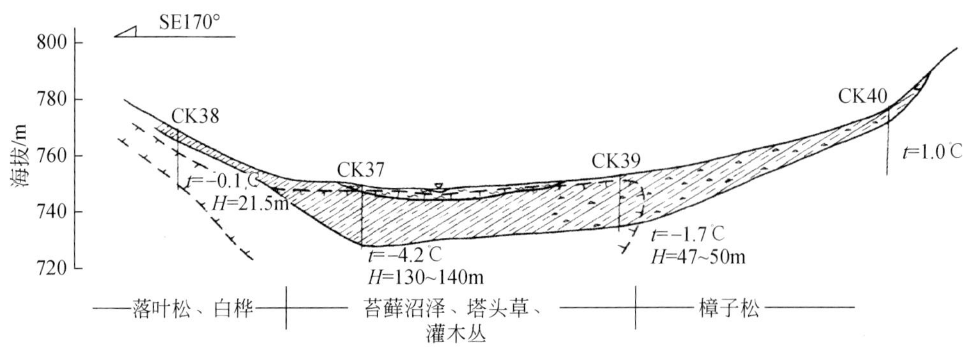


图 9.15　阿木尔靠山屯冻土地质剖面（图例同图 9.8）

大，从而使冻土层变薄，甚至消失。

霍拉河盆地最为典型的实例（见第 5 章）。

#### 4. 地温曲线类型及其意义

冻土层的地温曲线形态是内部与外部条件热力交换过程中的真实记录。它反映了冻土层生成、存在环境和发展趋势。同时，冻土温度场及其状态又是评价冻土地基稳定性和正确选择基础类型的重要依据。

该区年变化深度以下的地温按照地温曲线或划分出四种类型（戴竞波，1982）。

（1）正梯度型地温曲线：地温曲线是由年变化深度向下逐渐增高，最低出现在年变化深度处（即为年平均地温）。这类地温曲线主要分布在大兴安岭北部的阴坡、谷底及盆地底部。图 9.16、图 9.17 均属于散热型曲线。可以认为，根据大兴安岭北部冻土的温度状

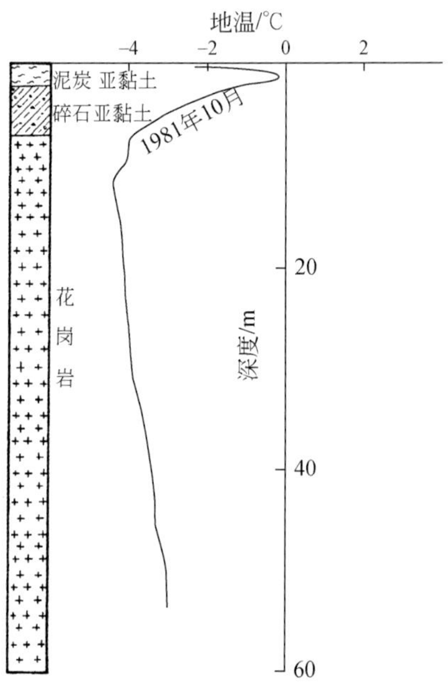


图 9.16　大兴安岭满归白马坎沟Ⅱ-Ⅱ剖面 2 号孔
正梯度型地温曲线

态（-1.5～4.2℃）、厚度（50～120m）以及地表大多无热喀斯特过程来看，在天然状态未受破坏的条件下，冻土层还是比较稳定的。尤其是谷底、盆地底及阴坡的冻土层更为稳定。正梯度曲线可称为是基本稳定型地温曲线。

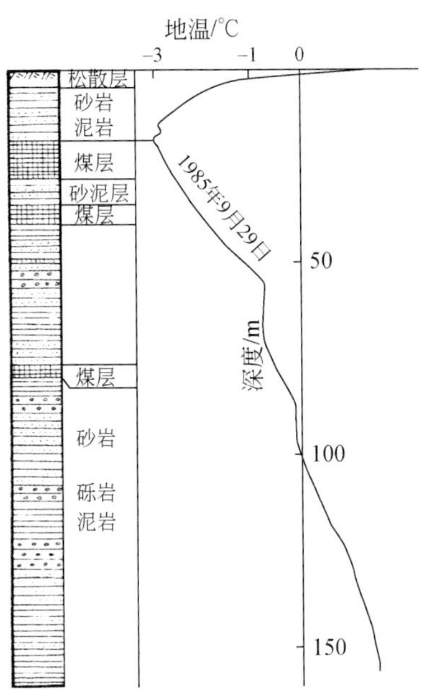


图 9.17　大兴安岭霍拉河盆地 ZK2-1 孔正梯度地温曲线

（2）负梯度型地温曲线：这种地温曲线表现为从冻土上限至年变化深度再往下到某一深度，地温逐渐降低，由某一深度往下，地温又逐渐回升，转为正梯度型。负梯度地温曲线的出现可能与气候转暖有关，也可能是人类活动形成。目前在大兴安岭见到这种类型的地温曲线不是很多，而多出现在强烈持久受人类活动影响的地区，负梯度到达深度依人为活动影响不同而异。图 9.18 中 CK3 孔位于满归铁路住宅区，1973 年 10 月成孔后测温 17m 深处地温为-1.9℃，地温曲线已属于负梯度型地温曲线，也可称为退化型地温曲线，是多年冻土趋向退化的一种标志，此类地温曲线的存在，表明来自上部地表的热量大于多年冻土层中的散热强度而导致地温升高，反映多年冻土已在退化过程中。1978 年 10 月测得地温为-1.1℃，6 年时间地温上升了 0.8℃。这里冻土受人类活动影响之大，升温之快，被人们关注。1991～1992 年阿木尔地区的钻孔测温曲线（图 9.19）也反映出类似的负梯度型曲线，直至 15～20m 深度温度状况受到干扰。究其原因，尚不能断定完全是由 1987 年后的森林大火造成，但是火灾应该说是影响因素之一（周幼吾等，1993）。

根据王绍令在多年冻土退化调查研究中指出：整个东北地区气温经历了 20 世纪 60～70 年代相对低温波动，70 年代末气温开始回升，从 80 年代开始进入了 30 年之久的持续升温期，平均升温值达 1.5℃，年平均增温率为 0.03℃/a，尤其是最近 10 年气温升高更为突出。

可知近几十年来，大小兴安岭多年冻土退化根本原因是气候的持续转暖，地温持续升

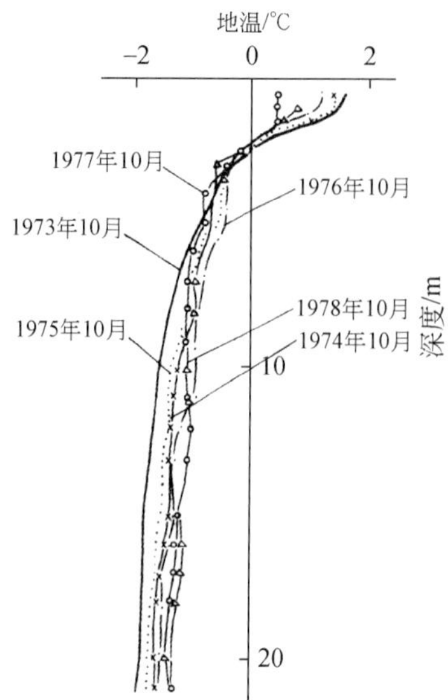


图 9. 18　大兴安岭满归铁路居宅 CK3 地温曲线
（负梯度型，据戴竞波，1982）

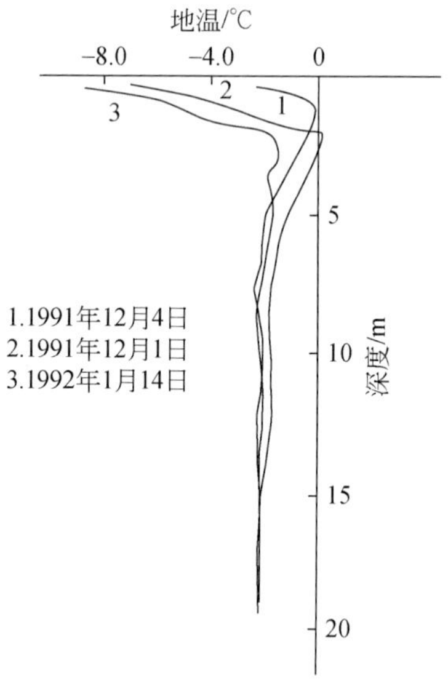


图 9. 19　大兴安岭阿木尔天然林（1，3）及过火林地（2）地温曲线
负梯度型

温，但也不能忽略本区经济建设活动和森林火灾对冻土退化起到了加速及促进作用。在本区北部多年冻土退化主要表现为量变过程，即多年冻土上限下降、地温升高、厚度减薄、融区范围扩大、多年冻土分布的连续性系数降低等，而南部岛状冻土消失和南界向北移动。

（3）零梯度型地温曲线，这类地温曲线实际上自上限至年变化深度以下一定深度内冻土温度变化很小或者没有什么变化，因此称为零梯度型地温曲线。这种地温曲线主要分布在大小兴安岭南部零星岛状冻土区，特别是南界附近的冻土岛。它是由正梯度向负梯度转化的过渡型地温曲线。这类曲线反映气候转暖和人为活动对冻土层的影响，冻土层处于退化状态。图 9.20 正是位于岛状冻土区的乌尔其汗地区的地温曲线。这里的森林经多年采伐，原始林早已绝迹，林地面积大为缩小，由此导致冻土退化，冻土岛在逐渐消失。此外在大兴安岭北部大片冻土区也能见到此类地温曲线（图 9.21），主要是地下水较强烈的热作用制约了多年冻土的发育（顾钟炜和周幼吾，1994）。

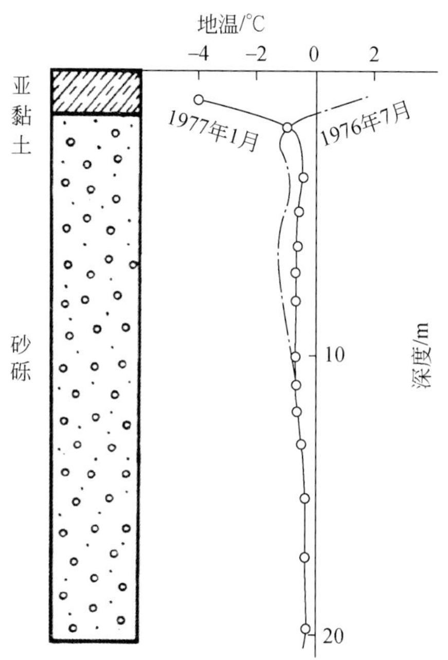


图 9.20　大兴安岭乌尔其汗零覆盖率型地温曲线（据戴竞波，1982）

（4）扭曲型地温曲线，该地温曲线随深度时而为正梯度，时而为负梯度，并正负温交替出现。这种地温曲线较为特殊，不仅存在于大兴安岭北部大片冻土区（图 9.22），同时在岛状冻土及岛状融区冻土区也有出现，其形成原因比较复杂，需要根据具体地点作具体分析。

原始的冻土层由于气候转暖或经受人为生产活动干扰冻土层产生退化。因冻土层的成层性及不均匀性，地温回升速度不一，因此形成折曲状地温曲线，甚至有的层位由于含冰量较小，或因构造裂隙发育，地下水循环强烈而冻土率先退化，地温升为正值。当地层不均匀性非常突出，或地层某深度段有很高矿化度含水层，在冷期来临，冻土发展形成的初期阶段是可能出现折曲状地温曲线的。大小兴安岭冻土区扭曲型地温曲线的存在反映该区冻土是在逐渐退化过程中形成的。

自 20 世纪 50 年代以来，大小兴安岭林区林木采伐量逐年增长，与此同时，城镇建设、林产工业、交通运输相继建成和扩展，采伐已近黑龙江边，未经采伐的原始森林已屈指可数。过度采伐，森林面积缩小，自然生态系统发生相当大的改变。原始森林线与 19 世纪初相比，北退了 150～200km，森林覆盖率大幅度下降，据林业局统计，该范围内 50

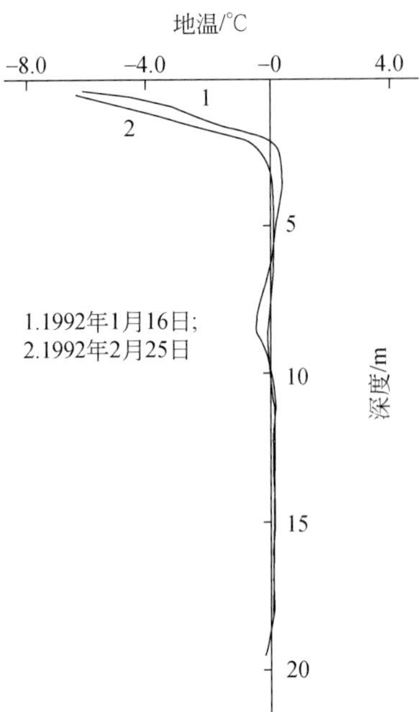


图 9.21　大兴安岭阿木尔阴坡林地孔地温曲线
零梯度型

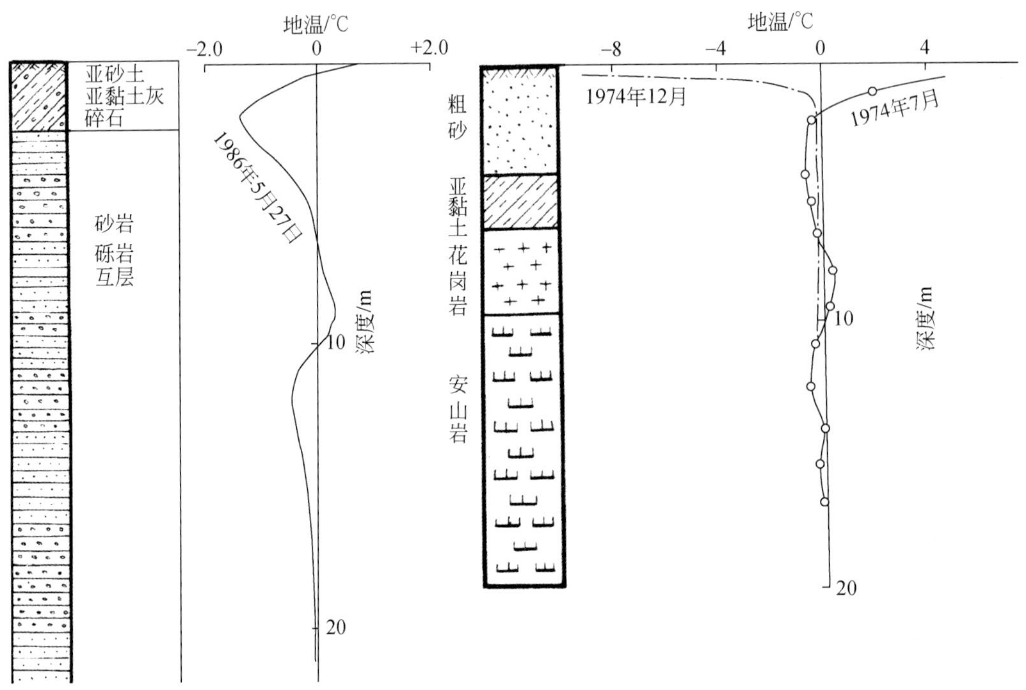


图 9.22　大兴安岭霍拉河盆地 CK2 孔和塔峰扭曲型地温曲线

年代森林覆盖率为94%，到80 年代已下降为10%。据调查50 年代该范围内冻土岛占全面积的 10.5%，80 年代冻土岛几乎不见了。再如南界附近的牙克石、加格达奇、大杨树等，

50 年代城镇建设初期，普遍发现有岛状冻土。时至今日，人为活动波及范围内冻土岛大多消退殆尽。

# 9.2　调查多年冻土分布、温度和厚度的内容和方法

## 9.2.1　研究方法和理论基础

多年冻土分布、温度和厚度是多年冻土的主要特征，研究它们应以多年冻土形成和发展的理论为基础（Кудрявцев，1979）。多年冻土的形成和发展遵循物质发展的普遍规律，是以物质形式具体表现出来的物质运动。自然条件在不断变化，冻土的形成、发展及其特征也是在不断变化着的。多年冻土与不断变化发展的自然条件之间有紧密关联的函数关系。

在分析方法上，既要分析自然条件综合体对冻土的影响，也要认识单个因素在形成冻土环境条件中的作用。对于冻土层形成规律中的两个主要特征——地球物理和地质，在研究中不能仅局限于某一方面，因为两方面共同决定冻土层的生存条件和特性。当冻土层上、下边界条件相同，而土（岩）层成分和组构不同时，会形成各种不同类型的冻土层；反之，当地质条件相同，上、下边界条件不同时，也会有不同类型的冻土层出现。在各种情况下，都要详细研究和确定这两方面特征形成的规律性，既要分别研究，也要研究两方面的相互联系和相互作用。

影响多年冻土形成的所有自然因素可分为地带性和区域性两组。前者主要与气候波动有关，后者取决于地质原因。在冻土调查中要确定研究区的大地构造单元，地质结构形态和特点，地貌条件及其堆积、剥蚀过程的关系及对各种大地形形态的属性（平原、高原、山区等）。新构造运动和沉积物形成历史、基岩的年龄、结构和埋藏条件、第四纪松散层的成因、成分和埋藏条件对形成冻土环境有特别重要的意义。与此同时，要细化工作区河谷、分水岭、各种朝向的山坡等的地貌要素和类型。地下水条件对形成热交换的上、下边界条件，岩（土）中热交换和冷生组构均有很大作用。因此，要确定研究区的水文地质结构、地下水的基本特性及其与多年冻土的相互关系。研究冻土层热交换的上边界条件时，要确定研究区地理部位（纬度、海拔、植被区）以及所在气候区及气候特点，尤其要关注气候大陆性。这一系列自然地质地理条件都参与大气圈和岩石圈之间通过地表热交换过程，并决定着多年冻土的热状况。

最后可以归结为以下四个方面来决定地面热交换特性：①岩石的成分和性质及其发生的过程；②直接或转换到达地面的太阳热量；③接收太阳能和热能的地面特点；④由地中进入地表的热量。

自然条件的变化影响大气圈与岩石圈表层之间热交换进程，使热交换极具变动性，因而冻土层的形成、发展及其主要特征也会不断地改变。

### 1. 多年冻土的形成、发展与地表面的辐射–热量平衡有关

地表面热交换的主要指标是辐射–热量平衡，如同整个自然环境，它是地表与大气间热交换动力平衡状况的结果。尽管其收入和支出部分在一年内差值不大，但是在多年内（地质尺度）这种不大的变化可导致岩石圈上层很大的热周转（热通量）总量，足以形成和融化多年冻土层到几十米和几百米。由此，多年冻土层发展理论的基本原理之一，其动力学得以确立。B. A. Кудрявцев 将年热周转与许多自然因素结合起来研究，寻找出它们之间的定量关系①，并研究了辐射–热量平衡各组分对多年冻土形成及其温度动态的影响。

### 2. 多年冻土形成与地表热交换波动韵律有关

地表热交换具有气候韵律特征，接近谐和波动，在周期性地变化，决定着岩石圈表层温度场动态。气候波动的变化振幅和周期不同，往岩石圈传播的深度就不同。昼夜的温度波动传播到几十厘米深，年的到 15 ~ 25m，30 ~ 40 年的到 40 ~ 70m，300 年的到 100 ~ 150m，等等。在岩石圈上部可以见到各种周期和变幅的周期性温度波动，其周期长度可由几昼夜到多年的：11 年、40 年、300 年、1800 年，直至几万年、几十万年。这些温度波往岩石深处传播过程中较短周期的波动将逐渐消失，往下见到的是较长周期的波动。岩石圈负温层的厚度将由温度波动周期长短来决定。多年冻土的发展是地表面大量具有各种周期和变幅的温度波，在往岩石深处传播中不断叠加的复杂过程的产物。该过程与地质地理因素和条件的综合体有关。由此，多年冻土层复杂的现代理论基本原理之一是其温度场、厚度、分布及所有其他特征发展的连续性，在时间上变化的连续性。这些特征的稳定性仅仅是相对的。

在与地表热交换周期谐和波动的同时，还存在着使热交换定向改变的过程，或向转暖方向，或向冷却方向，如新构造运动、海进和海退、覆盖式冰川作用等。在这种情况下，冻土层温度场和厚度的变化速度取决于上边界条件的改变速度。当地表热交换的单向变化是均匀的，冻土层的形成和发展从热物理角度来看，如同热交换周期性变化时。另外，还觉察到地表热交换发生跳跃式单方向改变的情况，如湖塘疏干或形成、砍伐森林、耕耘土地、巨大的露天开采场挖掘大量土石方等。在这种情况下，多年冻土层表面热动力条件发生剧烈的破坏，多年冻土层的温度动态、厚度等特征发生变化，并趋向与新的上边界条件相适应。一般此过程完成的很快，如季节冻结和融化层底部的年平均温度到达新的稳定状态要 3 ~5 年，而在年变化深度处的年平均温度要 5 ~ 10 年。形成 30m 厚的冻土层，在热交换周期波动下要 1 万年，而在热交换跳跃式变化下，700 年内就可完成。地表热交换跳跃式变化见于有限地区，分布是局部的，所以不能看作是广泛分布的普遍规律。

---

① 如季节冻结或融化层底部的年平均温度 $t_\xi$

$$t_\xi = [Q_d - LE - P - \xi (nA_{cp} + Q_\phi)] / \sqrt{(2\lambda TC/\pi)}$$

式中，($Q_d$-LE-$P$) 为辐射–热量平衡方程式中的 $A$ 值，即通过地表的正的或负的年热周转值（热通量）(kJ/m$^3$)；$\xi$ 为季节冻结（融化）深度（m）；$A_{cp}$ 为温度年变化较差，$\xi$ 层内平均（℃）；$Q_\phi$ 为 $\xi$ 层内土融化或冻结时水的相变热（kJ/m$^3$）；$\lambda$ 为土的导热系数（W/m · ℃）；$C$ 为土的体积热容量（kJ/m$^3$ · ℃）；$T$ 为周期（年）(h)。

## 9.2.2　多年冻土温度的调查研究

温度是表明多年冻土形成、分布的重要特征，表征温度状况的基本参数是年平均温度和年较差。由于大量自然因素的影响，土层温度场的形成过程很复杂，Кудрявцев（1979）和加拉古里亚（1992）提出最好按以下层面来研究土的温度状况。

第一层面，地表-大气界面上的温度状况，要比年平均气温和较差高出一个辐射修正值（$\Delta t_R$），$\Delta t_R = P/K =（Q_d - LE - A）/K$，式中，$K$ 为地面放热系数，其余各项为地表辐射-热量平衡各组分，符号说明见本书第3章。

第二层面，雪盖、植被和水被下土壤表面的温度状况，即对第一层温度状况再作雪盖、植被和水被影响的修正。

第三层面，季节冻结融化层底面的温度状况。一般不等于土壤表面的温度状况，其差值是由于土冻结和融化时导热率的变化（温度位移值，$\Delta t_\lambda$）、夏季大气降水入渗、碎石土中水汽凝结、冻结层上水与空气对流等影响修正值。

第四层面，年变化层底面的年平均温度，与季节冻结和融化层底面年平均温度相差值为 $H_{cp}g$（$H_{cp}$为年变化层厚度，$g$ 为地热梯度）。

我们在这里着重谈年变化层底面的年平均温度（$T_{cp}$），习惯称作年平均地温。人们通常以多年冻土年平均温度的高低，作为指示标准来衡量多年冻土稳定性。据此来研究多年冻土的变化，发展趋势，并作为各种建筑物地基基础设计时采用不同建筑原则、方案最重要的依据。

多年冻土的年平均地温是指冻土层中年变化深度处的温度，即在此深度上年内温度实际上不变，变化不超过±0.1℃，又叫作温度年较差等于零。年平均地温反映了在一定地质、自然地理条件下冻土层的热量状况，是冻土分带的主要指标之一。它随着外界条件的多年改变而变化，在高纬度冻土地区，它由南至北降低，但也受高度变化的影响，在中、低纬度的高山冻土地区，由低处向高处降低，但也受纬度变化的影响。此外，地表覆盖条件、岩性、含水量、地热等都对年平均地温有重要影响。

研究冻土温度年变化动态形成的规律是任何比例尺和用途冻土测绘的基础任务之一，不仅对季节冻结或融化层，同时对研究多年冻土层形成发展规律也是非常重要的。地壳表层岩土温度动态取决于地表辐射-热量平衡的结构、地表覆盖层（雪、植被、水体）的影响、来自地球内部的热流，以及土体中的热质迁移过程。所以岩、土中的温度场的形成是地球物理过程。研究它时不仅考虑到热物理方面，也要考虑到地质地理环境。在研究地表辐射-热量平衡与岩石温度动态之间的相互联系，可以充分地表达出两方面的相互关系。

气候变化具有周期性波动特性，这些波动韵律有各种不同的周期、变幅和多年平均值。目前，划分出短周期和长周期的气候波动。

对年变化层内冻土温度动态的现代变化有明显影响的是短周期（世纪和世纪内的）气候波动。在短周期波动影响下冻土条件的变化一般称作动力学。由长周期波动（千年或更长）和与此相比拟的地质、地貌过程（新构造、海进、海退、冰川作用）冻土条件的变化，称作冻土条件形成的历史。因此，动力学是形成历史的现阶段。不仅气候条件，而且地质因素，如土的成分和含水量，潜水和冻结层上水动态，地表、个别地区地形、水文地质条件等也有很大的变化，所以研究冻土温度形成规律的方法要从自然因素的动力学的发展中寻找。人类活动对冻土温度动态，也有很大的影响。

调查研究冻土温度动态时决定下列特征：① 温度年变化层底部的年平均地温（在现代地表热交换条件影响下形成）。② 年变化层下冻土层内温度的分布［由地壳中多年或多世纪温度波动所决定的，并在地面热交换的不同周期（>1 年）变化影响下发生］。③ 冻土层下非冻土内温度变化。

年变化层下温度的分布在热传导情况下取决于地热梯度和由于地表热交换条件改变附加其上的地温波动。大家知道，地表温度波动的周期有 11 年、40 年、300 年到 100000 年或更多。根据傅里叶法则，不同周期的波动传播到不同的深度，周期越短，传播的深度越小。所以随深度增大，波动的数量减小，岩石温度波动相位随深度加大，在时间上要滞后。其结果是在同一深度上一些波动使温度升高，而另一些波动则可能使温度降低。

对于冻土层各种周期的温度波动应有两种情况：①未到达多年冻土层下限，且只能改变其温度场；②到达多年冻土层下限，且决定冻土层里的水相变，不仅改变了冻土层温度状态并导致冻土层厚度的变化。

冻土的温度资料必须进行实际勘探和地球物理方法来取得：①坑探、槽探、民井和天然剖面上进行观测描述，确定多年冻土上限的准确深度，上限附近形成的厚层地下冰，含冰量类别，组构构造，季节融化层中的含水量，季节融化层中的温度梯度等可以提取的基本资料，对剖面进行较详细的描述并做现场剖面图。②对所有的钻孔进行温度测量，对专门用于温度观测的钻孔，其深度应超过年变化深度 2～5m。必须要采用干钻，并下套管封闭井壁，使之能长期进行温度变化的观测。

利用钻孔测温研究：①冻土温度年变化层内温度动态。确定土壤表面、季节冻结和季节融化层底部及温度多年变化层底部的年平均地温。②对已进入稳定多年变化区，但尚未到达冻土层下限的钻孔测温，要确定年变化层的年平均温度，要进行温度多年波动区内温度分布的研究，并确定冻土带中温度变化的梯度。③对完全钻透冻土层的钻孔，要研究温度年变化层和多年变化层及冻土层底部以下的温度动态，还要对下伏冻土层的含水层进行取样。

在进行温度测量时，必须考虑到钻孔中天然温度动态破坏发生的所有原因。主要有：①钻进过程中产生的破坏，钻孔应放置待其稳定；②破坏与承压水流入钻孔有关，假如水头压力过大钻孔喷水，这种破坏特别大和经常性的，要封住观测管底部，即浇水泥或黏土泥浆，以恢复井壁周围的天然温度场。如果有多层承压含水层，要对每层分别采取上述措施；③当破坏与钻孔中空气对流有关时，在裂隙岩体和岩溶体里表现强烈，要在钻孔上部管子周围的空间仔细地浇上水泥或用黏土填实，孔口做上黏土枕。

实际测温资料的整理：测温记录表格；冻土层温度的分布曲线图（在图上一定要绘制岩性柱状图、测点深度、测量温度、年月日要注明）；温度等值线图，表征温度沿深度随时间的动力学。

在掌握以上资料，并且有剖面上土的热物理性质（首先是冻土和融土导热系数 $\lambda_f$ 和 $\lambda_u$ 及地下水）的动态基础上，进行多年冻土和融土温度动态形成和动力学的规律性分析。

为此必要：①分析土壤表面和年变化层内年平均温度形成与自然环境的关系，气温、雪盖、植被、坡向和坡度、季节冻结和季节融化层土的成分和含水量等。②对各种厚度和组构冻土层确定温度剖面（曲线）的特征类型，各种不同地质构造和水文地质结构的不同部位，各种不同的地貌面，其中有河谷及不同年龄单元（要素）等。③在相同地质-地理条件的地段，将年变化层底部温度（$T_{cp}$）与其多年波动带内的温度分布进行比较，确定曲线类型，正常的、退化的和进化的[①]。多年冻土层温度随深度降低（与年变层底部相比）证实目前有退化方向存在（与过去某一时段相比）。冻土层内无梯度（零梯度）内温度曲线也可见证有退化条件。应当强调测温钻孔要布置在条件均一的平坦地段，没有侧向热流影响。④根据附近气象台站的资料进行气温全系列观测的分析，绘制滑动曲线（3年、5年、10年温度）要与有长期系列气象台站的曲线对比，滑动曲线如有温度波动存在，就要近似地确定波动周期和变幅。⑤要用气温滑动曲线与钻孔曲线对比，看两者之间有何系列，但钻孔是在典型条件下钻探，那里不存在剧烈的堆积或剥蚀作用，地表条件也没有跳跃式的变化。⑥如果测绘区内前人测过地温，钻孔还保存的话，应重复量测，进行对比。如果原钻孔不能再测温，则要与条件相似、有同样剖面的钻孔测温曲线比较。⑦对不同厚度、成分和冷生组构的冻土层下限上、下做热流分析，为此必须知道岩石冻、融状态下的导热系数。在分析水文地质条件的基础上确定含水层与冻土层底部的相互关系。⑧分析不同类型（按成分和冷生组构）岩性的导热系数对温度曲线的影响。

上述所有资料和已阐明的温度动态变化规律性要相互比较分析。还要与非衔接冻土、层状冻土、隔年层存在地区的资料作对比，可给出上部冻土层温度动态的大致格式，不同厚度和组构冻土层的动力学，预报处天然条件下冻土层的未来变化。

### 9.2.3　多年冻土厚度的调查研究

冻土层厚度是指冻土层上限到下限之间的垂直距离，是垂直和水平地带性变化，在北半球从北到南，多年冻土厚度逐渐减薄。在高山地区，多年冻土厚度从海拔高的地方向海拔低的地方逐渐减薄，此外还受局部地质、地理因素的控制，如岩性、含水量、地表覆盖物、坡向、坡度、地表水和地下水等。对于大厚度冻土层，季节融化层很小时（与冻土层不可比拟），冻土层厚度可以从地表算起。对于小厚度冻土层，与季节融化深度可以比拟，冻土层厚度一定要从上限算起。对于非衔接多年冻土，上限从融化层底部算起。如果融化夹层厚度不大，其发生与地表热交换的短周期波动有关。这种冻土层叫作非衔接冻土层。如果融化层很厚（10～20m）其发生取决于较长周期的波动，这种冻土层叫作残留的或埋藏的。它也可以发生在地表热交换单向变化情况下，如热融湖形成、河床溯源、海进或海退。

冻土层厚度的形成是天然-历史过程，即冻土层是在与地区地质历史、景观发育历史，以及地表热交换的紧密联系中产生和发展的。所以冻土层不能只从现代自然条件的角度来

① 在本章第一部分称作正梯度型的、负梯度型的和零梯度型的，后面两种实际上是退化型的，正梯度型的应包含正常的和进化的，尚待区分。

看，而应当要与第四纪时期这些条件发展历史联系起来分析。

研究冻土层厚度，认识其分布、组构和发育的规律是很复杂的。必须确定多年冻土层与以下的关系：①区域地质和水文地质结构。②地球内部向地表的热流值，即地热梯度。③地形特征，岩石成分、年代成因和性质。④冻结前岩石充水条件、水化学成分和矿化度。⑤第四纪时期的自然环境（气候、植被）和区域地质发展（包括新构造）历史。⑥在河谷范围内，必须确定冻土层厚度和垂直方向连续与下列条件的关系：河谷不同单元的年代和自然条件；地质构造和结构；水文地质条件；在与冻土层形成可比拟的时间内河谷发展的历史；现代地质过程，如冰椎形成作用、侵蚀、沉积物堆积等。

多年冻土厚度，尤其在多年冻土连续分布区，主要取决于区域地质结构。对于陆台地区业已明确：在基底抬升区域冻土层厚度比低洼处要小。这与基底隆起处来自地球内部热流的密度大及水文地质原因有关。所以，在研究冻土层厚度时（布置钻孔、地球物理勘探研究地段）必须考虑区域地质结构，在隆起处、低洼处及侧坡上都要分别布置。

在山地新褶皱区、丘陵、强烈切割的高原面上，对冻土层厚度形成起主导作用的是地形，包含海拔、相对高差、坡向坡度及带状热交换条件等。在这种情况下对冻土厚度应针对典型的地质结构和地貌条件分别给予关注。

研究多年冻土厚度的最基本的方法：①利用钻孔和勘探工程中的岩心并测温；②按地球物理资料；③借助数学方法。

#### 1. 钻孔和勘探方法

这是最常用的方法，干钻、不冲洗、往钻孔底吹空气，取岩心作鉴定，厚度资料最可靠，即按冰的消失来确定冻与非冻界线。此方法不适用于：①冻土剖面往下出现低于0℃，但不含冰的冷土（岩）或干冻土（岩），如均质基岩体；②当冻土层为重黏土组成，靠近冻土界线附近，温度接近0℃，含水率小，可能没有冰，全部水分处于结合状态，其冻结温度大大低于0℃，或者小冰粒零星散布在岩心里，肉眼不是经常能见到。当钻探中用水冲洗或灌注时，按岩心中有冰来直接确定冻土层下限实际上是不适用的。当冻土层下部及其下伏岩层为碎屑成分或强裂隙的、多孔的，冻土层与含水融土（岩）层的界线可以按钻孔中出现水（干钻时）或按冲洗液循环动态的改变（在冲洗过程中）来确定。钻探卵砾石和砂层时，冻融土界线可以按钻进速度很好确定。但在黏性土中，由于接近下限处有冰，含冰量不大，温度接近0℃，按钻进特点来确定冻融土界线不准确，当然最好是在掘进过程中确定。

#### 2. 地球物理方法

在钻孔中测量温度的方法（钻孔穿过冻土层或冷土层），认为0℃等温线为冻土层的界线。这里要注意：当冻土层下伏含有盐水或强盐化、温度低于0℃的冷岩时；当冻融土界线埋藏很深，压力增大能使冰熔点升高时，0℃等温线与冻融界线不符。在没有穿透冻土层或冷土层的钻孔中，测温（停钻持续几周后），曲线出现无梯度的线段，将对应确定冻土层下限，此法只是近似的。另外，可用外推法来确定冻土层下限，只有当冻土层岩石成分均匀，岩层接近水平埋藏（成层），冻土层下没有水的运动，在很大面积上有均一的地表和地貌条件，温度年变化层以下按曲线可觉察出温度波动时，此方法可以给出满意结果。否则，钻孔测温极不可靠，甚至出大错。综合测井可以得到关于冻土厚度和成分的较准确的资料。冻土层埋深可以成功地按钻孔中标准测井和侧向测深资料来确定。测井方法可以确定冻土下限，有时可以分辨出高含冰量层（按较高的电阻率 $\rho_s$），许多学者利用这一点将冻土层划分为均质冻结带（含冰量高、温度低、$\rho_s$值高）和过渡带（温度较高，遇黏性土时与融土不好区分）。

直流电测法是目前广泛用于野外大面积冻土测绘中比较有效的方法。该方法的物理前提是土（岩）由融化状态变为冻结状态，其电阻发生变化，以及电阻取决于土（岩）含冰量，电探很大的优点是可以在含冰量和含水量很大时也可按电阻区别出冻土和融土。直流电法电探有两个方法：电测深法和电剖面法。

电测深法在冻土研究中要解决以下问题：①确定有无冻土；②确定多年冻土上限和下限的埋藏深度；③研究冻土层含冰量随深度的变化；④确定冻土层剖面中高含冰量层，地下冰层埋藏的深度和厚度；⑤研究冻土层地质组构的特点，研究冻土层内存在岩石成分不同的土（岩）层。

为此必须知道研究区地电剖面的基本特点：岩石成分和埋藏特点，其电阻率，电阻率随冻融状态和含冰量的变化。常利用电测井资料和实验室测定土样的电阻率。

每一个电测深点要逐个观察点进行描述。

除直流电法外，还可应用一定频率范围内的直流电进行频率测深。用频率测深可以避免高电阻（欧姆）层的屏障影响，许多研究者认为频率测深比电测深灵敏度高，但目前经验不多。

电剖面用来解决下列问题：①测绘冻、融土界面；②研究多年冻土上限埋藏特点，描绘不同深度的季节冻结和融化特点；③阐明和测量多边形脉冰的水平地下冰体；④测绘冻土层上部含冰量和成分不同的地段。

在解释电剖面资料后要画出沿剖面的冻土-地质剖面。电剖面不能离开景观、地质和冻土条件的描述。电剖面要横穿各种景观-冻土区界线，为研究河床和河漫滩、融区，剖面还要补充沿水流的、在分水岭上冻-融土复杂交替的情况，电剖面要沿分水岭轴向布置。

还可用其他方法——地震勘探和地震测井配合在一起，来确定冻土埋藏深度，研究和测绘地下冰。用地震方法可以研究冻土的物理力学性质和含冰量，该方法目前处于研究阶段。

遥感方法：对于冻土研究最感兴趣的是红外和无线电热测绘方法、雷达测深、红外和无线电热方法，其可以圈出冻、融土和地下冰分布地段，可以得到土（岩）含水量和温度资料。雷达测深可以用来确定冻、融土间水平界限埋藏深度，绘制富冰冻土和地下冰。苏联从20世纪60年代起试验用雷达测深方法来测绘冻土，该方法是基于研究电磁场的强度，研究冻土区域规律，目前在我国广泛应用，已取得满意的效果。

### 3. 数字计算方法

确定冻土层厚度，包括多年冻土冻结深度的近似公式、在计算机上解斯蒂芬课题的数值方法和在相似机上模拟冻结过程。

### 9.2.4 多年冻土分布的调查研究

多年冻土的平面分布取决于地表热交换水准。热交换水准与下列条件有关：①太阳辐射到达地面情况，这取决于地区的地理纬度、海拔；②气候大陆性，取决于地区在大陆上位置和对海洋的远近，用气温较差来表达；③土壤表面和土层中热交换条件，由一系列地理和地质因素及条件决定，如区域地质构造、地质组构、地形、新构造、水文地质等。

多年冻土的平面分布用连续性（多年冻土所占面积）来表征，分为连续多年冻土（连续性>90%）和不连续多年冻土（连续性<90%）。后者又分为断续的（连续性为90%～75%）、大片的（连续性为75%～60%）、岛状的（连续性为60%～30%）、稀疏岛状的（连续性<30%）。连续性服从纬度地带性和高度带性，即自北而南随纬度降低连续性减小；在山区随海拔增高连续性增大。

多年冻土分布南界和分布下界，对研究冻土分布及其动态很重要。M. И. 苏姆金在1973年提出：多年冻土南界是根据实际资料通过最南冻土岛边缘划出的界线，也称自然地理南界。B. A. 库德里亚采夫在1975年提出：南界实际上是周期性自南而北或自北而南不断变动的特别条带，其宽度有几十千米，有时达几百千米，随地形、地质构造和结构、岩性和含水量等自然条件而异，条带内既有冻土也有融土分布。实际上是多年冻土与季节冻土相互过渡的地带。带内年变化深度处的年平均地温等于或接近于0℃线的连线，是该条带的轴线，称多年冻土地球物理南界。该条带的特征是自南而北，依次有未冻土和融土到隔年层、稀疏小岛，然后到大冻土岛和大块冻土体（Кудрявцев，1979）。

我国冻土界多采用自然地理南界。据实地调查（周幼吾等，2000），东北多年冻土的自然地理南界摆动在年平均气温等值线1～-1℃；西段摆动在-1～0℃；中段大约与年平均气温0℃等值线吻合；东段位于0～1℃。南界似“W”字形，沿大小兴安岭山脉走向明显向南突出，在松嫩平原北部向北突。由南界往北宽达200～400km范围内，多年冻土呈岛状、稀疏岛状和零星分布，其面积比北边的大片和片状-岛状冻土两个区的面积大得多。广阔地带年平均地温-1℃至3～4℃，接近0℃的温度动态是最易变动的，最常发生年平均温度通过0℃过渡，并有些地段形成隔年层和不衔接冻土。由此，这一带是对地表热交换条件变化反应敏感的地带，也是生产实践中经常遇到冻胀、融沉等不良冻土工程地质现象的地带。

在我国西部山地和青藏高原，多年冻土分布主要受海拔控制。高原冻土分布仍然可以用连续性来表征。岛状冻土出现的最低海拔，即多年冻土分布下界，下界随海拔升高，冻土分布的连续性增大，由岛状分布到大片分布再到连续分布。同时，多年冻土分布下界也表现出纬度地带性差异。对于既高又大的青藏高原来说，多年冻土平面分布既受海拔控制，又受纬度地带性影响。例如，沿青藏公路自北而南，多年冻土分布下界由4200m左右（在昆仑山区）到4650m左右（安多以南）。又如，多年冻土分布连续性，在青南-藏北高原北部区为大片分布①，往南到藏北高原南部区为大片-岛状分布（见《中国冻土》附图）。

① 叫法尚待统一，如大片分布、大片连续分布、基本连续分布。待进一步明确。

多年冻土分布是要在冻土测绘中通过各地段土（岩）的平均温度、季节冻结和融化深度形成规律基础上来阐明。顾名思义，季节冻结是靠冬季负温度条件下的热周转形成，是对没有多年冻土的地区而言，年平均地温接近或高于 0℃，而季节融化是靠夏季正温度条件下的热周转发生，属多年冻土区，年平均地温接近或低于 0℃。

在野外，与调查研究多年冻土温度和厚度、季节冻结和融化一样，必须利用航测和卫星影像资料及各类图件，如地质图、岩性图、地质构造图、土壤-植被图、水文地质测绘和资料等。利用钻探、试坑等地质勘探工程以及地球物理方法。在重点地段或剖面追踪冻、融土界线。不仅要得到现时实际界线，而且要预报现存条件变化后的温度动态及冻土分布的可能变化。

根据国内外冻土学者多年野外调查经验，在野外调查中也要注意多年冻土存在的外部标志——以微地貌形式出现的一些现象或形成物，如斑土、石多边形冻胀丘、地面多边形、地下冰等。有些后冷生现象，如热融和泥流痕迹，干枯畸形植被，如细杆、歪斜的落叶松、醉林等，也可间接指示有多年冻土存在。河床里、坡地上的泉眼和冰椎是融道（区）的好标志。地下水类型和循环条件、水化学成分和温度升高情况，可指示是否有贯穿融区存在。

# 第 10 章　地下冰的类型及冻土组构

地壳中的任何一种冰，不论其成因或埋藏条件如何都统称地下冰。地下冰是冻土所独有的特征，其形成存在和融化对地形、地貌、水文、生物、土壤和工程建筑等都有重要的影响。据有关资料粗略地估算，地球上地下冰的总体积约为 $50\times10^4\mathrm{km}^3$，占地球上冰体积的 2%。地下冰主要分布在岩石圈上部 2～30m 的深度内，在北半球的高纬度多年冻土分布的上部 0～30m 的深度内，体积含冰量为 50%～80%（王春鹤等，1999）。

我国青藏高原多年冻土是世界上中、低纬度地带海拔最高、面积最大的冻土区，在含水量较大的黏性土地区普通分布有厚度较大的地下冰层，有些地段体积含水量大于 80% 或纯冰层最厚的达 5m，其顶面一般在多年冻土上限，由于埋藏较浅，易受表面条件和气候变化的影响，冻融现象特别突出。在东北多年冻土区地表下 2～3m 深度内的多年冻土上限附近，发育有较纯洁的厚层地下冰，体积含冰量达 60% 以上。

## 10.1　地下冰的分类

关于地下冰的分类问题，是一项相当复杂的问题，各家的说法不一，争论不休。目前世界上提出地下冰分类有 20 余种。苏联许多学者，如 A. H. 波波夫、Ь. H. 多斯托瓦洛夫、B. A. 库德里亚夫采夫、П. A. 舒姆斯基、H. И. 托尔斯齐欣、M. И. 苏姆金等，都曾经在他们的著作中，对地下冰进行过专门的分类，其中 П. A. 舒姆斯基按地下冰的成因类型将地下冰分为三类：构造冰、洞脉冰、埋藏冰。其中构造冰包括胶结冰、分凝冰、侵入冰和脉冰；洞脉冰包括各类洞穴冰和脉冰；埋藏冰包括被埋藏的冰椎冰、冰川冰、河、湖冰、海冰及积雪冰（图 10.1）。此外 A. H. 波波夫和 H. И. 托尔斯齐欣编著的地下冰分类将地下冰分为内成冰和外成冰。其中内成冰包括脉冰、重复脉冰、侵入冰、分凝冰、胶结冰和洞穴冰-坑道冰“近冰”6 个亚类；外成冰包括雪冰和水成冰两个亚类（图 10.2）。此外欧美冻土学者也对地下冰进行不同类型的分类，各持己见，各取所长。其中 J. R. 马凯曾按水的来源、迁移方式划分地下冰的类型。

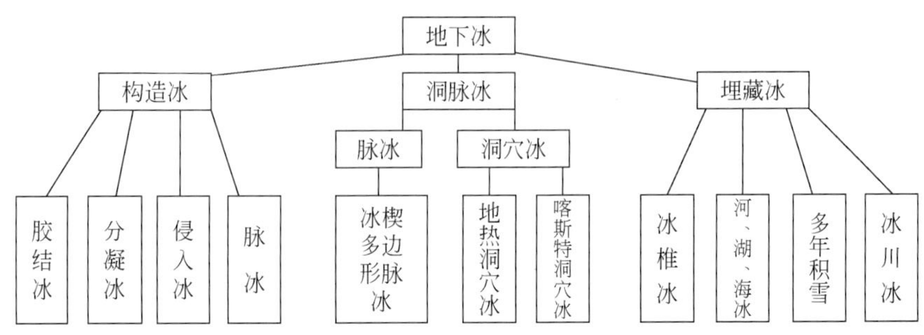


图 10.1　地下冰分类（据 П. A. 舒姆斯基）

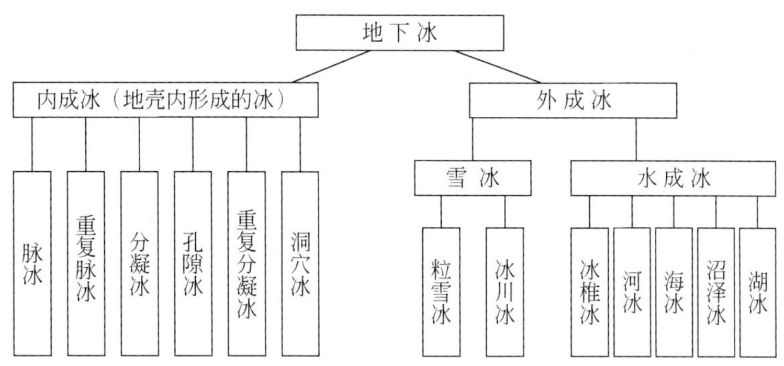

图 10.2　地下冰的分类（据 A. H. 波波夫、H. И. 托尔斯齐欣）

我国冻土学家曾结合多年冻土的具体实践，对某些地下冰的成因、分布、特征等进行了较为详细的研究，取得了重大的进展，程国栋院士的地下冰重复分凝机制是厚层地下冰形成理论重大突破。王春鹤研究员等结合东北及青藏高原多年冻土科研考察的实践资料，并参照国外有关地下冰的分类意见，将中国东北地下冰进行了成因分类（王春鹤等，1999）。按照成冰前水分补给来源分为大气中水分、地表水、壤中水（包括土、石中的重力水及细粒土中的结合水）、地下水，考虑到成冰过程中 9 种水分迁移机制（水汽冷凝、冰面升华、积雪再结晶、冰雪融水自由水下渗、重力迁移、原地冻结、温度和湿度梯度抽吸力、重复分凝、压力差）。在 12 种不同的介质环境中形成的地下冰分为洞穴冰、霜冰、裂隙冰、共生脉冰、后生脉冰、重力水下渗成冰、胶结冰、分凝冰、重复分凝冰、侵入冰、基岩大块冰 11 种类型（图 10.3）。

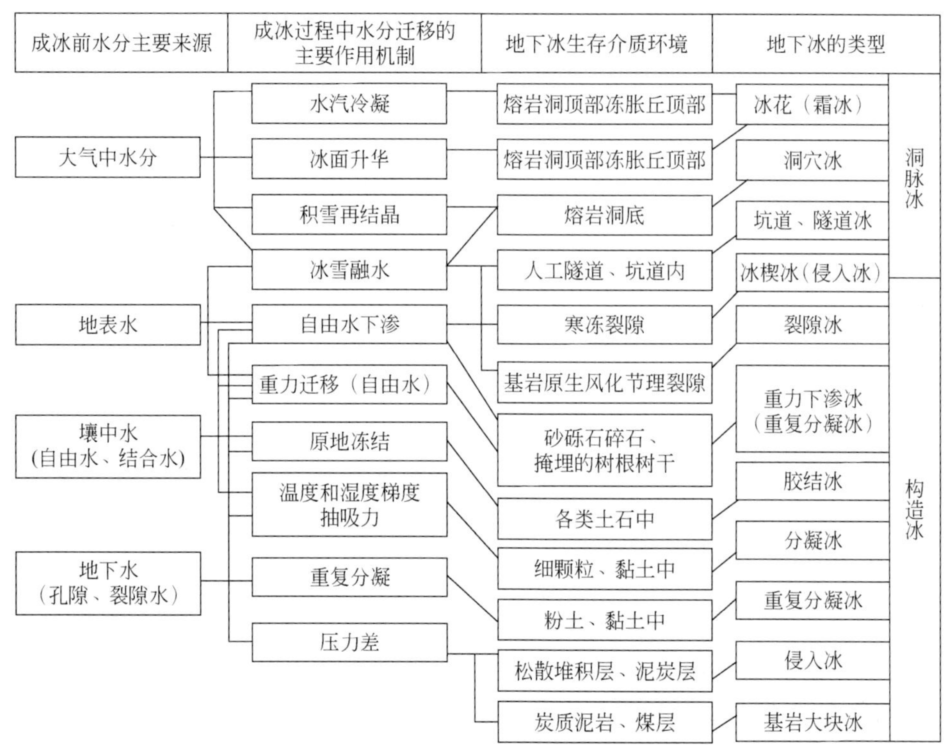

图 10.3　中国东北多年冻土地下冰成因类型

# 10.2　地下冰的分类特征

## 10.2.1　内成冰

内成冰是指在地层中形成的冰，是冻土组构和构造的主要成分。它包括了以下几种主要的冰体。

### 1. 脉冰

脉冰是存在于各种裂隙中的冰。这些裂隙有基岩、裂隙、热收缩裂隙或冻胀丘膨胀裂隙，多数呈脉状，胶结成冰。一般厚度小于 2mm。在冻胀丘上的膨胀裂隙冰厚度可超过 0.2m。

兰州马啣山基岩裂隙冰在兰州市南 40km，海拔 3670.4m 的马啣山北坡陡坎上，是古冰斗后缘大理岩裂缝中，宽度为 30～50mm，最宽达 150mm，冰呈透明，含圆形和椭圆形气泡。其水化学成分与地下冰、雪水、地表水明显不同，矿化度低，氚含量测定是 11.63TU，说明至少形成于 20 世纪 50 年代前（李树德等，1993）。

### 2. 重复脉冰

重复是一种特殊的脉冰，由长期在同一个地方形成多烈性脉冰组合，通常具有垂直叶理，并在地表形成多边形网。在国外文献中通常称重复脉冰为冰楔冰。在多年冻土地区由于气温低，年、日较差大，在冻缩开裂作用下的寒冻裂缝可穿过活动层，贯入到多年冻土层中，暖季季节融化层中水流入寒冻裂缝后冻结成冰脉。暖季活动层中的冰脉再度融化，而多年冻土中的那部分冰脉比周围的冻土更易冻裂，所以寒冻裂缝再一次在冰脉中发生。翌年暖季冰雪融化和活动层融化，多年冻土中冰脉再度加大，这样的过程年复一年地重复进行，就形成了规模较大的重复脉冰（冰楔）。

我国东北多年冻土区内，在伊图里河一级阶地上，曾在 1983 年、1984 年、1987 年三次开挖过程中先后发现 14 处冰楔，均为平顶楔形、条形冰楔（图 10.4）（周幼吾等，2000），楔顶埋深 0.85～1.4m，顶宽为 0.16m、0.40m、1.1～1.2m、1.25m、1.32m 不等，开挖时可见高度大于 1.5m，叶理明显，叶理中夹泥炭土等杂物围岩向上穹起变形，冰楔与围岩土、石不整合。伊图里河冰楔皆为平顶，位于多年冻土上限下约 0.2m，上限埋深为 0.7m。楔顶至上限一般沉积层中有明显的 3～4 层分凝冰。地表下 0.35～0.4m 泥炭层没有经受扰动的痕迹，且与下伏含有机质亚黏土有明显的界面，取样 $^{14}$C 测年分析，该冰楔是距今 2300～2700 年前晚全新世形成的冰楔。据推算冰楔形成时的气温比现今低 2～4℃。

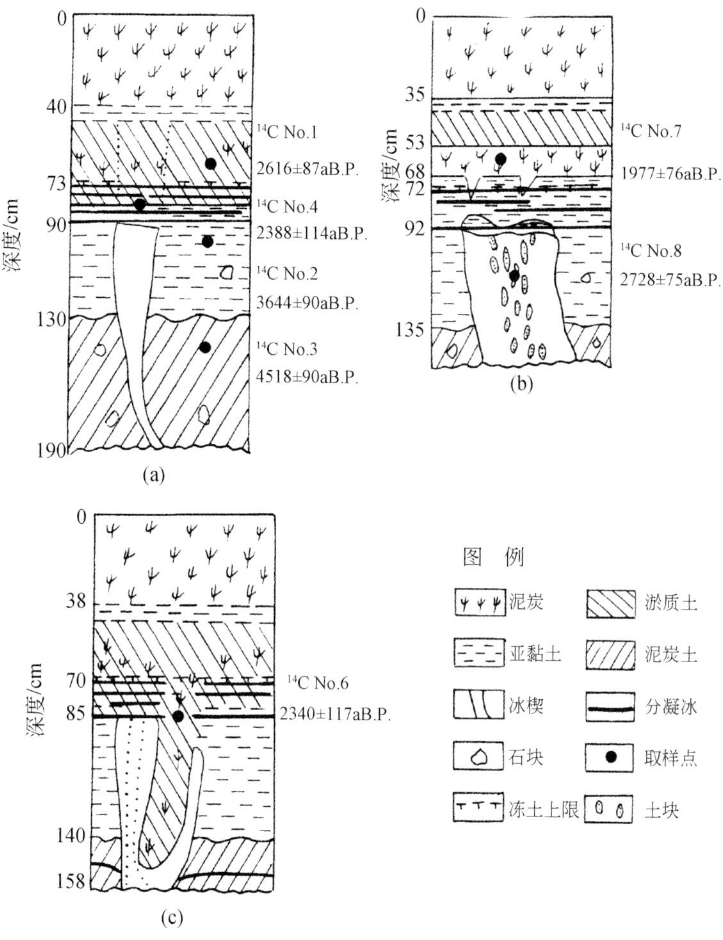


图 10.4　伊图里河冰楔示意图

乌玛冰楔：1990 年童伯良等研究组在大兴安岭西北部的乌玛地区（52°45′N，120°45′E）的伊里吉奇河右岸一级阶地上，发现了 7 个保存完好的不活动冰楔。冰楔顶宽 1 ~ 5m，可见高度 2m，埋藏在距地表 1.6 ~ 2.0m。冰楔中心的冰体有明显的垂直叶理，冰纯，冰楔两侧接触面由富含冰砾质砂和粉砂土组成的围岩有挤压、撕裂、挠曲向上。围岩在两冰楔之间呈水平层状态。冰楔顶部 0.2m 有两三个开口向上的半圆形溶槽。沟槽内沉积物为磨圆度较差的砂砾石。冰楔埋藏处的沉积物剖面见图 10.5。

该地区年平均气温为-4.4℃，气温年较差一般达 44.8℃，降水量为 300 ~ 400mm，冬季积雪厚度一般为 0.1 ~ 0.2m，多年冻土年平均地温为 -1 ~ -1.5℃，属不连续多年冻土区。

研究表明，这些冰楔系共生冰楔，形成于距今 14000 ~ 10000 年前的晚更新世末期。当时的年平均气温比现今至少低 4.6 ~ 7.6℃。全新世高温期的年平均气温不会高于 0.6 ~ -1.4℃，多年冻土年平均地温为 0 ~ -1.9℃，当地在高温期时仍处于冰缘环境，故冰楔得以保存至今，但已不再活动。

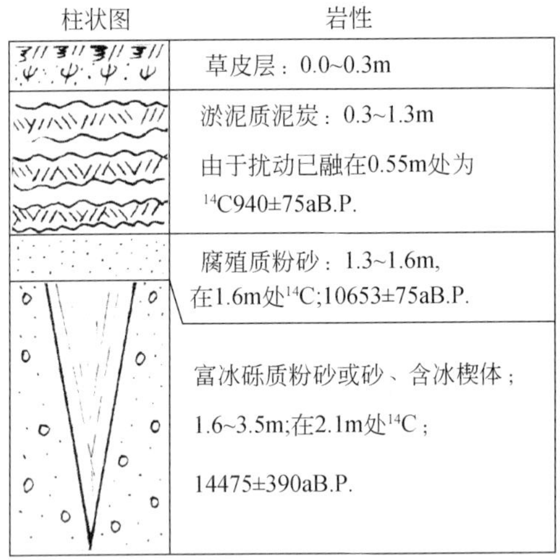


图 10.5　乌玛冰楔埋藏沉积物剖面

### 3. 侵入冰

承压的自由重力水，在压力差作用下，侵入到松散土、石、泥炭层中冻结而形成的冰体，称侵入冰，或称构造冰。侵入冰多存在于多年冻土的各种不同的深度中，其厚度常达数米或数十米，长度可达 100m 或更多。参与侵入冰形成的水是自由重力水，而分凝冰主要是细粒土中的薄膜水。贯入的承压水结冰体积膨胀，能使地面冻土层顶起，形成空洞，继而承压水再度侵入充填其中，且再冻结，并在压力作用下使隆起的上部冻土层变形和开裂。随着季节融化层的冻结，冻结层上水由无压变有压而侵入时，常形成隆胀丘、冰丘、泥炭丘。

青藏公路沿线 62 道班（约青藏公路 K2895）冻胀丘，是青藏公路沿线的典型由冻结层下水引起的多年生冻胀丘，位于昆仑山垭口盆地北缘，海拔 4700m 左右的洪积扇前缘，年平均气温低于-5. 0℃，年降水量约 280mm。冻胀丘呈椭圆形，长 40 ~ 60m，宽约 20m，高超过 20m，表层为灰白色粉质黏土层 1. 2m 以下见拱形纯侵入冰层，冰层厚 2. 0m 左右，冰下为空洞，夏季形成积水洼地，流水不断。洼坑中心有一钻孔遗迹，冒着气泡和泥浆的泉眼。经勘探表明，冻胀丘位于北西西向压扭性断裂和北北东向张扭性断裂交汇处（图 10. 6）（李树德等，1993），断裂带为地下水通道，是形成冻胀丘的主要水源，冻土的隔水作用促使冻土层下水的承压性。打穿冻土层后水头高度高出地表 22 ~ 32m，冻胀丘顶部压力最大，水头更高，多年冻土层厚度约 55m，周围的多年冻土厚度在 75m 左右（高建义和丁家光，1982）。在距离冻胀丘南东方向约 200m 的深孔测温得知：多年冻土上限在 1. 2 ~ 1. 5m，年平均地温为-3. 2℃。

另一处侵入冰是在东北大兴安岭北部霍拉河盆地古莲煤矿。H6 和 ZK0 钻孔位于月牙湖北侧，距湖边分别为 20m 及 40m，揭露了存在白垩系碎屑岩的碳质泥岩和煤层中的厚层地下冰体（王保来，1990）（图 10. 7）。H6 钻孔的冰体顶板埋深 46. 15m，冰体厚 20. 7m。ZK0 钻孔见有两层冰体，第一层冰体顶板埋深 40m，冰层厚 1. 8m，第二层冰体顶板埋深

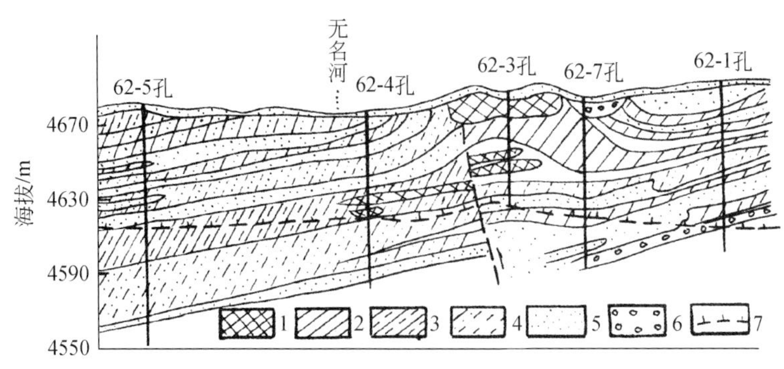


图 10.6　青藏公路 62 道班冻胀丘剖面图

1. 地下冰；2. 黏土；3. 亚黏土；4. 亚砂土；5. 粉砂；6. 砂砾石；7. 多年冻土下限

49.15m，冰层厚 16.15m。冰体无色透明，含微量灰色杂质。冰体中气泡长轴方向垂直于层理，冰晶颗粒较粗，之间接触界线清晰，呈镶嵌形结构。H6 穿过冰体底板时见承压水，水头高出地面 2.11m。

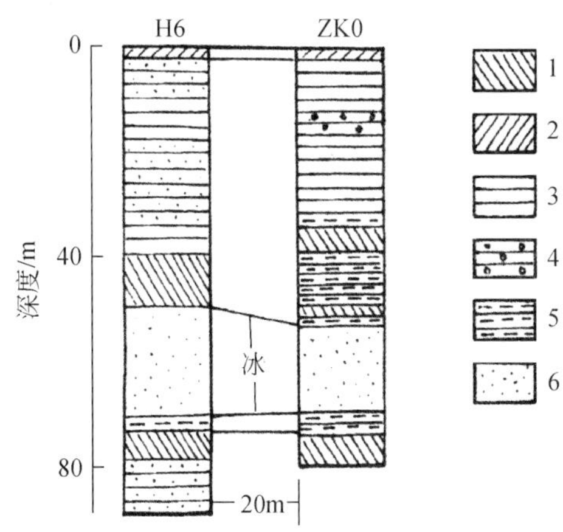


图 10.7　钻孔 H6 和 ZK0 的地层剖面图

1. 煤层；2. 第四系；3. 砂岩；4. 砂砾岩 5. 岩质泥岩；6. 大块地下冰

#### 4. 裂隙冰

地表水、地下水自由渗入或承压水贯入到基岩风化裂隙、断裂张开裂隙，或岩层层理、节理的水冻结成脉状、裂隙状的冰体。有些是与多年冻土共生的，有些是后生的。在风火山隧道口的新近系红色砂岩裂隙中，裂隙冰充满岩层层理及节理、裂隙中，冰体厚度为 0.1 ~ 0.2m，几乎将岩体分割成方块。又如，东北大兴安岭牙林线的嘎来牙林场人工挖井中，冰体贯满断裂裂隙，厚度为 0.15 ~ 0.2m，向下延伸至 54m 深处。再如，霍拉盆地矿井中见有 10 ~ 30mm 的裂隙冰，延伸到数十米深（王保来，1990）。

**5. 胶结冰**

充填在孔隙中的冰是冻土中最常见的组成部分。胶结成冰作用指的是水面原地冻结作用，可以发生在孔隙中，也可以发生在基岩裂隙和洞穴中。当融化时产生的水体不超过土冻结前的孔隙体积（没有冻胀）即为孔隙冰，属于胶结冰的一种冰。

胶结冰是由冻结前就存在于土、岩裂隙中的水，当冻结速度相当快时，水分来不及迁移，就地冻结而成。根据冰与土、石的联结情况 ，具有下列冰胶结形式。

（1）接触胶结式：土、石中原有的水分少，含水率低，胶结冰仅限于土颗粒的接触点上，其余部位无冰晶包围，冰体只是把土颗粒在接触点上胶结在一起，多呈块状，整体状冻土构造。

（2）薄膜胶结：土颗粒表面完全被冰包裹着，冰未充填土、石中所有的孔隙空间，形成薄膜状冻土构造。

（3）孔隙胶结：冰仅充满土、石的孔隙，融化后的含水率达到饱和状态。

（4）基底胶结：过饱水的土、石颗粒冻结时被冰体分开后，土石颗粒“浸没”在冰的海洋中，形成基底状冻土构造。

**6. 分凝冰**

松散细粒土冻结过程中，在温度梯度、浓度梯度、薄膜压力差、毛细抽吸力及结晶力等综合作用下，薄膜水向冻结锋面迁移而形成的冰体，称为分凝冰。冰体通常呈透镜状、层状、网状等肉眼可见冰体，其厚度可由几厘米、几米到几十米。有时侵入成冰作用和分凝冰作用交织在一起（程国栋和邱国庆，1983）。一定的条件下，分凝冰冰体的体积常常超过未冻结前的土体积若干倍、数十倍或百倍。这种饱和的冰体，形成较厚的聚冰带，成为饱冰冻土和含土冰层，也可以和胶结的冰体相互交替排列，形成层状或网状冷生构造。常引起强烈的冻胀现象。当过剩冰体融化后呈流塑状，聚冰土层完全丧失承载力，造成热融、沉陷和塌陷。

风火山地下冰分布较普遍，一般埋藏较浅，脉状裂隙冰不发育，延续深度浅，一般在10m左右。分凝冰在水平及垂直方向上均较发育且厚度大，在剖面上它的厚度约占整个地下冰分布深度的50%～80%（图10.8）。除山顶及坡的上部外，由垭口盆地至东、西大沟，厚层分凝冰广泛分布，一般在缓坡的中部及前缘，尤其是凹形坡。坡面平缓，地表沼泽化，丘状甸状植被发育，融冻泥流堆积达到最大厚度，同时也是厚层分凝冰最发育的地方。

**7. 重复分凝冰**

在多年冻土上限附近的土层中常见到厚层地下冰，以堆积地形中地温较低的细粒土中最为常见，由于埋藏浅，厚度大，对多年冻土区许多冰缘现象的形成及对各项工程建筑物的稳定性产生重大影响。

厚层地下冰的形成不仅与正冻土，而且还与正融土和已冻土中的水分迁移和成冰作用有关。厚层地下冰形成是由下列作用组成：①多年冻土自下而上冻结时的水分迁移和成

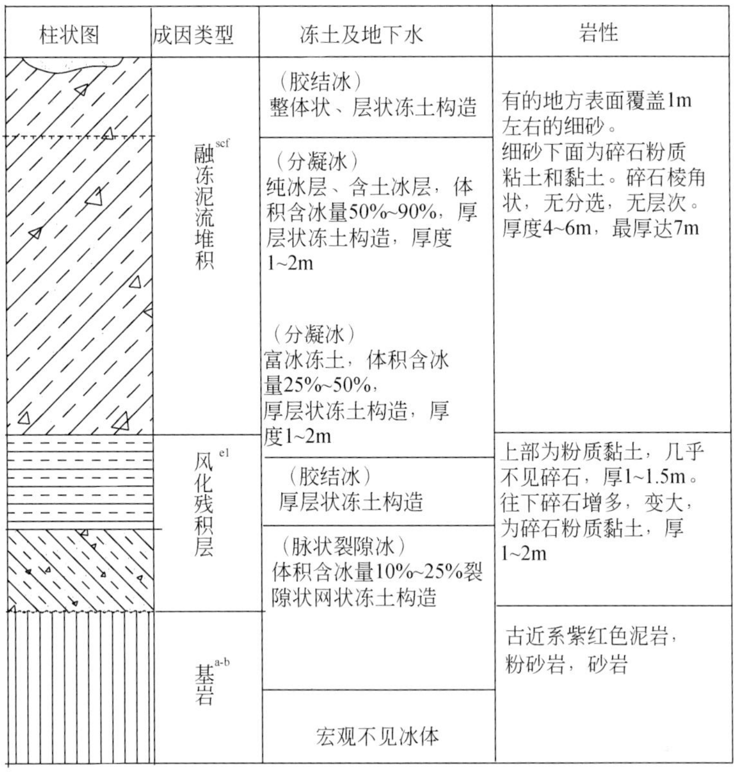

| 柱状图 | 成因类型 | 冻土及地下水 | 岩性 |
|---|---|---|---|
| | 融冻泥流堆积[scf] | （胶结冰）<br>整体状、层状冻土构造 | 有的地方表面覆盖1m左右的细砂。<br>细砂下面为碎石粉质粘土和黏土。碎石棱角状，无分选，无层次。<br>厚度4~6m，最厚达7m |
| | | （分凝冰）<br>纯冰层、含土冰层，体积含冰量50%~90%，厚层状冻土构造，厚度1~2m | |
| | | （分凝冰）<br>富冰冻土，体积含冰量25%~50%，<br>厚层状冻土构造，厚度1~2m | |
| | 风化残积层[el] | （胶结冰）<br>厚层状冻土构造 | 上部为粉质黏土，几乎不见碎石，厚1~1.5m。<br>往下碎石增多，变大，为碎石粉质黏土，厚1~2m |
| | | （脉状裂隙冰）<br>体积含冰量10%~25%裂隙状网状冻土构造 | |
| | 基岩[a-b] | | 古近系紫红色泥岩，粉砂岩，砂岩 |
| | | 宏观不见冰体 | |

图 10.8　风火山地区地下冰分布剖面图

冰；②未冻水的不等量迁移规律；③冰的自净作用；④地表加积造成的地下冰共生生长。“重复”两字的含义：一是年内由各种不同作用造成的分凝成冰的多次重复（程国栋，1982）；二是指这些成冰作用年复一年的重复。

上限附近的厚层地下冰具有特殊的冷生构造——斑杂状构造，即土颗粒和集合体被冰包裹，压缩，破碎，最后好像“悬浮”在冰中的土斑，实质上是基底状构造。它往往呈透镜状分布在松散地层中。

### 8. 洞穴冰

分布在各种成因的洞穴中的冰体。这种冰可由自由水进入洞穴冻结、水蒸气凝结和结晶形成的升华霜冰等。在坑道、隧洞、竖井中常见有冰钟乳、冰笋、冰椎、冰花等形式的冰体。由于洞内特殊的对流换热条件，洞穴冰不仅可以在多年冻土形成，而且可以在年平均气温高达 6 ~ 7℃的洞穴中形成，如我国阿尔泰山、昆仑山、秦岭和神农架等地区均有发现。

沈永平（2010）① 近期在甘肃甘南州，迭部益洼，海拔 4200m 左右的迭山上发现，冰川曾作用过的洞穴中发现有地下冰存在。

① 沈永平 . 2010. 扎尕那山冰川冻土考察报告。

五大连池洞内冰：近年来在黑龙江五大连池的两个溶岩洞，即白龙洞和水晶宫中也发现了厚层地下冰。冰层厚度分别在0.6～3.0m和2.0m左右，洞顶岩缝和熔岩钟乳间结满冰花。该地年平均气温-0.5℃，9月8日测得洞中气温0.0～0.5℃，冰层表面温度为-0.2～0.5℃，研究表明，洞中冰体系由地表水和地下水渗入洞中冻结而形成。洞内由于太阳辐射受到遮蔽，更由于冷、热空气密度不同而造成的对流换热的特点，洞内气温要比周围开敞空间处低（逆温层）造成了洞内得以常年保存的条件，分析表明，这些冰形成的时间应在距今275年前（李树德等，1996）。

## 10.2.2 外成冰（埋藏冰）

各种生成于地表的冰（河冰、湖冰、海冰、泉冰、积雪冰和冰川冰等），被堆积在其上面的沉积物覆盖掩埋后成为埋藏的地下冰。埋藏冰能多年保存而不融化的原因是其上覆盖的沉积物厚度大于季节融化层深度。

### 1. 冰川冰

在多次的冰川、冻土、冰缘地貌科考中发现，在现代冰川分布外围不远处的冰碛物下发现冰川冰（死冰）埋藏于堆积物中。如青海可可西里中部的东岗扎日现代冰川外围海拔5500m的冰碛中埋藏有厚度超过10m的死冰（李树德和李世杰，1993）。贡嘎山的小贡巴冰川侧碛堤外形成的山麓石冰川中有埋藏的雪冰存在。在乌鲁木齐河源的3号、1号及6号冰川前缘的小冰期冰碛物中，均发现了埋藏的冰川冰，其中6号冰川终碛垅上，由于融化塌陷形成天然的冰洞中，可清楚地看到埋藏冰的厚度超过10m（邱国庆等，1983），王靖泰等认为这种冰碛中地下冰为冰核冰碛。天山西部大量表碛的托木尔型冰川，也有形成这类埋藏冰的条件。

### 2. 雪冰

在新疆天山哈希勒南坡1977年5月开挖边坡时，弃土将地表积雪掩埋，次年再次开挖时发现厚0.2～0.5m的冰雪层（交通部科研所资料）。在天山西部积雪较厚而雪崩作用频繁的地方，具有发育埋藏雪冰的有利条件。

### 3. 水成冰

埋藏的水成冰报道不多，据报道（王绍令和李位乾，1990），在黄河源区的鄂陵湖区钻探时发现了埋藏的湖冰。揭示湖冰的钻孔CK6孔（图10.9）位于鄂陵湖北距岸123.9m的湖岸阶地上，孔位标高4271.59m，高出湖面3.54m。据钻孔揭示该处冻土上限1.5m，1.5～8.0m为多年冻土层，8.0～19.8m为含高矿化度冻结层间水的不冻结地层，水温0.3℃，19.81～24.26m为厚冰层，冰纯，无气泡，无杂质，透明，厚度为4.45m，24.26m以下至200m是非冻结层。冻结层下水丰富，抽水试验是单孔涌水量9.2L/s，水温3.1℃。

该处位于青藏高原东南部，年平均气温-4.2℃，属不连续冻土分布区，多年冻土厚度

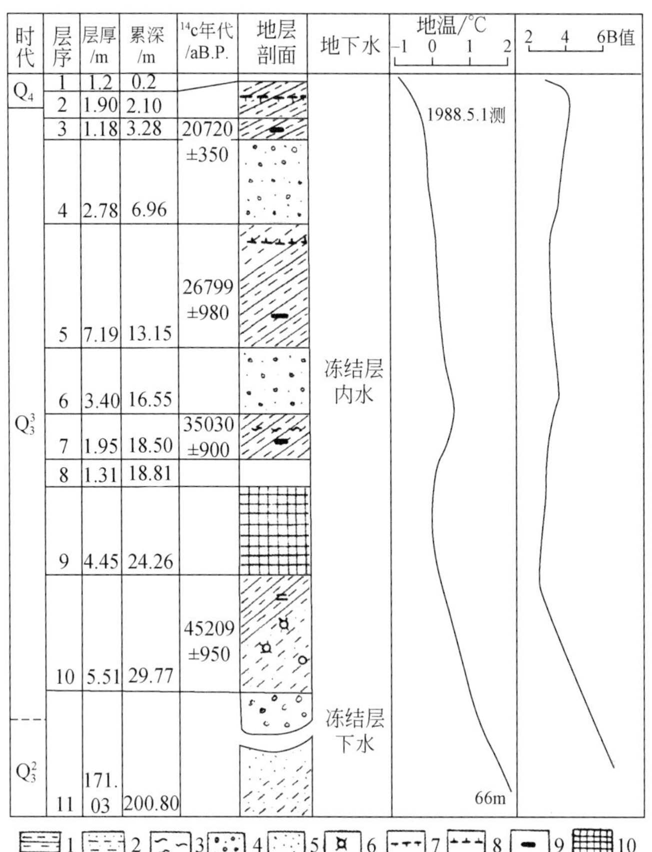


图 10.9　鄂陵湖 CK6 孔综合剖面图

1. 亚黏土；2. 亚砂土；3. 淤泥；4. 砂砾石；5. 砂；6. 平顶螺化石；7. 冻土上限；8. 冻土下限；9. $^{14}C$ 样品点；10. 厚层冰

为 3 ~ 15m，鄂陵湖平均水深 17.6m，每年 10 月中旬封冻，翌年 4 月初解冻，每年湖面结冰 70 ~ 80cm。该地下冰属于埋藏的湖冰尚有争议。

## 10.3　冻 土 组 构

冻土是负温下被冰胶结的土、岩，构成了冻土构造（冷生构造）。与其他一般岩土构造不同的是冰体的存在及其在构造中的分布、位置、排列、大小、形状等。

冻土的构造是指冻土中固体组分间的相对空间排列，它表征冻土组分空间分异作用的宏观特征。在松散土、石中，冻土构造是由构造冰和土、石骨架颗粒之间的相互位置所决定的，即表征土、石中冰的多少，形状，冰与土、石之间的互相位置排列关系，相互配置。冻土构造，除反映土石的原始构造之外，亦代表其在某种自然环境中冻结土、石中水分迁移变化成冰作用的宏观特征。因此研究冻土构造，可以判释冻土形成进程中的冻结速度、冷锋的方向、冻结锋面的发展变化，揭示冻结时水分迁移方向、速度、成冰作用过程等，对探求冻土成因及其改造利用具有理论和现实意义。

冻土构造的分类甚多，且很复杂。工程上通常分出如下 5 种基本冻土冷生构造。

### 1. 整体状冻土构造

冰以细小的冰晶将土石骨架颗粒紧紧地胶结在一起或较均匀地散布于土、石孔隙中。在冻土剖面上用肉眼见不到冰晶或冰粒。它是在土、石含水率小，降温速度比较快，水分来不及向冻结锋面迁移，迅速冻结而成。承载力较高，无明显的冻胀。融化后土、石的结构状态基本无多大变化，强度降低较小。所以，整体状冻土构造的含冰率及含水率较小，多属少冰冻土。

### 2. 层状冻土构造

冰体呈透镜状或联结成片，以层状与土层相互平行、相间分布的冻土称层状冻土（冷生）构造。它是在单方向缓慢冻结条件下，外部水源向冻结锋面不断迁移和冻结聚冰形成的。层状构造的冻土分布广泛。当冷却强度较小，冻结锋面移动得比较慢时，水冻结成冰放出的潜热与外界冷却量相持，使冻结锋面较长时间停留在地下某一深度上，形成不同厚度的层状冰体。冻结锋面滞留的时间越长，外界水源不断地向冻结锋面迁移、补给而大量地聚冰，形成的冰层也就越厚。这种情况下冰层往往呈厚层状的冻土构造。按冰层的厚度可分为微层状（<10mm）、薄层状（10 ~ 30mm）、中层状（30 ~ 50mm）、厚层状（>50mm）。层状冻土构造一般具有足够的强度，但融化时强度急剧下降。尤其是厚层状冻土构造土，融化后失去原来的结构状态，强度大大降低，有的融后呈流态，就完全丧失了承载力，严重危害工程建筑的安全与稳定。

### 3. 网状冻土构造

冻土中的冰体呈不同大小、不同形状和不同方向地相交错组成大致连续的网络或类似树枝状，称网状冻土构造。细颗粒土经多次多方向冻结过程可形成网状构造，它也可形成于水平和垂直的热收缩裂缝中。冻结前沿不同方向伸展的裂隙是形成这种构造的基础。按冰体大小、厚薄情况可分为微网状、薄网状与厚网状构造。按冰层空间分布的方向及两组冰体夹角的大小，分为直角、斜角与不规则网状等。网状冻土构造远不如层状冻土那么普通，但其含冰率（总含水率）较高，特别是在黏性土中，厚网状冻土构造的含冰率（总含水率）相当高。冻结状态具有足够强度，但融化后就失去原有的结构，强度大大降低，对工程安全与稳定危害极大，应积极防范。

### 4. 土斑（基底）状冻土构造

这种冻土构造是厚层地下冰中一种特殊的冷生构造，在体积含冰量超过 50% 较为纯洁的厚层地下冰中，土、石颗粒的集合体被冰体包裹，分割开来，互不相接，好像土颗粒悬浮于冰的海洋中。我国有的学者又将其称为云雾状、悬浮状冷生构造，实质上冰已为基底，土石为斑的基底状冻土构造。这种冻土（冷生）构造多分布在多年冻土上限附近的细颗粒土中。细颗粒土中未冻水的不等量迁移，冻结过程的水分迁移和成冰作用，加上冰的自净、冰晶增长将土颗粒挤压，分割，随着冰层的增厚而形成的土斑杂状的冻土构造。其含冰量大，通常体积含冰量超过50%。融化后犹如稀泥，呈蠕流状，完全丧失了承载力。且因埋藏浅，厚度大，不但对多年冻土表层的生物，化学和地层、地貌等作用有重大影响，并是各类工程建筑物发生破坏的祸首。

**5. 砾岩状冻土构造**

砾岩状冻土构造是我国冻土学者对饱水的砾石、砂、碎石土冻结后形同砾岩似的一种形象命名的冻土构造。在青藏高原高的残积层中常见有砾岩的冻土构造，在东北多年冻土上限附近常见到这种冷生构造，其中的砂、砾岩、碎石被重力水冻结的冰体包裹。砾石、碎石之间以冰为胶结物，集合在一起，形成用冰胶结的砾岩体，砂、砾石、碎石好像悬浮在冰中。砾岩状的冻土构造的成冰作用其水分迁移主要是重力作用下自由水体的迁移成冰。这种冷生构造的冻土，虽然体积含冰量较高，但融后饱水，产生沉陷，经排水疏干，尚有砾砂碎石支撑，仍能保持一定的承载力，在工程建筑物中不易利用。

除了上述常见的五种主要的冻土（冷生）构造外，还有团粒状冷生构造。冰晶聚集成团粒，分散在土、石的孔隙中，或黏附于岩石的裂隙中，含水量少，且由气态水迁移，凝聚占一定的比例。楔状冷生构造是冻结在岩石裂隙或风化裂隙的细小楔状冰体，与围岩构成楔状的构造及基底状冷生构造。

冻土是热量交换形成的含冰的自然综合体，其中的冻土构造，受各种自然因素综合作用的制约，因而冻土构造很少是单一的，多半是几种冻土构造的复合体，在进行冻土野外考察时，要对冻土剖面观察描述记录，在生产实践中，尽量考虑自然综合因素作用下形成的复合的冷生构造。

## 10.4　高含冰冻土的分布规律

冻土区上限附近是地下冰最富集的地带，由于接近地表，极容易受自然和人为因素的影响而发生变化，也往往成为冻土区地表变形和工程建筑破坏的主要原因。目前工程建筑界根据冻土含冰程度分为低含冰量冻土和高含冰量冻土，前者包括少冰冻土和多冰冻土，后者包括富冰冻土、饱冰冻土和含土冰层。

冻土中含冰量的多少取决于多种因素和条件，可大致分为地质-水文地质和热物理两类。岩石的成分（粒度、矿物、化学）和性质，其成因类型、成岩程度、埋藏条件、初始含水量、隔水层和含水层的关系等为第一类，属于非地带性因素。土层冻结和冻层存在期间，地表面和土体中的热交换条件及地热梯度等为第二类，属于地带性因素。

（1）地质-水文地质因素：在众多的地质-水文地质条件中，粒度成分占有重要的地位。一定的粒度成分与一定的矿物和化学成分相应，同时也决定了土的水理性质，所以冻土含冰量的高低与土的粒度成分有密切关系（表10.1）。

土的成因类型是土的成分、含水率、成岩程度和分布的地形部位等特征的综合，所以土含冰量的多寡往往因土的成因类型而异。从青藏公路沿线多年冻土区几种主要成因类型中地下冰所占的百分比例表明，湖相沉积物中高含冰层占的比例最大，其次是坡积物。

与上限附近冻土中地下冰含量关系密切的是冻结层上水的动态，所以降水量大的地区，上方有地下水或地表沼泽化的地段，有利于高含冰量冻土的生成。

**表 10.1　自然条件下分凝冰、土的分散度和弱结合水含量之间的关系**

| 粒径/mm | 弱结合水含量 | 制约天然条件下弱结合水含量的原因 | 液相水向冻结锋面转移的主要机制 | 分凝冰的发育程度 |
|---|---|---|---|---|
| >0.1 | 实际无 | 弱的吸附能力 | 结晶-薄膜 | 不发育 |
| 0.1～0.05 | 不多 | 弱的吸附能力 | 反映不明显的毛细-薄膜 | 不大，当特别有利的温度和水分条件时仍很少，在剖面上部发育 |
| 0.05～0.02 | 大 | 最佳条件 | 毛细-薄膜，薄膜 | 强烈 |
| 0.02～0.005 | 最大 | 最佳条件 | 毛细-薄膜 | 最强烈 |
| 0.005～0.002 | 少于前者 | 某些毛细管尺寸小，对胀起的时间不够 | 薄膜 | 很强烈，但较前者为小 |
| 0.002～0.0002 | 少于前者实际不多 | 毛细管尺寸很小，对胀起的时间不够 | 薄膜 | 当存在胀起或胀起不大时，有发育 |
| <0.0002 | 实际无 | 毛细管尺寸很小，对胀起的时间不够 | 薄膜 | 当存在胀起或胀起不大时，有发育 |

资料来源：Втюрин，1975

（2）热物理因素：土冻结和冻土存在期间地表和土体中热交换条件不易把握，但是根据气候和地温条件的继承性，可以近似地以年平均地温为指标来衡量。一般来说，其他条件相同时，年平均地温越低，越有利于高含冰量冻土的形成。

在连续多年冻土地带的有适宜水分条件的细粒土和有足够细粒土含量的粗颗土中，一般均有高含冰量冻土存在。在岛状多年冻土地带，有少冰和多冰冻土，仅在沼泽化湿地的细粒土中，有高含冰量冻土。

地质-水文地质因素为非地带性的，而热物理因素一般为地带性的。各种地带因素和非地带因素在具体地理环境中的组合，制约着高含冰量冻土的地域分异规律，这种地域分异规律表现为冻土的含冰量随地貌单元和地形部位的不同而有规律地变化。

## 10.4.1　东北大兴安岭多年冻土区的地下冰分布特点

东北大兴安岭地区，地下冰主要分布在低洼沼泽湿地中，不论是大片多年冻土还是岛状多年冻土区，在潮湿阴坡且含有大量泥炭层的沼泽湿地地区，地下冰多呈厚层状，纯冰层一般厚度为 0.2～0.6m，个别地段可达 1～2m，埋藏深度为 0.7～1.5m，最浅者为 0.45m（表 10.2）（王春鹤等，1999）。山岭地段，土层较薄，地下冰分布较少，呈冰晶或孔隙冰状态存在于孔隙中。厚层地下冰多分布在沟口、冲洪积扇、沼泽洼地、谷地和滩地，地表多生长着苔藓、塔头草、杜斯、醉林等指示性植物。在斜坡坡脚地带，虽然块石含量较大，只要是上部为苔藓覆盖的阴坡地段，苔藓下都可见有地下冰充填着块石的空隙，有些地段还存在较厚的地下冰层。其原因主要体现在以下几个方面。

（1）大兴安岭多年冻土区的气温存在着逆温现象，许多沟谷地带的气温，往往比山岭低；

（2）沟谷低洼地段，植被非常茂盛，发育着厚层，以至是巨厚层的草炭、泥炭，具有良好的保温性能，下卧土层多为粉质黏土；

（3）水分非常充沛，大片沼泽湿地的水几乎都处于静止状态，有利于多年冻土上限分凝冰的生成与发育；

（4）沟谷地段冬季大片积雪，有利于冻土的保温，消融期融雪大量吸热，又有利于土温降低和推迟冻土消融，减小季节融化深度。

**表 10.2　东北大兴安岭某线厚层地下冰特征**

| 地点 | 冻土上限/m | 冰层埋深/m | 冰层厚度/cm | 冰层含水率/% * | 冰层干土重/% ** | 厚冰层围岩岩性 | 植被、地貌条件 |
|---|---|---|---|---|---|---|---|
| 2878.00 | 08 | 1.50 | 50～55 | 13700.00 | 0.72 | 0.4m 以上为泥炭，下为亚黏土 | 塔头草丛，谷地 |
| 2880.20 | 1.0 | 1.0 | 60 | 1183.50 | 8.44 | 0.9m 以上为泥炭，下为亚黏土 | 塔头草丛，谷地 |
| 35.50 | 0.3 | 0.45 | 25 | 891.45 | 11.22 | 0.5m 以上为泥炭，下为亚黏土 | 苔藓、杜斯、沟口冲积扇 |
| 50.00 | 0.4 | 0.85 | 40 | 742.86 | 13.64 | 泥炭，冰夹树干 | 苔藓、杜斯、沟口冲积扇 |
| 95.70 | 0.5 | 0.65 | 38 | 1075.80 | 9.25 | 0.6m 以上为泥炭，下为亚黏土 | 塔头草，杜斯，大沟口 |
| 148.00 | 0.4 | 0.7<br>1.4 | 40<br>60 | 11300.00 | 0.88 | 1.3m 以上为泥炭，树干，下为亚黏土 | 塔头草，灌丛，滩地 |
| 149.20 | 0.4 | 0.65 | 25 | 2500.00 | 4.04 | 上部泥炭，下为冰土互层 | 塔头草，醉林，滩地 |
| 242.00 | 0.5 | 0.9 | 60 | 703.44 | 12.24 | 泥炭与冰土互层 | 苔藓，塔头草，醉林，滩地 |
| 254.70 | 1.0 | 1.0 | 40 | 4566.66 | 2.19 | 0.2m 以上为草根层，下为冰夹碎石 | 苔藓，灌丛，谷地 |
| 2885.00 | 0.75 | 0.7 | 30 | 519.81 | 19.31 | 泥炭 | 塔头草丛，河谷 |

* 水与干土重之比；** 干土与水重之比。

东北大兴安岭多年冻土区，埋藏在冻土上限附近的厚层地下冰是由分凝冰和重力水下渗冰组成（王春鹤等，1999），其水源主要来源上部开敞系统——季节融化层，水分自上而下迁移、渗透，冰层自下而上增长。

## 10.4.2　西部高山多年冻土区地下冰的分布特点

西部高山多年冻土区除了受地质–地貌条件的制约外，海拔成为控制多年冻土发育的重要因素，也制约着地下冰与冷生组构的分布。

**1. 天山多年冻土区**

天山地区的研究表明（邱国庆等，1983），在坡积裙、山间洼地及洪积扇间交界的洼地，主要是由黏性土组成的多年冻土区，往往是富含地下冰。219 线新藏公路的勘察也充分表明，除了在细颗粒冻土中含有较多地下冰外，在坡积、洪积扇以及盆地湿地的碎石、角砾土中都发现有富冰冻土，乃至是饱冰冻土。

在粗颗粒土中发育的地下冰主要有以下几种。

（1）外生成因的地下冰：埋藏的冰川冰、埋藏的雪冰。

埋藏的冰川冰：主要存在于冰川前缘的小冰期冰碛中。这类埋藏的冰川冰与冰川的运动有关，常常在冰川末端的弧形表碛下保留着埋藏的冰川冰，如乌鲁木齐河河源的 1 号、3 号、6 号冰川，以及天山西部的托木尔型冰川都可见有埋藏的冰川冰。

埋藏的雪冰：据重庆交通科学研究院的资料，在天山哈希勒根南坡的弃土下可见有 20 ~ 50cm的埋藏雪冰层。天山西部积雪较厚而崩积作用较盛行的地方，也具有发育埋藏雪冰的条件。

（2）内生地下冰：在土体冻结过程中发育的地下冰。

发育在富含粉黏粒的粗颗粒土中的分凝冰：天山地区的坡积物、坡积–泥流堆积及冰水–坡积层，分选性较差。在钻孔中揭示了层状、网状和砾岩状构造的分凝冰，体积含冰量为 50% ~60% 。

发育在粗细相间的冰水–坡积层中的共生型分凝冰：如乌鲁木齐河河源沼泽湿地的钻孔揭示，粗细颗粒逐渐堆积过程中冻结形成的新上限处形成分凝冰，体积含冰量可达 95% 。

发育在粉黏粒含量甚少的粗颗粒土中的地下冰：如阿拉希公京冰碛坡中，整个百米厚的层状–砾岩状构造冻土中都富含地下冰，建有多层水平分布的纯冰层，研究认为属于沉积过程中的共生冻土。在哈希勒根北坡海拔 3450m 处的坡积碎石土中见有层状和透镜状冰体，最大厚度达 1 ~ 2m。

### 2. 祁连山多年冻土区

研究表明（Guo et al.，1983），祁连山地区多年冻土含冰量沿地形剖面的分布，具有山岭–山前坡地–山前缓坡与沼泽湿地–阶地及河滩的变化规律（图 10.10），即基岩裂隙冰、脉冰，碎石土体孔隙中胶结粒状冰，黏性土中的层状和厚层状冰，砾石碎石的包裹状

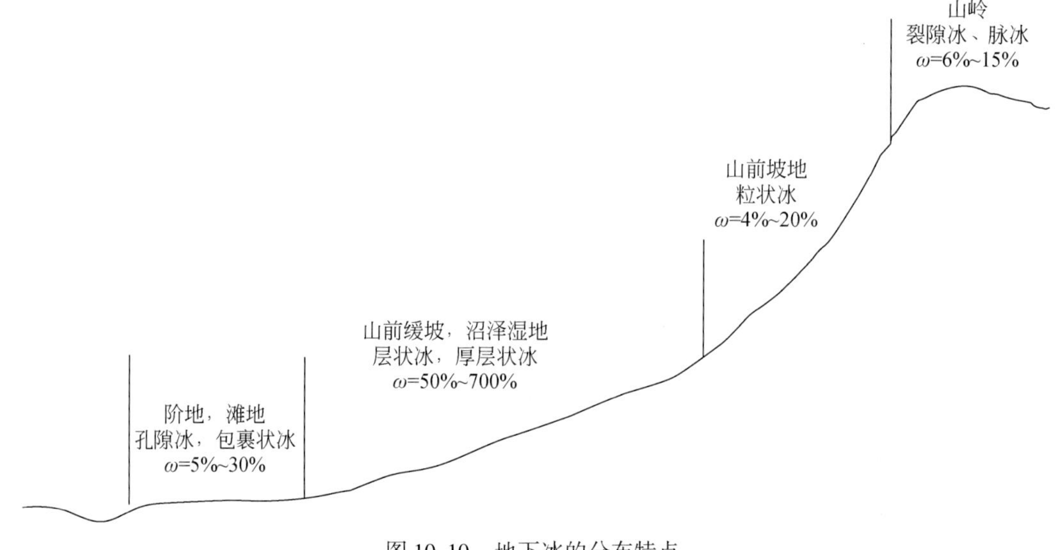


图 10.10　地下冰的分布特点

和粒状冰。祁连山木里（1971年）与热水（1976年）地区的调查表明（表10.3、表10.4），山前缓坡和沼泽湿地中含有层状及厚层状地下冰。

**表10.3　祁连山热水地区地下冰分布特征**

| 地貌部位 | 上限/m | 年平均地温/℃ | 松散层岩性 | 冷生构造 | 含水量 |
|---|---|---|---|---|---|
| 河谷、山前洪积扇地带 | 3～5 | 0～1.5 | 表层0.3～0.7m为亚黏土层，下为坡洪积碎石、砂砾层，总厚度为4～20m | 碎石、砾石表面有薄冰，并有2～5cm冰块与砂砾石胶结 | 0～0.5m：20%～30%<br>0.5～4m：4%～8% |
| 中高山顶部及陡坡 | 4 | -1.0～-2.0 | 风化残积碎石层，一般厚度小于1m，甚至基岩裸露，最大厚度小于3m | 碎石层含粒状胶结冰，基岩中裂隙冰、脉状冰 | |
| 山前坡地 | 2.5～4 | -0.1～-0.4 | 上部0.5～1.5m为亚黏土层，下为碎石、砂砾石，夹薄层亚砂土。厚度为10～20m | 亚黏土中粒状冰均匀分布，呈整体状构造，碎石土中粒状并不均匀散布 | 0～0.5m（1.5m）：20%～40%，以下为4%～20% |
| 山前缓坡，地表轻度沼泽化 | 1.5～2 | -0.1～-0.5 | 表层1.5～2.0m为草炭亚黏土层，以下为碎石、砾石层，夹薄层亚黏土。总厚度为4～20m | 亚黏土呈微层状、网状构造，上限附近有薄层、厚层状冰。砂砾石层常呈包裹状、砾岩状构造 | 0～0.6m：60%～180%<br>0.6～1.5m：30%～60%<br>1.5～4.0m：10%～20% |
| 山前缓坡低洼地，地表明显沼泽化 | 0.9～1.5 | -0.5～-1.0 | 表层0.3～1.0m为草皮、草炭腐殖质层，1～4m为亚黏土，7m以下为碎石层。总厚度小于20m | 上限以下普遍发育厚冰层，一般厚2～3m，最大厚度大于5m，往下为中、薄冰层 | 0～0.7m：100%～160%<br>0.7～1.2m：120%～240%<br>1.2～3.5m：300%～700%<br>以下为50%～80% |

**表10.4　祁连山木里地区地下冰分布特征**

| 地貌部位 | 上限/m | 年平均地温/℃ | 松散层岩性 | 冷生构造 | 含水量 |
|---|---|---|---|---|---|
| 平缓残山 | 阳坡：3～4<br>阴坡：2.5～3 | -0.6～-0.8 | 残积碎石角砾土，含少量细粒土。厚度为0～1.5m | 粒状冰 | 6%～15% |
| 一级阶地 | 1.4～4.6 | -1.4 | 表层0.5～1.5m为亚砂、亚黏土或细砂砾层，下为砂砾石层，一般厚10m | 微层、薄层状，2～4m砂砾石被冰胶结、充填 | <0.5m：41%～110%；<br>0.5～1m：15%～35%；<br>1～4m：5%～20%；<br>河流下游：<br>0.8～1.5m：75%～87%；<br>1.5～2m：24%～64% |
| 二级阶地 | 1.2～1.8 | -2.0 | 表层2～3m为亚黏土或中细砂层，下为砂砾石层，夹薄层亚黏土，厚10～20m | 1m内薄层状，至3m为中、厚层状，冰层厚度大于1m | 0.3～0.8m：30%～160%；<br>0.8～1.5m：80%～325%；<br>1.5～3.0m：40%～200% |
| 山前洪积冰碛堆积坡地 | 1.8～2.0 | -1.8 | 表层为1～2m洪积砂砾石层，下为冰碛砂砾石及漂砾。总厚20～30m | 0.3～1.0m微层状，砂砾石层呈粒状 | 0.5～0.8m：30%～110%；<br>0.8～1.6m：60%～120%；<br>1.6m以下：24%～50% |

续表

| 地貌部位 | 上限/m | 年平均地温/℃ | 松散层岩性 | 冷生构造 | 含水量 |
|---|---|---|---|---|---|
| 山前缓坡 | 阴坡：0.9～1.1<br>阳坡：1.2～1.4 | −2.4 | 表层 0.3～0.4m 为草炭层，其下 2～3m 含砾亚黏土及亚黏土，再下为冰碛砂砾石层。厚 15～25m | 1～7m 为厚冰层，个别地段大于 9m，往下呈中厚层状及薄层状 | 0.5～0.9m：40%～210%；<br>0.9～1.4m：>50%；<br>1.4～3.5m：40%～400%；<br>3.5m 以下：20%～40% |

**3. 青藏高原地下冰分布规律研究**

青藏高原多年冻土区地质背景条件、地形、地貌、水文条件等诸多条件的不同，加上经纬度等地带性、局地性因素的不同控制，导致地下冰空间分布的多变性和复杂性。

1）地下冰沿深度方向的分布规律

多年冻土区的地下冰，尤其是厚层地下冰，绝大多数是在土沉积以后自上而下冻结而成，即冻土的后生冷生构造。决定后生型冷生构造的因素是土的成因、成分、冻结前土的组构、含水率及其沿深度的分布、含水层的存在及冻结条件（温度梯度、冻结延续时间和变化特点），开敞系统或封闭系统冻结等，即上述温度、未冻水迁移、成冰条件等。而这些条件的组合，只能在一定深度的部位达到最优，也就决定了地下冰在一定深度的部位最易聚集。

B. A. 库德里亚采夫指出，当地表温度作周期性变化时，一定周期和振幅的冷波形成一定厚度的冻层，而土的含冰量则在该冻层上部沿深度逐渐增加，在冻层 1/3 厚度的深度上达到最大值（图 10.11）（周幼吾等，2000）。这是由于，一方面随深度加大，冻结速度

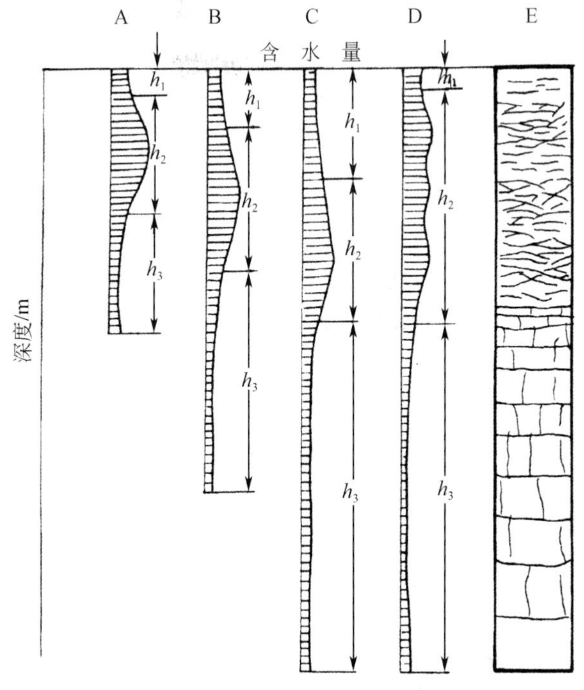


图 10.11　均质冻层中含冰量分布与地表温度波动周期长度（$T$）的关系

A. 周期长度为 $T_1$ 的渡动；B. 周期长度为 $T_2$ 的波动；C. 周期长度为 $T_3$ 的波动（$T_1 < T_2 < T_3$）；D. 当上述三种周长的波动叠加时；E. 冷生组构。

$h_1$—含冰量约等于起始含水量的冻层；$h_2$——含冰量大于起始含水量的冻层；$h_3$——含冰量小于起始含水量的冻层

减小，这保证了从下部土层中抽吸足够数量的水分而有利于成冰。但是，另一方面，随着深度加大，土中的热周转几乎以等比级数减少，因而，不利于在更深处的成冰。两种因素的平衡结果是在1/3厚度的深处，含冰量达最大值。

因此，在青藏高原现有条件下，地下冰沿深度方向的分布规律多为图10.11中A和D类型，即厚层地下冰多存在于多年冻土上限附近。调查研究结果表明，青藏高原地区地下冰在垂直剖面上的分布，一般在20m深度以内，特别富集于多年冻土上限以下0.5~10m深度范围内，在多年冻土上限以下3m范围内尤其发育，沿深度典型分布如图10.12、图10.13所示。

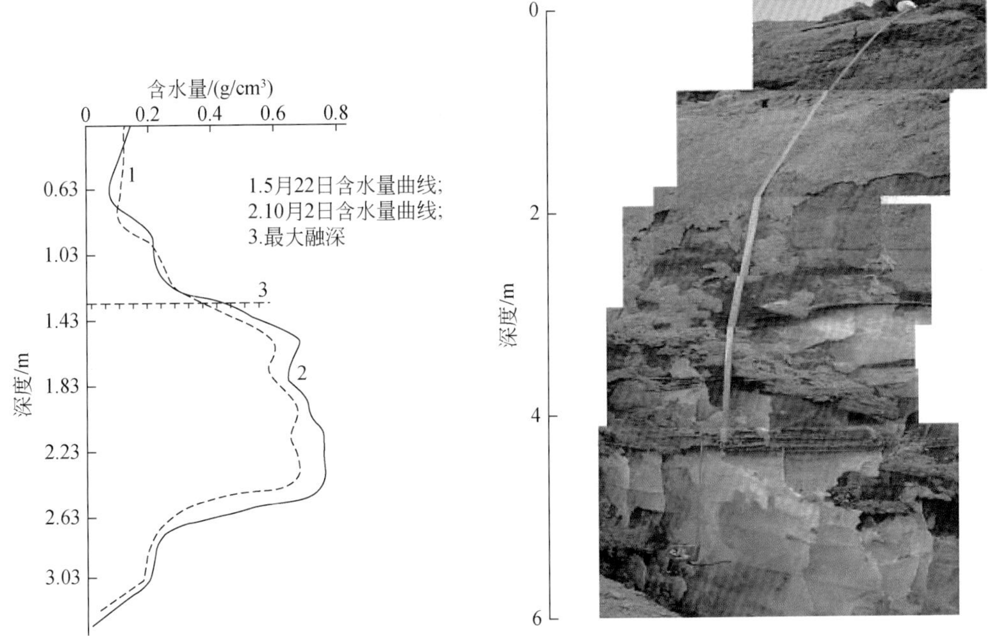


图10.12　风火山气象站融化季节层含水率、含冰率随深度变化情况

图10.13　2001年11月发生昆仑山8.1级大地震引起地面开裂，揭示厚度超过4m的厚层地下冰（俞祁浩摄）

2）厚层地下冰在平面上的分布规律

厚层地下冰分布于有利于地下冰发育地貌单元和地形部位，且随之而有规律地变化。根据青藏公路调查研究表明（青藏公路科研组，1983），多年冻土地下冰具有如下分布规律。

（1）在相同地貌单元中，地下冰的含量是随冻土年平均地温的降低而增加。如北麓河比沱沱河河谷平原地带的年平均地温低1℃左右，体积含冰量却增大60%。在中高山及低山丘陵区，年平均地温高的地带，含冰量小，地温低的地带，往往具有较厚的层状冰。

（2）在同一地带中，低山丘陵区地下冰最发育，中高山区次之，河谷平原区不甚发育。因青藏高原多年冻土的分布具有明显的垂直地带规律性，降水量随海拔的升高而增加，故低山丘陵区的年平均地温一般较低，降水量较大，土质相对较细，细粒土泥流堆积发育，水分含量高，高含冰量冻土占的比例最大；中高山区虽然地温较低，降水量也大，但土质多属碎块石土，堆积物较薄，不利于地下冰的生成，高含冰量冻土较少；河谷平原区由于海拔较低，粗颗粒土较发育，河水的热影响较强，不利于地下冰发育，高含冰量冻土较少。但在高平原区及湖相沉积的盆地中，细粒土的泥岩风化沉积物厚，河水热影响较小，地下冰也较为发育。

（3）相同条件下，细粒土中的地下冰较粗粒土发育。一般来说，颗粒粒径为 0. 074 ~ 0. 005mm 的土层最易形成地下冰。因此，粉质黏土、粉质土及黏土往往会形成高含冰量的冻土，在有良好水分条件的砂土中也会形成高含冰量的冻土。对于砂砾石及碎石土来说，主要取决于土中颗粒粒径小于 0. 074mm 的含量。

（4）同一地区，坡度大，排水条件好，植被覆盖度小，不利于地下冰生长。坡度小，植被覆盖度大且厚，有利于地下冰生长。通常情况下，坡度小于 10°的山坡上，一般地下冰发育，尤以 4° ~8°最有利于地下冰生长，10° ~16°的坡度上，地下冰发育条件较差，大于 16°的山坡上一般见不到厚层地下冰，坡度大于 25°时，一般只有裂隙冰存在。

（5）同一地区，阴坡地带的松散层厚度较大、植被发育、水分富集、地温较低，有利于地下冰的形成、发育。一般阴坡的地下冰含量比阳坡高。岛状多年冻土区，阴坡地带常有冻土，且含冰量较高，阳坡则无冻土，含冰量小。

（6）青藏公路的山间盆地多具有湖相沉积的细粒土层，地下冰较山地发育。对河谷平原区来说，平原区较河床、阶地，常常具有高含冰量冻土，因其湖相沉积、细粒土发育，洪积扇、冰水沉积扇组成的斜坡地带，扇的下部和扇间洼地的水分较充分，细粒土含量相对较高，故地下冰较中上部发育。

（7）同一坡向中，不同地形部位具有不同的地下冰含量。自山岭至坡脚，粒度成分由粗变细，松散层厚度由薄变厚。地下冰含量由少变多，并且较厚。对低山丘陵区而言，高含冰量冻土多处于坡度平缓的阴坡、斜坡下部地带及坡角。这些地段中细颗粒土厚度较大，水分补给较充分。

（8）厚层地下冰的埋藏深度多聚集于多年冻土上限附近。厚层地下冰在山地丘陵区埋藏较浅，高平原居中，河谷地段较深。同一地区，植被发育、土质细小地段的地下冰埋藏深度较浅。草炭沼泽、黏性土和砂砾石的厚层地下冰埋藏深度分别为 0. 8 ~1. 5m、1. 2 ~ 2. 0m、2. 5 ~3. 0m。

## 10.5 多年冻土工程分类

冻土的工程地质性质和普通土的工程地质性质有着本质的差别，造成这种差别的根本原因是冻土中含有地下冰。地下冰含量直接影响着冻土工程地质性质和工程地质评价，也影响着工程建筑的地基基础设计原则。

多年冻土分类指标是以含冰量为依据。由于目前在野外尚无可靠而方便的体积含冰量的测试方法，故采用冻土的总含水量作为多年冻土含冰量类别的划分依据。

我国多年冻土分布区的地温一般较高。工作实践证明，多年冻土区建筑物的破坏主要由融沉造成的，而多年冻土的融沉系数又与土的性质和总含水率密切相关。不同土的含水率相应具有一定的融沉系数，故以含水率为依据划分的多年冻土类别均相应有一定的融沉系数，这有利于预报多年冻土在建筑物修建后的变形特点。另外，土的冻胀性、强度也与总含水率有密切的关系。因此以总含水率划分的含水率类别也综合反映了土的冻胀性强度特征。多年冻土按总含水率划分的含冰率类别还与一定的冻土冷生构造相对应，也为野外工作提供了方便（表 10.5）（吴紫汪，1982）。

**表 10.5　综合冻土工程分类**

| 类别 | | Ⅰ | Ⅱ | Ⅲ | Ⅳ | Ⅴ |
|---|---|---|---|---|---|---|
| 融沉分类 | 名称 | 不融沉 | 弱融沉 | 融沉 | 强融沉 | 强融陷 |
| | 融沉系数 $A$/% | <1 | 1–5 | 5～10 | 10～25 | >25 |
| 冻胀分类 | 名称 | 不冻胀 | 弱冻胀 | 冻胀 | | 强冻胀 |
| | 冻胀系数 $\eta$/% | <1 | 1～3.5 | 3.5～6 | 6～12 | >12 |
| 强度分类 | 名称 | 少冰冻土 | 多冰冻土 | 富冰冻土 | 饱冰冻土 | 含土冰层 |
| | 相对强度值 | <1.0 | 1.0 | | 0.8～0.4 | <0.4 |
| 冷生构造 | 整体构造 | 微层状、冰斑状 | 层状构造 | 网状构造* | 基底状构造 | |
| 界限含水率 $\omega$/% | $<\omega_p$ | $\omega_p<\omega<\omega_p+7$ | $\omega_p+7<\omega<\omega_p+15$ | $\omega_p+15<\omega<\omega_p+35$ | $>\omega_p+35$ | |

* 原表为“斑状构造”；以黏性土为例。

在实际应用时，还需多年冻土的含冰量类别划分地段。划分地段时的一个重要问题是根据多大厚度内的多年冻土含冰量类别来划分地段？一般是取相当于温度年变化厚度，即 10～15m 深度内的总含冰量进行划分，评价时应标明高含冰量冻土的位置及融沉性。公路是冷基础，其影响深度有限，取 10～15m 的资料进行划分必将造成勘探工作量的浪费。青藏公路沿线多年冻土的含冰特点是上限附近往往是剖面上含冰量最大的部位，以大部分路基下融化深度为据，取上限以下 3.0m 范围内的总含冰率来确定多年冻土工程分类是合理的。综合《青藏高原多年冻土地区铁路勘测设计细则（初稿–1973）》、《冻土工程地质勘察规范》（GB 50324—2001）、《冻土地区建筑地基基础设计规范》（JGJ 118—2011）以及相关文献资料，汇总于表 10.6。

**表 10.6　多年冻土含冰量类别**

| 多年冻土工程类型 | | 冻土总含水率/% | | | 融沉系数/% | 标识符号 |
|---|---|---|---|---|---|---|
| | | 碎、砾石土 | 砂土粉土 | 黏性土 | | |
| 低含冰量冻土 | 少冰冻土 | <10 | <(14)17 | $<\omega_p$ | <1 | S |
| | 多冰冻土 | 10～18 | (14)17～(18)21 | $\omega_p<\omega<\omega_p+4$ | 1～3 | D |
| 高含冰量冻土 | 富冰冻土 | 18～25 | (18)21～(28)32 | $\omega_p+4<\omega<\omega_p+15$ | 3～10 | F |
| | 饱冰冻土 | 25～44 | (28)32～65 | $\omega_p+15<\omega<\omega_p+35$ | 10～25 | B |
| | 含土冰层 | >44 | >65 | $>\omega_p+35$ | >25 | H |

注：① $\omega$ 为冻土的总含水率，包括未冻水含量；

② $\omega_p$ 为塑限含水率；

③ 砂土取括号内数值；

④ 本表不包含盐渍土、泥炭土、腐殖土、高塑性黏土。

# 10.6 地下冰及冻土组构的野外研究方法

地下冰野外调查时必须进行沉积物的分布、成因、成分年龄与冷生构造的联合分析，同时考察研究区的区域和地带性特点、地质构造、地形地貌、第四纪历史、冻土形成的条件、水文地质-地下水分布等。

## 10.6.1 研究松散多年冻土层的冻土组构

根据课题的目的要求制定野外考察的详细计划，搜集研究区内的自然环境的各方资料图件。特别是第四纪松散沉积物资料，沉积物的构造和地质历史变迁。在野外要善于观察，发现天然露头，清理露头及坑探壁剖面，钻探岩心，观察沉积物的组构、形态，确定地质体的相互位置、接触关系、含水率，描述沉积物的组构特征、冰体的含量（体积含冰量）及其与岩土的接触关系（冻土组构），用图表的形式表现在记录本上。进行剖面的测温，从地表到剖面的底部进行从上到下一定间距的温度梯度的观测。采集原状土样，测定冻土密度。用刻槽方法取样，以测定各层次的含水率。必要时采集原状土样，研究冻土的热学、力学性质，地下冰的组构及水化学特征。在剖面观察时，要对有机物残体进行描述和收集，测定其沉积年代。

在试坑、平硐和竖井中要观测各个壁上的冻土冷生构造，绘制剖面图，如有特殊的构造要拍照，有助于确定冰包裹体的空间位置和对比地质层冷生组构与其他剖面上的同异性。

在野外必须编制地质剖面（坑探、钻探），画上冷生组构和剖面的描述。剖面上应反映出第四纪沉积物成分和冷生组构随地貌、景观条件和冻土环境的变化。自上而下描述试坑、钻孔，对每一个地质体都要确定以下内容。

（1）土层或冰透镜体的厚度、分布特点。

（2）土的成分、颜色、泥炭含量、自生矿物的包裹体风化程度，原生构造特点（层理、片理、斑点、孔隙度、组构等）。土中各种包裹体（含量、埋藏条件与土体的相互关系等）。

（3）冻土的冷生构造：冰包裹体的特征，形状大小，埋藏条件，冰包裹体相互间以及冻土矿物部分的相互关系，冰的颜色，被有机物和矿物混杂物污染情况，存在气泡和卤水，结构，化学成分等。

调查时，注意下列情况将有助于确定冻土层分布特点及其组构（吴紫汪，2010）。

**1. 地形条件调查——主要了解冻土层与地形的关系**

（1）以堆积沉积为主（或相对稳定）的河谷丘陵地形（图 10.14）。

（2）以堆积沉积为主的山间盆地（或湖盆）地形。属常见的地段，冻土一般较发育（图 10.15）。

（3）下降堆积区的山前洪积堆积——河谷地形。在相对高差较大的山前普遍存在（图 10.16）。

（4）以上升为主的侵蚀剥蚀地形是山间-河谷剖面。此类松散土的冻土发育较差，其建筑基础条件较好。（图 10.17）

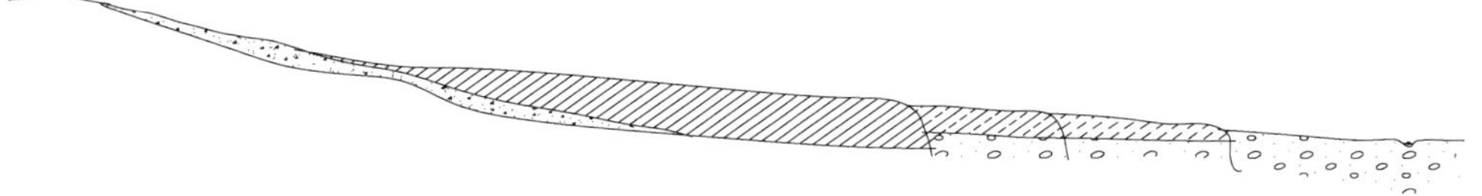

| | Ⅰ | Ⅱ | $Ⅲ_1$ | $Ⅲ_2$ | Ⅳ |
|---|---|---|---|---|---|
| 地形位置 | 山顶山梁斜坡 | 山前缓坡 | 高阶地 | 低阶地 | 河床及河漫滩 |
| 物质成分及冻结特征 | 基岩裸露或堆积较薄（残积-坡积）粗碎屑物，冻结状态，可见少量裂隙冰 | 以细颗粒土为主的坡积层，具有较大的厚度（数米至数十米）。冻结状态，为富冰地段（中厚冰层） | 冲积阶地，多为二层结构，上部常有细颗粒土层，下部为含有一定数量细粒土的砂砾石层。冻结状态，上部可见薄层冰层，下部砾石孔隙多为冰所充填，可见冰镜体 | | 多为卵砾石层，多属河流融区或非贯穿融区 |

图 10.14　以堆积为主（或相对稳定）的河谷丘陵地形

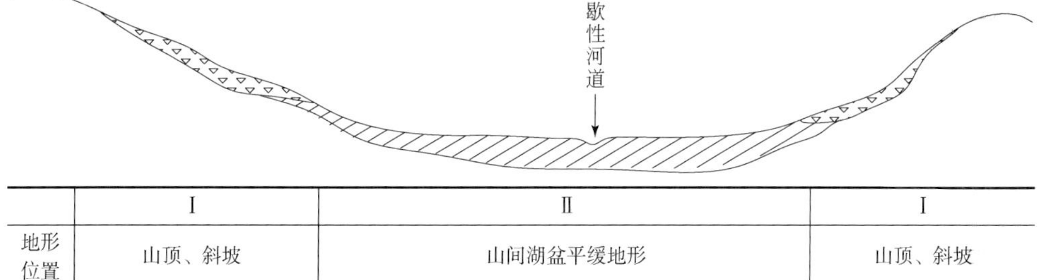


| | Ⅰ | Ⅱ | Ⅰ |
|---|---|---|---|
| 地形位置 | 山顶、斜坡 | 山间湖盆平缓地形 | 山顶、斜坡 |
| 物质成分及冻结特征 | 基岩裸露或堆积层较薄（残积-坡积）粗碎屑物，冻结状态，可见少量裂隙冰 | 以细颗粒土堆积为主，含水量大，往往呈过饱和状态。冻结时为富含冰，中厚层冰层 | 基岩裸露或堆积层较薄（残积-坡积）粗碎屑物，冻结状态，可见少量裂隙冰 |

图 10.15　以堆积为主的山间盆地地形

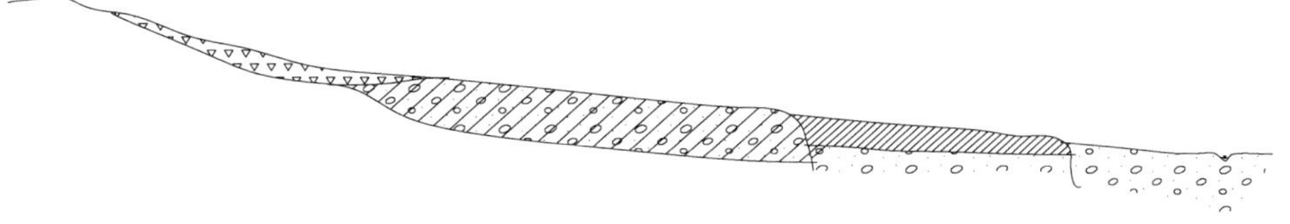

| | Ⅰ | Ⅱ | Ⅲ | Ⅳ |
|---|---|---|---|---|
| 地形位置 | 山顶斜坡 | 山前洪积倾斜坡地 | 垅地 | 河漫滩河床 |
| 物质成分及冻结特征 | 基岩裸露或堆积层较薄（残积-坡积）粗碎屑物，冻结状态，可见少量裂隙冰 | 常以粗颗粒土堆积为主，但夹有细颗粒土，冻结状态，可见薄层状冰层 | 冲积阶地，多为二层结构，上部常有细粒土层，下部为含有一定数量细粒土的砂砾石层。冻结状态，上部见薄层冰层，下部砾石孔隙为冰充填，见冰透镜体 | 多为卵砾石层 |

图 10.16　下降堆积区的山前洪积——河谷地段

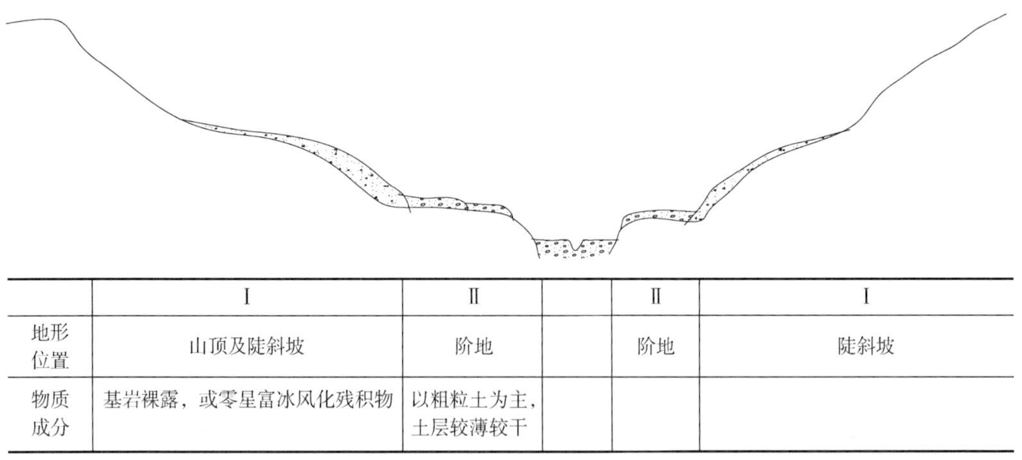

| | Ⅰ | Ⅱ | | Ⅱ | Ⅰ |
|---|---|---|---|---|---|
| 地形位置 | 山顶及陡斜坡 | 阶地 | | 阶地 | 陡斜坡 |
| 物质成分 | 基岩裸露，或零星富冰风化残积物 | 以粗粒土为主，土层较薄较干 | | | |

图 10.17　以上升为主的剥蚀地形的山间–河谷地剖面

（5）以上升为主的侵蚀剥蚀地形的山前洪积堆积斜坡–河谷剖面（图 10.18）。

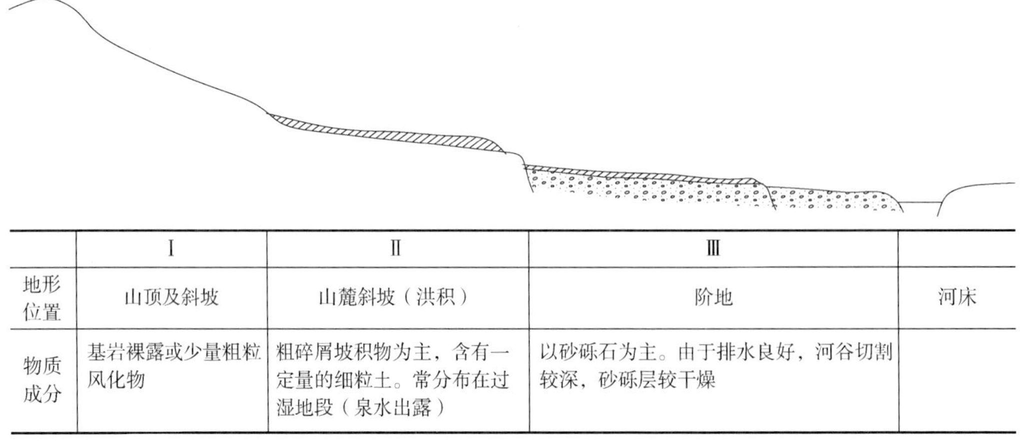

| | Ⅰ | Ⅱ | Ⅲ | |
|---|---|---|---|---|
| 地形位置 | 山顶及斜坡 | 山麓斜坡（洪积） | 阶地 | 河床 |
| 物质成分 | 基岩裸露或少量粗粒风化物 | 粗碎屑坡积物为主，含有一定量的细粒土。常分布在过湿地段（泉水出露） | 以砂砾石为主。由于排水良好，河谷切割较深，砂砾层较干燥 | |

图 10.18　以上升为主的剥蚀地形的山前洪积斜坡–河谷剖面

小范围的地形调查，着重于小地形方面。如地段的坡度（坡度的大小直接影响着冻土上限）、地面特征（起伏状况、积水排水条件反映了下伏冻层的一些特征）。

**2. 松散土成因类型的调查**

一般情况下，一定的地形就有一定的成因类型。我国多年冻土区，坡积成因土的分布最为广泛，其次是冲积、残积、洪积。西部地区的冰川堆积也不可忽视。

上述堆积类型中，以坡积类型和坡残积混合类型的工程地质性质最差。因它含有大量的细颗粒土，或整层都是细颗粒土。在冻结状态时常含有大量的地下冰，其冻胀性和融沉性均很大。冲积类型常由含粉黏粒的砂砾石及粉砂土组成，加上丰富的地下水补给，在其冻结状态下，也有较大的含冰量。残积堆积类型，由于其部位较高，排水条件良好，物质成分较粗，冻结后常处于松散状态，含冰量较少。多数的洪积堆积物，由于排水条件良好，加上以砂砾石为主，工程地质条件比冲积和坡积类型好些。

不同成因类型的土，其冻土构造也不同。在调查中可按其成因对冻土构造做出初步的评价（表 10.7）。

**表 10.7　多年冻土区各成因类型土与冻土构造关系**

| 成因类型 | 主要冻土构造类型 |
| --- | --- |
| 残积 | 松散冻结土呈松散状态，含冰量较少，有时可见零星分布的粒状冰。在一些大的风化碎屑物中能见到裂隙冰 |
| 坡积 | 松散土冻结层较厚，富含冰，常见中厚层状冰构造。多属于多年冻土区中富含冰的地段 |
| 冲积 | 在上升地区（即较强烈侵蚀剥蚀的地段），由于排水条件良好，冻土主要为接触式砂砾冻结层，含冰较少。在一些下降堆积沉积地段，由于排水条件较差，上部常属粒状冰整体状冻土构造，其中亦可遇到些微层、薄层状冰构造，下部常是包裹状砂砾石冻土构造，有时可见少量的透镜状冰 |
| 洪积 | 在洪积带的上方，多为接触状砾岩构造，常见冰仅充填部分孔隙，含冰较少。下端可见包裹状砾岩构造，常见微层状和透镜状冰的冻土 |
| 湖积 | 多为细粒土，一般为中厚层状地下冰 |
| 冰川堆积 | 冰碛地区，一般多为接触状砾岩构造，含冰较少。冰水堆积地带的性质与洪积相似 |

**3. 松散土层的岩性成分调查**

松散土的岩性成分，对冻土组成成分影响最大，它也影响着整个冻土层的工程地质性质。

在调查阶段，不但要指出各类土（黏土、粉质黏土、粉土、砂、砂砾、砾石土、碎石土、块石土等）的平面分布情况，对容易给工程建筑造成危害的松散土，如黏土、粉质黏土、粉土，要给予足够的重视，并做出判断。在没有现成资料和坑、井、槽探情况下，可按下列情况做初步的判断。凡有以下情况之一，往往下伏层是细粒土分布。

（1）沼泽、半沼泽分布地段；

（2）斑状、串珠状小水坑密布，并在融化季节中经常积水的地段；

（3）有小隆胀丘分布地段；

（4）存在着较大面积融冻滑塌、融冻泥流及发育地表热融坍塌的地段；

（5）有坡残积冻结层上水出露处的下方地段（图 10.19）。

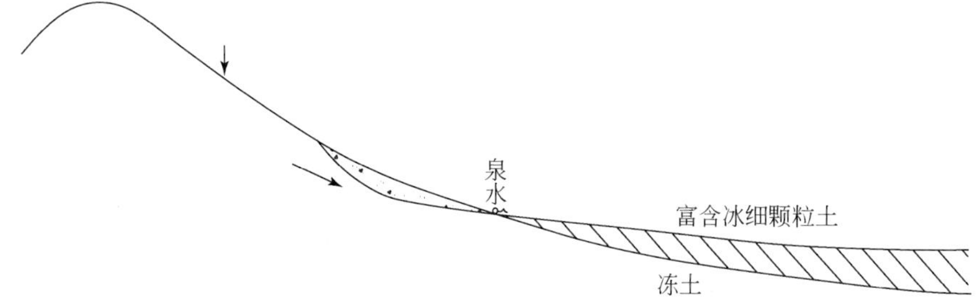


图 10.19　残坡积层冻土层上水出露下方的细颗粒土

根据岩性成分，考虑土层的含冰情况，可对冻土层的冻土构造特征做初步评价

（表 10. 8）。

**表 10. 8　不同岩性成分的冻土构造**

| 岩性 | 不同水分条件*下的冻土构造 | | |
|---|---|---|---|
| | 过饱和状态 | 潮湿状态 | 湿润状态 |
| 黏土-粉质黏土 | 中厚层冰层状冻土构造 | 透镜状、薄层状冰冻土构造 | 粒状、整体状或层状冻土构造 |
| 粉土 | 透镜状、中薄层状冰冻土构造 | 粒状、整体状构造，或薄微层状构造 | 隐晶状整体冻土构造 |
| 砂卵砾石 | 包裹状砾岩冻土构造 | 接触状砾岩冻土构造 | 充填-接触状砾岩冻土构造 |
| 含粉黏粒砂砾石 | 包裹状-透镜状混合冻土构造 | 接触状-透镜状冻土构造 | 充填-接触状冻土构造 |
| 碎石、块石（风化碎屑） | 包裹状、透镜状冻土构造 | 粒状及接触状冻土构造 | 充填-接触状冻土构造 |
| 基岩风化层（指上部风化类型带） | 裂隙状冰冻土构造 | | |

*（1）对细颗粒土（黏土、粉质黏土、粉土等），过饱和状态是指含水率大于液限；潮湿状态是指含水率在液塑限之间；湿润状态是指含水率等于或小于塑限；

（2）对粗颗粒土（砂砾、卵砾等），过饱和状态是指孔隙全部被水浸满，或有自由水流动；潮湿状态是指孔隙大部分被水充填，但没有自由水流动，样品取出后可见水外渗；湿润状态是指肉眼看到呈潮湿状态，但没有见到液态水，样品取出后，一般不渗出水。

### 4. 地下冰调查

地下冰调查的要求：查明地下冰的分布，指出所处的地形位置、坡向、坡度、埋藏深度、层位以及所处的岩性条件等，还应指出地下冰所属的类型。

建议按表 10. 9 所示的类型划分。

**表 10. 9　冻土中地下冰类型划分**

| 地下水类型 | 基本特征 |
|---|---|
| 胶结状地下冰 | 土层孔隙或裂隙中的水在原处冻结而成 |
| 分凝状地下冰 | 土层中除了原孔隙裂隙中的水冻结外，主要是靠别处的水分迁移来而冻结 |
| 裂隙状地下冰 | 在岩石及风化岩石中的水分冻结而成 |

凡有条件的都应指出地下冰的厚度和含量。但在调查阶段要做到这一点较为困难，因为在这个阶段中，主要是随地表及个别浅层进行工作。要了解深部的情况，则受一定条件限制，但要特别注意下列情况，这将有助于了解深部情况。

（1）天然地表现象，如冲沟、滑塌、坍塌、热融沟；

（2）人工打的井，取土坑；

（3）调查访问修建道路、房屋挖基的情况。

在调查阶段还可按表 10. 10 对该工作区的地下冰分布进行初步的分析判断。

**表 10.10　地下冰类型与自然地质条件的关系**

| 地下冰类型 | 岩性成分 | 土层成因类型 | 地形位置 | 层位 |
| --- | --- | --- | --- | --- |
| 中厚层状分凝地下冰 | 黏土、粉质黏土 | 主要分布于坡积及坡积残积层 | 山前缓坡山间盆地 | 季节融化层之下 |
| 薄微层状分凝地下冰 | 黏土、粉质黏土、粉土 | 坡积、冲积、洪积层上部 | 山前缓坡冲积台地等 | 多在季节融化层中下部，多年冻土中亦见 |
| 胶结粒状地下冰 | 黏土、粉质黏土、粉土、中粗细砂 | 坡积洪积层上部 | 山前缓坡冲洪积台地 | 多在季节融化层中上部 |
| 胶结充填地下冰 | 砂砾石、卵砾石、碎块石 | 洪积。冲积层中下部，风化碎屑层中下部 | 斜坡地带及冲洪积台地 | 多年冻土上限之上下有分布 |
| 胶结裂隙状地下冰 | 基岩及风化基岩 | | 任何地段的冻结基岩均可见 | 多在季节融化层之下，其上亦可见 |

## 10.6.2　研究多年冻结坚硬和半坚硬岩石的冻土组构

后生冻结中下列类型冻土组构属继承性的。

(1) 裂隙冷生构造；

(2) 成岩-裂隙构造，在弱胶结的沉积岩中（砾岩和砂岩中）；

(3) 成岩-裂隙构造在层状沉积岩和变质岩中，砂岩、灰岩等；

(4) 成层-岩溶的冷生构造（碳酸岩中）；

(5) 裂隙脉状冷生构造（构造破碎带中）。

在试坑探槽、平硐、竖井、露天采矿场研究岩石的次生构造，如在西藏土门格煤矿斜井中常见到厚度 2 ~ 5cm 的沉积岩发育的裂隙冰。

# 第 11 章 冻土地貌地质过程和现象的研究

## 11.1 一 般 原 理

冻土区松散沉积物的冻结与融化过程及其现象，其实质是寒冷气候条件下，水体（地表水及地下水）在土（岩）中和表面的冻结与融化作用所决定的，在第四纪冻融沉积物的成岩作用中形成独特的冻土区地形地貌和地质特征，属于地质地貌过程和现象中特殊的外生过程与现象，称为冷生过程与现象，这种过程与现象强烈地发生在冰川消融区和多年冻土分布的南界，以及深季节冻土区，属于冰冻圈的边缘区，称冰缘作用过程与形态，也称为冻土现象，国际上统称为冰缘现象。

冻结与融化作用过程与现象和岩土的季节性与多年性冻融过程密切相关，且受到岩土表层热交换作用控制，具有纬度和高度地带性（表 11.1）。同时，冻融作用形成物很大程度上受到水文地质因素的作用，它又是区域性的。由于它们的变动性很大，对工程建筑物和对自然界总体上有重要的影响，古冰缘现象可以用来进行古冻土的重建和恢复冻土层发育的历史，所以研究它们是冻土测绘最重要的课题之一。

**表 11.1 冻融过程及其地质地貌形态**

| 区域 | 冻融作用过程 | 冻融过程现象 | 分布地带 |
|---|---|---|---|
| | | | 坚硬岩石 |
| Ⅰ | 寒冻风化、雪蚀作用带 | 岩柱、岩堡、雪蚀洼地、高山夷平面 | 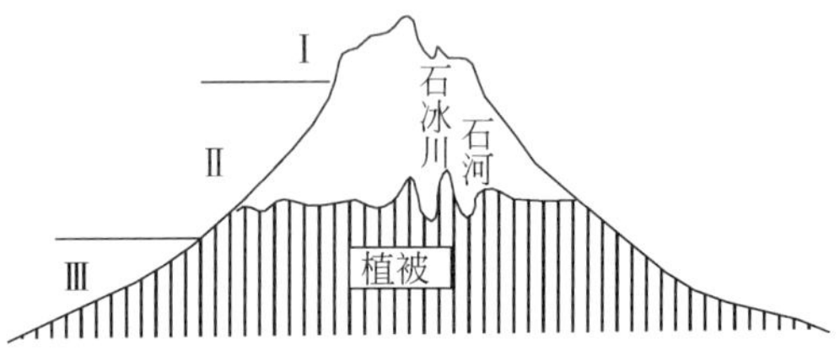 Ⅰ 石冰川 石河 Ⅱ Ⅲ 植被 |
| Ⅱ | 冻融蠕流、重力作用带 | 石河、石冰川、岩木石流、石条、石海、锥岩屑 | |
| Ⅲ | 泥流、冻胀、冻融分选作用带 | 泥流舌、泥流坡坎、热融滑塌、冻拔石、石环、冻胀丘、冰椎、多边形裂缝 | |
| | | | 软弱岩石 |
| Ⅰ | 寒冻风化、雪蚀、冻胀作用带 | 石环、石斑、石带、石堆、冻拔石、高山夷平面 | 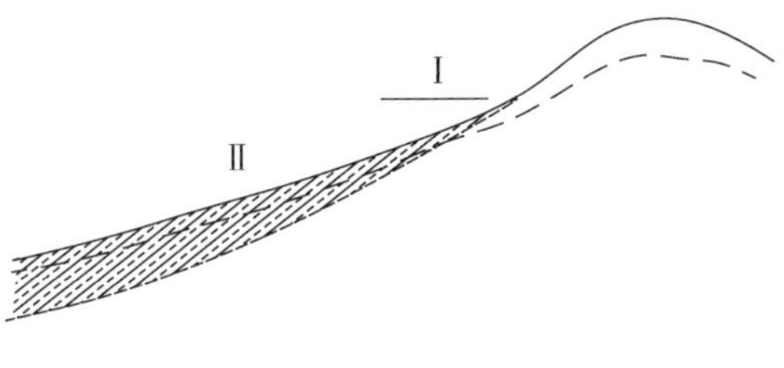 Ⅰ Ⅱ |
| Ⅱ | 冻融蠕流、冻胀、泥流作用带 | 泥流舌、泥流扇、泥流阶地。草皮坡坎、融冻泥流、热融滑塌、热融湖塘、冻胀丘、冻胀草丘、冰椎、石环、多边形裂缝 | |

我国现代多年冻土面积约 175.83 万 $km^2$（王涛等，2006），其中高原、高山多年冻土为 146.39 万 $km^2$。按冰缘区下限比多年冻土下界低 100～300m 考虑，粗略估计我国现代冰缘区大约为 250 万 $km^2$（周幼吾等，2000）。

冻胀丘最发育的地区是不连续和岛状多年冻土区、接近南界的地方，随着纬度往北和海拔升高季节融深减小，纬度往南和海拔降低冻结深度减小而减弱。多年生冻胀丘的形成和发展，取决于水文地质因素，在更大程度上是区域性。季节冻土区多出现地面冻胀。

冻融过程的发育在很大程度上具有地带性，它取决于季节融化的纬度地带性。但是，它又取决于冻土中地下冰的成因、埋藏条件和厚度，与冻土中的水分迁移及地下水的区域性规律有关。

冰椎的分布特点表明，它是非地带性和区域性，主要取决于构造与水文地质条件，其规模和存在时间则又随冻土南界往北而增加。季节冻土区常见有季节性冰椎。

自喷型冰丘，也有称春季隆胀丘，这是我国较为特殊的冰缘现象。它主要见于青藏高原唐古拉山南北坡、开心岭北坡及大兴安岭北部地区。据目击者称（崔之久，1980a），此类型冰丘隆起发生在 4～5 月，夏季发生自喷。自喷之初，首先沿丘顶裂隙喷出水柱，水柱高 1.5m 左右，数分钟后伴随一起巨响，有泥浆、块石、冰屑等喷出物喷向四周。自喷后原冰丘形成坑穴，直径 3～4m，坑内有水溢出，同时伴有大量 $CO_2$气体，一个月后坑内积水水面仍可见气泡外溢。又如，大兴安岭牙林铁路线的 197km（图里河南）的坡脚地带，冬季多年冻土冻结层上水由无压变承压水，夏季初期（4 月），随着季节融化层逐渐增大，承压水逐渐使地表层隆起，在铁路上方产生隆胀丘，破裂后，喷出水柱，高达 2m，随之地面下沉，引起轨道扭曲。此后，铁路及林业部门采用“放水法”，治理了这种“隆胀丘”。

## 11.2　我国冰缘区存在的冰缘作用及形态类型

我国冰缘区的面积约 $2.5\times10^6$km 以上，并兼有纬度、高度两种冰缘区，在广阔的冰缘区具有由冷、干至冷、湿适合各种冰缘作用及其形成类型发育的水热条件。就其地质地貌条件而言，我国西部高山高原冰缘区，自北向南呈现为山地、谷地、高平原相间的地貌格局，其组成岩性、地质构造活跃程度、地质构造发育历史各自不同，冰缘作用过程及形态类型亦有差异。因此决定了我国冰缘地貌形态既有多样性又有某些特殊类型。据崔之久报道（崔之久，1980b）世界冰缘地貌形态类型有近 50 种，除极少数极地地区还在生长的冰楔及大型多边形，以及海底冰丘以外，其他形态在我国冰缘区均有出现，而世界第一冻土大国——俄罗斯可见冰缘地貌类型不过 25 种左右。在北美及欧洲尚不到 20 种，可见我国冰缘地貌类型之繁多。冰缘地貌类型多样性是产生特殊类型的基础，特殊类型冰缘形态寓存于多样性之中，在此值提及的是风火山地区的热融滑塌，唐古拉山南北坡和大兴安岭的自喷型冰丘及昆仑山型石冰川，目前在国际上尚未见报道，实属世界其他冰缘区所罕见。

我国广大的冰缘区内存在多种冰缘作用及形态类型，介绍如下。

### 1. 寒冻风化-重力作用

以寒冻风化为主导作用而形成的冰缘形态类型有冰缘岩柱、冰缘岩堆、石海、石流坡、石河、倒石堆、岩屑锥及岩屑裙等（图 11.1、图 11.2）。寒冻风化是在气温正负温频繁交替过程中，岩石节理裂隙中水分冻结膨胀，以及岩石不同矿物颗粒差异膨胀及收缩而导致岩石破碎的过程。大兴安岭、青藏高原东南山地及喜马拉雅山北坡属冷、湿气候环境外，其余阿尔泰山、天山、祁连山、昆仑山及青藏高原内部山地均属于干旱、半干旱大陆性气候，日、年气温较差大，寒冻风化作用充分地施展，尤其是在雪线附近，正负温交替频率大，岩石寒冻风化过程进行得更加强烈而充分。

图 11.1　岩屑坡（俞祁浩摄）

图 11.2　石柱（俞祁浩摄）

**2. 雪蚀作用**

雪蚀作用是岩石破碎的形式，就发生机制而言，也可称为一种特殊类型的寒冻风化过程。与寒冻风化不同之处是水分参与充分、节理裂隙中水分冻结体积增大而造成岩石崩解破碎的过程要强于温差波动而引起岩石破碎的作用。雪蚀作用主要发生在雪线附近的积雪山坡洼地的周边。当气温高于 0℃时，雪堆周边及下伏的岩层被融雪水充分浸润；当温度下降到 0℃上下，波动频率高于其他地方，因此由雪蚀作用而形成的冰缘形态多分布在雪线附近。主要形态有雪蚀洼地、高夷平阶地、雪崩槽、峰林地形、岩屑堆、雪蚀洼地——泥流扇等（图 11.3）。

图 11.3　雪蚀洼地（俞祁浩摄）

### 3. 冻融蠕流-重力作用

Washburn（1979）认为，冻融蠕流作用产生包括两个过程，其一是冻爬过程，即斜坡土体冻结时沿坡面法线方向隆升融化时沿垂直方向回落而产生的向坡下移动；其二是融化期间季节融化层饱水受重力作用影响而顺坡面向下蠕动的过程。冻融蠕流-重力作用产生的相应冰缘形态主要有泥流阶地、泥流舌（图 11.4）、泥流坡坎、泥流扇、石冰川、石河、石流坡坎、草皮坡坎等。

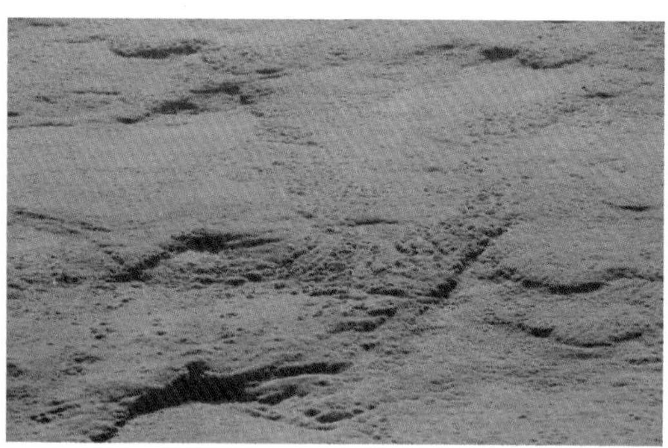

图 11.4　泥流舌（俞祁浩摄）

冻融蠕流-重力作用及其形态类型发生在坡面上，是坡地主要的冰缘过程及形态。我国是一个多山地国家，高山、高原冰缘区约占我国冰缘区总面积的 3/4。因此冻融蠕流-重力作用及其冰缘形态具有广泛发育和分布，如大小兴安岭、阿尔泰山、天山、祁连山、青藏高原各山地等。

### 4. 冻融分选作用

季节融化层在频繁的正负温波动下反复冻结和融化，由于差异性冻胀使不同粒度成分的物质产生分异、重组的过程。由冻融分选作用形成的冰缘形态主要有石环、石网、石条、石带、碎石斑、斑土、石碟、石玫瑰等（图 11.5、图 11.6）。冻融分选及其形态类型所要求的环境条件，一般来说活动层需要有充分的水分，土层不均匀且含有相当数量的细颗粒土。这就决定了此类冰缘形态出露于斜坡中下部冲洪积扇前缘，雪蚀洼地空冰斗等地面平缓而又潮湿的地貌部位。

图 11.5　石条（左为李树德摄，右为俞祁浩摄）

图 11.6　石环（左为俞祁浩摄，右为李树德摄）

**5. 冻胀、冻裂作用**

冻胀、冻裂作用所形成冰缘形态主要有冰椎、冻胀丘（图 11.7、图 11.8）、自喷型冻胀丘、泥炭丘、斑土、冻胀草丘、冻融褶皱、土楔、砂楔、冰楔等。前七种形态类型主要由冻胀作用形成，后三种形态以冻裂作用为主，其他风力等外营力参与。这些冰缘形态多分布于平缓的地貌部位，如山间盆地、低阶地、河漫滩、山间缓坡等。多年来在大兴安岭、青藏高原、阿尔泰山、天山发现正在发展变化的冻土丘景观。还有在内蒙古、东北、华北等地相继发现许多土楔、砂楔及冰楔，它们中除青藏高原所发现的中、小型砂楔还在活动生长外，其余大多数系古冰缘形态遗迹，是过去地质历史时期寒冷气候的产物。

图 11.7 冻胀丘（张森琦摄）

图 11.8 冻胀力试验平台被冻胀拔起（韩龙武摄）

何谓冻胀–土中水变成冰时，体积增大 9%，称为土中水的冻胀。当土中水体的体积膨胀足以引起土颗粒间的相对位移时就形成冻结时土的体积膨胀，称为土的冻胀。土冻结时的水分迁移过程使水分得以相对集中，是引起冻胀的基本原因。冻胀受土岩的类型，水分补给条件、含水量、含盐量、冻结速率、外界压力的制约，是产生某些冻土现象和建筑物冻害的主要原因之一。冻胀又可分为普通冻胀和异差冻胀。普通冻胀是比较均衡的冻胀，主要是由胶结冰引起，造成地面脉动，寒冻分选、冷生蠕流、冷生风化等冻土现象也是冻胀引起的。差异冻胀是不均衡的冻胀过程，是各类冻胀丘体的基础，按水分补给条件又分封闭和开放型两类冻胀丘。冻胀丘按存在的时间又可分为季节性冻胀丘和多年生冻胀丘。按其物质成分，分为泥炭丘、土丘、碎石、泥岩、泥炭岩、草炭冻胀丘等（图 11.9）。我国学者按成冰作用类型将其划分为侵入型冻胀丘（图 11.10）、侵入–分凝混合型冻胀丘、分凝–侵入交替型冻胀丘和分凝型冻胀丘。

图 11.9 草炭冻胀丘

图 11.10 昆仑山垭口多年生冻胀丘（童长江摄）

### 6. 热融作用

热融作用形成冰缘与类型有热融滑塌、热融洼地、热融湖塘、热融冲沟等（图 11.11 ~ 图 11.13）。此种类型冰缘形态的产生由冻土中地下冰融化所引起的，其分布往往与厚层和透镜状地下冰的埋藏密切相关，因此它们多见于山间盆地、谷地底部及山地缓坡地段。

图 11.11　红梁河热融滑塌（童长江摄）

图 11.12　热融冲沟（张森琦摄）

图 11.13　热融洼地（吴青柏摄）

热融滑塌主要分布在青藏高原内部低山丘陵具有厚层地下冰的缓坡地带，其中风火山、可可西里山、东北大兴安岭地区也有出现。热融滑塌是斜坡厚层地下冰因人为活动或自然因素，破坏其热量平衡状态，导致地下冰融化，在重力作用下土体沿地下冰顶面发生溯源向上牵引式或坍塌沉陷式位移过程。热融滑塌形态可明显划分三个区，上部为融化形成区，坡面坡度 10° ~ 15°，后缘陡坎高 1.5 ~ 2.0m，沿滑动面可见融水及活动层水流出，导致坍下来的土体呈饱和流塑状态向下滑移，且后缘陡坎不断向山顶后退；中部流通区来自上方的土体呈舌状迭瓦式断续向移动，其两侧因挤压形成顺坡垅岗土堤，中间可见泥流沟槽；下部堆积坡度 3° ~ 5°，泥流沟槽切穿舌形垅岗携细粒物质于此区形成泥流舌或泥流扇。热融滑塌依地下冰分布、坡度、坡形不同有大小之分，小者长 100 ~ 200m，大者可达 500 ~ 600m，其发育时限可达 20 ~ 30 年。总的说来，发育的前半期，尤其初期阶段移动速度较快，一个融化季节可达 5 ~ 10m/a；后半期速度趋缓或接近稳定。

## 11.3　冰椎研究

在寒冷气候条件下，河水、泉水和地下水多次反复溢出地表，且分层冻结成冰体，即称为冰椎。形态上有局部的冻结堆积成椎体型，通常称冰椎（图 11.14）；有片地漫流冻结成大面积的冰体，俗称冰漫（图 11.15）。水溢出的原因——地下潜水或冻结层上水或河水，随着季节冻结层增加，出水处先期冻结或受阻，使水流由无压变有压而溢出表面；湖和湖下等融道冬季为封闭系统，冻结时静水压力加大，形成地下水冰椎。这些现象都指示着多年冻土区地下水的存在及其动态变化，也决定着融区的特点和其中水的流动或者水沿季节融化层流动的特点。

图 11.14　冰椎（郭新民摄）

图 11.15　冰漫（童长江摄）

冰椎形成于地-气界面处，其发展与气候条件关系极大，作为地面的覆盖层，要耗费很大的热量于水的相变，影响到土的温度动态，季节冻结和融化状态，深度，隔年层和融区的产生和退化。冰椎和冰漫的形成对地形影响大，特别是对公路、铁路、地埋式管道的破坏性很大（图 11.16、图 11.17）。

图 11.16　冻胀丘（冰椎）将树干劈开（童长江摄）

图 11.17　冰椎危及输油管道的安全（童长江摄）

冻土测绘时对冰椎的研究是在形成地段的背景上进行的，这时要做以下几项工作。

（1）确定冰椎在地形、地质和水文地质构造中的位置；

（2）测定形成冰椎的水源、流量和化学成分；

（3）研究冰椎形成地段冻土-水文地质条件（融道冰椎和冰水岩盘的相互关系，冰椎对冻土层、隔年层和融道产生的影响）；

（4）观测确定冰椎的形成时期、速度和大小，冰椎厚度和体积；

（5）确定冰椎冰的成分、埋藏条件和破坏的动态；

（6）评价冰椎冰的多年动态，对地形和沉积物成分的影响，确定动态的原因和条件；

（7）确定冰椎对工程建筑的影响。

冻土测绘时借助航卫片和已有地质、地貌图件，详细解译图片上有关冰椎的资料。

对区域地质构造，新构造运动、地貌、冻土和水文地质环境进行分析，将有助于确定断裂带的活动性和冰椎、隔年层（冷生隔水层）、含水岩层、冰川谷、碳酸岩露头等之间的关系，补给水的特征。

按照补给水源形成的冰椎分为如下类型。

地表水的冰椎：河水、湖水、冰雪水、冰川水（冰川融化水）。

地下水的冰椎：上层滞水和季节融化水、泉水、潜水（渗透融区水、贯穿融区和非贯穿融区水）、冻结层下水、混合水（潜水和深部水流）。

混合水（地表水和地下水）补给的冰椎：河水和潜水、湖水和深部水流、河水、潜水和深部水流。

研究冰椎的多年动态和迁移，对评价冰椎形成作用的现代状况和预测该过程未来的发展有重要的意义。冰椎的动态可以通过测绘时和过去位置的比较，冰椎参数来确定。通过冰椎的变化和气候与冻土条件变化的分析，有助于阐明冰椎产生的原理和规律性。冰椎形成地点、形态、面积和速度，冰椎冰的厚度、体积的每年变化的研究表明，大多数分布在冻土带的下界和岛状零星冻土区，随冻土层厚度和连续性的增强而减小；冰椎对植被、地形和沉积的作用效应随气候和冻土条件严酷性的增强而增大。

观测场地选择应注意区分季节性和多年性冻胀丘和冰椎。通常对下列地段可选择设置观测点：①泉水出露的斜坡地段；②存在较大范围的土丘和鼓丘遗迹地段；③有冻胀丘或冰椎活动记录的地段；④较多树木呈放射状歪斜或一边斜的溪沟边缘地段。

可采用电子全站仪进行观测。观测时间宜从 12 月（或 1 月）冻胀丘或冰椎开始发育起至 3 ~4 月停止发育期，每 10 ~ 15 天观测一次，对它们的消亡过程宜一并进行观测。对多年生冻胀丘的观测期宜坚持 3 ~5 年（周期）。

冻胀丘或冰椎解剖勘探宜以查明地质、水文地质、冻土条件为原则。可采用钻探或坑探方法，坑探深度应超过季节冻结深度或多年冻土上限以下 1 ~2m。

在研究冰椎时，要特别注意因人为活动过程中（工程建设、居住区等）使水文地质和冻结条件发生强烈变化。

在研究冰椎形成区冻土-水文地质条件及其产生原因的基础上，可以编制冰椎发展预测及研究其防治措施。

## 11.4　坡面上冻融过程和现象的研究

多年冻土区的坡地冷生地貌过程的主要特点是与季节融化层和季节冻结层的存在分不开。多年冻土的存在决定了隔水层的埋藏浅，有助于坡面上土体的移动。地下冰的暴露和融化，使季节融化层的土体过于潮湿，随土体分散而持久的黏滞塑性流动增加其流动性，且沿着多年冻土层顶板滑动等现象，如融冻泥流阶地、泥流舌、泥流坡的形成与运动（图 11.4、图 11.18）。当土冻结产生冻胀过程时，使土中石质被冻拔和石冰川等冰缘现象形成。

图 11.18　融冻泥流阶地（童长江摄）

研究坡面上冻融过程和现象时，要解决以下问题：

（1）确定这些过程的分布及其与多年冻土特征、地下冰、地质构造、地貌条件的关系。

（2）坡面的坡度、地表的排泄条件和土的渗透性。

（3）研究这些过程表现的特征和形态，坡上沉积物和形成物的组构、成分、性质和冻胀性、融化后的流动性。同时确定这些过程与其他冻土现象，评价其在形成坡积混合类型中的作用。

（4）确定冰缘地貌过程与冻土-地质条件之间的关系，土体的温度水分动态，季节融化层和季节冻结层类型，沉积物的季节融化和冻结的动态。

（5）评价坡面上土体运动的速度和促使冰缘地貌过程衰减及加剧条件；评价移动物质的体积及形成的形态和尺寸。

（6）研究坡面过程与工程建筑物的相互作用。

融冻泥流是斜坡上分散性沉积物潮湿土体的塑性-黏滞或黏滞流动，在季节融化层内有最广泛的分布。一般情况下，融冻泥流产生可能性的条件为：①含有大量粉质的粉土-粉质黏土（常含有碎屑物质）；②季节融化层厚度小的多年冻土区，含有厚层地下冰（融化后使季节融化层土具有高含水率，接近流限或大于流限）；③地面坡度为 3°～15°。

按泥流过程的速度（取决于坡上土强度性质的变化）可分为慢速泥流，即土体流速一年不超过 12cm；快速泥流，即土体的含水量达到流限，流速每年由几厘米至几米或更多。

慢速泥流是在广阔面积上发育的过程，在长时间内作用和影响到地形及相应沉积类型的形成。快速泥流局部发生，一般影响到微地形的特点，它常常是由季节融化层深度剧烈增加和下伏高含冰量多年冻土的融化所致（图 11.19）。过程发展剧烈，可以重复几年，然后衰减下来，引起快速泥流的原因多种多样，如坡的剖面由于河流下切湖岸侵蚀破坏、坡上植被的铲除和破坏、暖季大量的降水的影响等。

图 11.19　黄河沿地区的大型融冻泥流（张森琦摄）

慢速泥流在季节融化层深 30 ~ 60cm 时具有覆盖性特点，假如季节融化层土的成分和含水率及季节融化层厚度在缓坡和中等坡度广大面积上是均匀的话，在这种情况下土体流动通常发生在草皮下，以汇合细流的形式形成。在坡度不一、季节融化层深度不等、沉积物成分和含水率不均的情况下，泥流在发生面上不均匀地形成明显的微地形形态。①泥流舌：不大的沉积，长 10 ~ 20m，宽 2 ~ 4m，有台阶，台阶高一般不大于 1m。泥流舌形成是几个不大的泥流依次成层的结果。②泥流外表像泥流舌，但尺寸要大，其长度达几十米到几百米，超过宽度好多倍，具有弧状前锋台阶。由高 1 ~ 2m 至 4 ~ 5m，发育在坡度小于 15°的坡上。③泥流阶地：泉华形态，宽度超过长度，表面潮湿，前锋台阶干燥和稳定。这种阶地由侧向台阶汇合的泥流舌组成。④泥流被：覆盖平缓的坡麓裙和上面发育有缓慢流速的泥流坡。泥流坡以前缘台地结束，台阶高 1 ~ 2m，饰以花带图案。⑤泥流埂或泥流垅：此形成物与泥流受阻壅高有关，发育在季节融化厚度较大的情况下。

据青藏公路风火山垭口盆地融冻泥流阶地的研究（郭东信等，1993）认为，泥流阶地的形成，需要追溯冻融泥流堆积物形成历史，古气候波动高原多年冻土几度兴衰，在此环境中冷生地貌及其堆积物也经历几次变化，在冷期冻土层发展，寒冻风化、冻胀、冻裂、冰椎等冷生作用盛行，相应的堆积物及冷生地貌类型如石海、石河、岩屑坡、脉冰、冰丘、冰椎得到发展。暖期冻土退化，上述作用及其堆积物受到抑制，相反融冻蠕流、热融滑塌、热融侵蚀等作用相应发展。伴随的冷生形成物及堆积物类型有融冻泥流舌、泥流坡地、泥流阶地、热融洼地、热融滑塌、石流坡、石冰川等。

热融滑塌也属于坡面上的冻融过程和现象，产生的条件和融冻泥流相似，其核心是多年冻土上限处厚层地下冰的环境条件一旦遭受破坏，地下冰融化就可能产生热融滑塌，且出现溯源侵蚀，一直到无厚层地下冰的地段才终止（图 11.11）。

在研究融冻泥流时，除了研究温度动态、形成规律和季节融化冻结过程外，要特别注意融化层土和下伏冻土的成分和性质、泥流形态各种部位上土的含水率和稠度。取层状土测定长期抗剪强度，在苔藓覆盖地段取草皮测定抗断裂强度。借助专门场地上的定位观测来测定融冻泥流的运动速度。

多年冻土区遇有下列现象时可选择为测绘研究的场地：①斜坡地表存在蠕动或滑动痕迹地带；②斜坡坡度大于5°的厚层地下冰发育，且地表有破坏的地段；③地表面破坏前缘有泉水、湿地或泥流的地段；④有产生融冻泥流或热融滑塌（坍塌）记录的地段。

测绘研究时观测点可按图11.20和图11.21进行布设，并作定位观测。

（1）融冻泥流（图11.20）：①沿流动长度方向应布置观测点，且确定点间距离，观测其移动速度；②沿观测横断面方向布置观测点，且确定点间距离，观测扩张范围和速度；③对已出现的上、中、下段的宽度和厚度进行测量，且在前缘设立观测点，观测发展和流动速度；④测量融冻泥流堆积物的长度、宽度和厚度，观测其发展规模。

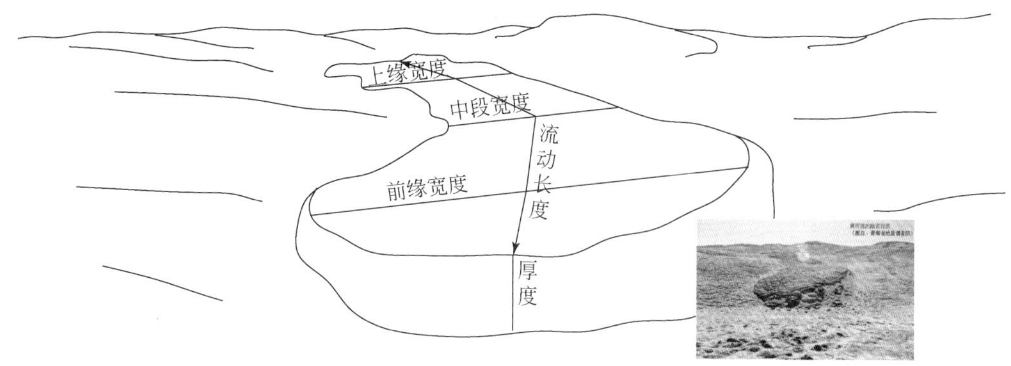


图11.20　融冻泥流观测点布置示意图

（2）热融滑塌（图11.21）：①沿溯源侵蚀方向应布置观测点，且确定点间距离，观

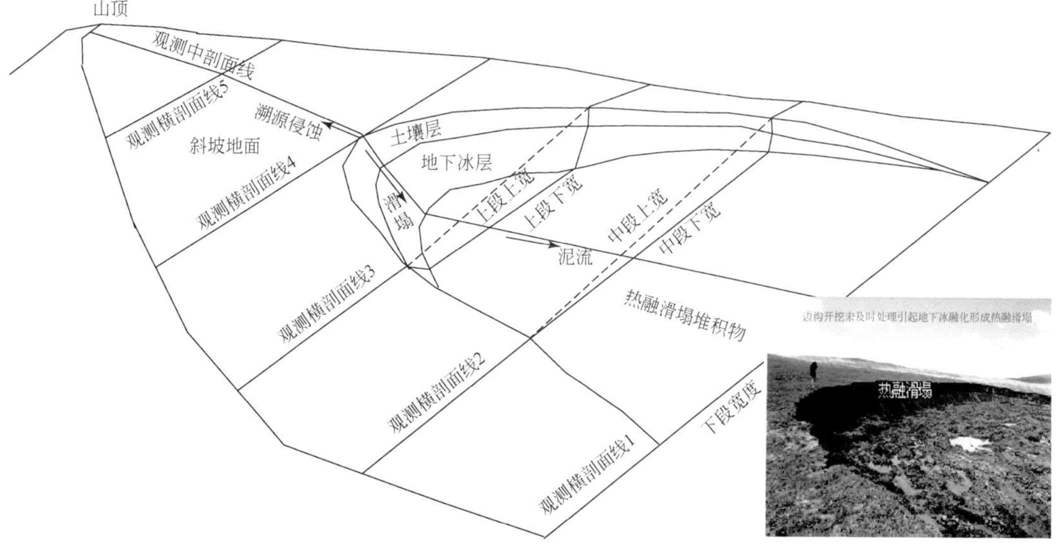


图11.21　热融滑塌观测点布置示意图

测其侵蚀速度；②沿观测横断面方向布置观测点，且确定点间距离，观测扩张范围和速度；③对已出现的上、中、下段的上宽度与下宽度和坍塌高度进行测量，且在边缘设立观测点，观测发展规模；④测量热融滑塌堆积物的长度、宽度和厚度，观测其水土流失的数量。

可采用电子全站仪进行观测。观测时间视其发展速度而定，暖季期间宜每 1 ~ 2 月一次，寒季期间可季度至半年一次；宜长期坚持。

解剖勘探宜采用钻探为主，除热融滑塌和融冻泥流本体外，更侧重查明冻土特性和地下冰分布及数量、地质地貌和地形条件、水文地质、生态环境（植被）和地面破坏（自然和人类）状态等，同时观测下伏冻土层的低温、地下冰等。钻孔深度宜超过滑动面以下 1 ~ 2m。

## 11.5　寒冻裂缝及冰楔研究

在多年冻土区，土（岩）层上部广泛分布着寒冻裂缝，其强度随气候的大陆性和冻土条件严酷性的升高而加剧，即随冻土年平均地温（$t_{cp}$）的降低而加剧。因此，寒冻裂缝在一定程度服从冻土-地温地带性。

寒冻裂缝形成的条件是：①在不少于几个多边形地块的范围内，处于冻结状态的土体具有连续性和整体性，如含水率超过塑限的粉土、粉质黏土和黏性土。所有的孔隙被冰充填的砂和卵砾石土体，也能满足连续性的条件。②土中具有足够大的温度梯度，即大于形成裂隙的最小温度梯度。③整体性土体具有适宜的物理力学性质（抗裂强度、弹性模量、体积膨胀系数），与前两个因素配合起来就决定了形成寒冻裂缝的可能性。

形成的寒冻裂缝一般伴有水的充填，或者被矿物质充填，冻结时水就形成小冰脉裂缝。这些过程的多次重复结果就形成垂直定向的脉形结构，平面上形成多边形网格。这就是所谓的多边形-脉结构，是有多年冻土（或深季节冻结土）存在条件下，各种成因类型是第四纪沉积物形成重要的，有时是决定性的成分。寒冻裂缝和多边形-脉结构物的发育伴随有地面多边形微地形的形成。

研究多边形微地形时，应确定多边形网的形状和尺寸、微地形表现程度、多边形形态，应将微地形与一定的多边形脉结构形式联系起来。同时还要研究这些地段的冻土条件，详细地确定年平均地温 $t_{cp}$（季节活动层的地温 $t_{\xi}$）、地表年较差 $A_0$、季节融化深度 $\xi_t$ 或季节冻结深度 $\xi_f$。这时要特别注意地形单元的成因和形态，以及形成结构的沉积物和结构周围沉积物的成因、成分和性质，特别是土（岩）体的线性收缩（扩展）系数 $\alpha$。在此所有的冻土-岩性-成因背景上确定所研究形成物的后生成因或共生成因（与围岩）及其目前的发展阶段。

所有的多边形-脉结构种类可以划分为两大组：原生结构和次生（残留）结构。原生结构物是由于土（岩）体系统多次冻结劈裂作用，水（或冰）或矿物质充填裂缝，这些物质在季节融化层和冻土层内或者在融土层的季节冻结层内随后改造而形成。次生结构物是由于含有地下冰的原生结构物融化而形成。

所有的多边形-脉结构按其对围岩关系或是后生的，即形成于土堆积以后，或是共生的，即与沉积物堆积同时形成。确定多边形–脉结构的成因标志是冻土测绘时重要的任务之一，因为这些标志反映这些结构形成时的冻土–相环境，对地质、古地理和古冻土重建有很大的意义。

应注意的是，楔形构造由地表裂隙发育而成，有干燥裂隙、压密（下沉）裂隙、冷生岩石裂隙和多年冻土裂隙。按其组成不同，又分为土楔、砂楔、冰楔和混合楔。冰楔融化后的转化形式称为冰楔假形，它可能为土楔，或砂楔，或含土又含冰的混合楔。这些楔形构造中，冰楔为最重要的一种，它是作为多年冻土存在标志的冰缘地形之一，可发育在连续多年冻土区，也可在非连续多年冻土区。所以，楔形构造研究中最主要的是识别楔体物质是原生的还是次生充填的。当冰楔融化后，原来的楔体被次生充填物占据，而当存在于冻土中的土楔融化后，其形状、大小及物质组成不会产生什么变化，这也是区分土楔和冰楔假形的一条原则。

在我国东北大兴安岭多处发现冰楔（表 11.2）（王春鹤等，1999），青藏高原多地发现沙楔，如高原东部的牛头山等。中国东北是世界上现有冰楔最低纬度分布南界，对东北冰楔的研究，无论是从世界冰楔研究角度，还是从寒区多年冻土及古气候角度来看，都具有重大的理论价值。

伊图里河冰楔：1983 年在我国东北 50°32′N，121°29′E 的伊图里河岸一级阶地上首次发现冰楔群（贾铭超等，1987），这是我国第一次发现冰楔，这些冰楔也是迄今为止在欧亚大陆纬度冻土带上发现的纬度最靠南的冰楔。冰楔发现地现今的年平均气温为–5℃，极端气温为–44℃，年降水量为 694mm，其中降雪量为 168mm，年平均地温为–1.2℃，属于不连续多年冻土区。冰楔皆为平顶，位于多年冻土上限以下约 20cm，上限埋深约 70cm。楔顶至上限一段沉积中有明显的 3～4 层分凝冰。地表至地表下 35～40cm 泥炭层没有经过扰动，并与下伏有机粉质黏土层形成明显的界面层。在泥炭层底部的枯木$^{14}C$ 年龄为 639±628aB. P. 。显然冰楔在此以前就停止活动，由于后期表层泥炭层覆盖，现在地表显露不出原生冰楔多边形迹象。进一步的研究表明，该处存在几期冰楔（彭海云和程国栋，1990）。

在大兴安岭其他地区，由于地表经受扰动，多年冻土上限下降，冰楔融化，形成地表次生高中心多边形现象。如满归一级阶地及伊图里河高漫滩上高中心多边形，多边形直径大者在 20～30m，边宽 1～2m。

根据不同沉积物$^{14}C$ 年龄测定可推断：该冰楔形成于全新世高温期后的新冰期。当时的气温比现今低 2～4℃，在今日条件下冰楔已不活动。

乌玛冰楔：1990 年在东北大兴安岭西北部的乌玛地区（52°45′N，120°45′E）的伊里吉奇河右岸一级阶地上，又发现 7 个保存完好的不活动冰楔（童伯良，1993）。该地区年平均气温为–4.4℃，气温年较差 44.8℃，降水量为 300～400mm，冬季积雪一般在 10～20cm，多年冻土的年平均地温为–1.0～ –1.5℃，属不连续多年冻土区。冰楔顶宽 1～5m，可见高度 2m，埋藏于距地表 1.6～2.0m 以下，冰楔中心的冰体具垂直叶理，冰纯，含杂质少，冰楔两侧接触面处的由富冰砾质砂和粉砂土组成的围岩呈挤压挠风向上状。围岩在两冰楔之间呈水平层理。冰楔顶部 20cm 处有两三个开口向上的半圆溶槽，槽内沉积物为磨圆度较差的砂砾石。

**表 11.2　东北大兴安岭冰楔生存环境及特征**

| 地点 | 发现日期 | 冰楔生存环境 | | | | | | | 数量 | 冰楔特征 | | | | |
|---|---|---|---|---|---|---|---|---|---|---|---|---|---|---|
| | | 地貌 | 植被 | 水文 | 上覆土层 | 埋深/m | 多年冻土上限 | 围岩岩性及变化 | | 顶宽/m | 高度/m | 形态、冰质 | 形成时间 | 推算形成温度/℃ |
| 大兴安岭伊图里河（50°32′N，121°29′E） | 1983 年 1 月 | 伊图里河右岸一级阶地 | 塔头、三棱草 | 夏季积水 | 草根层泥炭 | | 上限处最低温度-8℃ | 草根层，泥炭淤泥 | 7 处 | | | 乳白色平顶槽形条形 | | |
| 距第一次开挖 40m 处 | 1984 年 11 月 20 日～12 月末 | 一级阶地 | 塔头、苔草 | 夏季积水 | 草根层、泥炭 | 0.9～1.4 | 上限 0.9m，冻结指数 3600℃ · d | 0～0.3m 草根，0.3～0.8m 泥炭，0.8m 以下淤泥 | 4 处 | 平均 >1 1.1 1.2 1.32 1.25 | >1.5 | 平顶、冰纯，乳白色，条状 | 晚全新世 | -2～-4 |
| 谷地海拔 730m | 1987 年 10 月下旬 | 一级阶地 | 塔头、苔草 | 局部积水 | 0.35～0.4m 未搅动泥炭，上限至楔顶明显，3～4 层分凝冰 | 0.85～0.92 | 0.7m | 泥炭土、粉质黏土中夹土块，围岩向上隆起变形，与围岩土、岩不整合 | 3 处 | 0.4 0.16 | >0.73～1.0 | 平顶、冰纯，乳白色，明显叶理，且夹泥炭、土块，倒三角形，槽形，条状 | 2300～2700a B.P | -5～-7 当时比现在低 2～4 |
| 大兴安岭奇乾乡乌玛（52°45′N，120°45′E） | 1990 年夏季 | 伊里吉奇河右岸一级阶地 | 灌木、次生桦树林、藓类 | 沼泽发育 | 0～0.3m 草皮层，0.3～1.3m 淤泥质泥炭，1.3～1.6m 腐殖质粉砂 | 1.6～2.0 以下 | 年平均气温 -4.4℃，冻结指数 3394℃ · d，年平均地温 -1～-1.5℃，季节融深 0.5～0.7m | 砂土，呈挤压挠曲向上，冰和粉砂互层，与围岩土、石不整合 | 7 个 | 1.0 1.8 3.3 3.5 5.0 0.08 | 2.0 以上 | 冰体纯洁透明，具垂直层理，含气泡 | 晚更新世末 14000～10000aB.P，共生为主，后生少见 | 形成时 -5～-7，当时比现在低 4～5.5 |

注：据贾铭超等，1987；彭海云和程国栋，1990；童伯良，1993 等资料编制。

研究表明：这些冰楔系共生性冰楔，形成于距今 14000 ~ 10000 年的晚更新世末期。当时的年平均气温比现今至少低 4.6 ~ 7.6℃。全新世高温期的年平均气温不会高出 0.6 ~ 1.4℃，多年冻土年平均地温在 0 ~ −1.9℃。当地高温期时仍然处于冰缘环境下，所以冰楔得以保存至今，但已不再活动。

西昆仑山冰楔：在甜水海湖岸陡坡上见到多处冰楔存在，其中一处冰楔发育较清楚，埋深在湖相沉积黏土距地表 100cm 以下含土冰层中，楔顶宽 70 ~ 80cm，长 150cm，楔底宽 20cm。有垂直层理和椭圆形气泡，在冰楔中部左侧看到与地表土层呈垂直和斜倾的块状粉质黏土。

在青东地区发现了近 80 个冰缘楔形构造（徐叔鹰和潘保田，1990）（图 11.22、表 11.3）。

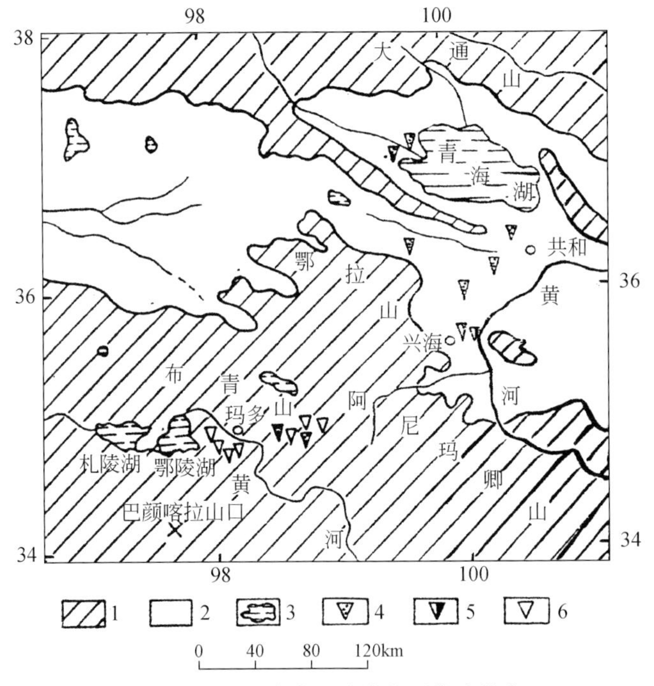


图 11.22　青东高原冰缘楔形构造分布

1. 海拔超过 4000m 山地与高原；2. 盆地和平原；3. 湖泊；4. 砂楔；5. 混合楔；6. 古冰楔

青湖盆地：湖西刚察县吉尔孟乡东约 1km 处布哈河北岸阶地剖面上，楔形构造成群分布，在 100 余米范围内有大小楔体 14 个。楔内充填中粗砂夹小砾石，围岩为河床相砂砾石层，楔侧层理未见变形。

**表 11.3　青东高原冰缘楔形构造分类及其属性**

| 分布地区<br>类型及其属性 | 青海湖盆地 | 共和盆地 | 兴海盆地 | 黄河源地区 |
|---|---|---|---|---|
| 海拔/m | 3200 | 3000 ~ 3200 | 3500 | 4200 ~ 4400 |

续表

| 类型及其属性 \ 分布地区 | | 青海湖盆地 | 共和盆地 | 兴海盆地 | 黄河源地区 |
|---|---|---|---|---|---|
| 楔体个数 | | 14 | 16 | 2 | 近 50 |
| 楔体规模/m | 口宽 | 0.2 ~ 0.4 | 0.2 ~ 0.5 | 1.1 ~ 2.4 | 0.5 ~ 1.6 |
| | 楔深 | 0.5 ~ 1.5 | 0.5 ~ 1.2 | 2 ~ 2.3 | 0.8 ~ 2 |
| 围岩 | 岩性 | 砂砾石层 | 中细砂或砾石夹黄土 | 砂砾石层 | 风化基岩 |
| | 楔侧变形程度 | 未变形 | 未变形 | 变形 | 强烈变形 |
| 充填物 | 岩性 | 含砾中粗砂 | 砂或砂砾 | 黄土与砂砾 | 中粗砂 |
| | 结构状况 | 无层状结构 | 有垂直层状结构 | 下层多砾石，上层黄土 | 无层状结构 |
| 现代冻土状况 | | 季节冻土 | 季节冻土 | 不连续多年冻土 | 大片多年冻土 |
| 楔形构造类型 | | 砂楔 | 砂楔 | 混合楔 | 古冰楔为主，部分砂楔 |

共和盆地：盆地内楔形构造广布，黄河高阶地和沙珠玉河河口发现过楔体群。前者产于冲洪积砾石夹黄土层中，楔体两侧河湖相亚黏土层稍受变形。切吉滩砂楔，围岩为共和组顶部中细砂层，楔内充填中粗砂及黏土团块，楔体两侧未变形，但顶部淤泥层已受冻融扰乱。在沙珠玉河中游扎布达村附近，延伸百余米的河谷剖面上并列 8 个楔体，同一层位并伴生冻融扰曲。扎布达砂楔中两个楔内有两层充填物，一个楔内有三层充填物，分别由细砂、砾石等构成。

兴海盆地：盆地内大河坝滩路堑剖面上发现两个相距 10m 左右，发育于冲洪积砂砾石层中的楔体。楔内充填物底部砾石较多，向上逐渐过渡为黄土，与楔顶黄土为连续沉积。

黄河源地区：河源区为海拔 4200 ~ 4400m 的高原面。在玛多县黄河支流多格茸滩和黄河南侧星星海以东低山丘陵发现众多楔体构造群。多格茸滩楔体群有 15 个。围岩为深风化砂页岩，楔内充填胶结较好的棕黄色中粗砂，星星海东侧丘陵缓坡上，楔体更密集分布，楔口围岩亦为深风化砂页岩，也有一部分为坡积砾石层。楔中充填物为较纯的中粗砂，但胶结程度较差。

综上所述，本区楔体构造均发育在海拔 3000m 以上区域，其分布的地貌部位为盆地、高平原或低山丘陵，楔体大部分发育于第四纪地层中，但也有一部分形成于强风化基岩中，楔体内充填物以砂质为主，也有砾石、黄土或黏土，一般均有程度不同的胶结，并为后期寒冻裂缝贯穿。因此楔体构造均为停止活动的冰缘遗迹。

青东高原楔体构造形成于 $Q_3$ 晚期约与主玉木冰期相当，其中较早一期形成于 $^{14}C$ 年代距今 30000 ~ 20000 年，包括多格茸古冰楔，共和扎布大、切吉与青海湖吉尔孟砂楔，以及兴海混合楔；较晚一期形成于 $^{14}C$ 年代距今 15000 ~ 10000 年，包括星星海东侧古冰楔与共和–塔拉砂楔。

通过研究表明，青海高原东部冻裂楔形构造是在比现今更寒冷而干旱的环境下形成的，当时应是黄土堆积、风沙活动和盐湖形成的极盛时期。当时从黄河源直至兴海盆地海拔 3500m 以上地带为大片多年冻土分布区，共和盆地和青海湖盆地为不连续多年冻土分布区。其下界达到海拔 2000m 左右，可能较今下降 1500m 以上。

地表开裂于冰楔、土楔的生长受地-气系统若干因素的控制，如土质类型、水分条件、气候、地表微地形以及植被等，温度因子只是其中之一。对每种土来说，楔形体的类型不但随地温变化，还随含水率的不同而变化，图 11.23 表示了楔形体与土质类型、水分状态及地温的关系。

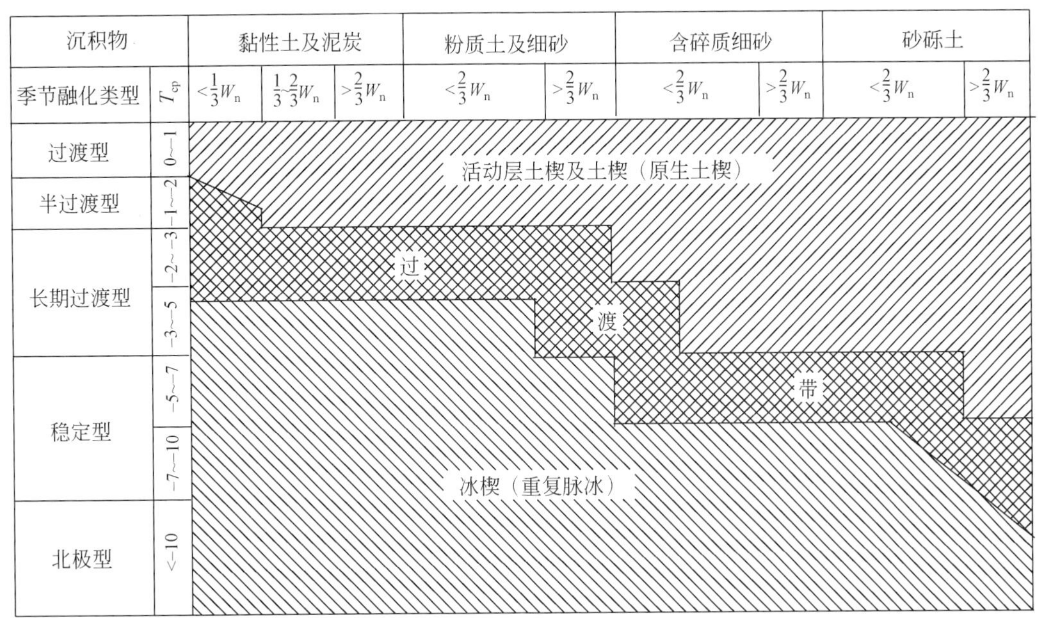


图 11.23　楔形体与环境因素关系图（Кудрявцев，1979）

$W_n$. 沉积物总含水率，包含未冻水量、冰等

所以，楔形体研究中最重要的是：①确定成因，即判断裂隙构造的形成是否与冷生作用有关；②如果是冷生作用形成，辨别出是土楔假形还是冰楔假形。冰楔只有在多年冻土环境下才会生长，它的生长要求有三个条件：①地表开裂；②水分进入裂隙；③裂隙深于多年冻土上限。如果①和③不能满足，则形成原生土脉（限于活动层）。如果②不能满足，则发育为土楔。

## 11.6　岩屑坡、岩屑堆、石冰川的研究

在多年冻土区常见到由坚硬基岩组成的岩屑坡、倒石堆、石海、石条、石冰川等冷生现象，它们因寒冻风化、冻融分选作用形成的碎石、块石、岩屑，在重力作用下搬运并堆积在各种坡度（由 3°～5°到 40°～50°）的山坡上的块碎石场（图 11.24、图 11.25）。在坡上运动和坡麓堆积过程中，有基岩的物理风化、石质的冻拔、块石间细颗粒被水流冲刷，以及块石的滚、滑、溜、爬、蠕和沉降等。在块石碎屑物质缓慢运动中，冻拔过程起

主导作用。

图 11.24　（块）石海（童长江摄）

图 11.25　碎石流（俄，久丽娜摄）

岩屑坡的地面部位极其多样，它们占据河谷陡坡分水岭和山顶（特别是石海），也常常发育在侵蚀和高阶地及分水岭斜缓坡上。随着岩石风化时形成的碎屑物质尺寸和形态不同，碎石坡及其组构也在发生变化。

岩屑坡发育坡度由 40°～45°到 10°～15°，碎石场碎屑坡的坡度由 15°到 3°～5°，常常被多边形微地形复杂化，岩屑流发育坡度由 30°～40°到 3°～5°，呈线状长形态，长度超过宽度好几倍。还有岩屑堆、阶地、岩屑裙堤等与粗碎屑物质堆积有关的形态。大多数岩屑坡有补给区、输运区和堆积区。

各类岩屑坡组构（包括冷生特点）物质运动机制和速度是各种各样的。例如，岩屑流中物质运动的相对速度可以是岩屑坡上的 6～8 倍。每个区的冷生过程和伴随的冰缘现象也是各异，如在岩屑坡补给区广泛发育侧向反击裂隙、块体沉陷裂缝、寒冻劈裂作用、继承构造次生和其他裂隙系统。在输运区有春季融雪水渗入岩屑体使细颗粒产生地下冲刷。在堆积区发生细颗粒堆积，可以发育寒冻裂缝，石质的差异性冻拔，多边形边缘的石质寒冻分选和差异性潜蚀。

研究岩屑坡可借助于航卫片的判释。路线和定位研究时，确定其分布和发育与区域地质构造的关系（基岩成分、埋藏条件、地面露头、断裂构造），地貌结构和第四纪沉积物厚度、冻土特征，运动速度，要特别研究岩屑沉积的温度和水分动态，季节融化层深度和冷生组构形成规律性的关系。

岩屑堆又称倒石锥，由寒冻风化作用形成的碎石岩块，岩屑在重力作用和流水作用下搬运并堆积在山脚或沟口，呈扇形或锥形。倒石锥表面砾石的运动方式很复杂，有滚动、滑动、蠕动和沉降等，而且运动还具有随机性。大部分地区倒石锥表面岩块每年的运动量为数厘米，极端可达数米，其活动性和规模与地形、气候、岩性和构造等有关。

石冰川（图 11.26）是指由块石和冰组成的沿山坡向下运动的多年冻结地质体。通常形成于高山多年冻土地区，它可以是冰川成因的（近冰川形），也可以是由岩屑堆或前缘堤转化而来（近山坡形）。石冰川长几十米至几千米，其表面可有一系列横向的孤状脊。当石冰川活动时，其前缘可有较大的坡度（40°），其表面运动速度大小不等，最小的每年数厘米，最大者每年达数米至数十米。石冰川按平面形态可分为叶状的（宽度大于长度）、舌状的（长度大于宽度）。我国的天山、祁连山、横断山、昆仑山等都有广泛的分布，其中东昆仑山（35°40′N，94°E）所贮石冰川是一种特殊类型。石冰川是多年冻土存在的主要标志，冰核石冰川还蕴藏着大量的冰体。

图 11.26　石冰川（李树德摄）

# 第 12 章 多年冻土的融区调查研究

## 12.1 对融区调查研究的目的及意义

随着我国经济建设发展，能源开发，国家经济战略布局逐渐转向西部地区。这正是我国高山、高原多年冻土集中分布的地区。融区是寒区（多年冻土地区）人类生存环境系统重要的组成部分。因此，了解和认识多年冻土区的融区类型、分布规律、融区与冻土相互转化及融区的稳定性，为该区经济开发提供基础性依据，是西部多年冻土地区开发前期必不可少的冻土工程地质勘测工作。

一般来说，在多年冻土分布地区进行开发之前，为了工程建筑选址及解决生活和工业用水等，所进行的冻土工程地质、水文地质勘察工作，从某种意义而言，实际上是一个调查寻找融区问题。找到了融区，有了可取的建筑场地，供水问题亦得到基本解决，随之将会产生巨大的经济及社会效益。可见，融区与多年冻土地区经济建设有着密切联系。因此，在多年冻土地区开发中对融区的调查研究具有重要的实践意义，同时也是对区域多年冻土形成条件及其分布规律的完善与补充。

## 12.2 融区的类型、形成条件及其分布规律

在季节融化层下，处于冻土层中具有正温含水和不含水的地质体称为融区。

为不同的目的，划分融区类型的原则及方法也各不相同。如按融区与冻土层的相互关系，可分为贯穿融区（融区贯穿冻土层厚度）、不贯穿融区；从供水角度出发，可分为有水融区、无水融区；按融区随时间推移的变化，可分为稳定融区、准稳定融区、不稳定融区；对比融区和冻土层二者形成时间，可分为原生融区及次生融区。在冻土层形成时期由于某种自然环境条件，一些地段未能冻结形成冻土，以融土形式保留下来，即原生融区；冻土层形成之后，由于自然环境因素影响（气候变暖、地下水溢出、地表状态改变等），冻土层部分或全部融化，如此产生的融区，称次生融区。

考虑我国多年冻土区中融区的实际情况，依据决定融区形成和存在的主导因素及条件，对融区进行成因分类。

### 12.2.1 主要由构造因素形成的融区

#### 1. 构造–地热融区

此类型融区主要见于青藏高原冻土区，与高原特殊的地质构造条件和较高的地热背景

密切相关。在欧亚与印度两大板块相碰条件下，由于板块俯冲及板内断裂，青藏高原由北而南形成多个构造区和次一级断褶带（李吉均等，1979），它们彼此以近 EW 向或 NWW 向深大断裂相接触。同时在南北强大挤压力作用下又产生许多 NW 向压扭性，NEE 向或近 SN 向张性断裂构造（中国科学院青藏高原科学考察队，1982）。水热活动区（或带）出现的位置明显受这些断裂构造控制，尤其在两组断裂交截的地点常有温泉、热泉、冒汽地面、泉华堆积等地热显示，这些现象正是构造-地热融区经常存在的地方。融区以泉口附近为中心向四周扩展或呈条带状展布，其范围取决于泉水温度、流量、泉口分散状况，以及泉口附近岩层的透水性等条件。总之，水温越高，流量越大，泉口分散，则融区范围越大。

青藏公路原 103（唐古拉兵站）～104 道班（二者相距 10km）一带即属于典型的构造-地热融区，也是此前青藏沿线已知范围最大，延续最长的构造-地热融区。该融区位于布曲河谷地内。布曲河的发育与近 SN 向断裂有密切关系，其流向基本受此组断裂控制，因而是一个断裂谷地。谷地两侧一级支谷大部分发育于 NWW 向断裂中。103～104 道班一带的融区正处于上述谷地内两组断裂的交汇处，深层热水沿近 SN 向张性断裂上升，形成温泉、热泉、泉华椎、泉华平台等大规模地热显示，泉水温度高达 60～70℃。通过对谷地不同地貌部位进行地温观测得知，融区沿布曲河谷延伸 60～70km（郭东信等，1982）。

### 2. 构造-地下水融区

此类型融区的产生是由于沿断裂活动的地下水的热影响而形成。其形成机制和存在条件与构造-地热融区无本质差别。不同之处在于断裂中地下水循环深度较浅，水温较低（一般不高于 10℃），融区范围较小，稳定性较差。

该亚类融区的存在与断裂有密切联系，一般沿断裂带呈条带状或断续条带分布。在大小兴安岭、青藏高原及西部山地多年冻土区，一般构造裂隙地下水出露的地方，均存在此类型融区。诸如青藏公路沿线的不冻泉、二道沟、85 道班（乌丽盆地）、115 道班（安多北），祁连山木里盆地弧山前出露的泉群附近，以及大兴安岭古莲盆地周边存在的融区等均属构造-地下水融区。

秋末冬初时，季节融化层自上而下开始冻结，一些流量较小的泉口封冻，致使地下水外溢受阻而承压，泉口附近形成冻胀丘。人们往往以此作为寻找此类型融区及其地下水的标志。

### 3. 火山融区

此亚类型融区的产生是由于火山喷发、岩浆、熔岩流余热，以及热液、热气的热影响而形成。该类融区主要分布于现代或近代火山曾活动的地区。

我国多年冻土地区，据已有资料明确属于火山融区者，目前已知如下两个地方。一是著名的小兴安岭五大连池火山群。此火山群由晚更新世至全新世先后五期喷发形成老黑山火烧山等 14 座火山锥体组成。据历史记载，公元 1720 年火烧山还在喷发，受其热影响大小兴安岭冻土南界在此向北退缩了（与东西两侧相比）30～50km（周幼吾等，2000）。另一处是卡尔达西-普鲁火山群（81°20′E～81°50′E、36°10′N～36°20′N），位于青藏高原北部昆仑山中一个东西向大型山间断陷盆地内，盆地底海拔4700m。火山地区熔岩流覆盖面积达200km$^2$，熔岩流厚度为100～150m，有完整的火山机构四处，前人调查时称为1～4号火山。1951年5月27日1号火山突然喷发，当时在此修路的解放军有多人目睹喷发情景。此后，火山活动持续了相当长的时间。1960年新疆和田地质队在此进行自然硫黄勘探时，当探井挖至3.0m深时地温明显增高，人在其中无法久留工作。据此推测，在卡尔达西–普鲁火山地区，特别是1号火山锥附近存在火山融区是肯定的。但其融区范围多大，是否熔岩流覆盖处也存在融区，限于缺少直接证据，目前还不得而知。

## 12.2.2　地表水作用形成的融区

此类型融区按地表水体不同，可分为河流融区及湖泊融区两个亚类型。

### 1. 河流融区

河流融区一般沿着河流呈带状分布，多局限在河水热影响范围内。其宽度取决于河流流量、水温及其与地质构造的关系。河水主要受大气降水补给，而降水温度与气温密切相关，河水温度（由地下水补给的河流除外）随纬度及海拔增高有明显下降趋势。由此决定河流融区的分布具有一定地带性规律，即随纬度、海拔降低河流融区分布更为普遍。

大小兴安岭冻土区北部，大中河流下，如黑龙江、额尔古纳河、呼玛河等一般河谷存在融区，而小河下多数没有融区。相反，大小兴安岭冻土区南部，即岛状冻土区，由于气温较高，河水温度也随之升高，不仅嫩江、根河、得尔布尔河等大中河流河床下边存在融区，就是小河下边也无冻土存在，且融区可扩展到河床两侧300～400m，个别河段（十八站呼玛河大桥附近）融区可达河床两侧1.0km多的范围。

青藏高原冻土区腹部的河流多属长江源头的各个分支，它们是楚玛尔河、北麓河、沱沱河、通天河、布曲河等。这些水系多受青藏高原NWW向和近EW向构造控制，其中某些河段就落于构造带上，为河水下渗和融区扩展提供了有利条件。据勘探及测温表明，沱沱河、通天河、布曲河不仅河床、高漫滩下为贯穿融区，而且在河流南岸融区已扩展到一、二级阶地。楚玛尔河、北麓河由于流量较小，加上纬度偏北，融区范围小于上述诸河流。“逢沟必断”，很多河流往往是发育在断裂带上，这类河流融区多数是受河水和构造地热的双重影响，所以成因、分布范围等均较为复杂。

### 2. 湖泊融区

该亚类型融区主要分布于湖水域下边及其四周湖岸，其范围与湖水温度、补给来源及湖泊成因有关。青藏高原不仅是我国多年冻土区湖泊集中分布的地区，同时就全国而言，也是一个多湖泊的区域。据有关资料显示，青藏高原有大小湖泊2000多个，湖泊总面积（指水域范围）达$2.7\times10^4$km$^2$。其中面积大于1.0km$^2$的湖泊约1000个，占全国湖泊总数2800多个的35.7%。占全国湖泊总面积$8.0\times10^4$km$^2$的33.8%（不包括干盐湖）。可见，无论数量还是面积，青藏高原湖泊均占全国湖泊的1/3以上（周幼吾等，2000）。

青藏高原的湖泊多属构造成因，其他成因的湖泊数量有限。据对该区294个湖泊长轴方向统计表明，湖泊长轴为 NE-SW 向和 EW 向的居多数，与高原主要构造及次一级断裂方向基本一致。这是湖盆受构造控制的直接标志。湖泊或湖盆的长宽比大，表示湖泊或湖盆受构造控制的另一标志。表 12.1 是青藏高原某些湖泊与世界典型构造湖长宽比。从表中数字可以看出，高原许多湖泊同典型构造湖长宽比不差上下，表明这些湖泊多为构造成因。

**表 12.1　湖泊的长宽比值**

| 青藏高原湖泊 | 长宽比 | 世界典型构造湖 | 长宽比 |
| --- | --- | --- | --- |
| 班公湖 | 40.8 | 贝加尔湖 | 13.2 |
| 西金乌兰湖 | 10～15 | 坦克尼克湖 | 13.6 |
| 错尼美马湖 | 8～10 | 埃尔湖 | 2.2 |
| 格仁错 | 6～8 | 马拉维湖 | 10 |
| 可可西里湖 | 4～6 | 巴尔喀什湖 | 12 |
| 纳木错 | 2.7～4 | 死海 | 3.6 |

20 世纪 70 年代为满足青藏铁路设计要求，青海省第一水文地质队对公路沿线湖泊下边融区问题曾进行重点调查研究。勘探及观测表明，在常年积水的情况下，一般湖底下存在贯穿融区；季节性积水的湖泊下边，往往只存在非贯穿融区。雅西错是公路沿线明确的构造湖，它受 NE-SW 向断裂控制，湖面东西宽 3～4km，南北长 7～8km。勘探证实，不仅湖下存在贯穿融区，而且西岸以西 3.0km，东岸近 1.0km 也存在融区。

虽然对青藏高原众多湖泊下边的融区未进行过全面调查，但根据青藏公路沿线上述典型湖泊融区的存在。可以认为，青藏高原 2000 多个湖泊的大多数，尤其面积大于 1.0km 的构造湖下边及其周边存在贯穿、非贯穿融区，应该说这个推测是站得住脚的。但对非构造湖泊来说，尤其是非构造成因的盐湖、咸水湖而言，其下可能不存在融区，而是湿寒土，即具有负温的非冻结土。

### 3. 渗透-辐射融区

此类融区的形成及保存有两个条件：一是融区所在处地表面吸收太阳辐射能力比临近地面强；二是大气降水的渗入量大。

此类型融区主要分布于多年冻土带下界附近的岛状冻土区，就冻土生成和保存的热力条件来说，多处于临界状态，属过渡或半过渡型（0～1.0℃、-1.0～-2.0℃）的季节冻结和季节融化类型。由于地表岩性差异、有无植被，以及坡度不同等，均可以导致接受太阳辐射量有较大差异。阳坡、半阳坡、地表裸露及植被覆盖度低的地段，因吸收太阳辐射量多而形成融区。因此，在岛状冻土区除冻土岛以外的大部分融土区域，应属渗透-辐射融区。随纬度、海拔增高，冻土连续性增大，此类型融区逐渐减少，至大片冻土区此类型融区大大减少或消失。

除此以外，在高温冻土（年均地温高于-1.0℃）地区也常有此类融区分布。如青藏高原因特殊的地质构造条件，强烈的挽近构造抬升，以及伴随的频繁水热活动等，致使该区呈现较高的地热背景，从而使后期形成的冻土层具有温度高、厚度薄的特点，为此类融区的形成和存在提供了背景基础。正因如此，在青藏高原上开阔的阶地或平缓的分水岭及山前地带往往有此类融区分布。这里，既无构造-地热融区明显的地热异常显示，也见不到像地表水融区经常作用的水被。因此上述地段存在渗透-辐射融区往往被人们忽视。实际上，在上述地段此类融区分布还是较普遍的，如布曲河宽谷段（101～104 道班）两侧山前缓坡，沱沱河北岸青藏公路穿越的 1～3 级阶地十余千米范围内，有相当大的范围存在渗透-辐射融区（邱国庆和郭东信，1983）。

渗透-辐射融区所在地带往往具有如下特征：

（1）这些地段通常地表裸露，同时地表下存在数米厚的砂砾石层，有利于大气降水入渗。

（2）地面年平均温度高。据观测资料，裸露而粗糙的地面，其年均温度比植被表面高 0.9℃，比该处年均气温高 3.0～4.0℃。当年均气温低达-4.0～-5.0℃，裸露而粗糙的地面年均温度一般不低于-1.0℃，夏季极端地面温度达 40～45℃，7～8 月平均温度达 14～15℃。显然，与邻近地方相比，这些地段吸收了较多的太阳辐射热。

（3）这些地段有着比较活跃的热交换条件。青藏高原年降水量的 90% 以上降落在正温季节，70%～80% 集中在 7～8 月。降水下渗过程中将吸收的太阳辐射热带向砂砾石层底板，大大增加了季节融化深度，随之冻土层逐渐减薄，久而久之使这样的地段形成了融区。

## 12.3 融区稳定性及其变化

融区相对于冻土而存在，二者同时随着气候波动，在自然历史过程中展现出此长彼退、此退彼长的变化过程。但不同成因类型融区，当气候变化时其响应和变化程度是不同的，它取决于融区生成及存在的主导因素和条件及其与气候的关系。总之，决定融区生成及存在的主导因素和条件受气候而变化，或与气候关系密切者，其融区对气候变化响应敏感的稳定性较差；相反，响应不敏感者则具较大的稳定性。

一般来说，渗透-辐射融区、地表水融区，其成因和存在条件与气候密切，对气候变化响应敏感，稳定性相对较差，构造-地热融区其成因受控于地质构造及其伴随的水热活动，与气候波动分属两个不同系统。因此对气候变化响应不敏感，具有较大的稳定性。

## 12.4 融区调查方法概要

在多年冻土地区进行开发之前，为了工程建筑选址及解决生活、工业用水等，需进行冻土工程地质和水文地质勘察工作。从某种意义而言，实际上是调查、寻找融区问题。不同类型的融区，其形成条件及地表显示标志不同，调查寻找不同类型融区的方法也有各异。

（1）构造-地热融区：此类融区的形成与地质构造条件及较高的地热背景密切相关，其出现位置受断裂构造控制，尤其在两组断裂交汇的地点常有温泉、热泉、冒汽地面及泉华堆积等地热显示，这些现象正是此类融区存在的地方。调查时，见到上述地面标志，也就找到了构造-地热融区。

（2）构造-地下水融区：此类融区的产生是由于沿断裂活动的地下水的热影响而形成。因此，构造裂隙地下水出露的地方，均存在此类融区，其范围可依据勘探孔测温来确定。

上述构造-地热融区及构造-地下水融区，两者形成机制及存在条件与区域地质构造密切相关。为寻找这两类融区应事先通过工作区“地质构造图件”对其地质构造条件进行充分了解，野外调查线路及观察点应沿着构造断裂方向进行布置。

（3）火山融区：此类融区的产生是由于火山喷发、岩浆、熔岩流余热、热气的影响而形成。此类融区主要分布于现代或近代火山活动的地区。因此，调查寻找此类融区应在地表有火山岩露头、火山喷发遗迹的地区做工作。确定这类地区是否存在火山融区，尚需进行钻探、测温等工作。钻孔深度需达到或大于年变化深度（20m 左右）。

（4）河流融区：此类融区一般沿着河流呈带状分布，其范围大小取决于河流水温、流量及与地质构造的关系。具体确定不同河流地段融区存在及分布范围，需由钻探、测温结果来确定。

（5）湖泊融区：此类融区主要分布于湖水域下边及其四周湖岸，其范围与湖水水温、补给来源及湖泊成因有关。通过对青藏公路沿线湖泊融区进行勘探、测温得知，一般常年积水的湖泊，其下一般存在贯穿融区；季节性积水的湖泊，往往湖下为非贯穿融区。

（6）渗透-辐射融区：此类融区的形成及保存需满足两个条件：一是此处地表面吸收太阳辐射能力比临近地面强；二是地表裸露无植被层，有利于大气降水入渗。此类融区主要分布于多年冻土南（下）界附近岛状多年冻土区；此外，在高温（年平均地温高于 -1.0℃）冻土地区也常有此类融区分布。

# 第 13 章　多年冻土退化调查与研究

苏联冻土学家 M. И. 苏姆金早在 70 多年前就提出了冻土退化的基本理论（苏联科学院西伯利亚分院冻土研究所，1988）。近几十年来随着全球气候持续转暖及多年冻土区的开发建设，促使冻土加速退化，造成建筑物破损，并诱发了一系列生态环境问题，目前冻土退化已成为研究的热点之一。本章简要介绍冻土退化的含义、退化标志及证据、中国冻土演化史，以及自然条件下现代多年冻土退化规律、状况，生态环境效应及野外调查方法等问题。

## 13.1　多年冻土退化的含义、标志及时段对比

### 13.1.1　含义

冻土退化是指在自然和人为等因素综合作用下冻土热状况朝其不利于生存方向的变化，伴有冻土厚度、面积减小、物理力学性质及多年冻土层空间分布同时变化，乃至多年冻土层彻底消失变为季节冻土区。其实质是多年冻土层在长期热量交换过程中吸热总量大于放热总量，是一种复杂的从量变到质变、土层由负温转为正温的渐变过程（王春鹤等，1999）。

广义冻土退化是指凡出现不利于多年冻土保存的状况均可认为是退化状态。狭义是指一个状态对应的概念，即多年冻土层的消融及消失，是质变过程。

总之，由自然和人为因素引起的冻土地温升高、厚度减薄、分布范围缩小或消失，以及冻土上限下降和产生融化夹层等过程称冻土退化。

### 13.1.2　标志

20 世纪 40 年代，M. И. 苏姆金基于末次冰期以来气候变化的分析，首次提出冻土退化的基本理论，并总结出冻土退化的主要标志（苏联科学院西伯利亚分院冻土研究所，1988）。

（1）冻土温度分布曲线的特殊性（为吸热型），即温度最低值出现在温度年变化层底面以下。

（2）季节冻土层与多年冻土层是不衔接状，两者之间存在着融化层。

（3）在地下冰分布区广泛发育着热喀斯特现象。

（4）与过去的时代相比，气候变暖了。

以上 4 条基本表明了多年冻土退化的一些标志，但不够具体、全面。本章汇总前人冻

土调绘和勘察过程，总结出较系统的现代冻土退化综合性标志（表 13.1），供参考。

**表 13.1　现代多年冻土退化的综合性标志**

<table>
<tr><th colspan="3">多年冻土退化标志</th><th>具体表现</th></tr>
<tr><td rowspan="4">物理标志</td><td colspan="2">状态</td><td>由含冰冻土变为融土，融化后成分、结构变化、密实、脱水</td></tr>
<tr><td rowspan="3">温度</td><td>冻土地温</td><td>与以前某时段对比，冻土地温相对升高</td></tr>
<tr><td rowspan="2">冻土地温的曲线类型</td><td>冻土地温曲线呈负温度梯度型（即吸热型）</td></tr>
<tr><td>冻土地温曲线呈扭曲型（或过渡型）</td></tr>
<tr><td colspan="3">土层力学性质变化</td><td>融化后强度降低，承载力下降，热融突陷</td></tr>
<tr><td colspan="3">地下水位及水化学标志</td><td>冻结层上水位下降，地下水矿化度主要是离子含量垂向变化</td></tr>
<tr><td rowspan="2">多年冻土层厚度变薄</td><td colspan="2">自上而下退化</td><td>季节融化深度加深，上限下降</td></tr>
<tr><td colspan="2">自下而上退化</td><td>多年冻土层下限抬升</td></tr>
<tr><td rowspan="3">冻土类型变化</td><td colspan="2">水平方向</td><td>由连续退化成不连续，由岛状融区退化成岛状冻土</td></tr>
<tr><td colspan="2">垂直方向</td><td>由衔接型退化成不衔接型</td></tr>
<tr><td colspan="2">类型</td><td>由多年冻土退化为季节冻土</td></tr>
<tr><td rowspan="2">融区轮廓</td><td colspan="2">水平方向</td><td>融区范围水平向扩大</td></tr>
<tr><td colspan="2">垂直方向</td><td>融区加深，由非贯穿退化为贯穿融区</td></tr>
<tr><td rowspan="2">景观标志</td><td colspan="2">不良冻土现象</td><td>热融作用增强，热融现象增多，如热融湖塘、热融滑塌、热融沉陷、融冻泥流等</td></tr>
<tr><td colspan="2">生态环境</td><td>地表趋于干旱化，植被群落发生演替，局部地段甚至出现沙化、荒漠化</td></tr>
<tr><td>各类建筑物</td><td colspan="2">建筑物变形</td><td>建筑物明显下沉、破损或破坏加剧</td></tr>
</table>

资料来源：王春鹤，1999，略加修改。

在地质历史时期发生过多次不同尺度及强度的气候波动，多年冻土随之演化。多年冻土对次一级气候波动反应常常被最热最冷时期响应结果容纳，加上多年冻土层本身形成年代很难精确确定，给研究多年冻土演化史造成一定困难。古代多年冻土退化标志，只能从古气候标志、耐寒动物化石（如猛犸象、披毛犀）的集中地段，或古冻土冰缘现象（古冰楔假型、砂楔、土脉、古融冻褶皱等）分布地段并配合地层年代来综合判断，年代越老，古冻土信息越少。由此可见，多年冻土演化是相当复杂的地质、地理过程，是多种因素共同作用的结果。

## 13.1.3　时、空对比

在地质历史时期中，地壳内生成和保存的多年冻土层，不仅是空间现象，而且是时间现象，是在特定的时、空环境下形成和发展的。

在自然条件下，多年冻土的形成和发展趋势与气候变化密切相关。在不同周期波动的影响下，几年内的短期气温升高并不等于多年冻土均在退化，只有地温的升高足以使多年冻土层减薄，或由冻结状态完全变为融化状态时才表明冻土呈区域退化状态。由于不同周期的气温波动影响深度和幅度不同，从而造成在同一时期内不同地区、不同深度处多年冻土退化和形成可能在同时进行，即使同一地点的不同深度处多年冻土的退化和形成也可能在同一时期进行，尤其是浅层多年冻土要经历多次不同幅度和强度的气候波动所导致的反复冻融，形成多期多年冻土和融化夹层的叠加状态。因此分析此类问题时首先要确立时、空尺度，了解不同周期的气候波动影响的深度和幅度，然后再区别是局部的还是区域性的，这样才有助于搞清多年冻土的形成和发展趋势。在探讨冻土退化时，首先要确立对比时段及空间范围，确定出相对统一的时、空尺度。尺度问题的核心取决于该尺度内有关冻土退化的信息量，只有搜集到充足的、准确的信息，才能较精确地描述和对比冻土退化及其过程。冻土退化过程有长、中、短三种尺度周期，目前对我国晚更新世以来的冻土长、中尺度周期变化已有所了解（表 13.2、表 13.3），其中在长周期演化过程中又包含了多次中、短尺度的演化循环。

**表 13.2　晚更新世以来高原多年冻土演化及寒区环境变化**

| 时代 | | | 各阶段开始时间 /aB. P. | 古多年冻土遗迹和古冰缘现象 | 古气候和古地理环境 | 与现今对比的多年冻土分布下界高差及达到最大（小）分布面积 | 相对演化状态 |
|---|---|---|---|---|---|---|---|
| 全新世 | 早期 | 气候剧变期 | 10800 | 砂楔、碎石土楔、风成砂丘、沙垄 | 气候很不稳定，但总趋势向暖湿方向过渡，气温较今低 3 ~ 4℃；冻土及冰缘作用盛行 | 多年冻土下界较今普遍低 600 ~ 700m，冻土以稳定型为主，呈大面积连续分布，总面积为现今的 1.4 ~ 1.5 倍 | 发展 |
| | 中期 | 大暖期 | 8500 ~ 7000 | 古冻土上限，第 1 层深埋藏多年冻土层，厚层地下冰，热融湖塘及洼地、厚层泥炭及腐殖质层 | 气候较温暖、潮湿、气温较今高 2 ~ 3℃、湖沼发育的鼎盛阶段 | 冻土强烈退化阶段，自上而下融化深度达 15 ~ 25m，分布下界较今上升 300 ~ 400m。高山区呈片状连续分布，其他地区为岛状分布或深埋藏多年冻土。冻土总面积比现在小 50% ~ 60% | 退化 |
| | | 寒冷期 | 4000 ~ 3000 | 冻胀丘群、大型多边形及石环等、融冻褶皱、冰碛物 | 较寒冷、干旱的冰缘气候。气温较今低 2℃、冻土及冰缘现象发育 | 已融化的多年冻土层重新冻结。在高原腹部呈衔接状态；边缘局部地段呈不衔接状态。分布下界较今低 300m。冻土面积比现在多 20% ~ 30% | 发展 |
| | 晚期 | 温暖期 | 1000 | 古冻土上限、第 2 层埋藏冻土层、厚层地下冰、融化夹层、冻胀丘洼地 | 气候转暖、气温较今高 1.5 ~ 2.0℃、热融湖塘发育 | 冻土相对退化。自上而下可融化达 10m 以上；冻土分布下界较今高 200 ~ 300m。多年冻土总面积比现在少 20% ~ 30% | 退化 |
| | | 小冰期 | 500 | 古石海、石河、活动砂丘、砂垄、新生的冻土岛、冰碛物 | 较寒冷、干旱的冰缘气候、气温较今低 1.0 ~ 1.5℃、形成很多中小型盐湖和咸水湖 | 已融化的冻土又重新冻结约 10m 深。高原冻土分布格局和现今相似，但分布下界较今低 150 ~ 200m；冻土总面积比当今大 10% 左右 | 发展 |
| | 近代 | 升温期 | 100 | 隔年融化层及埋藏冻土层。季节冻结深度减薄；融化深度增加 | 近 30 年来气温升高 0.6 ~ 0.8℃。冰川退缩，河川径流减少、湖泊、湿地干缩、草场退化、沙漠化现象日趋严重 | 冻土呈区域性退化，下界上升 40 ~ 80m，冻土总面积减少了约 16%；在未来 50 年冻土退化会加剧 | 退化 |

**表13.3　大小兴安岭冻土退化历史时期及对比时段简表（据王春鹤等，1999修改）**

| 阶段 | 退化期 | 大致对比时段 | 划分主要依据 | | | | 冻土退化程度表现 |
|---|---|---|---|---|---|---|---|
| | | | 气候变化周期 | 重大历史事件 | 生产力、生产关系主要变革 | 重大生产建设项目 | |
| 人类活动历史阶段 | 近几年加速退化期 | 10年左右 | 10年波动周期 | 改革开放 | 责任承包制，市场经济 | 特大森林火灾，重建家园；采金，抢运火烧木 | 火灾、人为双重作用，上限下降快，融区扩大，冻土温度上升 |
| | 近几十年退化期 | 近50年左右 | 50年波动周期 | 中华人民共和国成立 | 生产资料公有制、社会主义建设 | 建林业局、建牙林线、嫩林线、呼中支线、伐木、采金、垦荒 | 工程建筑、机械化采金，大量伐木，深入到连续多年冻土区，人为影响冻土退化规模大，范围广、退化速度快 |
| | 近代退化期 | 近100年左右 | 100年波动周期，全球气候转暖 | 清朝、慈禧垂帘听政，沙俄战争 | 封建制、帝国主义列强瓜分掠夺 | 伐木，日俄掠夺金矿、木材、“黄金之路”垦荒，滨州铁路通车 | 大规模，掠夺式采金，伐木，多年冻土南界北移，个别采金遗迹尚未回冻衔接 |
| | 古代退化期 | 100年前到1000年 | 较长期气候变化周期 | 八旗制，女贞族 | 封建制、闭关自守，汉人闯关东 | 垦荒、采金、伐木、放牧 | 手工采金，规模小，采金遗迹平复，南界北移 |
| | | 1000～3000年 | 古气候变化 | 周王朝，武王 | 封建制，铁器时代 | 垦荒、放牧、狩猎 | 气候变化影响为主，人类影响已成遗迹 |
| 地质历史阶段 | 全新世冻土退化期 | 5000～7000年 | 全新世大暖期 | 夏禹、古人类 | 井田制，青铜器时代 | 狩猎 | 耐寒动、植物化石，古冰缘遗迹古气候变化影响范围广，南界已退到42°N线以北 |
| | 全新世以前退化期 | 12000年以前 | 晚更新世的间冰期气候 | 古人类 | | | 耐寒动、植物化石，古冰缘遗迹，古气候变化影响遗迹少 |

目前对近50年来中国现代冻土退化状况已有较详细的描述（王春鹤等，1999；王绍令，1993；Wang and Jin，2000；金会军等，2006a），大致可分为三个时段，即相对稳定、开始退化及加速退化时段。

本章重点论述自然条件下现代冻土退化的时空特性、退化规律及其环境效应等。

## 13.2　现代冻土退化对气候变暖响应的时空特性

近几十年来全球气候转暖是多年冻土退化的基础性因素。从20世纪80年代开始，随着全球气候转暖，我国寒区境内气温普遍开始持续升高，已对多年冻土产生直接影响。气温升高不但影响着冻土时空分布格局，也促使冻土退化，如地温升高、上限加深、冻土层变薄、分布面积减少、地下冰融化及冻土类型和组构变化等。

由于冻土退化具有显著的时空变性和滞后特点，其滞后时间的长短、冻土退化的程度和变暖影响的深度主要取决于气温升高的范围、速率和幅度，并与地层岩性、地表覆盖、地下冰、地热背景及多年冻土层温度有密切关系。以下分别论述青藏高原和大小兴安岭两地区在自然条件下近50年来气候转暖对冻土退化影响的时空特性。

## 13.2.1　青藏高原高海拔型多年冻土

### 1. 气温变化

以10年尺度统计了青藏高原多年冻土区内6个台站1961～2008年来的气温资料（表13.4）。

从10年尺度的平均值变化总体分析，20世纪60年代区内平均气温为-4.52℃，70年代为-4.27℃，80年代为-4.15℃，90年代为-3.81℃，2001～2008年平均为-3.40℃。48年间区内气温平均升高1.12℃，总的平均升温率为0.025℃/a，大于高原周边非多年冻土区（0.017～0.019℃/a），更远远高于全国气温的平均升温率0.005℃/a（秦大河，2002b）。从时间序列分析，20世纪80年代以后10年尺度气温平均值开始高于48年的总气温平均值，90年代以来气温平均升温率明显增长，尤其是21世纪以来升温率增长更快。在空间上，玛多、曲玛莱和安多站分别位于高原多年冻土区东、南部边缘地带，升温率分别为0.026℃/a、0.022℃/a和0.016℃/a，低于大片连续多年冻土区内的五道梁、沱沱河及风火山站（0.028℃/a）（表13.4）。

**表13.4　青藏高原多年冻土区6个台站1961～2008年10年尺度气温平均值及升温率变化**

| 台站 | 经度/E | 纬度/N | 海拔/m | 多年平均气温（1961～2008年）/℃ | 20世纪/℃ | | | | 2001～2008年/℃ | 2001～2008年和1961～1970年平均气温的差/℃ | 48年平均升温率/（℃/a） |
|---|---|---|---|---|---|---|---|---|---|---|---|
| | | | | | 60年代 | 70年代 | 80年代 | 90年代 | | | |
| 玛多 | 98°13′ | 34°55′ | 4272.3 | -3.9 | -4.22 | -4.17 | -3.94 | -3.42 | -3.04 | 1.18 | 0.026 |
| 曲玛莱 | 95°47′ | 34°08′ | 4175.0 | -2.3 | -2.65 | -2.36 | -2.38 | -1.87 | -1.65 | 1.00 | 0.022 |
| 五道梁 | 93°05′ | 35°13′ | 4612.2 | -5.5 | -5.87 | -5.40 | -5.51 | -5.19 | -4.60 | 1.27 | 0.028 |
| 风火山 | 92°53′ | 34°43′ | 4776.0 | -6.1 | -6.69 | -6.46 | -6.27 | -5.81 | -5.40 | 1.29 | 0.028 |
| 沱沱河 | 92°26′ | 34°13′ | 4533.1 | -4.2 | -4.39 | -4.01 | -4.12 | -3.93 | -3.11 | 1.28 | 0.028 |
| 安多 | 91°48′ | 32°21′ | 4680.0 | -3.0 | -3.32 | -3.21 | -2.70 | -2.62 | -2.61 | 0.71 | 0.016 |
| 10年尺度平均值/℃ | | | | -4.2 | -4.52 | -4.27 | -4.15 | -3.81 | -3.40 | 1.12 | |
| 10年尺度升温率/（℃/a） | | | | | | -0.015 | 0.012 | 0.034 | 0.039 | | 0.025 |

### 2. 地面温度变化

地面温度是地表辐射、热量平衡和大气环流运动综合作用的结果，反映和制约着多年冻土的热力学特征，它直接影响土层热通量和多年冻土的变化。地面温度作为多冻土上边界条件是判断多年冻土存在和发育程度的重要指标之一，亦是水、热平衡计算和地面光谱特性的重要参数。高原地面粗糙度、反照率、土壤湿度及导热率是影响地面温度变化的主要因素。高原冻土退化、土地沙化、植被覆盖度降低等改变了地面的反照率、热容量及向大气和土层中的感热和潜热，从而使地面温度升高。

统计高原多年冻土区 5 个台站 1961 ~ 2008 年 10 年尺度地面温度平均值及年代际变化（表 13.5）。由表可见，高原多年冻土区内 48 年间平均地面温度升高 1.34℃，平均年升温率为 0.030℃/a，高于周边季节冻土区内地面温度升温率（0.028℃/a）。与同期同区域气温变化相比（表 13.4），地面温度的升温幅度和升温率亦高于气温的升温幅度（1.12℃）和升温率（0.025℃/a）。原因与高原多年冻土区地势相对较高，辐射强，年日照时数多，植被普遍较稀疏、矮小，以及近期沙漠化日趋严重等因素有关。

从表 13.5 可见，玛多、沱沱河、安多在 20 世纪 60 ~ 70 年代际平均地面温度均为负值，至 80 年代逐渐转变为正值，随后三站处也由原来的多年冻土区变为目前的季节冻土区或融区。

多年冻土较发育的五道梁地段，地表热源强度和地表辐射能量分量变化表明，从 20 世纪 90 年代初地表热源强度开始迅速增强，土壤热通量自 1997 年以来有明显增大的趋势，土壤热平衡系数亦逐步增大，平均值为 1.17（李韧等，2005）。

地面温度冻结和融化指数是表征地面散热和热积累的程度，应用地面温度冻结和融化指数变化可分析多年冻土的变化趋势。从表 13.6 可见，近 45 年来高原多年冻土区的台站，地面冻结指数均不断减少，融化指数逐渐增加。这说明本区在寒季或暖季地面温度均有升高的趋势，可能导致冻土呈较大面积的退化状态。

**表 13.5　青藏高原多年冻土区 5 个台站 1961 ~ 2008 年 10 年尺度地面温度平均值及升温率变化**

| 台站 | 经度/E | 纬度/N | 海拔/m | 多年平均地面气温/℃ | 20 世纪/℃ | | | | 2001 ~ 2008 年/℃ | 2001 ~ 2008 年和 1961 ~ 1970 年平均地面温度的差/℃ | 48 年平均升温率/（℃/a） |
|---|---|---|---|---|---|---|---|---|---|---|---|
| | | | | | 60 年代 | 70 年代 | 80 年代 | 90 年代 | | | |
| 玛多 | 98°13′ | 34°55′ | 4272 | 0.44 | -0.08 | -0.09 | 0.46 | 0.83 | 1.10 | 1.18 | 0.026 |
| 曲玛莱 | 95°47′ | 34°08′ | 4175 | 1.77 | 1.38 | 1.26 | 1.57 | 2.13 | 2.40 | 1.02 | 0.023 |
| 五道梁 | 93°05′ | 35°13′ | 4612 | -1.0 | -1.90 | -1.19 | -0.87 | -0.66 | -0.50 | 1.40 | 0.031 |
| 沱沱河 | 92°26′ | 34°13′ | 4533 | 0.00 | -0.70 | -0.20 | 0.00 | 0.20 | 0.70 | 1.40 | 0.031 |
| 安多 | 91°48′ | 32°21′ | 4680 | 0.78 | -0.40 | 0.80 | 0.90 | 1.30 | 1.30 | 1.70 | 0.038 |
| 10 年尺度平均值/℃ | | | | 0.40 | -0.34 | 0.11 | 0.41 | 0.76 | 1.00 | 1.34 | |
| 10 年尺度升温率/（℃/a） | | | | | | | 0.03 | 0.04 | 0.048 | | 0.030 |

表 13.6　高原多年冻土区 5 个台站地面温度及地面温度冻结和融化指数统计表

| 台站 | 项目 | 20 世纪 | | | | 2001 ~ 2005 年 | 多年平均值 |
|---|---|---|---|---|---|---|---|
| | | 60 年代 | 70 年代 | 80 年代 | 90 年代 | | |
| 玛多 | 平均地面温度/℃ | -0.08 | -0.09 | 0.46 | 0.83 | 1.10 | 0.44 |
| | 冻结指数/℃ · d | 1657 | 1619 | 1330 | 1470 | 1287 | 1473 |
| | 融化指数/℃ · d | 2093 | 2184 | 2176 | 2286 | 2331 | 2214 |
| | 融冻比值 | 1.26 | 1.34 | 1.63 | 1.56 | 1.81 | 1.50 |
| 曲玛莱 | 平均地面温度/℃ | 1.38 | 1.26 | 1.57 | 2.13 | 2.40 | 1.77 |
| | 冻结指数/℃ · d | 1335 | 1298 | 1302 | 1175 | 1012 | 1224 |
| | 融化指数/℃ · d | 1578 | 1663 | 1649 | 1862 | 1943 | 1739 |
| | 融冻比值 | 1.18 | 1.26 | 1.27 | 1.58 | 1.76 | 1.42 |
| 五道梁 | 平均地面温度/℃ | -1.90 | -1.19 | -0.87 | -0.66 | -0.50 | -1.00 |
| | 冻结指数/℃ · d | 1912 | 1732 | 1853 | 1670 | 1530 | 1740 |
| | 融化指数/℃ · d | 1764 | 1790 | 1748 | 1951 | 1991 | 1849 |
| | 融冻比值 | 0.92 | 1.03 | 0.94 | 1.17 | 1.30 | 1.06 |
| 沱沱河 | 平均地面温度/℃ | -0.70 | -0.20 | 0.00 | 0.20 | 0.70 | 0.00 |
| | 冻结指数/℃ · d | 1841 | 1702 | 1882 | 1695 | 1672 | 1758 |
| | 融化指数/℃ · d | 2942 | 2777 | 2852 | 3196 | 3211 | 2995 |
| | 融冻比值 | 1.60 | 1.63 | 1.52 | 1.89 | 1.92 | 1.70 |
| 安多 | 平均地面温度/℃ | -0.40 | 0.80 | 0.90 | 1.30 | 1.30 | 0.78 |
| | 冻结指数/℃ · d | 1712 | 1388 | 1328 | 1380 | 1365 | 1435 |
| | 融化指数/℃ · d | 2866 | 2949 | 3085 | 3304 | 3298 | 3100 |
| | 融冻比值 | 1.67 | 2.12 | 2.32 | 2.39 | 2.42 | 2.16 |

在岛状冻土区或连续多年冻土区边缘地段（如玛多、沱沱河及安多等站处），地面温度融化指数与冻结指数之比，目前已升至为 1.8 ~2.4，说明表土层一年内吸热总量已明显大于放热总量，造成表土层热量积累，从而造成年平均地面温度由负值转为正值，地温随之逐渐升高，多年冻土层亦基本消融完毕。在连续多年冻土区内，如五道梁站址处，地面温度由 20 世纪 60 年代的-1.9℃，升至目前的-0.5℃，融化和冻结指数之比，由原来的 0.92 升至目前的 1.30。虽然目前多年冻土层地温较低，但从地表热量收支状态变化趋势分析，地温正逐渐升高，以其发展趋势判断，仍可视为冻土处于退化状态。

### 3. 多年冻土退化

高原多年冻土对气候变暖的直接响应是地温升高、多年冻土上限值增大、分布面积逐渐缩减等，随之活动层水分减少，从而对土壤和植被产生影响，又引起冻土区一系列生态环境变化（王根绪等，2006；张森琦等，2004；王绍令，1998）。

1）地温变化

地温变化首先应归结于气温的波动变化，无论是浅层或深层地温，其变化所表现的周期性与气温及地面温度相一致，只是随深度加深，变化周期的位相滞后，振幅减弱，年较变差小，直至趋于零。

高原多年冻土区地温变化是在气温变化的基础上叠加了地表条件、土层物理性质等条件限制下的局地波动影响。尽管也可能受地球内部热量的影响，其影响所造成的变化，在以10年代际的周期内可视为极其微弱。多年冻土层地温变化是相当复杂的，它在受不同周期气温波动影响的同时，每个周期的气温波动影响深度和幅度不同，往往在前面气温响应尚未完成的基础上，又开始响应新的气温变化。目前高原上数十米厚的多年冻土层分布格局和地温状况主要是在全新世小冰期（500～1000a. B. P）气候的控制和影响的基础上形成的，是近百年来高原气候转暖多年冻土退化的继续和加强（金会军等，2006b）。多年冻土层地温是气候变化相当好的“存储器”，利用地温可恢复古气候环境，同时也可预测未来冻土变化。

根据1975年以来（个别钻孔从1961年开始）高原冻土区内的60个钻孔长期较连续的地温资料，采用不同时段、不同深度段分别计算其升温率。所选取的测温孔深度均大于10m，其中大于20m深的为38个，包括3个60～70m深的钻孔。这些钻孔在20世纪70～80年代是用阿斯曼缓变温度计测温，精度为±0.1℃；80年代中、后期多使用电阻温度计，精度为±0.1℃；20世纪90年代以后大多改用铂金热敏电阻温度计和自动数采仪，精度为±0.05～0.1℃。

通过大量钻孔地温曲线分析得知，近年来高原上大部分钻孔地温年平均曲线基本上呈退化型，即在年变化深度范围内上部地温年平均值普遍高于下部地温，退化状态首先反映在5～10m深段，在年变化深度附近段地温大多已开始转为过渡型地温曲线。

据统计数据表明，大多数钻孔从1985年开始升高，但升温率很小，为0.01～0.03℃/a。从1996年以后，地温升温率明显增长（表13.7），一般为0.02～0.06℃/a，个别可达0.07℃/a，可见近期地温增长速度加快与气温升值快有密切的关系。在相同气候环境下，区域性地温升温率是随冻土年平均地温呈负相关，如表13.7中昆仑山垭口、可可西里北坡、风火山等低温冻土地段，5～10m深的地温升温率普遍为0.03～0.07℃/a，高于其他地段的升温率。但在高温冻土区，多年冻土层薄，由于多年冻土层底板处由下向上融化，反而造成底板附近地段地热增温率较上部高，如表13.7中西大滩地段。

**表13.7　青藏高原多年冻土区内各区段近年来（1996～2008年）地温升温率**

| 区段 | | 年平均地温/℃ | 不同深度的升温率/（℃/a） | | | | | | | | | | |
|---|---|---|---|---|---|---|---|---|---|---|---|---|---|
| | | | 5m | 6m | 7m | 8m | 10m | 15m | 20m | 30m | 40m | 50m | 60m |
| 青藏公路沿线 | 西大滩 | 0.2～-0.5 | 0.027 | 0.021 | 0.024 | 0.031 | 0.048 | 0.048 | 0.048 | 0.045 | | | |
| | 昆仑山口 | -2.8～-3.0 | 0.071 | 0.058 | 0.065 | 0.061 | 0.048 | 0.018 | 0.011 | 0.008 | | | |
| | 昆仑山口南侧 | -2.6～-2.8 | 0.067 | 0.058 | 0.055 | 0.053 | 0.051 | 0.021 | 0.015 | 0.011 | | | |
| | 楚玛尔高平原 | -0.5～-0.8 | 0.033 | 0.031 | 0.028 | 0.028 | 0.026 | 0.023 | 0.021 | | | | |

续表

| 区段 | | 年平均地温/℃ | 不同深度的升温率/（℃/a） | | | | | | | | | | |
|---|---|---|---|---|---|---|---|---|---|---|---|---|---|
| | | | 5m | 6m | 7m | 8m | 10m | 15m | 20m | 30m | 40m | 50m | 60m |
| 青藏公路沿线 | 五道梁 | -0.8～-1.0 | 0.036 | 0.036 | 0.035 | 0.034 | 0.032 | 0.028 | 0.022 | 0.024 | 0.032 | 0.045 | 0.004 |
| | 可可西里北坡 | -1.8～-2.0 | 0.043 | 0.071 | 0.058 | 0.055 | 0.048 | 0.032 | 0.024 | | | | |
| | 风火山 | -2.8～-3.0 | 0.067 | 0.058 | 0.025 | 0.020 | 0.013 | 0.008 | 0.007 | | | | |
| | 安多河谷地 | -0.2～-0.4 | 0.033 | 0.034 | 0.026 | 0.020 | 0.013 | 0.010 | 0.007 | 0.006 | 0.005 | | |
| | 两道河盆地 | -1.1～-1.2 | 0.021 | 0.020 | 0.018 | 0.017 | 0.015 | 0.013 | 0.011 | 0.008 | 0.007 | 0.005 | 0.005 |
| 青康线花石峡 | | 0.2～-0.5 | 0.032 | 0.025 | 0.021 | 0.019 | 0.026 | 0.034 | 0.035 | | | | |

根据青藏公路沿线多年冻土区内各测点土壤热通量观测结果表明（表13.8）：在1996～2004年5cm深处土壤热通量均呈单峰型，在一年之中有7个月（3～9月）为正值，即从地表向土层输入热量，另外5个月（10月至翌年2月）为负值，即从土层放出热量，全年年平均土壤热通量各测点均大于0。就年平均而言，在目前多年冻土区内热量总的传输方向是由地表层向下层土壤中输送，土层中热量的不断输入积累而导致地温升高，冻土退化。从表13.8中可见，年平均地温越低处，气温差越大，土壤热通量年平均值越大，则输入土壤的热量越多，相对比较而言，低温冻土区内地温升值较大，其升温率亦相应大些。

**表13.8　青藏公路沿线多年冻土区各测点土壤热通量年平均值对比**

| 测点 | 昆仑山口 | 66道班 | 五道梁 | 可可西里 | 北麓河 | 开心岭 |
|---|---|---|---|---|---|---|
| 年均地温/℃ | -2.6 | -0.5 | -0.8 | -1.8 | -1.0 | -1.5 |
| 土壤热通量年平均值/W·m$^2$ | 1.4 | 0.6 | 0.3 | 1.0 | 0.6 | 0.7 |

大量地温数据表明，高原多年冻土区内5m以内的浅层地温受一年内季节变化的气温影响大，地温波动频繁，变化复杂，大于5m深地温对较长时间尺度（10年或10年以上）气温变化的响应相关性比年际变化要好。虽然5～10m深段地温主要随各年平均气温而波动，但能同时显示出多年的趋势变化。11～20m深段地温主要受10年代际气温波动影响，可使年平均地温发生数量变化。深20m以下的地温主要受10年代际以上气温波动影响。

根据冻土地温升温率变化状况（表13.7），可将高原多年冻土分成三类：低温冻土（MAGT<-2℃）、过渡型冻土（-2℃≤MAGT≤-1℃）及高温冻土（MAGT>-1℃）。

考虑到多年冻土对气候变化的时滞性响应，将冻土地温变化时段序列比气温及地面温度变化时段序列分别向后推迟5年进行对比及响应分析，可综合成三个10年代际时段：1976～1985年、1986～1995年和1996～2008年。1975年以前高原上钻孔地温资料很少，而且年平均地温基本上没明显变化，所以未另列一个时段。

将钻孔地温按深度分成三个级别的深度段：5～10m、11～20m和大于20m深段。

最后将气温、地面温度及地温升温率变化范围按冻土类型、时段及深度段分类归纳汇总成表 13.9，综合分析高原冻土退化对气温转暖响应的时、空变化规律性。

从表 13.4、表 13.5 和表 13.9 所示，1976～1985 年虽然气温和地面温度已开始升高，但多年冻土的年平均地温大多数未变，仅在高温多年冻土区和过渡型多年冻土区内的部分钻孔 5～10m 深段升温率波动于-0.001～0.015℃/a。这些钻孔多分布在地表较干燥、植被稀疏的粗颗粒土层地段，该时段高原多年冻土基本呈相对稳定阶段。1986～1995 年，随着高原气温、地面温度的持续升温导致多年冻土大面积退化，地温缓慢升高，年平均地温普遍增高 0.1～0.2℃，个别地段可达 0.3℃，升温率为 0.01～0.035℃/a，冻土转为缓慢退化阶段。1996～2008 年由于 20 世纪 90 年代以后气温和地面温度显著增加，地表向下传递的热量增强，造成 5～10m 深段地温升温率为 0.016～0.07℃/a（表 13.9），比前 10 年（1986～1995 年）增长一倍，导致多年冻土年平均地温普遍升高 0.2～0.3℃，个别地段可达 0.4℃，高原多年冻土已转为区域性的加速退化阶段。在高温冻土区内多处出现垂直向不衔接冻土。此时段，低温多年冻土层升温普遍加快，其升温率已明显大于高温冻土，原因是低温冻土区内土壤热通量年平均值大于高温冻土（表 13.8），进入土层的热量较多，低温冻土层升温仅增高冻土体自身的温度。当高温冻土层升温接近 0℃时，将有部分地下冰开始融化成液态水，冰融化成水需要吸收大量的潜热。为此，在同样的外部条件下，此时段低温冻土的升温率变大，增温值亦相应大些。

**表 13.9　青藏高原各类冻土在不同时段、深度段，气温、地面温度（℃）及地温升温率（℃/a）变化范围**

<table>
<tr><th>类型</th><th colspan="3">1976～1985 年</th><th colspan="3">1986～1995 年</th><th colspan="3">1996～2008 年</th></tr>
<tr><td rowspan="5">低温冻土<br>MAGT<<br>-2℃</td><td>气温</td><td colspan="2">-0.01～0.015</td><td>气温</td><td colspan="2">0.006～0.035</td><td>气温</td><td colspan="2">0.02～0.06</td></tr>
<tr><td>地面温度</td><td colspan="2">-0.0～0.025</td><td>地面温度</td><td colspan="2">0.01～0.035</td><td>地面温度</td><td colspan="2">0.03～0.07</td></tr>
<tr><td rowspan="3">地温</td><td>5～10m</td><td>0.0～0.0</td><td rowspan="3">地温</td><td>5～10m</td><td>0.01～0.03</td><td rowspan="3">地温</td><td>5～10m</td><td>0.03～0.07</td></tr>
<tr><td>11～20m</td><td>0.0～0.0</td><td>11～20m</td><td>0.0～0.02</td><td>11～20m</td><td>0.02～0.04</td></tr>
<tr><td>>20m</td><td>0.0～0.0</td><td>>20m</td><td>0.0～0.0</td><td>>20m</td><td>0.01～0.02</td></tr>
<tr><td rowspan="5">过渡型冻土<br>-2℃≤<br>MAGT≤<br>-1℃</td><td>气温</td><td colspan="2">-0.01～0.015</td><td>气温</td><td colspan="2">0.006～0.035</td><td>气温</td><td colspan="2">0.02～0.06</td></tr>
<tr><td>地面温度</td><td colspan="2">-0.01～0.025</td><td>地面温度</td><td colspan="2">0.007～0.035</td><td>地面温度</td><td colspan="2">0.03～0.07</td></tr>
<tr><td rowspan="3">地温</td><td>5～10m</td><td>-0.01～0.01</td><td rowspan="3">地温</td><td>5～10m</td><td>0.01～0.03</td><td rowspan="3">地温</td><td>5～10m</td><td>0.016～0.06</td></tr>
<tr><td>11～20m</td><td>0.0～0.0</td><td>11～20m</td><td>0.0～0.02</td><td>11～20m</td><td>0.01～0.03</td></tr>
<tr><td>>20m</td><td>0.0～0.0</td><td>>20m</td><td>0.0～0.01</td><td>>20m</td><td>0.01～0.02</td></tr>
<tr><td rowspan="5">高温冻土<br>MAGT><br>-1℃</td><td>气温</td><td colspan="2">-0.01～0.015</td><td>气温</td><td colspan="2">0.006～0.035</td><td>气温</td><td colspan="2">0.02～0.06</td></tr>
<tr><td>地面温度</td><td colspan="2">-0.01～0.025</td><td>地面温度</td><td colspan="2">0.007～0.040</td><td>地面温度</td><td colspan="2">0.03～0.07</td></tr>
<tr><td rowspan="3">地温</td><td>5～10m</td><td>-0.01～0.015</td><td rowspan="3">地温</td><td>5～10m</td><td>0.014～0.035</td><td rowspan="3">地温</td><td>5～10m</td><td>0.017～0.05</td></tr>
<tr><td>11～20m</td><td>0.0～0.008</td><td>11～20m</td><td>0.01～0.016</td><td>11～20m</td><td>0.02～0.04</td></tr>
<tr><td>>20m</td><td>0.0～0.01</td><td>>20m</td><td>0.01～0.032</td><td>>20m</td><td>0.03～0.06</td></tr>
</table>

在 20 世纪末期，高原持续转暖的气温已影响到 60m 深处的地温，如两道河盆地 CK7 孔 59.8m 深处地温 1998 年比 1976 年升高 0.1℃，20m 深处地温已升高 0.3℃，40m 深处已升高 0.2℃，说明近几十年来的气温波动周期已影响到 60m 以下的深度。

在表 13.9 中，高温冻土一栏的 1986～1995 年及 1996～2008 年两时段内，大于 20m 深段的地温升温率反而高于上部两深度的地温升温率，这种现象多出现在多年冻土边缘地带，多年冻土层厚为 15～30m 地段内（表 13.7）。目前多年冻土层由下向上退化速度一般大于由上向下退化速度（金会军等，2006b），原因是青藏高原是地球上最“年轻”的高原，构造活动异常强烈，造成多年冻土层底板以下融土层地温梯度（$g_{融}$）大于多年冻土的地温梯度。据统计高原多年冻土地温梯度一般为 0.04～0.07℃/m，最小为 0.02℃/m，而融土层地温梯度大部分为 0.05～0.10℃/m，最小为 0.03℃/m，融土层与冻土层地温梯度比值（$g_{融}/g_{冻}$）为 1.1～2.0。近数年来，随着气温转暖、地温逐渐升高，高温多年冻土层大多数地温曲线向零梯度趋近。冻土底板以下融土层地温升高后，地温梯度反而增大，进一步加大融土层与多年冻土层地温梯度比值，导致融土传向多年冻土下界面附近的热流增加，提高了该段地温升温率，从而造成冻土下限附近升温率高于上部，同时加速了多年冻土层由下向上的退化速度。由于双向退化，冻土地温升高快，相应的滞后的时间短。

2）上限变化

在天然条件下，地表状况无明显改变时，多年冻土上限呈现大范围持续下降，可认为是冻土退化对气候转暖响应的迹象。

对高原 20 世纪 70 年代以来 710 个浅孔和试坑的多年冻土上限进行分析统计，分别按地段和时段归纳成表 13.10。虽然多年冻土上限变化随机性很大（即主要受当年气温的影响），但随着气温持续升高，高原多年冻土上限值普遍呈增大的趋势，近 30 年来上限值一般增高了 25～50cm，个别“高温”少冰冻土类地段可达 70～80cm。上限年增量值主要与气温升值有关，同时亦取决于活动层本身的岩性、含水率（即冻土类别），少冰类冻土上限增量值大，而多冰类冻土增量值小（表 13.10）。

从表 13.10 可见，1976～1985 年，高原气温基本上呈波动起伏，变化幅度不大，多年冻土上限随当时气温波动有增有减，年平均增量值为-1～2cm/a。1986～1995 年，多年冻土上限值普遍增大，年平均增量值为 1～3cm/a，多年冻土开始出现较大面积的退化。1996～2008 年上限年平均增量值与前 10 年相比有明显增加，增量值为 2～10cm/a。多年冻土边缘地带，融区范围不断扩大，垂向上多处发现冻土层不衔接现象，充分显示出冻土加速退化的迹象。

**表 13.10　青藏公路沿线天然状态下多年冻土上限变化对比**

| 区段 | 目前年平均地温/℃ | 3 个时间段上限值/cm | | | 主要冻土类别* |
|---|---|---|---|---|---|
| | | 1976～1985 年 | 1986～1995 年 | 1996～2008 年 | |
| 西大滩 | 0.2～-0.5 | 235～350 | 242～358 | 265～413 | S，D |
| 昆仑山 | -2.6～-3.0 | 95～261 | 101～274 | 123～296 | H，F，B |
| 楚玛尔河 | -0.5～-0.8 | 102～300 | 121～320 | 186～359 | B，F |
| 五道梁 | -0.8～-1.0 | 98～282 | 101～298 | 131～334 | H，B，D |
| 可可西里 | -1.5～-2.0 | 92～250 | 95～254 | 120～288 | H，B，F |
| 风火山 | -2.5～-3.8 | 87～212 | 102～220 | 121～253 | H，B |

续表

| 区段 | 目前年平均地温/℃ | 3 个时间段上限值/cm | | | 主要冻土类别* |
|---|---|---|---|---|---|
| | | 1976～1985 年 | 1986～1995 年 | 1996～2008 年 | |
| 唐古拉山 | -1.0～-2.5 | 108～298 | 115～302 | 151～352 | H，B，F，D |
| 桃儿九山 | -1.0～-1.5 | 87～195 | 103～202 | 126～247 | H，B |
| 安多河谷地 | 0～-1.2 | 167～281 | 180～305 | 221～358 | B，F，D |
| 年平均增量/(cm/a) | | -1～2 | 1～3 | 2～10 | |

*冻土类别：S. 少冰冻土；D. 多冰冻土；F. 富冰冻土；B. 饱冰冻土；H. 含土冰层。

3）面积变化

广义来看，高原多年冻土实际上是耸立于亚洲中部海拔最高、分布面积最大的多年冻土岛。近 30 年来高原气温持续升高，随之地温升高，造成数米厚的薄层多年冻土已融完变为季节冻土区或使融区扩大，多年冻土分布下界普遍升高 40～80m，导致高原四周岛状多年冻土分布下界向中心推移，如青藏公路岛状多年冻土南部下界向北推移 12km，其北部下界向南推移约 3km，高原东部玛多县城附近岛状多年冻土界线向西推移达 15km。冻土退化使高原多年冻土总面积逐渐缩减（表 13.11）。高原多年冻土分布总面积的统计是一项相当困难和复杂的研究课题，由表 13.11 可见，各作者选用的底图比例尺及所用方法、手段不一致，使统计结果产生一定的误差，但瞻视近 30 年来多年冻土面积变化的总趋势是正处于不断缩减。

**表 13.11　高原多年冻土总面积概况变化**

| 作者及年份 | 总面积/$10^4 km^2$ | 备注 |
|---|---|---|
| 周幼吾和郭东信，1982 | 150.0 | 按 1975 年编制的 1∶1000 万“中国冻土图”统计 |
| 徐学祖和郭东信，1982 | 149.3 | 按 1978 年编制的 1∶400 万“中国冻土分布图”统计 |
| 李树德等，1996 | 140.1 | 按 1996 年编制的 1∶300 万“青藏高原冻土图”统计 |
| 李新和程国栋，1999 | 129.4 | 按“高程模型”统计 |
| 南卓桐等，2002 | 126.7 | 按地温和气温相关联的 TTOP 模型统计 |
| 南卓桐，2006 | 125.83 | 按 2006 年编制的 1∶400 万“中国冰川冻土沙漠图”统计 |

高原多年冻土面积缩减首先发生在冻土边缘地带，特别是人类活动较频繁而强烈的地区，冻土退化显得更为剧烈。如青藏公路南段（117～125 道班）岛状冻土区内，1975 年冻土调查时，多年冻土岛总面积占调查区面积的 20.2%，1996 年复查时已变为 13.0%（Wang and Jin，2000），目前仅剩下约 5% 的零星冻土岛，其面积减少量及缩减速度是相当大的。

### 4. 多年冻土变化的时、空规律

相对全新世小冰期而言，近百年来高原冻土总体是处在缓慢退化的背景下，在时间和空间上表现出不均匀的非同步退化进程，其演化过程总是不同程度地滞后于各周期气候的变化。

现代高原冻土是受高原多种气候周期波动影响叠加而形成的，但冻土地温变化对次一级气温波动的响应往往被较强烈时间序稍后的顶级（最冷或最暖时段）响应结果所包容。从而造成在同一时期内，高原上不同地区冻土退化程度不一样，同一地点的不同深度段冻土退化速率也有差异。因此有必要了解不同时段气温波动影响的深度和幅度，即地温升温率的变化，才能有助于搞清高原冻土的退化程序、方式和速率等问题。

在受气温变暖影响的地球系统各圈中，环境脆弱的冰冻圈对气候变化最敏感，响应最快，亦最显著，其中高原多年冻土区表现得更为突出。

据 IPCC WGI 第四次评估报告，目前全球气候呈现以转暖为主要特征的显著变化，最后 12 年（1995 ~ 2006 年）中有 11 年位列 1850 年以来最暖的 12 年之中，近 50 年来平均线性升温率（0.13℃/a）。几乎是近 100 年来的 2 倍（沈永平，2007）。

近 48 年来（1961 ~ 2008 年）高原多年冻土区气温平均上升了 1.12℃，平均升温率为 0.025℃/a；地面温度上升了 1.34℃，平均升温率为 0.030℃/a，远远高于全球的气温及地面温度升温率，是近百年来影响高原冻土退化最强烈的、最长的气候波动周期，尤其从 20 世纪 90 年代后期以来，其气温、地面温度均呈大幅度增长的趋势，从而加快了高原冻土退化的进程，同时亦显示出高原冻土退化对气候响应的时空差异性。

从 20 世纪 80 年代末开始，随着高原气候转暖，冻土退化首先发生在高温冻土地段，然后逐渐向过渡型和低温冻土地段扩展，到 90 年代末，全区普遍呈现区域性冻土退化状态。不同类型的冻土退化表现形式亦有差异，在高温冻土地段表现为平面分布范围缩小、面积减少。垂向上为冻土层厚度减薄或消失，以岛状冻土地段表现最为明显，低温冻土及过渡型冻土主要表现为地温升高。

冻土地温对气温变化的响应也相当复杂，其滞后时间的长短，不仅与气温升温率有关，同时与岩性、地下冰、地表植被等因素亦有密切联系。从时、空序列分析，各类冻土首先从浅层（即 10m 以上）范围升温，到 20 世纪 80 年代末，在年变化深度（11 ~ 20m）段普遍升温，尤其到 1996 ~ 2008 年各深度段地温升温率成倍增长（表 13.9）。冻土的时、空变化反映了高原自 20 世纪 80 年代中期以来气温持续转暖，并于 90 年代后期以来气温显著升高的结果。

据近几年钻孔地温统计表明（表 13.9）：从 21 世纪开始，20m 深度内的冻土层退化速度明显加快，年平均地温普遍升高 0.2 ~ 0.4℃，20 ~ 50m 深段地温已升高 0.1 ~ 0.2℃，个别地段 50 ~ 70m 深段地温亦开始升温，它反映出高原近 48 年来（1961 ~ 2008 年）气温转暖周期已影响到 50 ~ 70m。

据钻孔资料的统计和对比，高原各类冻土不同深度段地温升高（指温度计可观测出的数值）滞后于气温变化的时差大致如下：5 ~ 10m 深度段地温滞后于气温变化为 2 ~ 5 年；11 ~ 20m 深度段地温滞后于气温变化为 4 ~ 10 年；20 ~ 30m 深度段地温滞后于气温变化为 8 ~ 25 年；30 ~ 50m 深度段地温滞后于气温变化为 20 ~ 35 年；50 ~ 70m 深度段地温滞后于气温变化为 30 ~ 45 年。

从区域对比，高原多年冻土区南部和东部边缘地带，由于地形起伏较缓，所以冻土退化范围显得比北部（昆仑山北坡）更宽阔些，冻土环境变化也较明显。

综上所述，地温变化首先表现在 10m 以上的浅层部位，滞后于气温变化时间短，升温迅速、升温幅度和升温率大。随着地表热量向下传递过程的衰减，相应的升温幅度和升温率亦变小，滞后时间亦变长。多年冻土层零点幕的存在，造成多年冻土地温变化所需要的时间远远大于融土。由于高原特殊的地热背景，在同样气温升温率条件下，高原多年冻土地温升温率比中、高纬度多年冻土要大些，滞后时间要短些，而涉及影响深度相应要深些。

在未来 50 年内，如果高原气温继续升高或维持现状，高原各类冻土在不同深度段的退化速度仍要加快，多年冻土分布格局将发生明显的变化（吴青柏等，2001）。

## 13.2.2　大小兴安岭中、高纬度型多年冻土

冻土层解冻对气候的影响将是森林砍伐所造成影响的 2.5 倍，因为冻土层解冻释放的气体多为甲烷，而甲烷存留太阳热量的效率是二氧化碳的 25 倍，本区冻土退化又反馈于气温显著增高。

### 1. 气温变化

利用 42 个气象台站 1951 ~ 2005 年的气温资料，对近 60 年来东北地区气温变化过程进行分析，结果表明：整个东北地区气温经历了 20 世纪 60 ~ 70 年代的相对低温波动，70 年代末气温开始回升，从 80 年代开始进入了 30 年之久的持续升温期，平均升温值达 1.5℃，年平均增温率为 0.03℃/a，尤其是最近十几年气温升高更为突出。

随后又将大小兴安岭及周边地区 13 个台站的资料以 10 年尺度进行统计（表 13.12），从表 13.12 可见，本区内平均气温升高均在 1.1 ~ 2.5℃，平均增温幅度达 1.77℃，45 年来气温平均增温率为 0.038℃/a，其增温幅度及增温率明显高于整个东北地区，亦是全国气温增温较高的地区之一。

**表 13.12　大小兴安岭及周边地区各台站 1961 ~ 2005 年 10 年尺度气温平均值及增温率变化**

| 台站 | 经度/E | 纬度/N | 海拔/m | 45 年来气温平均值(1961 ~2005 年)/℃ | 气温平均值/℃ | | | | | 2001 ~ 2005 年和 1961 ~ 1970 年气温平均值的差/℃ | 45 年来升温率平均值/(℃/a) |
|---|---|---|---|---|---|---|---|---|---|---|---|
| | | | | | 20 世纪 60 年代 | 20 世纪 70 年代 | 20 世纪 80 年代 | 20 世纪 90 年代 | 2001 ~ 2005 年 | | |
| 图里河 | 121°41′ | 50°29′ | 732.6 | -4.5 | -5.4 | -5.0 | -4.3 | -3.9 | -4.0 | 1.4 | 0.031 |
| 海拉尔 | 119°45′ | 49°13′ | 610.2 | -0.9 | -2.0 | -1.7 | -1.1 | -0.1 | 0.2 | 2.2 | 0.049 |
| 博克图 | 121°55′ | 48°46′ | 739.7 | -0.5 | -1.0 | -0.9 | -0.4 | 0.0 | 0.1 | 1.1 | 0.024 |
| 阿尔山 | 119°57′ | 47°10′ | 1027.4 | -2.6 | -3.3 | -3.1 | -2.8 | -2.1 | -1.8 | 1.5 | 0.033 |
| 东乌旗 | 116°58′ | 45°31′ | 838.7 | 1.5 | 0.7 | 1.0 | 1.3 | 1.9 | 2.5 | 1.8 | 0.040 |
| 呼玛 | 126°39′ | 51°43′ | 177.4 | -1.0 | -2.1 | -1.8 | -0.8 | -0.4 | 0.2 | 1.9 | 0.051 |
| 嫩江 | 125°14′ | 49°10′ | 242.2 | 0.5 | -0.4 | -0.1 | 0.4 | 0.9 | 1.7 | 2.1 | 0.047 |

续表

| 台站 | 经度/E | 纬度/N | 海拔/m | 45 年来气温平均值(1961 ~2005 年)/℃ | 气温平均值/℃ | | | | | 2001 ~2005 年和 1961 ~1970 年气温平均值的差/℃ | 45 年来升温率平均值/(℃/a) |
|---|---|---|---|---|---|---|---|---|---|---|---|
| | | | | | 20 世纪 60 年代 | 20 世纪 70 年代 | 20 世纪 80 年代 | 20 世纪 90 年代 | 2001 ~2005 年 | | |
| 孙吴 | 127°21′ | 49°26′ | 234.5 | -0.5 | -1.6 | -1.5 | -0.5 | 0.2 | 0.9 | 2.5 | 0.055 |
| 克山 | 125°53′ | 48°03′ | 234.6 | 1.9 | 1.0 | 1.4 | 1.8 | 2.4 | 2.7 | 1.7 | 0.038 |
| 齐齐哈尔 | 123°55′ | 47°23′ | 147.1 | 3.9 | 3.2 | 3.3 | 3.9 | 4.6 | 4.6 | 1.4 | 0.031 |
| 安达 | 125°19′ | 46°23′ | 149.3 | 3.8 | 3.1 | 3.2 | 3.7 | 4.3 | 4.5 | 1.4 | 0.031 |
| 海伦 | 126°58′ | 47°26′ | 239.2 | 2.1 | 1.2 | 1.6 | 2.0 | 2.6 | 2.9 | 1.7 | 0.038 |
| 哈尔滨 | 126°46′ | 45°45′ | 142.3 | 4.3 | 3.5 | 3.6 | 4.2 | 4.9 | 5.4 | 1.9 | 0.042 |
| 10 年尺度气温平均值/℃ | | | | | -0.24 | 0.00 | 0.57 | 1.18 | 1.53 | 1.77 | |
| 45 年来气温增温率平均值/（℃/a） | | | | | | | | | | | 0.038 |

漠大输油管线从北向南穿越大兴安岭多年冻土区及南部深季节冻土区，沿线的漠河、塔河、新林、加格达奇、嫩江、讷河、依安、林甸、泰来、齐齐哈尔和安达 11 个台站的资料可基本反映本区气候变化（表 13.13）（吕兰芝等，2010）

**表 13.13　漠大沿线 11 个台站不同时段平均气温变化**　　单位:℃

| 时间 | 季节 | | | | 年平均 |
|---|---|---|---|---|---|
| | 春 | 夏 | 秋 | 冬 | |
| 20 世纪 60 年代 | 2.2 | 19.4 | 0.5 | -21.5 | 0.1 |
| 20 世纪 70 年代 | 2.4 | 19.2 | 0.7 | -21.0 | 0.3 |
| 20 世纪 80 年代 | 3.2 | 19.3 | 1.1 | -19.9 | 1.0 |
| 20 世纪 90 年代 | 3.5 | 19.8 | 1.4 | -18.7 | 1.5 |
| 21 世纪初（2001 ~2005 年） | 4.0 | 20.0 | 2.1 | -19.7 | 1.7 |
| 1961 ~2005 年平均值 | 2.9 | 19.4 | 1.1 | -20.2 | 0.8 |

从表 13.13 分析本区气温季节变化的趋势，春季：20 世纪 60 ~70 年代与多年平均气温相比呈下降趋势，从 80 年代以后气温呈上升趋势，上升了 0.3℃，90 年代上升 0.6℃，21 世纪上升 1.1℃。夏季：20 世纪 60 ~80 年代气温与多年平均值相比基本持平，自 90 年代以后气温略有升高。秋季：20 世纪 60 ~70 年代与多年气温相比呈下降趋势，80 年代气温与多年平均值持平，90 年代气温有所回升，尤其是 21 世纪的前 5 年升温明显，上升 1.0℃。冬季：20 世纪 60 ~70 年代气温呈下降趋势，从 80 年代起气温呈上升趋势，90 年代升温值最大为 1.5℃，21 世纪头 5 年升温幅度略低于 90 年代。从四季变化分析，冬季增温强烈，春、秋季升温趋势与冬季相似，但升温幅度较小，夏季升温不明显。就年际变化而言，20 世纪 60 ~70 年代气温变化较多年平均偏低，从 80 年代以来气温持续升高，21 世纪初是近 50 年来最暖的时段，与全区气温变化趋势基本一致。

**2. 地面温度变化**

年平均地面温度是评价某一地区是否存在多年冻土的重要指标，一般认为年平均地面温度低于 0℃的环境下即可发育多年冻土。目前在冻土呈区域性退化背景下，即使在年平均地面温度高于 0℃的局部地段亦可能残留多年冻土。表 13.14 列出大小兴安岭及周边地区 13 个台站 1961～2005 年 10 年尺度平均地面温度及其升温率。从表 13.14 和表 13.12 对比可见，本区地面温度和气温变化规律相一致，本区近 50 年来地面温度经历了 20 世纪 60～70年代相对低温波动进入 80 年代后出现持续明显的快速增温期，年平均增温幅度达 2.23℃，其增温率平均值为 0.049℃/a，均大于本区气温的增温幅度及平均增温率。

301 国道（哈尔滨至满洲里）博克图以西段的公路走向与大兴安岭西坡的多年冻土南界大体一致。表 13.15 列出 301 国道西段各站年平均地面温度比较，对应的各时段年平均地面温度变化趋势为：1958～1980 年为-0.9～0.7℃至 1961～1990 年为-1.3～0.7℃再至 1991～2000 年为 0.6～2.1℃，地面温度增幅为 1.4～1.9℃，年增温率为 0.040～0.054℃/a。20 世纪 90 年代以后地面温度明显呈上升趋势，加剧了冻土退化程度，致使多年冻土南界北移。

**表 13.14　大小兴安岭及周边地区各台站 1961～2005 年 10 年尺度地面温度平均值及增温率变化**

| 台站 | 经度/E | 纬度/N | 海拔/m | 45 年（1961～2005 年）地面温度平均值/℃ | 地面温度平均值/℃ | | | | | 2001～2005 年与 1961～1970 年平均地面温度的差值/℃ | 45 年来地面温度增温率平均值/(℃/a) |
|---|---|---|---|---|---|---|---|---|---|---|---|
| | | | | | 20 世纪 60 年代 | 20 世纪 70 年代 | 20 世纪 80 年代 | 20 世纪 90 年代 | 2001～2005 年 | | |
| 图里河 | 121°41′ | 50°29′ | 732.6 | -3.1 | -3.9 | -4.0 | -3.0 | -2.5 | -2.2 | 1.7 | 0.038 |
| 海拉尔 | 119°45′ | 49°13′ | 610.2 | 1.1 | -0.3 | 0.2 | 0.6 | 2.1 | 2.9 | 3.2 | 0.071 |
| 博克图 | 121°55′ | 48°46′ | 739.7 | 0.5 | -0.1 | 0.0 | 0.5 | 0.8 | 1.3 | 1.4 | 0.031 |
| 阿尔山 | 119°57′ | 47°10′ | 1027.4 | -0.8 | -1.4 | -1.3 | -1.3 | -0.5 | 1.1 | 2.5 | 0.055 |
| 东乌旗 | 116°58′ | 45°31′ | 838.7 | 3.7 | 2.4 | 2.7 | 3.7 | 4.4 | 5.2 | 2.8 | 0.062 |
| 呼玛 | 126°39′ | 51°43′ | 177.4 | -0.2 | -1.3 | -1.0 | -0.3 | 0.4 | 1.4 | 2.7 | 0.060 |
| 嫩江 | 125°14′ | 49°10′ | 242.2 | 2.0 | 1.3 | 1.4 | 1.6 | 2.4 | 3.1 | 1.8 | 0.040 |
| 孙吴 | 127°21′ | 49°26′ | 234.5 | 0.6 | -0.8 | -0.6 | 0.2 | 1.5 | 2.7 | 3.5 | 0.078 |
| 克山 | 125°53′ | 48°03′ | 234.6 | 3.6 | 2.5 | 3.0 | 3.5 | 4.1 | 4.9 | 2.4 | 0.053 |
| 齐齐哈尔 | 123°55′ | 47°23′ | 147.1 | 5.5 | 4.9 | 4.7 | 5.5 | 6.2 | 6.2 | 1.3 | 0.029 |
| 安达 | 125°19′ | 46°23′ | 149.3 | 5.6 | 5.3 | 5.1 | 5.5 | 6.0 | 6.4 | 1.1 | 0.024 |
| 海伦 | 126°58′ | 47°26′ | 239.2 | 3.5 | 2.6 | 2.7 | 3.2 | 4.1 | 4.9 | 2.3 | 0.051 |
| 哈尔滨 | 126°46′ | 45°45′ | 142.3 | 6.1 | 5.5 | 5.3 | 5.8 | 6.4 | 7.7 | 2.2 | 0.049 |
| 10 年尺度气温平均值/℃ | | | | | 1.28 | 1.4 | 1.95 | 2.72 | 3.51 | 2.23 | |
| 45 年来地面温度增温率平均值/(℃/a) | | | | | | | | | | | 0.049 |

### 3. 多年冻土退化

分析表 13.12、表 13.14、表 13.15 可知，近几十年来，大小兴安岭多年冻土退化的根本原因是气温和地面温度持续转暖，以及本区人类经济剧烈活动对冻土退化起到了加速及促进的作用。在本区北部（即大片连续冻土区内）多年冻土退化主要表现为量变过程，即多年冻土上限下降，地温升高，厚度减薄，融区范围扩大，多年冻土分布的连续系数降低等。南部岛状冻土区内质变过程表现明显，即多年冻土岛面积缩小，以致消失和多年冻土南界北移。

**表 13.15　301 国道西段沿线各站年平均地面温度变化**（高春香等，2004）

| 站名 | 不同时段年平均地面温度/℃ | | |
|---|---|---|---|
| 满洲里 | 0.7（1959～1980 年） | 0.7（1961～1990 年） | 1.9（1991～2000 年） |
| 陈巴尔虎旗 | -0.3（1961～1980 年） | -0.1（1972～1990 年） | 1.7（1991～2000 年） |
| 海拉尔 | 0.0（1958～1980 年） | 0.2（1962～1990 年） | 2.1（1991～2000 年） |
| 鄂温克 | -0.8（1964～1980 年） | -0.5（1966～1990 年） | 1.3（1991～2000 年） |
| 牙克石 | -0.9（1959～1980 年） | -1.3（1962～1990 年） | 0.6（1991～2000 年） |
| 博克图 | 0.1（1958～1980 年） | 0.2（1959～1990 年） | 1.1（1991～2000 年） |

1）最大季节融深和最大季节冻融变化

20 世纪 60～70 年代的调查显示，在阿木尔地区苔藓层 20cm 厚的沼泽湿地地段，当时最大季节融化深为 50～70cm，而 90 年代初期的调查表明，在相同条件下其最大季节融深多为 90～120cm。1978～1991 年，该处最大季节融深平均增加 32cm，20cm 深处地温平均升高 0.8℃。伊图里河铁路科研所冻土观测场内，1981～1989 年最大季节融深为 1.0～1.2m，到 2002 年已变为 1.7m（图 13.1）。同期在南界附近最大季节冻深均不同程度地减小（表 13.16），在 20 世纪 90 年代期间最大季节冻深减小了 13～55cm。

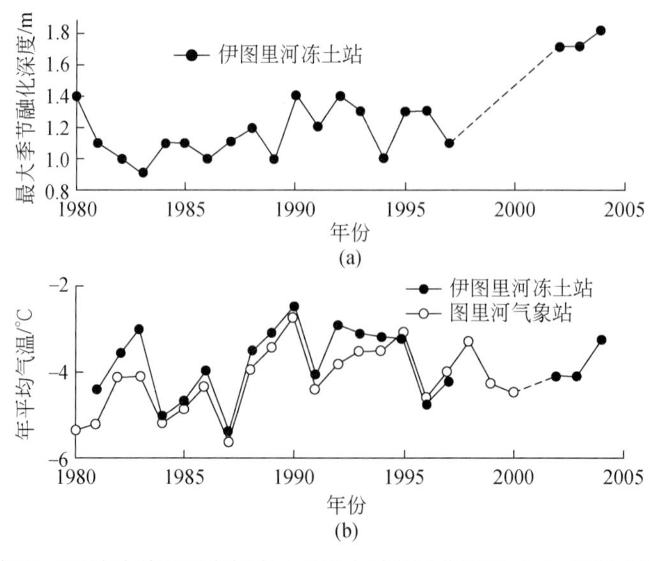


图 13.1　伊图里河铁路科研所多年冻土站最大季节融化深度（a）和年平均气温（b）

虚线部分资料缺失，年平均气温可借鉴附近图里河气象站资料

**表 13.16　301 国道西段沿线各站最大季节冻深变化**（高春香等，2004）　单位：cm

| 站名 | 满洲里 | 陈巴尔虎旗 | 海拉尔 | 鄂温克 | 牙克石 | 博克图 |
|---|---|---|---|---|---|---|
| 1961～1990 年平均值 | 389 | 303 | 242 | 259 | 300 | 321 |
| 1961～2000 年平均值 | 345 | 248 | 198 | 237 | 245 | 308 |
| 冻深减少值 | 55 | 55 | 44 | 22 | 55 | 13 |

2）多年冻土厚度减薄，温度升高

多年冻土厚度变薄主要出现在厚度较薄、地温较高的地段。如呼玛河下游韩家园子沙金矿区的河漫滩地段，1982 年以前该区多年冻土底板均在 5.0m 深度以下，到 1987 年很多地段多年冻土底板已抬升到 3.8～4.0m，1995 年个别地段多年冻土岛已消失。阿木尔地区的 CK38 孔（终孔时间为 1979 年 10 月）和 CK3 孔（终孔时间为 1991 年 10 月）是在同一半阴坡、高度相同（海拔 740m），并相距小于 15m 的天然观测孔，地温曲线对比可见（图 13.2），CK38 孔多年冻土埋深在 5.0～12m，CK3 孔在 8.0～10.0m，即 12 年时间多年冻土厚度减薄了 5.0m（金会军等，2006a）。

伊图里河铁路科研所多年冻土观测场内天然状态下 14 号孔，在 13m 深处 1984～1997 年地温升高约 0.2℃（图 13.3）。

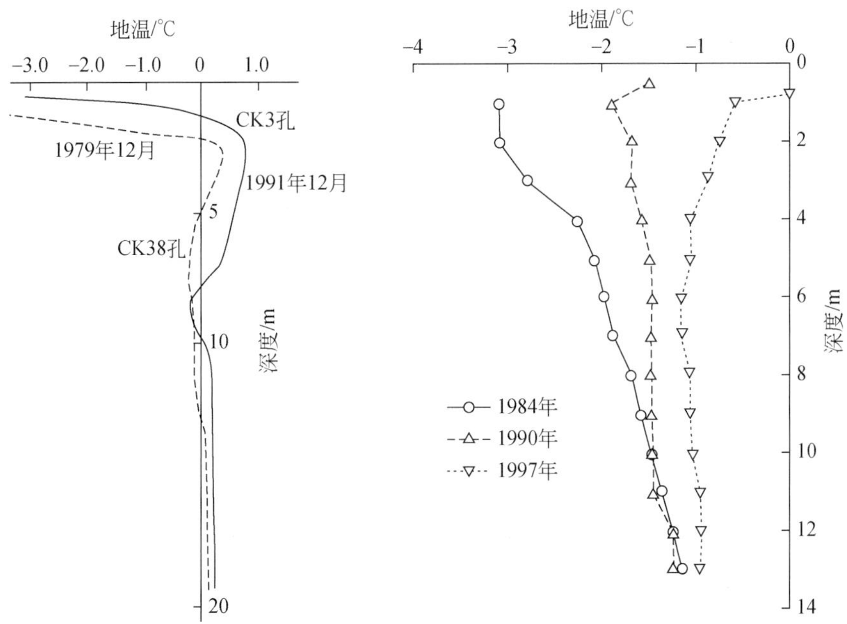


图 13.2　阿木尔地区 CK38 孔与 CK3 孔地温曲线

图 13.3　伊图里河铁路科研所多年冻土站 14 号钻孔年平均地温变化（1984～1997 年）

负梯度地温曲线，也称退化型地温曲线，是多年冻土趋向退化的一种标志，此类地温曲线的存在，表明来自上部地表热量大于多年冻土层中散热强度而导致地温升高，它反映多年冻土已在退化过程中。大兴安岭北部满归的 3 号孔位于民宅建筑群（主要用火炉和火墙取暖）外侧 25～30m，受其影响，该孔中多年冻土温度表现为典型的负梯度曲线

（图 13. 4）（铁道部第三勘测设计院，1994）。该孔 1973 年 10 月测得多年冻土年均地温为 -1. 9℃，1978 年 10 月为-1. 2℃，5 年时间地温上升了 0. 7℃。

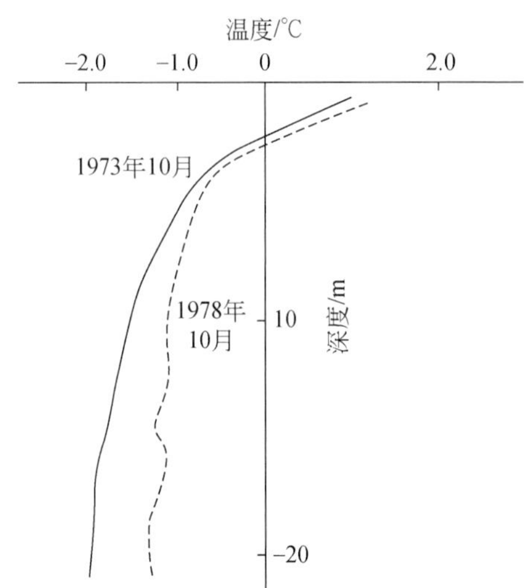


图 13. 4　满归地区民宅建筑群之间 3 号孔地温曲线

3）融区扩大，多年冻土岛消失

在气候转暖及人类经济活动双重影响下，许多林业局及林场等城镇内目前相当部分变为融区，并不断扩展。例如，阿木尔沟东南坡，10 多年来多年冻土边界由上向下向沟底下移 80m，原发育在坡中下部位的多年冻土已消失，在林业局所在地和河流两侧融区范围正不断扩展。在大林河沿岸 1973 ~ 1985 年富克山和林中林业局附近的融区由河岸向山坡方向分别扩展了 400 ~ 500m 和 500 ~ 2000m。

多年冻土岛消失主要表现在南部岛状冻土区内，20 世纪 70 年代编制大小兴安岭多年冻土图时，将大杨树至嫩江县段定为岛状多年冻土区，当时调查该段多年冻土面积百分比为 10% ~ 20%；2007 年秋沿漠大公路勘察，发现公路沿线多年冻土南界已北移至大杨树北乌尔旗附近。

4）多年冻土区面积缩小，南界北移

呼伦贝尔平原大部、松嫩平原北部和小兴安岭东南部许多地段变为季节冻土区。据估算，原来的岛状冻土区面积减少了 $10\times10^4km^2$，占原岛状冻土区面积（$26\times27\times10^4km^2$）的 38% 左右。目前大小兴安岭多年冻土区总面积约 $29\times10^4km^2$，30 多年来多年冻土区总面积减少了 25. 6%（金会军等，2006a）。

#### 4. 多年冻土变化的时、空规律

大小兴安岭多年冻土演化是区域气候波动的产物。在近 50 年来，本区气温经历了 20 世纪 60 ~ 70 年代的相对低温期，当时的多年冻土南界西由蒙古国的呼都克、塔托爱理进入我国的南兴安岭、五岔沟、经柴河、布特哈旗、柏里根、讷河、德都、铁力后沿都鲁河向北到嘉阴后穿越黑龙江进入俄罗斯境内，总面积约 $39\times10^4km^2$，多年冻土相对呈稳定状态。从 80 年代开始区域气候开始转暖，多年冻土退化首先发生在南界附近，因南部地段

气温相对较高，多年冻土层薄，加上林区开发的较早，人类经济活动频繁，导致冻土退化迹象较明显，岛状多年冻土层开始消融，经历 90 年代以后的气温持续升温期后，多年冻土岛明显减少或消失，南界北移。经 2007 年野外实地勘察证实：呼伦贝尔高平原上的新巴尔虎左旗、右旗、陈巴尔虎旗、德都、铁力等地段基本上均由岛状多年冻土变为季节冻土区（金会军等，2006a）。在本区北部的大多数地段，冻土退化表现为地温升高、上限下降，局部造成不衔接型冻土，下限抬升造成多年冻土层减薄，融区范围扩大，多年冻土平面分布由大片连续变为不连续状，造成小范围内冻土特征的突变。尤其是近 30 年来，北部地区经济建设蓬勃发展，铁路、公路不断延伸，大面积采伐原始森林，大规模采金，与此相应地修筑一系列民用和工业厂房，城镇化规模不断扩大，人口增加，使冻土退化速度加快。目前沿牙林线、嫩林线的铁路、公路交通干道和黑龙江主河道及其干流阿木尔河、塔河等大河沿岸，各自形成规模不等的融区通道，各融区通道互相联结，相互交叉，将本区北部大片连续多年冻土分割的支离破碎。冻土平面分布的连续系数由原来的 0.7 ~ 0.8 降为 0.6 ~ 0.7，历史上延用下来的"大片连续多年冻土区"冠名已不确切，需重新命名。目前虽没有长期系统的地温资料，但通过大量实例证实本区冻土退化是明显的，同样可将冻土退化归纳为三个时段：20 世纪 60 ~ 70 年代相对稳定时段、80 年代开始退化时段、90 年代以后加速退化时段。

### 13.2.3　两地区冻土退化状况对比

综观全局，大小兴安岭多年冻土区实质上全部属于欧亚大陆多年冻土的南部边缘地带。分析中国境内两个主要地区不同类型多年冻土变化（表 13.17），可见大小兴安岭多年冻土退化较青藏高原多年冻土快，其原因是大小兴安岭多年冻土区，总体区域开发较早，人类经济活动影响范围广、强度大、气温升温较高。近 50 年来大小兴安岭多年冻土区气温平均增温率为 0.038℃/a，地面温度平均增温率为 0.049℃/a。青藏高原多年冻土区气温平均增温率为 0.025℃/a，地面温度平均增温率为 0.030℃/a。气温和人为因素双重作用耦合，使大小兴安岭多年冻土退化强度稍大些，造成目前大小兴安岭冻土退化面积约占多年冻土区总面积的 25.6%，青藏高原约占 16.1%。

**表 13.17　中国境内两地区多年冻土退化状况对比**

| 地区 | 冻土类型 | 近 50 年平均增温率/（℃/a） | | 20 世纪 70 年代多年冻土总面积 /$10^4 km^2$ | 2006 年多年冻土总面积 /$10^4 km^2$ | 多年冻土面积减少数 /$10^4 km^2$ | 冻土退化面积所占比例/% |
|---|---|---|---|---|---|---|---|
| | | 气温 | 地面温度 | | | | |
| 大小兴安岭 | 中、高纬度型 | 0.038 | 0.049 | 39 | 29 | 10.0 | 25.6 |
| 青藏高原 | 高海拔型 | 0.025 | 0.030 | 150 | 125.83 | 24.17 | 16.1 |

注：表中所列多年冻土面积数据为 2006 年的统计结果。

资料证实：我国两大多年冻土区内气温和地表温度升温率平均值均高于周边地区及全国的平均值，多年冻土区升温速度为什么比其他地区快呢？是否与部分冻土层消融时，土层中碳释放有关？尚需深入研究。

## 13.3　多年冻土退化程序和方式

目前冻土的区域性退化是全新世小冰期以来冻土退化的继续和加强，尤其是从 20 世纪 90 年代以来，冻土退化速度明显加快。大小兴安岭冻土退化速度表现为：南部大于北部，城镇大于田野，农田快于林区，皆伐林区快于原始林区。我国冻土退化程序随区段和空间不同而有差异性，对同一地区在人为活动影响大致相同的情况下，在局部小范围内不同地貌部位多年冻土退化的先后程序是：先高后低，先山上后谷地或盆地中心，先阳坡后阴坡。从地表状况（植被类型、覆盖程度、岩性及水分等）分析，冻土退化程序从农田（或裸地）→草地→灌丛→树林→沼泽湿地，即多年冻土从无到有，地温从高到低，冻土退化速度从快到慢，沼泽湿地可有效地抵制和减缓冻土退化强度和速度，是保存和残留多年冻土的最佳地段。冻土空间上的退化方式，在片状冻土区内冻土地温较低，多年冻土厚度较大，首先表现为地温升高，当地温升至一定程度时，多年冻土层下限开始向上抬升，使冻土层变薄。在高温冻土区内，当冻土层岩性为粗颗粒土且含冰量较小的地段，多年冻土层可由上向下和由下向上同时融化，首先出现不衔接现象，如图 13.2 所示阿木尔地区的 CK38 孔和 CK3 孔属于此类。当冻土层岩性为细颗粒土且上限下含有厚层地下冰时，由于冰层热阻大，多年冻土层表现为由下向上退化，而由上向下退化因冰层“阻隔”退化非常缓慢，不明显。目前在南界或下界附近残留下来的仅仅有几十厘米至几米厚的多年冻土层，大多为厚层冰或高含冰量冻土。在融区边缘和多年冻土岛地段由周边向多年冻土层内侧向退化现象也普遍存在，其退化速度和进程要大于由下向上和由上向下的退化程度。局地因素导致冻土退化速度不一致，造成小范围内冻土平面分布的突变性及冻土温度、厚度的明显差异性。地带因素、非地带因素及人为因素在具体地理环境中综合影响，制约着寒区内冻土的空间分异规律，这种规律构成目前我国境内正在退化的多年冻土的分布格局、地温、厚度及冻土组构等特征。

在目前冻土呈区域性退化的背景下，并不排除在适当的条件下，在个别地点可重新生成冻土，如青藏高原上的湖塘干涸后，在原来为融区的部位可能发育新生多年冻土。所以在同一地区冻土退化和重新形成的过程可以同时发生。

## 13.4　冻土退化的生态环境效应

由于气候转暖和人类经济活动双重影响引起的中国境内大面积多年冻土退化，目前已造成寒区生态系统和环境的变化，进而影响到寒区的各项国民经济建设。

多年冻土退化的生态环境效应是指因多年冻土退化而产生的一系列严重危及生态及冻土环境稳定性与人类经济活动作用效果的总和。多年冻土是寒区自然生态系统和环境的重要组成部分，在生物演化中冻土变化与其他生态组分相互依存、彼此影响、协同发展形成完整的冻土区自然生态体系。因此应将冻土看作环境因子之一，以生态的观点认识冻土环境，以冻土的观点认识冻土区生态系统的问题来揭示环境变化，进一步深入了解和研究“生态冻土学”的理论问题。

## 13.4.1　青藏高原多年冻土区

冻土退化所引起的冻土环境变化不仅限于多年冻土层，更明显的表现在季节融化层内和地表植被及水循环状况等方面，进而引起地面温度、水分、土壤中养分及植物状况发生改变，由此引起一系列生态变化。

**1. 对高原生态环境的影响**

高原多年冻土区生态变化的核心是草地退化。植物生长主要受热量、水分及土壤有机物等因素影响。冻土退化导致季节融化层增厚、地温升高、表土层含水率减少、地下水位下降。维系高寒草甸生长发育的表土层内水分减少，改变了高原植物生境，促使植物演替，草地退化。

草地退化的宏观表现，首先体现在分布面积缩小，覆盖度、高度等指标下降，草地产草量降低，植物多样性减少等方面。其次表现在退化区只能生长耐旱、耐盐植物，群落景观碎片化、岛屿化，生产力和载畜量降低，严重退化地区土地可变为不毛之地——黑土滩。江河源区生态变化是很典型的，源区大部分地段处于高原多年冻土东部边缘地带。近数十年来，随着人口的急剧增加和畜牧业的迅速发展，对草场资源掠夺性利用亦越来越加剧，草地生态环境失调已成为牧区严重的环境问题，并严重影响和制约着畜牧业的可持续发展。据 20 世纪 90 年代江河源区 5 个典型县统计，退化草地面积已达可利用草地面积的 20% ~46% （表 13.18） （中国科学院寒区旱区环境与工程研究所，2006），黄河源区尤为严重，中度以上退化草地面积约 $1.8\times10^4\mathrm{km}^2$，平均每年损失可食鲜草 70 亿多千克。根据 20 世纪 70 年代、80 年代和 90 年代三期卫片解释分析结果，高寒草甸草地由 80 年代以前的平均退化率 3.9% 上升到 90 年代的 7.6% 。在最近 15 年来，江河源区草地退化日趋严重，草地退化为次生裸地（即重度退化段后期）占草原地总面积的 10.867% （约 $2367821\mathrm{hm}^2$），年退化率高达 0.725% ，年退化面积超过 $1500\mathrm{km}^2$（郑度等，2004）。

**表 13.18　江河源区 5 个典型县草地退化状况**（程国栋等，1998）

| 地区 | 合计/$10^4\mathrm{hm}^2$ | 占草地总面积/% | 轻度退化/$10^4\mathrm{hm}^2$ | 比例/% | 中度退化/$10^4\mathrm{hm}^2$ | 比例/% | 重度退化/$10^4\mathrm{hm}^2$ | 比例/% |
|---|---|---|---|---|---|---|---|---|
| 达日 | 51.04 | 45.69 | 10.598 | 20.76 | 25.51 | 49.98 | 14.91 | 29.22 |
| 玛多 | 107.02 | 46.55 | 72.28 | 67.54 | 5.077 | 4.74 | 29.66 | 27.72 |
| 玛沁 | 30.08 | 29.86 | 16.59 | 55.16 | 8.84 | 29.39 | 4.65 | 15.45 |
| 治多 | 43.27 | 20.17 | 33.08 | 76.45 | 4.91 | 11.34 | 5.28 | 2.14 |
| 曲麻莱 | 101.97 | 26.44 | 68.53 | 67.21 | 14.12 | 13.84 | 19.32 | 18.95 |

研究结果表明：引起草地生态失调的原因是多方面的，如开荒种地、人类和啮齿类动物破坏植被、超载放牧等而造成草地退化、水土流失、沙化。但从全局分析，草地超载放

牧是导致草地生态变化的根本原因，而多年冻土退化亦是造成草地退化及冻土环境变化的主要原因之一。高原多年冻土区植物群落分布与气候因子相关性特别密切，环境因子（冻土的地温和水分）稍有改变就会引起植物群落的变更，导致演替加快，在短时间内群落就发生变化，这是目前冻土退化造成草地退化进程加快的内因，可见冻土退化起到“加速器”的作用。

从草地类型分析，退化较重的是亚高山草甸、高原高寒草甸和高寒沼泽草甸，尤其是高寒沼泽草甸退化最严重，而高寒沼泽草甸大多分布在多年冻土区内，充分地说明了草地退化与冻土退化具有协同演化的相互关系。

冻土退化导致热融沉陷和热融侵蚀作用增强，融冻泥流及热融滑塌现象增多。原始的土壤层和植被根系被破坏，反复冻融使粗颗粒土向上移动，裸露于地表的土层成为砂化的物质来源，加剧了土壤侵蚀，水土流失严重。如 20 世纪 90 年代内黄河干流的最大含沙量为 1.25kg/m$^3$，比 70 年代偏高 17%，比 60 年代偏高 50%。大面积的水土流失，带走了大量的氮、磷、钾等土壤养分，土壤肥力下降，无法支撑应有的植被覆盖度和生产力，草地植被恢复相当困难，最终造成草地沙化、土地荒漠化。

**2. 对高原水环境的影响**

冻土退化使高原上水均衡要素——蒸发量、径流量发生变化，严重影响整个高原的水均衡状态。冻土退化改变了地表水热状况及冻土活动层的冻融过程，首先受影响的是活动层内水分，进而影响到地表水和浅层地下水相互循环的径流过程。当冻土上限加深，季节融化层增厚，区域地下水位下降，或多年冻土层完全消融地区的地下水，由冻结层上水系统转化为非冻土区地下水系统，局部地段可造成地表水和地下水的补排关系发生倒置。例如，黄河源头区有些地段地下水位下降到低于河水位，使河水补给地下水，从而造成黄河上游径流量减少，其中 1991～2004 年黄河沿站（玛多）断面年平均径流量持续减少到 0.169m$^3$/s（2000 年），为有记录年代以来的最低值，在此期间多次出现断流。据 1992～2001 年观测，玛多县附近的河谷平原地下水位下降了 0.52～1.18m，最大为 1.68m，平均下降速度为 0.1m/a。区内以冻结层上水补给的泉多已干涸，以单泉径流模数减少程度百分比统计计算，结果表明黄河源区内 1989～2002 年的 14 年冻结层上水天然补给资源总共减少 15230×10$^4$m$^3$（总计减少了 42.23%），平均每年减少 1087.93×10$^4$m$^3$，而冻结层上水的水资源占全区地下水资源总量的 88.39%（张森琦等，2003）。可以推断，目前高原上冻结层上水补给资源锐减，对高原多年冻土区水资源的影响是相当严重的。

对生态环境起制约作用的冻结层上水减少或消失，即改变了高原地表径流条件和水系模式，使沼泽湿地面积缩小，湖水位下降或变干。据统计近 30 年来高原沼泽化草甸区已有 1/3 变为蒿草、针茅为主的草原化草甸区。在两道河盆地多年冻土岛上，于 1975 年统计沼泽积水地面积约占沼泽化草甸面积的 20%，1996 年 7 月再次复查已减至 6%。楚玛尔河高平原上有 1/3 的小型季节性湖塘退缩并干枯。随之沼泽化湿地面积缩小，表层内水分减少，而冻结强度相应减弱，地表的冻胀裂缝，冻胀草丘和冻胀丘相应减少。已被破坏的大型多年生冻胀丘也很难在原位复生成原样，如原 62 道班大型冻胀丘，中心已融化成积水坑。

岛状冻土发育的沼泽化地段，一般冻结层上水发育，在与季节冻土交界处，有些呈泉水出露地表，在寒季可形成冰椎和季节性冻胀丘。如两道河盆地公路东侧的泉水和冻胀丘即属此类，水质良好，在20世纪80年代之前成为当地居民和牲畜的主要供水水源，80年代以后，由于冻土退化，多年冻土面积逐年缩小，该处泉水逐年减小直至干枯，冻胀丘亦随之消失，迫使当地的小学、粮站、道班等单位搬至向北20km的河边居住，目前仅剩下十几户牧民靠从几千米外背水吃为生。

黄河源区变化最明显的是湖沼湿地。据20世纪60年代统计，源区内总湖水面积1226.9km$^2$，到2000年湖水面积为1177.3km$^2$，湖水面积减少了49.6km$^2$，湖泊萎缩，甚至干涸、碱化，盐湖化十分明显。据2000年统计玛多县境内就有一半的中、小湖泊干涸，目前仅剩下的大、中型湖泊水位仍在下降。从20世纪50年代至2001年扎陵湖、鄂陵湖水位已下降了3.08～3.48m（张森琦等，2003），源区1976年沼泽湿地面积为8864.01km$^2$，1990年减至8005.41km$^2$，到2000年已减至5743.40km$^2$。近50年来，在青藏高原北部边缘的祁连山区，季节融化层加深造成土壤水散失、蒸发加强和径流减少，对河西走廊水资源稳定性产生影响，如1991年降水量比正常年份少6%，夏季均温高出正常年份1℃，高山草原带河川径流量减少了35%，对河西走廊国民经济发展构成一定的威胁。

### 3. 对高原工程建筑的影响

高原多年冻土地区的铁路、公路和其他工程建筑物大多以保护冻土原则而修筑的，冻土地温升高或人为上限下降将直接影响建筑物基础的稳定性。

目前青藏公路沥青路面下人为上限埋深达3.5～7m，个别地段可达10m。65%～70%的路段路基下变为不衔接冻土，随着人为上限的逐年加深，在路基内形成长年不冻的融化核，融化核厚0.5～2.5m，最厚达6.6m，沿公路纵向在路基下形成数千米长的“融化通道”。绝大部分路段融化核内常年蓄水，水又进一步加速人为上限的下降，最后造成路基强烈的不均匀下沉，路面破损。由于路基内地下水的作用，在数年甚至数十年内很难使路基下的多年冻土上限达到稳定状态。根据20世纪90年代观测资料对比，天然地表下与沥青路面下的冻土比较，沥青路面下一般年平均地温较天然地表下高0.5～1.7℃，两者多年冻土上限相差1.5～4.0m（表13.19）。

**表13.19 天然和沥青路面下年平均地温和多年冻土上限对比**（参照吴青柏等，2008编制）

| 区段 | 年平均气温/℃ | 年平均地温/℃ | | 多年冻土上限/m | |
|---|---|---|---|---|---|
| | | 天然状态下 | 沥青路面下 | 天然状态下 | 沥青路面下 |
| 西大滩谷地 | -2.0～-4.0 | 0.2～-0.5 | 1.0～-0.2 | 2.8～4.0 | 6.6～10.1 |
| 昆仑山区 | -5.0～-6.5 | -2.5～-3.5 | -1.0～-2.0 | 1.5～2.8 | 3.0～5.2 |
| 楚玛尔河高平原 | -4.5～-5.0 | -0.6～-1.2 | 0.0～-0.5 | 2.0～3.3 | 3.8～9.1 |
| 可可西里山区 | -5.0～-5.8 | -2.0～-3.0 | -0.8～-2.0 | 1.8～2.5 | 2.8～3.6 |
| 北麓河盆地 | -4.5～-5.0 | -0.5～-1.0 | 0.0～-0.5 | 1.5～3.2 | 2.9～5.5 |

续表

| 区段 | 年平均气温/℃ | 年平均地温/℃ | | 多年冻土上限/m | |
|---|---|---|---|---|---|
| | | 天然状态下 | 沥青路面下 | 天然状态下 | 沥青路面下 |
| 风火山区 | -5.3 ~ -6.8 | -2.0 ~ -4.0 | -1.0 ~ -2.5 | 0.8 ~ 2.9 | 4.0 ~ 6.0 |
| 沱沱河盆地 | -4.0 ~ -4.8 | 0.0 ~ -0.5 | 0.0 ~ -0.3 | 2.5 ~ 3.5 | 4.0 ~ 7.3 |
| 通天河盆地 | -4.2 ~ -4.8 | 0.0 ~ -0.5 | 0.0 ~ -0.3 | 2.0 ~ 3.0 | 4.0 ~ 6.3 |
| 唐古拉山区 | -5.1 ~ -6.5 | -2.0 ~ -4.0 | -1.0 ~ -3.0 | 1.8 ~ 2.8 | 3.2 ~ 4.5 |
| 桃儿九山区 | -4.5 ~ -5.5 | -1.0 ~ -2.5 | -0.5 ~ -0.8 | 2.0 ~ 2.8 | 4.0 ~ 7.0 |
| 捷布曲谷地 | -4.0 ~ -5.0 | -0.5 ~ -1.2 | 0.0 ~ -0.5 | 1.5 ~ 3.0 | 4.2 ~ 6.8 |

近10年来路基内融化核一般又加厚30 ~ 50cm，路基下的地温仍继续上升，出现融化核的路段由极不稳定型和不稳定型冻土段向过渡型冻土段延伸。公路因冻害造成的路面严重破损现象仍在继续发生和扩展。

青藏铁路在修筑中虽然采取了一系列保护冻土的防护措施，但在冻土呈区域性退化背景下，尤其是“高温”冻土区，在施工和运营过程中对冻土生态环境造成的破坏很难恢复原状。目前部分路基出现不均匀下沉、纵向出现裂缝等冻害现象，估计在运营3 ~ 5年后，因冻土退化而引起的各类冻害现象将会陆续暴露出来。

格–拉输油管道1977年建成开始运营，由于冻土退化而造成的融沉、融冻泥流、滑塌等冻害现象一直困扰着管道的安全运营。沿线300多千米长管道由于冻害破坏严重，于20世纪90年代又重新改建，耗资达3.26亿元。

基于目前高原气候持续转暖，冻土退化呈加剧发展的趋势，保护冻土上限不下降很难做到。所以在工程设计上必须改变原有传统的消极被动保护冻土的原则，即采取冷却地基措施，以确保工程的稳定。目前已经应用在青藏铁路路基的方法有设置通风管、采用块石通风路基、热桩、遮阳棚、人工冻结技术等，在一定范围内和一定时段内可有效地抬升多年冻土上限，相对保护路基稳定性。

## 13.4.2 大小兴安岭多年冻土区

### 1. 对林区生态环境的影响

多年冻土和森林是大小兴安岭林区生态环境统一体的两个重要组成部分，大部分多年冻土区被森林覆盖，这是本区生态环境长期稳定发展的结果。

19世纪末以前林区人烟稀少，自然环境基本上未受人为干扰和破坏，保持着自然的生态平衡。20世纪初以来由于森林砍伐，黄金开采，铁路修建，人口逐渐增加，铁路沿线地区的森林普遍遭到采伐。1931年日本侵占东北以后森林遭到掠夺式采伐，森林南界逐年向北退缩。据历史资料记载，19世纪末大兴安岭森林南界在嫩江–牙克石一线以南，然而，今天这一带不仅原始森林已经绝迹，甚至次生林也寥寥无几，从20世纪 40 ~ 50 年代已逐渐变为农业区。尤其是近几十年来受气候转暖和人类经济活动的影响，在岛状冻土区内冻土退化速度最显著。如 20 世纪 50 年代在牙克石、加格达奇和大杨树附近均发育着多年冻土，1964 年加格达奇市区内多年冻土上限为 1.7m，到 1974 年多年冻土层埋深达 6m 以下，目前加格达奇市区多年冻土层已完全消失，由林区变为农业区。牙克石、大杨树镇内目前均变为季节冻土区。多年冻土退化，地温升高、季节融化层增厚、蒸发加剧，可使土壤水分减少，地下水位下降，改变了林区植物的生长条件，直接影响到森林的更新、林型变异、森林轮伐期增长，以及其他生态环境恶化等。多年的观测表明：大小兴安岭林区已出现天然更新不良、林型变化大、人工更新成活率低、木材生产量下降等问题。冻土退化所引起的土壤水热条件改变是林区生态平衡被破坏的重要原因之一，据统计，小兴安岭某林区 1950 年针叶林占 68%，1976 年比例下降到 48%，其中红松由 28% 下降为 17%，到 20 世纪末期已成材的红松几乎绝迹。大兴安岭林区一些火烧迹地及南界附近，树木在天然更新时，落叶松林基本上被白桦林取代，失去了原始林的面貌。

大小兴安岭呈“人”字形横亘于我国东北的最北端，绵延千米，“无边林海莽苍苍，拔地松桦千万章”，大小兴安岭的雄浑壮美是抵御西伯利亚寒流和蒙古风沙的天然屏障，对保护东北平原及华北平原生态起到重要作用。据估计大兴安岭每年吸收二氧化碳、防风、防沙等产生的生态效益达到 1000 多亿元，比砍伐木材的经济效益要大得多。目前国家对该林区生态环境保护非常重视，近 20 年来，大兴安岭累计完成人工更新造林约 98 万 $hm^2$，实现了对现有林约 767 万 $hm^2$ 的全面保护。在逐步减少木材采伐量的同时，走“绿色替代”的绿色经济之路，使林区已破坏的生态环境逐步恢复，林区经济科学发展，和谐发展。

**2. 对农牧区生态环境的影响**

在大兴安岭西坡多年冻土南界附近的呼伦贝尔高平原，是由寒温带森林草原向草甸草原及草原过渡带，该地段为农、牧、林业交错区，也是生态环境脆弱、环境变化敏感地段。在 20 世纪 70 年代以前，由古河道足迹演变而形成的沼泽湿地面积较大，并发育着岛状多年冻土，当时整个高平原上是风吹草低见牛羊的水草丰盛的草原景观。近几十年来由于气候转暖、降水波动较大造成冻土退化，以及人口急剧增长，草场过牧等多种原因使本区生态环境遭到严重破坏，大面积出现草场退化、土地沙化。加上滥垦砂质草原变农田，造成地表植被退化，缺乏植被地段的表层有机质被风吹蚀后，古砂翻新形成斑状流砂和活动砂丘，使草原产草量下降，严重地影响畜牧业发展。

在小兴安岭和松嫩平原的多年冻土南界地段，20 世纪 50 年代以前，低洼处多分布着沼泽湿地和湖泊。中华人民共和国成立后大规模农垦，大量移民发展农业，加上气候转暖，导致残留的多年冻土层逐渐消失，使活动层的透水性增强，增加了土壤水的排泄能力，造成大部分沼泽湿地变干，部分农田正向轻度荒漠化发展。目前虽然荒漠化程度较低，沙化逆转与发展趋势并存，但从 20 世纪 90 年代以后，沙化发展趋势已大于逆转趋势。据 2000 年遥感监测和评价结果表明（表 13.20）（中国科学院寒区旱区环境与工程研究所，2006）：“整体恶化，局部治理”是近几十年来本区沙漠化土地变化的总趋势，沙漠化土地的迅速发展将对本区生态环境面临严峻的挑战，有关部门应当引起足够的重视，尽早采取改良和恢复措施。

**表 13.20　2000 年本区沙漠化土地分布面积**

| 地段 | 监测面积/$km^2$ | 潜在和轻度沙漠化土地/$km^2$ | 中度沙漠化土地/$km^2$ | 重度沙漠化土地/$km^2$ | 严重沙漠化土地/$km^2$ | 沙漠总面积/$km^2$ | 占监测面积比/% |
|---|---|---|---|---|---|---|---|
| 呼伦贝尔高平原 | 83615.0 | 17890.00 | 852.00 | 1990.00 | 161.00 | 20893.00 | 25.0 |
| 松嫩平原 | 51588.0 | 1909.76 | 1386.25 | 460.43 | 8.94 | 3765.38 | 7.3 |

### 13.4.3　生态环境演化机制分析

综上可知，冻土区生态是一个复杂的，且具高度多样性又相互联系的物质世界，具有能量转换、物质循环和信息流动等功能。可以认为目前我国多年冻土区生态环境变化的整个过程是冻土区人地系统内部各要素之间以及各要素同外部环境之间，通过物质、能量、信息的流动使其结构和功能发生负面变化的动态演化过程。其中青藏高原草地退化及大小兴安岭的森林、湿地保护和恢复是最突出的生态环境问题。

我国多年冻土区生态演化是一个受到自然社会、经济等多因子综合作用的复杂过程，其中冻土退化起到了加速的作用。

我国多年冻土区近几十年来出现生态环境逐渐恶化后果与人为因素影响有很大的关系。由于人口增加，人类不合理的经济活动，过度利用天然资源，引起冻土区生态环境失调，其又反过来进一步加速冻土退化，如此形成生态环境恶性循环的后果。尤其在大小兴安岭多年冻土南界附近和黑龙江沿岸及林区内公路、铁路沿线等地段，人为因素影响程度已占主要地位，从而造成其多年冻土总面积减少的比例明显高于青藏高原。

与青藏高原相比，大小兴安岭地区降水较丰沛，土壤层含腐殖质较丰富，暖季正积温值高，植物生长期相对较长，适合于高大的针阔叶林、灌木丛、杂草、苔藓及农作物生长。所以它的自身调节能力比青藏高原强，这是有效控制和治理区内生态环境恶化的有利因素。

冻土退化引起寒区环境演化造成草地沙化、土地荒漠化及沼泽湿地干旱化等，从而改变了寒区下垫面条件，导致地面反射率增高。同时引起地面热量平衡和辐射平衡变化，使近地面大气层中对流作用降低，气候变的干、热化，蒸发加剧，水资源消耗加大，改变了局部小气候，使异常天气现象增多、增强，如冰雹、暴雨及暴风雪等。可见生态环境演化可导致局部气候变化。

冻土退化的影响有些是有利的，如有利于农业的发展、有利于育林育草，并能促使水循环加快等。因此要充分掌握多年冻土退化规律，进行利弊分析，适应和利用冻土退化中的有利因素，克服改变其不利因素，化害为利，为多年冻土区开发提供科学依据。

已经被冻结数千年甚至几万年的多年冻土层，里面埋藏了大量的植物残体和微生物，多年冻土消融后，有机物解体，微生物开始分解这些有机物。在此过程中，同时释放大量含碳的温室气体，会进一步促使气温升高。近年来，在冻土加速退化的背景下，每年从多年冻土区进入大气的 $CH_4$ 数量达 75Tg·a，占全球自然生态系统 $CH_4$ 排放量的 25%，对全球气候转暖具有重要意义。

## 13.5　冻土退化的调查内容及方法

多年冻土的演化是冻土时、空变化的过程。在探讨冻土退化问题时，首先应确立时、空观念，确定所要对比的范围和时段，明确指出所要研究冻土退化时段与另外哪个时段相对比，才能避免与各时段内的冻土退化标志相混淆。在操作过程中充分利用历史对比法，注意搜集与冻土退化有关的冻土、气象、植被、土壤及水文等资料，查证和落实冻土退化的证据，现场寻找和访问有关冻土退化的标志，力求排除人为因素影响，尽量采用自然条件不同时段对比，才能条理清晰，容易发现和找出问题。

### 1. 搜集气象资料

目前气温持续转暖是现代多年冻土退化的根本原因，利用气温和地面温度可大致判断冻土分布范围及状况，利用气温周期变化可推测冻土变化。因此要尽量搜集调查区所有气象台站长序列的气象资料，资料年代越长，越系统，波动周期越完整，越能说明问题。将所得到各个台站的气温、地面温度数据系统整理成月平均、年平均及 10 年平均值，然后列表对比。需要注意的是，随着城镇化的不断发展，原有属于郊外的气象站现今都属于城内，需做认真研究与分析。因用仪器记录的气象资料时段较短，亦可应用区内树木年轮、湖相地层及冰岩心等方面恢复的气候波动资料来延长气温波动的年代序列。

### 2. 冻土温度、厚度变化

地温是冻土动态特征的重要标志，是研究现代多年冻土退化的基础资料。长序列的深孔地温曲线能反映出该处冻土的历史演化。特别是年平均地温值是判断冻土稳定性的基本参数。应将所搜集和观测到的每个钻孔的地温数据，按时间序列整理成表，将同一孔不同年代相同时间和相同深度处地温进行对比，并分别绘制出地温随深度变化的曲线，同时要绘制岩性、含水率随深度的变化，分析地温曲线同样可发现一些问题。

从目前现状分析，大多数深孔地温曲线上部基本为退化型，有的下部则变为稳定型。一般情况下，孔深大于 20m 的地温曲线如鉴定为退化型、过渡型，则是冻土退化的有力证据。

多年冻土层厚度变薄亦是冻土退化的重要标志，厚度变化可表现为多年冻土上限下降和下限抬升。在多年冻土边缘地带，如果垂向上出现不衔接状（即存在融化夹层），且有逐年加大的现象，且排除了地下水等因素影响，则说明多年冻土正在呈退化状。作为研究多年冻土的厚度变化和地中热流的钻孔，其深度应能达到穿透多年冻土层厚度以下 5m 为宜。

### 3. 多年冻土上限变化

冻土上限是多年冻土区活动层热力作用的反映，它是热量交换最后平衡的结果，如果上限逐年下降，季节融化层逐渐增厚，则指示冻土正在退化。可利用本书第 8 章所介绍的天然上限的判识方法，确定出多年冻土上限值。综合不同区域、不同年代、不同岩性和环境下多年冻土上限值的变化来分析和判断冻土退化状况。

#### 4. 冻土平面分布变化

调查不同年代中、高纬度多年冻土南界及多年冻土下界高海拔的分布位置、各类融区轮廓变化，包括水平方向的融区面积扩大和垂向上融区加深，甚至有些非贯穿融区变为贯穿融区。应密切注意和区分这些变化是自然环境区域性的，还是人类活动和城镇化引起的局部性。

随着多年冻土平面分布面积的缩小，冻土类型从基本连续多年冻土退化成不连续的岛状融区型，由岛状融区退化成岛状多年冻土，岛状冻土面积逐年缩减乃至消失，它是区域性冻土退化的明显标志。利用各区不同时段的冻土平面分布系数变化及绘制出某地区不同时代的冻土分布变化图，则更具有说服力。

确定冻土面积分布变化时，应注意区分自然因素和人类活动（包括人类工程活动、城镇化）引起的冻土面积变化。

值得指出的是，在目前冻土呈区域性退化背景下，并不排除某些地段有新生冻土的可能性，如在低温冻土区段，已干枯的湖塘下或人工堆土下可能会形成新生的多年冻土。

#### 5. 冻土现象

冻土现象是多年冻土区表层的土壤、植被、水分及热量等综合作用所产生的景观现象。景观研究法往往能获得冻土退化的证据。热融作用增强亦能反映冻土退化的结果。因此，应注意调查与热融作用有关的热融湖塘、热融滑塌、热融沉陷等热喀斯特现象的发育状态，区分人为和自然因素作用的诱发原因，以此来推测冻土退化的程度。楔状-脉状构造及泥流卷曲等现象都是古冻土的标志，利用楔体形状、物质成分、埋藏深度与周围地层的接触关系可恢复当时的古地理环境。

#### 6. 生态环境变化

生态环境是指由生物群落及非生物自然因素组成的各种生态系统所构成的整体。多年冻土是寒区生态环境的重要组成部分，冻土区植物群落的发育取决于冻土环境条件的整个综合体，各植物群落可相应反映出本身的生境。因此，通过生态环境演化的调查，亦可间接地反映出冻土变化状态，如大兴安岭耐寒的兴安落叶松分布界线北移，落叶松群丛演替和青藏高原草地退化，土地沙化，荒漠化的程度都可间接地反映出冻土退化和冻土区水环境变化的状况。

#### 7. 人为因素影响

随着寒区改革开放和市场经济的发展，在多年冻土区内修筑的铁路、公路、输油管道、厂矿企业等逐渐增多，城镇化扩大，人口亦随之增加，加上人类经济活动对水资源、土壤、植被和生物资源的不合理利用，人为因素影响程度越来越强，影响范围亦越来越广。在气温转暖和人为因素双重影响的多因子共同综合作用下，促使冻土退化加速，形成很多“城镇融区”和“交通干线融区”。首先要分别调查不同地点各类建筑物和周边自然环境下冻土退化的现状，尽量区别出某一地段内人为和自然两大因素对冻土退化影响的程度和各自所占的比例，这是目前冻土退化研究要解决的难题。

# 第 14 章　冻土物探勘察方法与研究

## 14.1　冻土物探勘察原则

物理勘探在冻土地区已得到很好的应用效果。鉴于各种物探方法都有其优缺点，为此要摸索、选择合适的物探方法，只有这样才能不断提高勘探效果和效益。一般来讲，综合物探方法在对冻土含冰量的划分上会有很大的用处，但物探要和其他勘探手段紧密结合，才能扬长避短、互相补充。同时，对物探要有正确的认识，它并不是能够解决所有的问题，应用物探要有适合于物探开展的前提。要注意的是，物探方法解决冻土的问题，主要是“冻结”的问题，而非“负温”的问题。

虽然，在冻土勘察中总体原则为“物探、挖探与钻探相结合”，但如何合理布局，有效结合是其中的关键和难点。现结合各种物探方法所解决问题的侧重点和应用效果的差异，以及青藏高原多年冻土的分布规律，提出如下冻土工程勘察原则。

（1）单一方法与多种方法的结合。在冻土勘察中，物探的高效、快捷、有效等优点决定了其将成为冻土工程勘察的重要手段之一。如果将几种物探方法综合应用于冻土工程地质勘测将会在很大程度上提高勘察的准确性，但为此也会极大地造成勘探成本的增加和效率的降低。结合现场对比试验研究结果，在实际勘探中应以探地雷达勘探为主，在获知地层连续剖面的情况下，可以通过对地层异常区域或部位开展综合物探的工作，以提高冻土的勘探精度、深度和勘探内容，从而到达物探工作的效率与精度结合。

（2）物探与钻探的结合。通过物探可快速进行地层、冻土变化情况的勘探，但其具体相关信息还需要钻探的验证和定量分析。因此，钻探应是在物探指导下，在获知地层变化的关键部位、异常变化部位、控制区段进行钻探。只有建立在钻探结果基础上的物探工作才能进行有序延伸和资料合理解译，即通过钻探控制地层变化，通过物探进行地层的合理分析，由此充分发挥各自的优点，到达两者的有效结合。

（3）粗放与细致的结合。根据冻土信息和勘探目的对有些区域进行不同程度的勘探工作。如青藏高原输电线路冻土工程勘探中，可进行粗放勘探的区段主要有两类地区：第一类地区，包括冻土工程地质条件基本清楚，且一致性较好，塔基形式也基本一致的地区。主要为地形较高的山顶、山梁、基岩出露部位、河谷阶地等地下冰含量少、冻土工程地质条件较好的地段。第二类地区，主要是地形、地貌、冻土条件较为一致的地区，如楚玛尔河高平原、乌丽盆地等地区。该类地区由于地下冰发育，工程措施设计中，均已按照最不利情况设计，即采用带有降温措施的塔基基础形式。在该类地区勘探中，塔位勘察率控制在 30% ~50% 。与此同时，对于冻土工程地质变化复杂地段，则需要加密勘探乃至逐基勘探，如山前缓坡、丘陵地带、植被发育地带、冻融过渡段、不良冻土现象可能发育地带等。

（4）勘探结果与施工过程的有效结合。虽然，通过前期勘探工作可以解决绝大部分冻土工程地质问题，但是由于冻土空间分布多变性、地下冰分布的复杂性，难免会出现冻土工程勘察结果与实际情况存在出入的地段，需要在施工过程中，对出现与前期勘察结果不相符合，对工程施工和设计具有很大影响的区段进行补充勘探。

# 14.2　多年冻土区物探方法的研究和应用的特点

## 14.2.1　地球物理勘测方法的应用基础

由于地下地质体的结构、构造、组构成分等的不同，其物理性质（包括地质体的电性、密度、弹性、磁性等特征）会发生很大的差异。地球物理勘测方法（以下简称物探方法）正是利用和通过对地质体的物性差异的探测，间接地达到对地下地质情况进行勘测和了解的目的。冻结土壤与未冻结土壤的电阻率、介电常数、地震波速度有着明显差异性，为利用物探方法在多年冻土区进行勘探提供了良好前提。表 14.1（何平，1996）反映了实验室测定的黄土和黏土在不同含水率和不同温度下的电阻率值。从表中可以看出，土壤电阻率在冻结时（-5℃）时比融化时（5℃）急剧升高，而且随着土壤含水率的增加，冻结时的电阻率与融化状态电阻率比值可从几倍增加到几百倍。

**表 14.1　土壤地温电阻率**

| 名称 | 含水量/% | 电阻率/Ω · m | | |
|---|---|---|---|---|
| | | 5℃ | 0℃ | -5℃ |
| 黄土 | 9.5 | 503 | 684 | 2250 |
| | 17.8 | 166 | 870 | 6975 |
| | 23.4 | 54 | 558 | 14850 |
| 黏土 | 15.2 | 818 | 1070 | 2640 |
| | 20.0 | 56 | 92 | 503 |

表 14.2（王文龙，2003）总结了青藏高原第四系沉积物的季节冻土和多年冻土的物性参数，可以作为勘察设计和资料解释的参考。由表可以看出，冻土和融土的物性参数差异都比较明显，可以用来探测和区分多年冻土区、融区，以及多年冻土活动层的厚度。

**表 14.2　冻土与融土、季节冻土与多年冻土的物性参数**

| 状态 | $v_p$/(m/s) | $v_R$/(m/s) | $\rho$/Ω · m | $\varepsilon$ |
|---|---|---|---|---|
| 融化 | <2000 | <400 | <800 | 4 ~ 20 |
| 冻结 | 2700 ~ 3500 | 500 ~ 1800 | 1000 ~ 2700 | <3.5 |
| 季节冻土 | 2700 ~ 3000 | 500 ~ 800 | 1000 ~ 1500 | 差异不明显 |
| 多年冻土 | >3000 | >1100 | 1500 ~ 2700 | |

注：$v_p$. 纵波速度；$v_R$. 瑞雷波速度；$\rho$. 电阻率；$\varepsilon$. 介电常数。

### 14.2.2　多年冻土区物探方法的研究应用特点

虽然物探方法的研究和应用在非冻土区已取得了大量成果，但在多年冻土地区难以对这些成果直接进行转化和应用，必须结合非冻土区的应用研究成果，针对开展多年冻土物探方法的应用研究。主要原因可归纳如下：

（1）研究对象的不同。冻土是由水、土颗粒、冰、盐分、孔隙等组成的多成分、分散相颗粒体系。由于冻土中特有冰体，并具有特殊的流变性及强度，对温度变化存在着异常的敏感性，且随着冻土温度场的变化出现薄膜水迁移变化，导致冻土物理性质的多变性和非稳定性。

（2）研究对象的内部特征的影响不同。多年冻土的冷生构造、组构成分和状态，以及随时间和空间的变化都直接影响着冻土物性特征的变化。

（3）应用物探方法的野外勘查的时空条件不同。冻土地区具有很高和可变的接地电阻，非稳定的电极势。当频率小于 1MHz 时，介电常数具有很大的分散性，浅部高含冰量冻土层可造成屏蔽效应。

（4）寒区环境的特殊要求。有关多年冻土不同类型识别的分辨率、识别标准，以及在高寒环境条件下所使用仪器的稳定性和一致性情况有着特殊的要求。

## 14.3　物理勘探方法的选择

相关勘察规范和规定只是提及冻土工程勘察宜采用物探、挖探与钻探相结合的综合勘探方法，并根据勘探目的、资料精度要求可合理选用勘探手段，但对物探方法的选用并未提出明确的要求。本书结合以往的研究成果，重点对在多年冻土区应用较成熟，勘察效果良好的几种物探方法进行分析。主要包括探地雷达、高密度电法、浅层地震等勘探方法。

### 14.3.1　探地雷达

该方法是通过发射高频电磁波，根据具有不同介电常数地层的反射，可以获取高分辨率的地层剖面图。由于冰与水的介电常数有很大差异（水为 81，冰为 3.4），多年冻土上限、冰透镜体、厚层地下冰等都可以产生较强的反射波。因此，在利用该种方法对地层结构进行勘探的同时，可以对冻土进行一定程度的勘探，能探测活动层的厚度，定性探测多年冻土中地下冰含量，用以区分冻土工程类型。此方法能对多年冻土区与融区的界线进行划分，动态监测活动层冻结和融化过程，能对多年冻土上限位置加以识别和确定。

探地雷达正式开展工作之前，应准确地确定勘测剖面的位置，包括剖面起点、终点、剖面的长度、走向，还应包括勘测地区的地形变化情况。在勘测过程中，应注意在特征点对应的探地雷达勘测道号及时加以记录。

探地雷达获取的资料是地下反射波的时间剖面，要得到深度剖面还需要进行时深转换，即需要有电磁波在地下介质中的传播速度。在实际应用中常通过以下方式得到电磁波传播速度：①根据钻孔等资料获得地下反射界面的深度，结合反射波在此反射界面的时间信息进行速度换算；②地下某个孤立的、与周围具有介电常数差异的物体（如金属、管线等）常具有双曲线形的发射波，根据双曲线特征可计算出电磁波速度；③在很多情况下，不能通过上述方法得到电磁波传播速度时，实际应用中采用最多的方法是通过不断改变收发天线间距而得到共中心点（CMP）道集，对其进行速度分析即可得到电磁波在地下介质传播的速度值。

在应用 CMP 方式测量时应先对目标反射层的深度进行估计，在目标反射层很浅的情况下应尽量采用频率较高的天线，避免因地表直达波和反射波叠加在一起而得不到正确的速度值。在反射界面较深时可采用频率稍低的天线，避免因采用高频天线衰减过大而得不到清晰的反射波信号。

多年冻土上限识别的几个主要雷达反射波特征为反射波强度、同相轴连续性和相位特征。上限附近土壤中的水发生相变，且上限以下通常为高含冰率区域，其介电常数的差值大，雷达波反射系数大，因而振幅强度会明显较大。尽管多年冻土上限深度会因诸多因素的影响而略有起伏，但一般都具有较好的连续性。雷达波反射系数的正负受反射界面两侧介电常数值的影响，空气介电常数大于浅层土壤，融土介电常数值大于冻结土层，因而地表直达波和上限处的反射波反射系数正负不同，反映在雷达波形上也就出现相位特征相反。由于多年冻土的和季节冻土的介电常数差异不明显，采用探地雷达进行多年冻土和季节冻土区分时，应该考虑活动层的季节变化特征，同时多年冻土上限附近含冰率会明显高于活动层的融化锋面，可以根据反射波振幅特征进行判断。

图 14.1 为在青藏铁路沿线多年冻土区探地雷达勘测剖面，（a）为地形地貌特征，（b）为探地雷达勘测剖面。蓝色虚线标注为高含水率与低含水率差异反射界面，绿色虚线为季节冻土层，绿色实线为多年冻土上限（地下冰反射界面）。

(a)

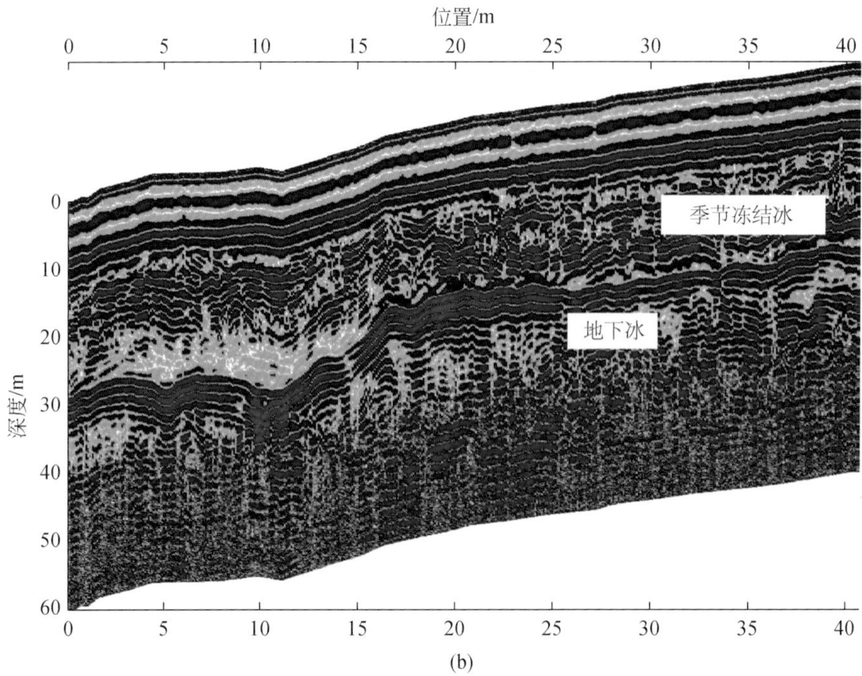


图 14. 1　青藏铁路（DK1136）附近地表景观变化及探地雷达勘测剖面

图 14. 2 为东北黑大公路黑北段多年冻土勘察雷达剖面图。解释结果如图标示，多年冻土以下层状近平行反射波为沉积层反射；基岩内部因介电常数差异较小，反射波较小，呈双曲线形的反射波为树木反射所致。

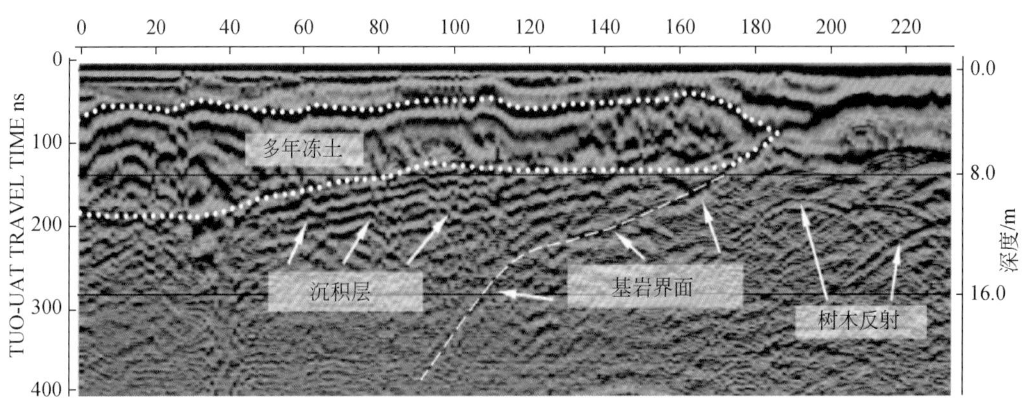


图 14. 2　东北黑大公路黑北段多年冻土勘察雷达剖面图（俞祁浩等，2008）

## 14. 3. 2　高密度电法

通过勘察地质体电阻率的变化可间接达到冻土勘察的目的。由于冰为非导体，土体冻结后，尤其是其中含有大量的冰，或厚层地下冰，其电阻率较融土会发生几十倍或上百倍的增加。同时在多年冻土上限附近往往容易有地下冰层或透镜体的存在，都为冻土的电法勘探提供了较好的物质基础，可以较好地反映冻土上限、地下冰分布情况，以及冻土厚度等信息。

在探明冻土地区地质构造和岩性接触带动问题上，电测深法和高密度电阻率法的应用效果都是良好的。但在地形条件相对较好的条件下，采用高密度电阻率法会极大地提高工作效率。通过测算表明，在相同条件下，高密度电阻率相对于电测深法效果可提高 10 倍以上。相对来说，青藏高原等多年冻土区的地形平坦，具备采用高密度方法的良好前提。采用高密度电阻率方法进行断层勘探和岩性接触带的划分，相对于其他物探方法来说，高密度电阻率法有以下优点：①相对于电测深法而言效率高；②由于信息量大，定量解释精度高；③相对于地震勘探方法，资料直观、资料处理工作量小。

高密度电法具有测量信息丰富、对地下地质体的分辨能力高的优点。特别是最近在高密度电法测量仪器的自动化和轻便化研究方面取得了重大的进展，使得高密度电法测量设备在野外工作的自动化和轻便化程度大为提高，野外工作效率高，使用方便。但是，由于空气也为非导体，当地下某些地层（如粗颗粒土层）相对较为干燥时，会造成地下冰分布的假象。另外该种方法在冻土勘探中所存在的问题是，冬季工作会由于地表冻结无法供电，使勘探难以进行，相对探地雷达工作来说，效率较低，其工作进度为探地雷达的 10% ~20%。

在实际勘探中，应根据勘察的目的选取合适的排列方式。如温纳装置在深度方向上的电阻率变化具有较高的分辨率，但对水平方向的电阻率变化的分辨率相对较低。与其他排列方式相比，温纳 $\alpha$ 排列具有中等的探测深度。偶极–偶极装置对水平方向上电阻率的变化具有较高的分辨率，但在垂直方向的分辨率相对较低，与温纳装置相比，偶极–偶极装置的探测深度要浅。温施装置对以上两种方法进行了折中，在水平方向和垂直方向都具有中等的分辨率，探测深度也在上述两种方法之间。

目前高密度电法数据处理的商业软件较为丰富，操作也简单。数据处理时应注意以下方面的问题：

（1）要对采集的明显误差偏大的或者错误的数据进行剔除，在原始数据集上这种数据一般表现为突出的“毛刺”；

（2）对有地形起伏的测线一定要进行地形校正，如无地形校正，地表的起伏会在反演的剖面上形成虚假的异常；

（3）反演时参数的选择要根据勘测地的地质背景和探测目标进行调整；

（4）要注意的是，迭代次数不宜过多，多次迭代会使反演视电阻率值急剧增加而收敛误差没有很明显的改变，收敛的误差一般控制在与原始数据误差相近的水平，很多情况下，低的收敛误差并不一定是对实际情况的最好反映。

图 14.3 为曲麻河高密度电法剖面地形及地表植被分布及对应反演电阻率剖面。其中（a）中小河沟对应反演电阻率剖面中水平位置 36m 处，高密度电法的反演结果显示测线上的多年冻土上限在 1.7m，在季节性河流的下部形成局部融区，在河流下方两侧为地下冰含量相对高的区域。反演结果与后期钻探得到的冻土深度，融区发育部位有很好的对应。可见通过高密度电法的探测能很清楚地反映出此区域的冻土发育情况。

(a)

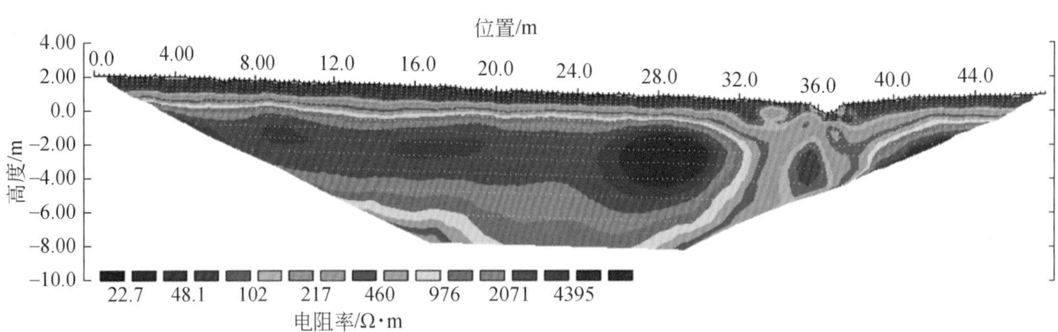


图 14.3　曲麻河高密度电法剖面地形及地表植被分布及对应反演电阻率剖面

## 14.3.3　浅层地震

通过勘察地质体的密度变化间接地达到冻土勘察的目的。由于土体冻结后，以及其中含冰量的不同使其密度会发生较大的变化，由此可以进一步验证多年冻土上限位置、厚层地下冰厚度及分布。该方法可以解决在高密度电法勘探中，因下部土层干燥造成高阻体而可能认为是厚层地下冰误判的问题。目前应用较为广泛的方法为地震折射法和瞬态瑞雷波法。

地震折射法：利用地震波在冻土中传递的波速差异。应用的前提是在层状介质模型下，下层纵波速度大于上层纵波速度，因为只有这样，我们才能获取到下层介质的纵波速度及深度。其局限性是地表松软，激发条件很差时难以追踪折射波。

瞬态瑞雷波法：在岛状冻土地区用来判定有无冻土，其效果良好，是近年发展起来的一种较新的物探方法。它利用了瑞雷面波在不均匀层状介质中传播具有频散性这一特征进行分层。该方法在冻土勘探中具有良好的分层性，可有效地划分融化层、季节冻土、多年冻土等地质界面。但当地表介质不均匀或激发条件差时，勘探深度大大减小。

在对隧道围岩划分中，在非冻地区仍可采用通常的折射波方法进行勘探和资料解释，而在冻区，就不能直接利用地震波速度简单地对围岩进行分类，而要考虑含冰因素对波速的“提高”作用。冬季施工由于地表冻结会对检波器的接地造成一定困难，相对探地雷达工作效率较低，其工作进度为后者的 10% ~20%。

### 14.3.4　其他方法

电位差比法的变种——偶极电位差比法也运用于岛状冻土区进行岛状多年冻土的圈定工作。该方法在确定多年冻土的边界方面比对称点剖面法灵敏。但需要指出的是，由于这种方法是测量供电极近电场的畸变状态，地表不均匀性可能造成较大的干扰，若能和其他方法配合，地质效果可能会更好。

用中子法在钻孔中测量冻土含水率于 20 世纪 70 年代中期开始了试验（王平，1978），可用于定点测定含水率。中子测水原理是根据快中子与水分中的氢核发生多次碰撞后，损失能量变成慢中子的原理设计制造的。中子源发射出来的许多快速中子，通过不同含水率土壤时，形成以中子源为中心的慢中子球形分布，称为慢中子“云球”。慢中子“云球”的半径与含水率有关，含水率大，氢原子多，则慢化作用强，慢中子密度大，慢中子“云球”的半径也小。适于就地测量，不破坏土壤的天然结构，可进行连续和重复测量，测量范围宽，从很小的含水量到纯水都能测量，速度快。土壤表层有机质含量多则有机质中的氢离子也将引起误差。

通过几种方法的对比试验研究发现，探地雷达是最为高效、有效的方法，在冻土勘察中可以较为准确地反映冻土上限，并在一定程度上反映地下冰空间分布、冻土工程类型及冻土厚度。高密度电法可以通过地层电阻率分布情况较为准确地反映冻土上限以及冻土工程类型的大体分布。同时，浅层地震也可以通过地层密度的分布情况对冻土的分布情况提供重要补充。在条件允许时，也可以采用如偶极电位差比法和中子法进行勘探研究。

# 第 15 章　冻土勘探方法与要求

## 15.1　冻土勘探的特点

冻土勘探是取得冻土层定量资料的基本手段，亦是验证冻土地面调绘成果的主要途径。因此，冻土勘探一定要在地面调绘的基础上进行，以减少盲目性，提高工作效率。

冻土是一种特殊土类，一方面它具有一般土的共性，另一方面它是一种多相复杂体系，并为冰所胶结，具有鲜明的冻土个性。目前冻土勘探仍沿用地学界传统的勘探方法，但有其特殊要求，其特点可概括如下：

（1）在冻土勘探过程中，始终要树立“温度”的观念，因为冻土性质是随土温而不断变化的。

（2）所有勘探工具和操作方法要适应冻土可变性。

（3）较大量的勘探工作是为了了解某地点是否发育多年冻土，以及上限深度等。作为确定有无冻土及其上限的勘探孔深度不大，但应以能准确地判定出冻融界面为原则，避免模棱两可的结论。作为确定多年冻土特征的勘探孔深度应超过年变化深度（一般为 20m）或多年冻土层下限以下。

（4）冻土区各种冻土现象有明显的季节性特征。所以，勘探工作的时间安排也有严格限制和要求。

（5）了解地温状态及地温变化是勘探过程中的重要内容之一，所以要必备测温设施及仪表等。

（6）由于样品不易保持原状（如保持冻结状态等），所以对样品采取保存及运输应有些特殊要求。

冻土勘探方法有钻探、坑探、井探、槽探、物探、化探等，本章重点论述钻探、坑探两种常用方法。

## 15.2　冻 土 钻 探

### 15.2.1　钻探的目的、特点及钻探量布置原则

冻土钻探的目的是了解较深部冻土层的状况，直接查明多年冻土上下限深度，多年冻土层厚度及空间分布状态、岩性、含水（冰）率、冻土组构、冻土层与地下水的关系，并可用于解剖一些冻土现象，如大型冻胀丘等。同时可查明地层层位、地质构造等，为试验

分析获取岩心样品，为长期地温和冻土变形监测提供观测孔和基准孔。钻探资料还可作为检验物探成果或解释物探结论的依据。

多年冻土区大多交通不便，所以钻探工具和操作方法要适应高寒区气候特点，以轻便钻机为主，并配有防寒、取暖和防火装备。

在大面积的冻土普查和调绘过程中，下列几种简易轻便的勘探工具可交叉选择使用，即可达到既快又省的目的（表 15.1）（交通部第一铁路设计院，1975）。

**表 15.1　多年冻土区常用的轻便勘探工具**

| 种类 | 工具特点 | 主要优缺点 | 适用条件 |
| --- | --- | --- | --- |
| 锥探 | 形状很像洛阳铲，头部多呈圆管状 | 轻便，效率高，能取出少量样，2～3 人操作 | 黏性土、砂类土等细颗粒土，用以查明冻融界面，可取出少量土样 |
| 插探 | 直径 6～8mm 的圆钢钎，上有刻度 | 极轻便，1 人操作，凭手感判断地层及冻土状况 | 沼泽湿地，黏性土，细砂类土，用以查明冻融界面 |
| 钎探 | 圆钢钎、大铁锤、套筒扳手 | 可探 3m 深，用以辅助上述两种方法，相互配合使用 | 可探到较硬的地层及高温多年冻土层内一定深度处，打孔后可进行测温 |
| 小型钻机 | 轻型钻或汽车钻 | 动力小，能钻 10～20m 深，可取样，需 3～5 人操作 | 在冻土、融土层内均可施钻，应用范围广，取出岩心较完整，是冻土区普遍使用的钻探工具 |

钻探需花费大量人力物力、耗时长，因此，在冻土调查中布置钻探工程量时要慎重考虑，尽量多用坑探，少用钻探。要充分利用前人的钻探资料，配合地面调绘工作以达到综合勘探，综合利用的目的。每个钻孔不但要了解冻土层状况，而且还要了解地质构造、层位关系、地下水等，或作为测温孔，达到一孔多用的效果。在大面积工作的基础上，要选择重点剖面进行解剖，除详细了解冻土层特征外，同时还要取样测定热力学参数，最后将钻孔用于热力学及水文地质长期观测孔。

## 15.2.2　孔位

孔位及孔数应根据具体勘测项目的要求布设。在区域冻土普查和测绘中要根据所填图比例尺的规定来确定钻探量。在冻土工程地质勘探中，应根据每项工程具体要求的技术定额和建筑物的特殊需要具体确定孔位、孔数，并依据地形地貌和地质复杂程度的难易性适当增减。总之以查明冻土条件为原则，在冻土条件复杂地段，应适当增加钻探量。一般情况下，冻土详细测绘阶段中每平方千米应有 1～2 个基本孔，其孔深应不小于 15m。辅助钻孔为 6～8 个，孔深平均为 8～10m。

在所有情况下选择基本钻孔的孔位，都必须布置在对当地说来是典型的，并且是平坦的场地上，钻孔周围半径不小于钻孔深度的地段上，应在相同的条件，以保证岩体内热流呈线性分布，并免除水平方向上侧向热流①。

① Н. Ф. 波尔切夫（苏）. 1975. 冻土测绘基础. 邱国庆译. 内部印刷。

### 15. 2. 3　孔深

在区域冻土普查和测绘中所有钻孔孔深均应保证达 15 ~ 20m 深，但在代表性区段内要有一个深孔控制，孔深以打穿多年冻土层再向下延伸 5 ~ 10m 为准。在冻土工程地质勘探中，按具体工程要求确定孔深。其他项目应视研究目的而定。对预留的长期冻土地温监测孔，孔深应大于 20m。

### 15. 2. 4　钻探技术方法

通常要求全孔连续回转式取心钻进。冻结的松散、软弱和泥化地层应选用干钻，在冻结砂层、卵砾石层可加入适当少量清水岩心管无泵钻进，在坚硬岩层中可采用反循环钻进。

为了保证冻土岩心完整性及在钻进过程中不会完全融化，开孔直径不小于 130mm，终孔直径不小于 91mm。进行专项试验的孔，其孔径大小应按要求确定（如测定冻土融化压缩性参数的钻孔直径不小于 150mm）。为了防止塌孔，上部采用跟管钻进（即随钻进、随下套管）或用低温泥浆护孔壁，开孔后应连续运转，直至终孔。在钻进过程中勤提钻、多观察，以每次进尺 20 ~ 50cm 提一次钻为宜，取出岩心后，应立即切开，仔细观测其中心是否冻结（有无冰晶），详细记录，同时采样进行现场含水率、密度试验。

岩心采取率：完整岩层和黏性土应大于 80%，砂性土不低于 60%，卵砾石类土、风化带和破碎带不低于 50%。重点研究部位应尽量提高。

钻探现场必须有专门技术人员负责，认真地按钻进回次逐段填写钻探日志及岩心标签，将岩心按顺序整理摆放在岩心箱内。

### 15. 2. 5　取样要求

在季节融化层内，0 ~ 1. 0m 深段，每隔 0. 3m 取一个样，1. 0m 以下，每隔 0. 5m 取一个样。上限附近范围内每隔 0. 2 ~ 0. 3m 取一个样。在多年冻土层内含冰量变化处应取样。当岩性变化时，每层均需取一个样，当土层厚度大于 2m 时，应在上、中、下三个部位分别取样（内蒙古筑业工程勘察设计有限公司，2014）。

根据工程需要及冻土试验目的和要求，冻土样可分三类（表 15. 2）（内蒙古筑业工程勘察设计有限公司，2014），对保持冻结状态的原状土样，宜就近进行试验（如在夜间、低温条件下或附近的冷库内）。如无现场试验条件，应尽量缩短时间，用冰柜或干冰保持土样冻结状态下迅速运到专门冷冻试验室进行试验。

**表 15. 2　冻土试样类别划分**

| 类别 | 冻融及扰动程度 | 试验内容 |
|---|---|---|
| Ⅰ | 保持原状天然冻结状态 | 土类定名、冻土物理、力学试验 |

续表

| 类别 | 冻融及扰动程度 | 试验内容 |
|---|---|---|
| Ⅱ | 保持天然含水率，允许融化 | 土类定名、含水率、土的密度 |
| Ⅲ | 不受冻融影响，并已扰动 | 土类定名、土的密度 |

### 15.2.6　钻孔岩心鉴别

岩心的冻结状况是判断冻土的重要标志。在钻进过程中，对于高含冰量冻土的岩心较完整，比较容易鉴别。但在含冰率小的冻土层中，尤其是粗颗粒土层，即使原来是冻结的，在钻进过程中，由于摩擦热及浅层地下水的影响，提取出的岩心部分或全部已融化，而且采心率低，岩心多呈松散状，此时应仔细观察，如果岩块碎石表面很潮湿，有的并附有小水珠（或者在土、岩层理面上也有类似现象），说明是冰晶融化的结果，可间接判定为冻结岩心。

当有些孔确实无法断定是否为多年冻土层时，这就需要综合考虑和对比该孔周围的其他因素，如海拔、地貌部位、地表植被及水文状况，必要时要配合坑探、井探，同时观测坑（井）壁地温来综合判断是否存在多年冻土层。

钻探时间和取心深度可作为间接判断是否为多年冻土层的依据（表15.3）。

**表15.3　利用钻探时间判断多年冻土层的方法**

| 土（岩）类型 | 含水（冰）状况 | 判断依据 |
|---|---|---|
| 黏土、粉质黏土及含腐殖质细颗粒土 | 含水率小于塑限 | 9～10月，在3～4m以下的岩心仍呈冻结状态，则该层为多年冻土；3～4月，4～5m深以下的岩心仍为冻结状态，为多年冻土层 |
| | 含水率等于或大于流限 | 一般在2～3m以下的岩心为富冰冻结状态，可视为多年冻土 |
| 砂类土 | 含水率小于10% | 10～11月，在5～6m以下岩心仍为冻结状态，可判定为多年冻土层 |
| | 含水率接近饱和状 | 4m以下的岩心为冻结状态，可判定为多年冻土层；在9～10月，3～4m深段岩心仍为冻结状态，亦可视为多年冻土层 |
| 砂卵砾石层 | 含水率小于12% | 5m以下的岩心处于冻结状态，即属多年冻土 |
| | 含水率为10%～25% | 3～4m以下的岩心为冻结状可判定为多年冻土；在9～10月，在3～4m深段仍为冻结状态，亦可视为多年冻土；冻土构造多呈包裹状，砾岩状构造处亦是多年冻土的标志 |
| 碎石土或砾石土 | 含水率小于10% | 9～10月，4～5m深以下的岩心仍为冻结状态，可判定为多年冻土；有良好的补给水源，但地下水埋藏很深，是非多年冻土的标志 |
| | 含水率接近饱和状态 | 深2m左右处地层有稳定冰层或冰透镜体分布，是多年冻土的标志 |
| 风化基岩及完整的岩体 | 裂隙内无水 | 5m深以下的岩心为冻结状态，为多年冻土 |
| | 裂隙内充水 | 3～4m深段开始呈冻结状态，并可见裂隙冰，可判定为多年冻土 |

在冻土钻进过程中，对每个孔最起码的要求是要准确地回答该孔属于多年冻土，还是季节冻土？最忌讳出现无任何结论的钻孔。因此岩心鉴别是核心问题，这就要求跟钻技术员必须具备丰富的冻土和地质知识，尤其是现场实践经验更为重要。

## 15.2.7 钻孔编录程序和内容

### 1. 编号及其他

（1）编号。

（2）位置、经度、纬度及海拔、地理部位（如 109 线 KXXXX+100，公路左侧 20m 远处），微地貌部位。

（3）天气现象。

（4）施工单位及施工日期。

（5）编录者。

### 2. 地形、地貌特征

（1）地貌成因类型：包括侵蚀构造类型、侵蚀堆积类型、构造剥蚀类型、剥蚀堆积类型、堆积类型、岩溶类型等。

（2）按地貌形态可分为分水岭、山脊、山峰、斜坡、悬崖、河谷、阶地、冲洪积扇、残丘、沼泽湿地等。

（3）按地形相对高差可分为高山地形、中高山地形、中山地形、中低山地形、低山地形、丘陵地形及高平原地形、阶地、盆地等。

（4）坡向、坡度、斜坡特征及切割程度。

（5）地表水体：河流、冲沟、沼泽、湖塘等。

### 3. 岩心自上而下分层后，再进行详细的岩性及冻土特征描述

（1）各层起止深度。

（2）沉积时代及岩性定名。

（3）颜色。

（4）矿物和腐殖质成分：所含碎石、砾石成分、含量、磨圆度、分选性、排列方向等。

（5）砂性土的密实度：分疏松、较密、密实等。

（6）含水状况：过饱和、饱和状、可塑、稍湿。

（7）黏性土的可塑性：可塑、较软、坚实等。

（8）岩层构造及层理：水平层理、断续水平层理、交替层理、透镜状层理、斜层理。

（9）岩石夹层及包裹特征。

（10）冰的结构：颜色、透明度、气泡状态、晶体大小及生长方向，与地下水的关系，以及空间分布规律。

（11）冻土构造：着重描述冰与土（岩）层在空间的分布规律，相互接触关系，如整体状、层状、微层状、网状、脉状、斑状、包裹状、基底状等，如遇可见冰层要测出冰厚（最薄、最厚及平均厚度），并肉眼估计出体积含冰率。

（12）冻土剖面特征：何年、何月、何深度见冻土；季节冻结层与多年冻土层的衔接性，多年冻土层下限深度等。

（13）判断冻土的最大季节融化深度（即上限位置）或最大季节冻结深度。

（14）终孔后，必要时可进行瞬时钻孔测温（供参考）。

（15）取水样、冰样进行化学分析。

（16）取土样做重量含水率和密度试验。

（17）对典型地层取孢粉和$^{14}C$样品。

（18）对完整的冻土岩心进行素描和拍照（包括红外照相）。

（19）长期观测孔测温方法：终孔后需清孔，下测温管，安放温度计，等地温恢复原状后，即可进行长期地温监测。根据项目要求设置测温点的密度，一般在 10m 以上深度，每隔 1m 设一个测温点；10 ~ 20m，每隔 2m 设一个测温点。测温点深度亦可根据不同要求进行调整，如年变化深度附近及上、下限处可加密测温点。长期监测孔（管）要采取措施，严加保护，防止人为或其他灾害破坏。

## 15.2.8　钻孔验收

钻孔全部竣工后，应组织有关人员进行验收，按钻探设计书要求，逐项检查：孔径（开孔和终孔径）、孔深、取心率、取样、冻土、地质及水文地质编录、下测温管深度及封孔状况，以及孔口地面以上的保护设施等。检查测温孔管内是否有渗水，如有渗水现象，一定要将测温管拔起，重新下管，直至不渗水为止。

## 15.2.9　冻土构造判识及描述

冻土构造是指冰与土层之间相互排列的关系（又称冷生构造），除反映土、石的原始构造之外，亦代表其在某种自然环境中冻结时土、石中水分迁移变化，成冰作用的宏观特征，它是冰冻条件，冻结锋面发展变化及水分迁移状况的宏观反映。因此研究冻土构造，可以判断冻土形成过程中的冻结速度、冷量的方向、冻结锋面的发展变化，揭示冻结时水分迁移方向、速度、成冰作用过程等，对探讨冻土成因及改造利用，了解冻土工程性质等，均具有理论和现实意义。

现将我国比较常见并广泛应用的七类冻土构造作简要图示和照片说明（表 15.4）。除表 15.4 中较典型的七种冻土构造外，还存在大量中间的或过渡的类型。

在工程建设的冻土工程地质勘察中，冻土含冰特征的分类可根据《冻土工程地质勘察规范》（GB 50324—2001）的附录 C 或按《青藏铁路多年冻土工程勘察暂行规定》提出的冻土融沉性分级野外鉴别方法，进行现场判断（表 15.5、表 15.6）。

表 15.4　冻土构造类型简要图示说明及照片

| 冻土构造名称 | 示意图 | 岩性 | 构造描述 |
| --- | --- | --- | --- |
| 整体状 | | 黏土、粉质黏土，均质粉细砂 | 冰均匀分布于岩土的空隙及裂隙中。水分在孔隙中原处冻结。肉眼观察可见均匀分布的细小冰晶 |
| 斑状 | | 碎石土、砾石土 | 整体状构冻土中地下冰分布形状为不规则的粗冰颗粒、小冰块等“斑冰”冰透镜体。黏性土、砂砾土中有胶结-分凝混合体型。高含冰量冻土地层中最为常见 |
| 包裹状（壳状） | | 碎石土、砂卵砾石土 | 冰将砂砾或小土块包裹在中间。粗颗粒、小土块之间的空隙、裂隙也基本被冰充填。常见碎石、卵砾石周围形成冰壳，有胶结冰状，偶见有分散的大小不一的冰异离体 |
| 层状 | 微层状<br>厚层状 | 黏土、粉质黏土及粉土互层 | 冰以层状或似层状分布于土中，可为纯冰，也可为含土冰。冰层厚度由1mm至数米不等，以至十几米以上。以分凝冰为主，亦有胶结冰。冰层厚度小于0.1cm时称为薄层状构造；大于25cm时，一般称为厚层状构造；介于两者之间的称为中层状构造。广泛分布于黏性土中，砂砾土、风化泥质岩层中均有分布，主要位于冻土上限以下至风化基岩内 |
| 网状 | | 粉土、粉质黏土及粉细砂 | 冰以不同方向交错分布于冻土层中，以水平分布为主，还有垂向或斜向分布的冰，构成冰网，冰层厚度不等。属胶结、分凝混合类型，在一些密度较大的黏性土质岩层中较为常见 |
| 基底状 | | 土块、碎石块、卵砾石 | 矿物集合体及粗碎屑物质在冰体中杂乱分布，冰体占优势 |

注：照片为俞祁浩摄。

经大量统计资料表明，在岩性条件、冻结方式和冻结速度大致相同的条件下，土（岩）层中的任何一种冻土构造都对应一定的含水率，通过含水率指标又可将冻土构造和冻土工程分类联系起来，在现场可用表15.7初步判断各构造类型冻土的含水率及它所对应的冻土工程分类的级别。

不同成因类型的土，其冻土构造亦不同，在野外勘测中利用岩心定名并参考土的成因，可初步判定出冻土构造（表15.8）。

**表 15.5　冻土构造与野外鉴别**（GB 50324—2014）

| 构造类别 | 冰的产状 | 岩性与地貌条件 | 冻结特征 | 融化特征 |
|---|---|---|---|---|
| 整体构造 | 晶体状 | ①岩性多为细粒土，但砂砾石土冻结亦可产生此构造<br>②一般分布在长草或幼树的阶地和缓坡带，植被较茂密<br>③土壤湿度：稍湿 $\omega<\omega_p$ | ①粗颗粒土冻结，结构较紧密，孔隙中有冰晶，可用放大镜观察到<br>②细颗粒土冻结，呈整体状<br>③冻结强度一般（中等），可用锤子击碎 | ①融化后原土结构不产生变化<br>②无渗水现象<br>③融化后，不产生融沉现象 |
| 层状构造 | 微层状（冰厚一般可达 1～5mm） | ①岩性以粉砂土或黏性土为主<br>②多分布在冲洪积扇及阶地其他地带植被较茂密<br>③土壤湿度：潮湿<br>$\omega_p\leqslant\omega<\omega_p+7$ | ①粗颗粒土冻结，孔隙被较多冰晶充填，偶尔见薄冰层<br>②细颗粒土冻结，呈微层状构造，可见薄冰层或薄透镜体冰<br>③冻结强度很高，不易击碎 | ①融化后原土体积缩小，现象不明显<br>②有少量水分渗出<br>③融化后，产生弱融沉现象 |
| | 层状（冰厚一般可达 5～10mm） | ①岩性以粉砂土为主<br>②一般分布在阶地或塔头沼泽湿地带<br>③有一定是水源补给条件<br>④土壤湿度：很湿<br>$\omega_p+7\leqslant\omega<\omega_p+15$ | ①粗颗粒土如砾石被冰分离，可见到较多冰透镜体<br>②细颗粒土冻结，可见到层状冰<br>③冻结强度很高，极难击碎 | ①融化后土体积缩小<br>②有较多水分渗出<br>③融化后产生融沉现象 |
| 网状构造 | 网状（冰厚一般可达 10～25mm） | ①岩性以细颗粒土为主<br>②一般分布在塔头沼泽与低洼地带<br>③土壤湿度：饱和<br>$\omega_p+15\leqslant\omega<\omega_p+35$ | ①粗颗粒土冻结，有断裂冰层或冰透镜体存在<br>②细颗粒土冻结，冻土互层<br>③冻结强度很高，易击碎 | ①融化后土体积明显缩小，水土界限分明，并可呈流动状态<br>②融化后产生融沉现象 |
| | 厚层网状状（冰厚一般可达 25mm 以上） | ①岩性以细颗粒土为主<br>②分布在低洼积水地带，植被以塔头、苔藓丛为主<br>③土壤湿度：超饱和<br>$\omega>\omega_p+35$ | ①以中厚层状构造为主<br>②冰体积大于土体积<br>③冻结强度很低，很易击碎 | ①融化后水土分离现象极其明显，并成流动体<br>②融化后产生融陷现象 |

**表 15.6　多年冻土含冰特征及融沉性分级的野外鉴别方法**（吴紫汪，1979）

| 含冰特征 | 融沉分级 | 粗粒土 | | 黏性土 | |
|---|---|---|---|---|---|
| | | 冻结状态特征 | 融化过程特征 | 冻结状态特征 | 融化过程特征 |
| 少冰冻土 | 不融沉 | 整体状构造，结构较为紧密，仅在孔隙中有冰晶存在 | 融化过程中土的结构没有变化 | 整体状冻土构造，肉眼看不见冰层，多数小冰晶在放大镜下可见 | 融化过程中土的结构没有变化，没有渗水现象 |
| 多冰冻土 | 弱融沉 | 有较多冰晶充填在空隙中，偶尔可见薄冰层及冰包裹体 | 融化后产生的密实作用不大，结构外形基本不变，有明显渗水现象 | 以整体状冻土构造为主，偶尔可见微冰透镜体或小的粒状冰 | 融化过程中土的结构形态基本不变，但体积有缩小现象，并有少量渗水现象 |
| 富冰冻土 | 融沉 | 除孔隙被冰充填满外，可见冰晶将矿物颗粒包裹，使卵砾石相互隔离或可见较多的冰透镜体 | 融化过程中发生明显的密实作用，并有大量水分外渗，土表面可见水层 | 以层状冻土构造为主，冻土中可见分布不均匀的冰透镜体和薄冰层 | 融化过程中有明显的密实作用，并有较多水分渗出 |
| 饱冰冻土 | 强融沉 | 卵砾石颗粒基本为冰晶所包裹或存在大量的冰透镜体 | 融化过程中冻土构造破坏，水土（石）产生密实作用，最后水土（石）界限分明 | 以层状、网状冻土构造为主，在空间上冰、土普遍相隔分布 | 融化中即失去原来的结构，发生崩塌，呈流动状态。在容器中融化后水土界限分明 |

续表

| 含冰特征 | 融沉分级 | 粗粒土 | | 黏性土 | |
|---|---|---|---|---|---|
| | | 冻结状态特征 | 融化过程特征 | 冻结状态特征 | 融化过程特征 |
| 含土冰层 | 强融陷 | 冰体积大于土颗粒的体积 | 融化后，水土（石）分离，上部可见水层 | 以中厚层状、网状构造为主，冰体积大于土的体积 | 融化后完全呈流动体 |

**表 15.7　冻土构造与含水率及多年冻土工程分类的关系（尹承庆，1983）**

| 项目＼冻土构造 | 整体状 | 包裹状 | 微层状 | 网状 | 层状 | 斑状* | 基底状 |
|---|---|---|---|---|---|---|---|
| 含水率范围/% | 13.2～20.0 | 14.0～19.8 | 15.7～21.6 | 13.8～21.6 | 22.2～37.2 | 37.2～69.6 | 69.6～3027.9 |
| 平均含水率/% | 16.5 | 17.4 | 19.3 | 17.4 | 28.8 | 49.4 | 451.6 |
| 融沉分类 | 不融沉 | 弱融沉 | 弱融沉 | 弱融沉 | 融沉 | 强融沉 | 强融陷 |
| 冻土工程分类的级别 | Ⅰ | Ⅱ | Ⅱ | Ⅱ | Ⅲ | Ⅳ | Ⅴ |

*此处所述的“斑状”应属于土斑，几乎接近于基底状构造。

**表 15.8　多年冻土区各成因类型土与冻土构造关系**

| 土的成因类型 | 主要的冻土构造类型 |
|---|---|
| 残积 | 松散冻结土呈松散状，含冰较少，偶尔可见零星的粒状冰；个别岩（土）块呈包裹状，在一些厚风化碎屑岩中可见裂隙冰 |
| 坡积 | 在冻结的细颗粒土层中富含冰，大多为高含冰量的层状构造，是多年冻土区地下冰最发育的地段 |
| 冲积 | 在上升地段（即强烈侵蚀剥蚀地段）由于排水条件良好，可见整体状或包裹状构造；在一些下降堆积、沉积地段土层中水分充足，上部可见层状构造，而下部为斑状、基底状构造，有时可见少量透镜状冰层 |
| 洪积 | 在洪积扇上方多为整体状、包裹状构造，冰仅能充填部分孔隙，下方可见层状、斑状、基底状构造，偶见层状或透镜状冰层 |
| 湖（沼）积 | 岩性多为黏土、粉质黏土、粉土及粉细砂互层，以层状构造为主，有少量微层状、网状，局部亦可见厚层地下冰夹层 |
| 冰积 | 冰积物多为粗大的砾石、漂砾，含冰较少，可见包裹状构造，在冰积物下方偶尔可见埋藏冰川冰，以基底状、斑状构造为主 |

冻土是受各种因素综合作用的含冰聚合体，因此冻土构造很少呈纯单一标准式，大多是几种冻土构造的复合。所以在野外冻土勘测时，对冻土剖面观察记录应尽量考虑自然综合因素作用下形成的复合式冻土构造。

## 15.2.10　冻土类别划分

冻土工程类别是冻土工程地质勘测中必须提供的基本资料。

从钻孔岩心中获取到邻近上限下地层的岩性及其冻土总重量含水率后，即可依据其物理性质和对工程的影响程度，综合对多年冻土进行类别划分（表 15.9）。

**表 15.9　多年冻土类别划分（周幼吾等，2000）**

| 多年冻土类别 | 冻土总含水率/% | | | 融沉系数/% | 冻胀性 |
|---|---|---|---|---|---|
| | 碎砾石土 | 砂土、砂性土 | 粉、黏性土 | | |
| 少冰冻土 | <10 | <12（14） | $<\omega_p$ | <1 | 不冻胀 |
| 多冰冻土 | 10～18 | 12（14）～21 | $\omega_p<\omega<0.9\omega_L$ | 1～5 | 弱冻胀 |
| 富冰冻土 | 18～25 | 21～28 | $0.9\omega_L<\omega<1.2\omega_L$ | 5～10 | 冻胀 |
| 饱冰冻土 | 25～65 | 28～65（70） | $1.2\omega_L<\omega<70\sim80$ | 10～40 | 强冻胀 |
| 含土冰层 | >65 | >65（70） | >70～80 | >40 | 强冻胀 |

注：（1）括号内数字为砂性土；（2）$\omega_p$ 为塑限，$\omega_L$ 为液限；（3）塑性指数<7 的用 70；>17 的用 80，其间的取中值；（4）土类名称按规范定名，其中砂性土包括粉质砂土、粗亚砂土、细亚砂土，粉性土包括粉质亚砂土、粉土、粉质轻亚黏土和粉质重亚黏土，黏性土包括轻亚黏土、重亚黏土和轻黏土。

工程实践证明：冻土工程分类与冻土构造及地下冰成因呈相互对应关系（表 15.10），相互间表现出规律性变化，即随着冻土总含水率的增加，冻土构造由整体状、薄层状→中厚层状→砾岩状→网状→基底状，相应地下冰成因由胶结冰→分凝冰→重复分凝冰，三者之间相互对应。对工程建筑物的危害也相应由小到大，由轻微到危害严重，到强烈冻胀、强融沉、突陷。

**表 15.10　多年冻土工程类别与冻土构造及地下冰成因类型相互关系（王春鹤等，1999）**

| 多年冻土工程类别 | 少冰冻土 | | | 多冰冻土 | | | 富冰冻土 | | | 饱冰冻土 | | | 含土冰层 | | |
|---|---|---|---|---|---|---|---|---|---|---|---|---|---|---|---|
| | 碎石砾石 | 砂土砂性土 | 粉性土黏性土 | 碎石、砾石 | 砂土砂性土 | 粉性土黏性土 | 碎石砾石 | 砂土砂性土 | 粉性土黏性土 | 碎石砾石 | 砂土砂性土 | 粉性土黏性土 | 碎石砾石 | 砂土砂性土 | 粉性土黏性土 |
| 总含水率/% | <10 | <12 | $<W_p$ | 10～18 | 12～21 | $\omega_p<\omega<0.9\omega_L$ | 18～25 | 21～28 | $0.9\omega_L<\omega<1.2\omega_L$ | 25～65 | 28～65 | $1.2\omega_L<\omega<70\sim80$ | >65 | >65 | 70～80 |
| 主要土构造 | 多为整体状 | | | 整体状 | 微层状整体状 | 层状 | 整体状砾岩状 | 层状 | 层状 | 砾岩状包裹状 | 中–厚层状、网状 | 中–厚层状、网状 | 包裹状基底状 | 厚层状基底状 | 厚层状基底状 |
| 地下冰成因类型 | 多为胶结冰 | | | 胶结冰 | 胶结冰 | 分凝冰 | 重力下渗冰，分凝冰 | 胶结冰、分凝冰 | 分凝冰 | 重力下渗冰，分凝冰 | 分凝冰、重复分凝冰 | 分凝冰、重复分凝冰 | 重力下渗冰，胶结冰 | 胶结–分凝冰 | 重复分凝冰 |
| 对工程建筑的危害性 | 基本上不冻胀、不融沉，强度较高，危害不大 | | | 微融沉，强度较高，危害不太大 | | 弱冻胀、弱融沉，危害较大 | 融沉，中等冻胀，危害大 | | 融沉，危害大 | 冻胀，强融沉，危害很大 | | 强冻胀，强融沉，危害很大 | 强融沉，突陷，强冻胀 | | 融后流态，丧失承载力 |

## 15.2.11　钻探场址的环境保护

冻土生态环境是极其脆弱的，一旦遭到破坏则很难恢复，造成后患无穷。

在施钻和测温期间，应尽量减少对场地及其周围植被的践踏和碾压，已被破坏的要在任务完成后尽快修补，恢复其天然状况。

对需要保留的观测场和长期监测孔，按有关要求设置防护措施，并委托专人看护，其余孔应及时用黏土或水泥浆注入回填，以防止地表水顺钻孔流入地下，污染地下水。

对临时住地附近的垃圾，要合理处置或掩埋。严禁将废机油、循环污水、泥浆等生产废物排放到附近的地表水体中。

## 15.3　冻土坑探

坑探是确定某一地段内是否存在多年冻土最有效、最简便的常用方法，是取得浅层冻土定量资料的必备手段。通过坑探能直接观察浅部冻土层的状况，即冻土构造、埋藏条件、地下冰分布等，可采集任意体积的原状土样，同时可更全面、更精确地确定上限位置和进行编录工作。

### 15.3.1　坑探的特点

（1）和钻探的比较：较省人力物力、更经济方便。

（2）不受地形、交通条件限制，可在钻机无法到达的地点进行挖探工作。

（3）能更直观地查明浅部各层岩性、含冰（水）率、冻土构造、植物根系、地下冰分布、冻结层上水等资料。

（4）可在坑内原状土层直接进行力学试验和动态观测。

（5）暖季时在地下水发育地段进行挖掘时，坑内涌水量较大，坍塌严重，向下挖掘相当困难。如遇这种情况，最理想的时间是在4～5月进行挖探。

（6）坑探深度一般小于5m，而大于5m称井探，井探则需要支护及抽水。

### 15.3.2　试坑尺寸

冻土试坑一般以长方形为宜，平面尺寸（长×宽）为0.85m×1.3m、0.9m×1.4m或1.0m×1.5m。坑深一般要求挖到上限后再向下挖0.5～1.0m深，以便于查清上限下的冻土构造（周幼吾等，2000）。

### 15.3.3　坑位、坑数

坑探总工作量取决于勘测区冻土和工程地质条件的复杂性及勘测阶段的精度要求，应能以全面了解和查明各种地表、地貌地段的冻土特征为原则。在高含冰量冻土、沼泽地、泥炭地、构造地热异常区、热融、冻胀及冻土现象发育等地段要适当加密勘探线和增加坑探点；在冻土工程地质勘探时要按具体建筑物要求进行布置，总之，坑探要和钻探、物探、化探等统一考虑布置坑位。

## 15.3.4　挖掘方法

在多年冻土区进行坑探，已冻结层相当坚韧，开挖困难，影响挖掘速度。挖掘方法有机械法（风铲、风钻及挖掘机等）、爆破法及手工法。最有效的是机械掘进。在个别情况下可用少量炸药松动爆破，将冻土层振松后再挖掘，具体方法是在冻结的土层上先打0.3～0.5m深，直径约0.1m的炮眼，内装0.3～0.5kg的硝铵炸药，最好用电雷管引爆，待将冻土层振松后，然后用人工和机械清坑，依次进行下挖，直至挖掘到要求深度为止。特别要注意炮眼装药量要适当，装药量太少，达不到振松的效果；如装药量太多，就容易破坏周围的自然条件（植被、土的水热状况）。

一个试坑，最好连续开挖，无特殊情况中间不能间断停工，当坑深达到要求时，应立即刮清坑壁，进行编录，采样，测地温和照相等。待上述工作完成后，应立即将试坑用原位土层进行回填，并尽量将地表植被修补完整。

## 15.3.5　编录程序和内容

冻土坑、井探与冻土钻探编录程序和内容的要求相似（本段不再赘述）。

# 15.4　资料整理

冻土勘探和试验结束后，要及时整理资料以保证原始资料的准确和完善，并将各类资料汇总于各种报表和登记表内，为编写生产、科研报告做准备。将所有的坑、孔标到原始材料图上。

每个钻孔均要编绘钻孔登记表（格式如下）：

**冻土钻探编录**

现场编号：________统一编号：________钻机类型：________植被：________

地形地貌特征：________________________

<table>
<tr><td rowspan="2">孔位</td><td>纬度</td><td colspan="2"></td><td>孔口标高</td><td>m</td><td>开孔直径</td><td>mm</td><td>开孔日期</td><td></td><td>孔位坡度</td><td></td></tr>
<tr><td>经度</td><td colspan="2"></td><td>孔底深度</td><td>m</td><td>终孔直径</td><td>mm</td><td>终孔日期</td><td></td><td>孔位坡向</td><td></td></tr>
<tr><td colspan="2" rowspan="2">多年冻土区类型</td><td colspan="2" rowspan="2"></td><td>冻土上限</td><td>m</td><td>年变化深度</td><td>m</td><td colspan="4">天气：</td></tr>
<tr><td>冻土下限</td><td>m</td><td>年平均地温</td><td>℃</td><td colspan="4"></td></tr>
<tr><td>地层编号</td><td>地层时代</td><td>层底标高/m</td><td>层底深度/m</td><td>分层厚度/m</td><td>柱状图 1：</td><td>岩性及冻土特征描述</td><td>岩心采取率/%</td><td>取样编号与深度/m</td><td>含水率/%</td><td>密度/(g/cm$^3$)</td><td>备注</td></tr>
<tr><td></td><td></td><td></td><td></td><td></td><td></td><td></td><td></td><td></td><td></td><td></td><td></td></tr>
</table>

编录者：__________校核者：__________审核者：__________页码：________

所有试坑亦要编绘试坑登记表（格式如下）：

**试坑编录**

现场编号：________统一编号：________天气状况：________植被：________
地形地貌：____________________

<table>
<tr><td rowspan="2">坑位</td><td>纬度</td><td></td><td>坑口标高</td><td>m</td><td rowspan="2">试坑尺寸</td><td>长：　m</td><td>开挖日期</td><td></td><td>坑位坡度</td><td></td></tr>
<tr><td>经度</td><td></td><td>坑底深度</td><td>m</td><td>宽：　m</td><td>完成日期</td><td></td><td>坑位坡向</td><td></td></tr>
</table>

<table>
<tr><td>多年冻土区类型</td><td></td><td>冻土上限深度</td><td>m</td><td></td></tr>
</table>

<table>
<tr><td rowspan="2">地层编号</td><td rowspan="2">地层时代</td><td rowspan="2">层底深度/m</td><td rowspan="2">分层厚度/m</td><td rowspan="2">柱状图 1：</td><td rowspan="2">岩性及冻土特征描述</td><td rowspan="2">取样编号与深度/m</td><td rowspan="2">含水率/%</td><td rowspan="2">密度/(g/cm³)</td><td colspan="3">测温</td><td rowspan="2">备注</td></tr>
<tr><td>深度/m</td><td>温度/℃</td><td>时间</td></tr>
<tr><td></td><td></td><td></td><td></td><td></td><td></td><td></td><td></td><td></td><td></td><td></td><td></td><td></td></tr>
</table>

编录者：________校核者：________ 审核者：________ 页码：________

最后将大量的勘探、试验、测温及图像等资料，利用计算机文字处理和数据库等多媒体汇总成分析图表，使之高度概括，便于对比分析、查找和使用，为编绘各种图件和编写文字报告提供资料。

# 第16章 寒区工程冻土调查与勘测

## 16.1 冻土工程地质调查与勘测的基本要求

寒区工程冻土研究是指在季节冻土区和多年冻土区进行国民经济开发时，合理地利用冻土做地基进行各类工程建设，确保建筑物安全可靠性和冻土环境保护的和谐发展。它的工作内容应该包括为寒区岩土工程勘察、设计、治理、监测和检测。目前涉及的寒区工程可以概括为三种类型：矩形工程建筑、线性工程建筑、地下工程建筑。矩形工程建筑包括工业与民用建筑物、输电线塔杆基础、水工结构物等；线性工程建筑有铁路、公路、渠系、管道等；地下工程建筑有矿山（露天与巷道）、地下构筑物、隧道等。

冻土区（包括多年冻土和季节冻土）的工程冻土研究特点，取决于冻土独有的特性和自然及人文环境下所发生的冷生过程。冻土-工程地质勘察是工程冻土研究中最为重要的一部分，也是最基础的工作。它必须评价预定建筑区的冻土自然环境条件，给出工程建筑物地基基础设计（某种程度上也包括基础的上部结构）所需土的冻结、正融和已融状态下的计算指标，预报和监测建筑物施工和运营所造成的冻土环境（地温等冻土条件）变化。

多年冻土地区利用多年冻土做地基，按俄罗斯冻土地基基础设计规范（苏联国家建设委员会，1988），有两种原则：原则Ⅰ，保持冻土地基处于冻结状态的设计原则；原则Ⅱ，预先融化状态的设计原则。我国《冻土地区建筑地基基础设计规范》（黑龙江省寒地建筑科学研究院，2011），考虑到多年冻土厚度变化大、地温较高、不稳定型冻土分布广等特点，增加了按逐渐融化状态的设计原则。

多年冻土区建筑场地工程地质条件研究的任务及评价，依下列项目确定：

（1）多年冻土和季节冻土的分布规律，以及在平面和垂直剖面分布的连续性，厚度、埋藏条件，它们与地质地理等自然环境条件的关系；

（2）已冻、正冻、正融、已融土的成分、性质、冷生组构、各种冰夹层、冰透镜体和冰包裹体及其空间分布和变化，特殊的物理力学性质；

（3）多年冻土的温度状态，特别是多年冻土的年平均地温，冻土上限及活动层温度变化和形成规律性；

（4）季节冻结和融化深度形成的规律性，及其与自然环境因素和时间关系的变化动态；

（5）融区的成因、发育和分布等特征；

（6）冷生现象分布及形成过程（包括冻胀、热融现象、水分迁移、融冻泥流等）；

（7）地表水和地下水的特点及其与冻土的相互作用；

（8）建筑物基础下持力层的冻土工程地质性质，以及预测冻土可能变化范围内的性质。

这些项目内容的研究和工作，对建筑区的建筑地基基础设计原则、基础类型和地基处理措施等确定有重要的意义，可以说是决定性的作用。

冻土工程地质勘察的范围和要求取决于以下方面。

（1）建筑阶段分为规划阶段、可行性研究阶段、初步设计阶段、技术设计阶段和施工图设计（详细勘察）阶段（表 16. 1）；

（2）建筑地区的地质、冻土和水文地质方面的研究程度，可收集到的资料及其工作深度；

（3）建筑地区地质构造、工程地质和水文地质条件的复杂程度（表 16. 2）；

（4）冻土特征及其复杂性，冻土物理力学性质测试（表 16. 3）。

**表 16. 1　冻土工程地质勘测实施阶段作业流程模式（叶尔绍夫，1999）**

<table>
<tr><th rowspan="2">冻土工程地质勘测阶段</th><th rowspan="2">专门用途</th><th colspan="2">解决设计的课题</th><th colspan="2">作业的主要形式</th></tr>
<tr><th>现场</th><th>室内</th><th>现场</th><th>室内</th></tr>
<tr><td>规划（拟建地区的自然条件）</td><td>确定建筑项目的远景和可能方案</td><td colspan="2">确定该建筑物在国民经济的必要性和经济合理性</td><td colspan="2">收集、整理（综合）已有的自然地理、冻胀、融沉、水文地质、工程地质和冻土方面的资料</td></tr>
<tr><td rowspan="3">可行性研究（远景方案）</td><td rowspan="3">为选择方案进行的比选研究</td><td colspan="2" rowspan="3">建筑区（线路）技术–经济方案的比选，优化，选择利用冻土的建筑原则</td><td>拟建地区区划的冻土工程地质勘测</td><td>室内选线，航卫片调查</td></tr>
<tr><td>在整个开发区进行小比例尺和中比例尺的冻土工程地质测绘</td><td>航空测绘，按比例尺进行航卫片判读。改线的小比例尺工程地质测绘</td></tr>
<tr><td colspan="2">为定位观测选择场地，进行外力地质和冻土过程发育动态、土体温度动态、季节冻结与融化土层深度变化、地下水位和化学成分观测</td></tr>
<tr><td>初步设计：在所选方案的线路上开展勘测作业</td><td>对方案的冻土工程地质条件进行研究，评价</td><td>布置建筑物、地基初步核算，选择基础类型和调控地温过程的措施</td><td>对所选方案的冻土工程地质条件进行研究，评价</td><td>建筑场地的大比例尺冻土工程地质测绘</td><td>线路放线，对个别设计的地段进行大比例尺冻土工程地质测绘</td></tr>
<tr><td colspan="2">外力地质过程和冻土过程的防护措施设计</td><td></td><td></td><td colspan="2">在防护建筑地段所选定的冻土工程地质勘测地点开展定位观测</td></tr>
<tr><td>技术设计：在建筑物对土体影响范围和建筑物构造范围内进行作业</td><td>研究建筑物的依据条件，编订地基的计算图式</td><td>建筑物地基进行最后检算</td><td>编制特殊设计</td><td colspan="2">在建筑物对土体影响层内的试验以及建筑物工作范围内开展冻土工程地质勘探，在所选定地段上开展定位观测</td></tr>
<tr><td colspan="2">—</td><td colspan="2">施工组织设计</td><td colspan="2">—</td></tr>
</table>

续表

| 冻土工程地质勘测阶段 | 专门用途 | 解决设计的课题 | | 作业的主要形式 | |
|---|---|---|---|---|---|
| | | 现场 | 室内 | 现场 | 室内 |
| 施工期间作业成立冻土工作单位，在建筑物施工、运转期间开展冻土工程地质监测 | 修订提出的结论，并进行预报 | 对建筑物设计和施工组织进一步精确化和修改 | | 编录建筑试验与基坑校验冻土工程地质作业，对大型工程和复杂冻土工程地质条件的工程项目的地基土冻土进行原型观测 | |

**表 16.2　冻土工程地质条件的复杂程度分级**（叶尔绍夫，1999）

| 要素 | Ⅰ级（复杂的） | Ⅱ级（中等复杂的） |
|---|---|---|
| 地貌条件 | 采用不同的若干个地貌单元范围内的建筑场地（地段），地表面被强烈切割 | 单一的，若干个地面单元范围内的建筑场地（地段），倾斜的、微弱切割的地表面 |
| 建筑物与地质环境相互作用层中的地质条件 | 不同成因的岩层超过四层。厚度变化剧烈。岩层产状呈透镜状，土性指标在平面和深度内变化非常不均匀。石质土具有强烈的被切割的顶板，并被非石质土覆盖。具有不同次序的断面结构 | 不同的产状倾斜或尖灭的岩石层不超过四层，厚度变化有规律。在平面和沿深度内土性指标有重大变化。石质土顶板粗糙不平，并被非石质土掩埋 |
| 建筑物与地质环境相互作用层中的水文地质条件 | 地下水层沿走向和厚度不稳定。化学成分不均匀，含各类杂质，岩（土）是含水层和承压水头复杂，交替变化，地下水水头（压差）及其水力联系沿岩层走向变化 | 有两层或更多的稳定地下水层，化学成分不均匀或具有承压水头，或含有污染水体 |
| 从负面影响结构物的建筑与运营条件的地质和工程地质过程 | 分布广泛，并且对选择建筑物的设计、施工和运营方案会有决定性的影响作用 | 分布有限，并且对选择建筑物的设计、施工和运营方案（项目、对象）不会起到重要作用 |
| 在建筑物与地质环境相互作用层中的特殊土类 | 分布广泛，并且（或许）对选择建筑物的设计、施工和运营方案有决定性影响作用 | 分布有限，并且（或许）选择建筑物的设计、施工和运转方案，不会起到重要作用 |
| 冻土条件 | 厚层地下冰发育，属含土冰层或饱冰冻土地带。年平均温度≥-1.0℃，且变化大。冷生现象强烈发育，冻土生态环境遭严重破坏 | 地下冰较发育，属富冰冻土。年平均温度为-1.0～-2.0℃，且变化较大。冷生现象属一般发育，冻土生态环境遭破坏 |
| 开发地区发生的人为作用与变化 | 对选择建筑物设计方案，进行复杂的工程地质勘测，特别是增加作业内容和勘测工程量，表现出重要影响作用 | 对选择建筑物的设计方案和进行工程地质勘测不会起到主要的作用 |

注：由于多年冻土属于特殊土类，因此，整个寒区属于建筑工程地质条件为Ⅰ类和Ⅱ类复杂程度（作者根据我国分级方法将原表的Ⅲ类变为Ⅱ类）。

**表 16.3　不同勘察阶段冻土和冰性质的试验测试项目**

| 指标 | 符号与单位 | 初步设计勘测 Cb | S | C | B | i | 技术设计勘测 Cb | S | C | B | i | 施工图设计勘测 Cb | S | C | B | i |
|---|---|---|---|---|---|---|---|---|---|---|---|---|---|---|---|---|
| 总含水率 | $\omega$,% | + | + | + | | | + | + | + | | | + | + | + | | |
| 矿物夹层与充填物含水率 | $\omega_g$,% | + | + | + | | | + | + | + | | | + | + | + | | |
| 冻土天然密度 | $\rho_s$,g/cm$^3$ | + | + | + | + | + | + | + | + | + | + | + | + | + | + | + |
| 冻土和冰的孔隙度 | $e$ | | | | | | | + | + | | + | | + | + | | + |
| 塑性指数 | $I_p$ | | | + | | | | | + | | | | | + | | |
| 颗分：筛分 | % | + | + | | + | | + | + | | + | | + | + | | + | |
| 颗分：>0.5mm 含量 | % | + | + | + | + | | + | + | + | + | | + | + | + | + | |
| 颗分：<0.075mm 含量 | % | + | + | + | + | | + | + | + | + | | + | + | + | + | |
| 有机质含量 | % | | | (+) | | | | | (+) | | | | | (+) | | |
| 盐渍度 | $\zeta$,% | (+) | (+) | (+) | | | (+) | (+) | (+) | | | (+) | (+) | (+) | | |
| 体积含冰量 | $i_v$,% | + | + | + | + | + | + | + | + | + | + | + | + | + | + | + |
| 相对含冰率 | $i_c$,% | + | + | + | + | + | + | + | + | + | + | + | + | + | + | + |
| 未冻水含量 | $\omega_u$,% | | + | + | | | | + | + | | | | + | + | | |
| 饱和度 | $S_r$,% | + | + | | (+) | | + | + | | (+) | | + | + | | (+) | |
| 融化下沉系数 | $A$,% | (+) | + | + | (+) | | (+) | + | + | (+) | | (+) | + | + | (+) | |
| 压缩系数 | $m_v$,MPa$^{-1}$ | (+) | + | + | | | (+) | + | + | | | (+) | + | + | | |
| 冻土导热系数 | $\lambda_f$, W/m℃ | (+) | (+) | (+) | (+) | (+) | (+) | (+) | (+) | (+) | (+) | (+) | (+) | (+) | (+) | (+) |
| 融化后导热系数 | $\lambda_t$, W/m℃ | (+) | (+) | (+) | (+) | | (+) | (+) | (+) | (+) | | (+) | (+) | (+) | (+) | |
| 冻土导温系数 | $a_f$, m$^2$/h | (+) | (+) | (+) | (+) | (+) | (+) | (+) | (+) | (+) | (+) | (+) | (+) | (+) | (+) | (+) |
| 融土导温系数 | $a_t$, m$^2$/h | (+) | (+) | (+) | (+) | | (+) | (+) | (+) | (+) | | (+) | (+) | (+) | (+) | |
| 冻土容积热容量 | $C_f$, KJ/m$^3$ | (+) | (+) | (+) | (+) | (+) | (+) | (+) | (+) | (+) | (+) | (+) | (+) | (+) | (+) | (+) |
| 融土容积热容量 | $C_t$, KJ/m$^3$ | (+) | (+) | (+) | (+) | | (+) | (+) | (+) | (+) | | (+) | (+) | (+) | (+) | |
| 冻结力 | $f_c$,kPa | | J | J | | J | | + | + | + | | | | + | | |
| 冻胀量 | $\Delta h$,mm | J | J | J | | J | +J | +J | +J | | +J | +J | +J | +J | | +J |
| 切向冻胀力 | $\tau_d$,kPa | | J | J | | J | | +J | +J | | +J | | +J | +J | | +J |
| 抗剪强度 | $f_t$,kPa | J | J | J | | J | +J | +J | +J | | +J | +J | +J | +J | | +J |
| 抗压强度 | $f_k$,kPa | J | J | J | J | J | +J | +J | +J | +J | +J | +J | +J | +J | +J | +J |
| 融化后土的密度 | $\rho$,g/cm$^3$ | + | + | + | + | | + | + | + | + | | + | + | + | + | |
| 融土黏聚力 | $C$,kPa | | | + | | | | | + | | | | | + | | |
| 融土内摩擦角 | $\varphi$,° | + | + | + | + | | + | + | + | + | | + | + | + | + | |

注：Cb. 碎石土；S. 砂土；C. 黏性土类；B. 块石；i. 冰；"+". 必须测定项目；"(+)". 需要时才测定项目；"J". 相关规定计算项目或查表确定；"+J". 必须测定或关系规定计算、查表；有机质含量在遇黑色土壤及泥炭时做；盐渍土在地表有盐霜地段做。

冻土工程地质勘察应和建筑区的工程地质和水文地质勘察工作同步进行，可相互辅助，取长补短，减少工作量，达到最佳目的。若冻土工程地质勘察单独进行时，尽可能地收集有关资料，哪怕是区域性的资料。

《冻土工程地质勘察规范》（GB 50324-2014）将冻土地区建筑场地、冻土地基复杂程度分别划分为三个等级（表 16.4）。

**表 16.4　多年冻土区建筑场地和冻土地基复杂程度分级**

| Ⅰ级（复杂场地） | Ⅱ级（中等复杂场地） | Ⅲ级（简单场地） |
|---|---|---|
| 1. 冻土地区建设工程场地的复杂程度 | | |
| （1）冻土现象强烈发育；<br>（2）对各类建设工程抗震危险地段、不利地段；<br>（3）不良地质作用强烈发育；<br>（4）冻土生态环境遭到严重破坏；<br>（5）地形地貌复杂 | （1）冻土现象一般发育；<br>（2）对建设工程抗震一般地段；<br>（3）不良地质作用一般发育；<br>（4）冻土生态环境遭到破坏；<br>（5）地形地貌较复杂 | （1）冻土现象不发育；<br>（2）对各类建设工程抗震有利地段；<br>（3）不良地质作用不发育；<br>（4）冻土生态环境未遭到破坏；<br>（5）地形地貌简单 |
| 2. 冻土地区各类建设工程地基的复杂程度 | | |
| （1）岩土种类多，性质变化大，冻土层上水、层间水发育；<br>（2）厚层地下冰发育，对工程影响大；<br>（3）冻土工程类型属含土冰层或饱冰冻土；<br>（4）岛状多年冻土地段；<br>（5）冻土温度不低于-1.0℃ | （1）岩土种类较多，性质变化较大，冻土层上水、层间水较发育；<br>（2）地下冰较发育，对工程影响较大；<br>（3）冻土工程类型属富冰冻土或多冰冻土；<br>（4）冻土温度为-1.0℃～-2.0℃ | （1）岩土种类单一，性质变化不大；<br>（2）地下冰不发育，对工程影响不大；<br>（3）冻土工程类型属少冰冻土；<br>（4）冻土温度不高于-2.0℃ |

注：（1）从一级开始，向二级、三级推定，以最先满足的为准；建设工程地基的复杂程度亦按本方法确定地基等级；

（2）符合所列条件之一者即为其所属等级；

（3）对建筑抗震危险、不利、一般和有利地段的划分，应按现行国家标准《建筑抗震设计规范》（GB50011）的规定确定。

场地复杂程度等级划分主要考虑危害建筑物的场地抗震地段、不良地质作用的发育程度、冻土现象发育程度、地形地貌复杂程度。

地基复杂程度等级划分时，除了根据地质及岩土等因素之外，应特别注意冻土条件（包括冻土工程类型及分布、季节冻结与季节融化深度、冻土的含冰量与温度状态、地表植被和雪覆盖状态等）的破坏情况。因此，冻土工程地质条件中，多年冻土的年平均地温直接影响和决定着多年冻土工程地质条件的稳定状态。按我国多年冻土年平均地温分级：极不稳定状态（年平均地温高于-0.5℃），不稳定状态（年平均地温为-0.5～-1.0℃）、基本稳定状态（年平均地温为-1～-2℃）和稳定状态（年平均地温低于-2℃）。冻土含冰条件对气候、地质、生态环境及人类工程活动的反应各不相同，出现大量的冻土工程地质问题。所以，冻土地区的地基复杂程度等级划分主要取决于冻土的含冰条件及年平均地温。

冻土工程地质调查与测绘（通常也称工程勘察）通常分为三个阶段：准备阶段、野外工作阶段和室内工作阶段。

准备阶段：以收集资料、材料为主，根据收集到的气候气象、地质、地貌、水文及水文地质、第四纪地质沉积物成分、植被等等的性质和特点，进行简单的区划。

野外工作阶段：通过冻土调查和测绘，勘探（钻探、坑探和物探），野外试验测试等手段，确定多年冻土层的上限、厚度、地温、物质成分、含水率（含冰率）、密度等等，特别要了解地下冰的特征与分布。同时应调查和研究冻土冷生现象（冻胀丘、冰椎、热融滑塌、融冻泥流、滑坡等）。取得编制冻土工程地质图的资料以及冻结和正融土的物理力学性质的计算指标，评价冻土工程地质条件等资料。

在野外施工场地的具体条件下，最少要测定（取得）三个特征性指标：

（1）多年冻土年平均地温，至少应得到15m深处以下的地温值；

（2）基础埋置深度以下土的总含水率（特别是多年冻土上限及以下1m范围的总含水率）；

（3）相对热融沉陷量（基础底面标高处的融化系数）。

室内工作阶段：整理资料和分析试验数据。根据当地的气候、地质-地貌、水文和水文地质条件相关的多年冻土分布、发育和温度场，以及冷生现象等的普遍和特殊规律性。给出设计计算的参数。

工程冻土调查与测绘的比例尺，根据工程要求和阶段确定。

规划和可研阶段：多采用中比例尺（1∶50万～1∶20万）；

初步设计阶段：多采用大比例尺（1∶1万～1∶2000）；

技术设计阶段：采用大比例尺（1∶1000～1∶500），以及为细部测绘图。

这些比例尺的图件中应给出经济开发区的冻土条件及其变化、冷生过程总趋向（增强或退化）的预报，以及冷生现象的表现强度。

冻土工程地质调查与测绘方法：

充分利用航卫片目测，特别是路线调查与测绘。包括区域的地形、地貌、地质和冻土界线研究，按冻土-地质条件划分区域，编制冻土初测图；

山地工程，包括钻孔、坑探、槽探、井探、平硐、爆破等。主要解决以下问题：

（1）确定和校核地质剖面，冻土埋藏条件和地下水分布状况；

（2）采集岩土试件，测定其成分、状态和性质，采集水样和冰样，测定其化学成分；

（3）测定季节冻结和融化层深度、多年冻土层厚度、冷生组构、地下冰、冻土温度；

（4）开展水文地质和地球物理调查；

（5）揭示和圈定地质-冻土和冷生现象出露区；

（6）必要时开展土壤调查；

（7）根据要求建立定位观测。

野外冻土特性指标测定是保证取得冻土地质断面充分数据的方法。主要解决以下问题：

（1）根据冻土的成分、性质、冷生组构和地温，划分冻土地质断面和工程地质单元；

（2）测定冻土、正融土、地下冰的成分、状态和性质（物理、力学和热学性质）；

（3）确定冻土、地下冰、冷生组构的成分、状态和性质的空间变化；

（4）确定土体冻结和融化时的垂直位移；

（5）测定静荷载作用下的冻土和地下冰的承载力；

（6）确定正融土的融化下沉系数和压缩系数。

# 16.2 建筑工程的冻土工程地质调查与勘测

建筑工程（按《建设工程质量管理条例》规定，建设工程指土木工程、建筑工程、线路管道工程和设备安装工程机装修工程。建筑工程仅为建设工程的一部分。建筑工程为新建、改建或扩建房屋建筑物和附属设施所进行的规划、勘察、设计和施工、竣工等各项技术工作和完成的工程实体以及与其配套的线路、管道、设备的安装工程。本章“建筑工程”重点讨论多年冻土区的工业与民用建筑工程为主的冻土工程地质勘察，应与设计阶段相适应。可行性研究勘察按确定场地方案的要求，初步设计勘察按初步设计或扩大初步设计要求，详细设计勘察按施工图设计要求进行。

当冻土工程地质条件复杂或有特殊施工要求的重要工程，应按施工图勘察要求进行。冻土工程地质勘察的详细程度还要考虑建筑物地基基础设计等级（中国建筑科学研究院，2002）。

建筑工程冻土工程地质勘察主要做的工作：①收集和研究场地及邻近地区的勘察资料和建筑经验；②查明场地和地基的稳定性、冻土分布规律和特征、冷生组构、冷生现象及其发育程度，地下水埋藏条件等；③提供满足设计、施工所需的冻土物理、力学和热学等技术参数；④提出利用冻土的地基设计原则和基础设计方案的建议，预测建筑物施工和运营后对冻土地基和环境的影响。

## 16.2.1 可行性研究阶段勘察

可行性研究勘察的任务是对拟选场址的冻土地基稳定性和适宜性进行技术经济论证。主要工作如下：

（1）收集区域气候、地质、地形地貌、地震和附近地区的冻土工程地质资料和当地的建筑经验；

（2）通过踏勘，了解场地的地貌、地质构造、冻土特征、岩土性质、冷生现象及地下水状况；

（3）对冻土工程地质条件较复杂的场地，应做适当的勘探和测试工作；

（4）提出选址和设计原则的比选方案建议。

作为确定投资目的的可行性研究阶段的冻土工程地质测绘应满足比例尺 1∶5 万～1∶20 万的要求。作为选址和设计原则比选方案的冻土工程地质测绘应满足比例尺 1∶5000～1∶1 万的要求。

## 16.2.2 初步设计阶段勘察

初步设计阶段勘察的任务是对场地内建筑地段的地基稳定性做出评价，并确定建筑总平面布置、冻土地基的利用原则、基础方案及冻土冷生现象的防治措施进行论证。主要进行如下工作：

（1）初步查明冻土分布规律和特征，冻土冷生现象的类型、成因，及其对场地冻土地基稳定性的影响，并提出在建筑物运营期间冻土工程地质条件可能发生的变化；

（2）查明地下水埋藏条件及其对冻土地基和工程建筑的影响；

（3）查明地质构造、冻土对建筑场地的影响；

（4）判明场地的地震效应。

作为编制设计而开展冻土工程地质勘测时，一般选用比例尺为 1∶2000～1∶5000。比例尺的选择取决于建筑物的规模和重要性、冻土工程地质条件的复杂程度。当冻土工程地质条件复杂时，允许按 1∶1000～1∶500 比例尺进行测绘。测绘的边界应根据冻土景观类型的位置确定，要能反映出冻土组构的基本规律和地区的冻土工程地质特点，应能揭示造成危险冷生过程发展的自然和人为因素。

勘探线、点、网的布置与试验应符合下列要求：

（1）勘探线应垂直地貌单元边界线、地质构造线及地层界线。

（2）勘探点布置应考虑每个地貌单元类型的地貌交接部位，在微地貌、冷生现象发育地段应增加勘探点数。

（3）同一地貌单元，地形平坦、冻土条件均一、分布面积较大的场地，可采用方格网布置勘探点。

（4）勘探线、点的间距和孔深应按建筑场地的复杂程度确定（表 16.5）。

（5）勘探孔预定深度内遇到下列情况时：①遇到基岩时，除控制性勘探孔应达到预定深度外，其他勘探孔到基岩为止；②属于少冰、多冰冻土时，除控制性勘探孔应达到预定深度外，其他勘探孔可适当减少勘探深度；③遇到饱冰冻土和含土冰层或纯冰层时，应适当增大孔深或钻穿。

（6）取样和原位测试的勘探孔应均匀分布，数量占总数的 1/4～1/2。各土层和地下冰含量变化较大处，以及土层变化时均需取样测试。

**表 16.5　勘探线、点的间距与孔深**　　单位：m

<table>
<tr><td colspan="2">建筑场地复杂性等级</td><td colspan="2">勘探间距（勘探线/勘探点）</td><td>勘探孔深（一般性孔/控制性孔）</td></tr>
<tr><td colspan="2">复杂的场地</td><td colspan="2">50～75/20～40</td><td>>15/>30</td></tr>
<tr><td colspan="2">中等复杂场地</td><td colspan="2">75～100/40～60</td><td>10～15/15～30</td></tr>
<tr><td colspan="2">简单的场地</td><td colspan="2">100～200/60～100</td><td>8～10/15</td></tr>
<tr><td>冻土分布类型</td><td>孔间距</td><td>钻孔类型</td><td colspan="2">钻孔深度</td></tr>
<tr><td rowspan="2">岛状（不连续）多年冻土区</td><td rowspan="2">10～15</td><td>控制性钻孔</td><td colspan="2">穿透下限进入稳定地层不小于 5m 且孔深不小于 20m，若采用桩基应大于 25m</td></tr>
<tr><td>一般钻孔</td><td colspan="2">穿透下限且孔深不小于 15m，若采用桩基应大于 20m</td></tr>
<tr><td rowspan="2">大片（连续）多年冻土区</td><td rowspan="2">15～25</td><td>控制性钻孔</td><td colspan="2">一般场地大于 15m；复杂场地或采用桩基大于 25m</td></tr>
<tr><td>一般钻孔</td><td colspan="2">一般场地大于 10m；复杂场地或采用桩基大于 20m</td></tr>
</table>

注：（1）勘探孔包括钻孔、原位测试孔和探井等；

（2）控制孔一般占勘探孔总数的 1/5～1/3，每个景观类型或主要建筑场地必须有控制性勘探孔；

（3）每个景观（地貌）单元的测温孔一般不宜少于三个；

（4）对大片（连续）多年冻土区，有条件时，个别孔可穿透多年冻土下限 5～10m。

### 16.2.3　详细（施工图）阶段勘察

详细（施工图）阶段勘察的任务是提出详细的冻土工程地质资料和设计所需的技术参数，为基础设计、地基处理和冷生现象防治方案提出建议。主要工作如下：

（1）查明建筑物地基持力层范围内的冻土类型、构造、厚度、温度、工程性质，并计算和评价冻土地基的承载力和稳定性；

（2）查明冷生现象的成因、类型、分布范围、发展趋势及其危害程度，并提出整治所需的冻土技术参数和整治方案建议；

（3）查明地下水类型、埋藏条件，变化幅度和地层的渗透性，并评价其对基础冻胀与融沉的影响，判断其对建筑材料和金属的腐蚀性；

（4）当利用塑性冻土做地基时，应做桩的静载试验和其他原位测试，提供地基变形计算参数，预测建筑物的沉降量（差异沉降或整体沉降）；

（5）确定融化土的变形特征时，提出计算所需的物理力学指标；

（6）监测和预报工程施工和运营期间冻土环境的变化，如房屋的融化盘、冻土地温状况等。

施工图设计阶段冻土工程地质勘测点的间距，一般情况按表 16.6（内蒙古筑业工程勘察设计有限公司，2014）确定。桩基的控制性勘探孔数量为总数的 1/3 ~ 1/2。

**表 16.6　详勘阶段的勘探点间距**　　单位：m

| 建筑场地复杂性分级 | 建筑物的安全等级 | | |
|---|---|---|---|
| | 一级 | 二级 | 三级 |
| 复杂的场地 | 10 ~ 15 | 15 ~ 20 | 20 ~ 30 |
| 中等复杂场地 | 15 ~ 20 | 20 ~ 30 | 30 ~ 50 |
| 简单场地 | 20 ~ 35 | 30 ~ 45 | 40 ~ 60 |

钻孔深度可根据下列情况做调整：

（1）坚硬冻土做地基时，一般孔深应达到地温年变化深度。控制孔深度应大于地温年变化深度 2 ~ 5m，测温孔的深度应大于地温年变化深度 5m，桩基的控制性勘探孔深度应大于桩尖平面以下 3 ~ 4m，一般性勘探孔深度应超过桩长 1 ~ 2m。

（2）塑性冻土做地基时，钻孔深度应大于最大融化盘深度 3 ~ 4m，桩基控制性勘探孔深度应超过融化盘底面 3 ~ 5m。需要进行必须验算的控制性勘探孔的深度应大于压缩层计算深度 1 ~ 2m，并考虑相邻基础的影响。一般情况可按表 16.7（内蒙古筑业工程勘察设计有限公司，2014）确定，桩基应相当于融化盘深度。

（3）塑性冻土区的一、二级建筑物，控制性勘探孔深度应大于地基压缩层的计算深度。

（4）当钻孔到达预定深度又有厚层地下冰或饱冰冻土时，应加深勘探孔深度。

表 16.7 详勘阶段的勘探孔深度

| 条形基础 | | 单独基础 | |
|---|---|---|---|
| 基础荷重/(kN/m) | 勘探孔深度/m | 基础荷重/(kN/m) | 勘探孔深度/m |
| 100 | 6 ~ 8 | 500 | 6 ~ 8 |
| 200 | 8 ~ 10 | 1000 | 7 ~ 10 |
| 500 | 11 ~ 15 | 5000 | 9 ~ 14 |
| 1000 | 15 ~ 20 | 10000 | 12 ~ 16 |
| 2000 | 20 ~ 24 | 20000 | 14 ~ 20 |
| — | — | 50000 | 18 ~ 26 |

注：(1) 勘探孔深度由基础底面起算；

(2) 当压缩层范围内有地下水时，勘探点深度取大值，无地下水时取小值；

(3) 表内所列数值应根据地基土类型或遇有基岩时作适当调整。

详勘阶段勘察取样和测试工作按下列要求进行：

(1) 取样和进行原位测试的孔（井）数量，应按冻土工程地质条件和设计要求确定，一般不少于勘探孔总数的1/2 ~ 2/3，且每栋重要建筑物下不得少于2个孔。

(2) 取样和进行原位测试点的竖向间距，对每个场地或每栋重要建筑物的地基主要受力层内为1 ~ 2m，每个主要受力层取原状土数量不得少于6件。

(3) 地温观测孔，每个场地或每栋建筑物不得少于2个，一般建筑物不少于1个。地温观测孔深度应大于地温年变化深度5m。对有融化盘的地温观测孔应大于最大融化盘深度2 ~ 5m。

(4) 地温观测点竖向间距，在季节融化层内不大于0.5m，多年冻土层内以1 ~ 2m为宜。

(5) 当遇有粗颗粒冻土的钻孔，取原状土有困难时，可采用坑探代替钻孔取样测定地基土的密度和含水率（含冰率）。

(6) 取样做冻土的物理力学、热学指标测试。

## 16.3 铁路与公路的冻土工程地质调查与勘测

寒区的铁路与公路属于长距离的线性建筑物，机场跑道属于短距离线性建筑物，其稳定性在很大程度上取决于与自然条件和冻土工程地质条件复杂性相关的设计质量。多年冻土的分布规律和特征、冻土工程地质条件和水文地质条件是选择道路线路和路基结构的决定性要素。

本节所述内容适用于多年冻土区高速公路、一级公路、新建铁路、改建既有线和增建第二线铁路的冻土工程地质勘察。其他等级公路的工作量可按实际需要确定。

冻土工程地质勘察包括前期准备、调查与测绘、勘探与取样、试验与观测、定位观测以及冻土工程地质条件和冻土环境影响评价及其预测等。勘察应重视前期准备工作，除了研究工作任务要求、勘察阶段和内容外，搜集、整理、综合以往的区域地质、冻土、气象、水文、水文地质、植被等的自然环境条件信息，航片、遥感图像的判读，科研和既有工程的勘察、设计、施工、运营等相关资料是非常重要的。

调查与测绘的宽度以满足线路方案选择、工程设计和病害处理为原则。我国《冻土工程地质勘察规范》规定路基中线两侧各100～200m，俄罗斯按测绘比例尺确定（表16.8）（叶尔绍夫，1999）。

**表16.8　冻土工程地质测绘比例尺和道路带勘测工作量**

<table>
<tr><th rowspan="3">勘察阶段</th><th rowspan="3">测绘比例（基本的）</th><th colspan="2">线路带宽度/km</th><th colspan="2">钻孔间距/m</th><th colspan="2">垂直电测深点间的间距/m</th><th colspan="2">电剖面步距/m</th><th rowspan="3">研究工程冻土剖面的深度</th></tr>
<tr><th rowspan="2">公路</th><th rowspan="2">铁路</th><th colspan="6">复杂程度</th></tr>
<tr><th>中等复杂</th><th>复杂</th><th>中等复杂</th><th>复杂</th><th>中等复杂</th><th>复杂</th></tr>
<tr><td>线路比选</td><td>1∶50000～1∶25000</td><td>0.5～1</td><td>1～2</td><td colspan="6">重点地段勘测工作量决定于冻土工程地质条件和研究程度。平均在每公里线路上布设2～5个垂直电测深点</td><td rowspan="2">在岛状冻土区不得小于10m；石质土（岩）上按勘测大纲定；在融区上要超过标准季节冻结深度*2～3m</td></tr>
<tr><td>选线</td><td>1∶10000～1∶5000</td><td colspan="2">0.4～0.5</td><td>0.5～1</td><td>150～250</td><td>50～150</td><td>150～250</td><td>10～20</td><td>5～10</td></tr>
</table>

*可参照中华人民共和国行业标准《冻土地区建筑地基基础设计规范》中的标准冻深线确定。

## 16.3.1　调查与测绘地质点的布置

一般沿线路轴线、跨越水体和特殊地形地貌单元处布置。密度应结合工作阶段、成图比例尺、露头情况、地质及冻土条件复杂程度等确定。选点应具有代表性，数量以能控制地质界线和冻土区域特征，并能说明冻土工程地质条件为原则。冻土冷生过程（地下冰、冷生现象等）分布区、富冰和地下水地段、冻土与融区断续分布地段，每100～200m应有2～5个测绘断面，且要加宽测绘地带宽度。

## 16.3.2　冻土工程地质选线

在多年冻土区选线应重视对冻土生态环境的保护。优选线路时应遵守下列原则：

（1）道路的平面和剖面上的地形平缓（平坦）、干燥、粗颗粒土和少冰、多冰冻土地段的阳坡地带。宜避开泥炭化、盐渍化和高含冰冻土。

（2）宜避免以路堑通过。当必须采用路堑时，宜减小挖方高度，且纵断面不宜采用平坡。

（3）注意减少零断面和填土高度低于最小路堤高度的低路堤地段。

（4）尽量绕开不良冻土（冷生）现象分布地段。难以避免时，按下列原则确定线路的位置和走向：①宜从厚层地下冰分布区的较窄和较薄的地段通过；②宜从热融滑塌体外缘的下方以路堤通过；③宜用路堤或桥穿过热融湖塘和冻土沼泽；④一般不宜在地下水和冰椎、冻胀丘发育地段挖方。

（5）冻土工程地质条件复杂地段，必要时应按桥和路堤两个方案勘测。

（6）两点间的距离最短。

（7）充分考虑路基填料的来源，防止取、弃土不当可能引起冻土环境问题和新的不良冻土现象。

桥址除了考虑上述原则外，应避免一座桥的墩台分布设在融土和多年冻土两种不同的地基上。

隧道不宜设在地下水发育地段，避免洞口放在不良冻土现象发育地段。

## 16.3.3 各类建筑物的勘察

### 1. 路基工程

路基工程的冻土工程地质调查和测绘，范围为线路中线两侧 200 ~ 500m，除了查明一般冻土工程地质和水文地质条件外，还应调查下列内容：

（1）沿线多年冻土上限、季节融化层的成分和冻胀性，地面植被覆盖度。

（2）路基基底以下 2.0 ~ 3.0 倍上限深度范围内多年冻土的特征。

（3）沿线不良冻土现象的分布及对路基工程的影响。

（4）从影响冻土环境变化出发，确定取、弃土的位置。

（5）分析、研究冻土地温分区的基础上，按不同冻土工程地质分区、地貌单元补充布置地温观测孔，进行地温观测。

（6）勘探点数量与深度以查明路基基底的岩性、冻土类型、天然上限深度为原则。深度一般不小于 8m，也不得浅于路基地面下 2 倍的天然上限深度。地质横断面一般每千米应不少于 5 个。大地貌单元应设长期地温观测点，孔深不小于地温年变化深度。

### 2. 桥涵工程

桥涵工程的冻土工程地质调查与测绘，除了应符合有关规定的要求外，冻土区尚应查明下列内容：

（1）桥涵区多年冻土的分布及物理力学特征；

（2）桥位区融区的分布及特点；

（3）桥涵区不良冻土现象类型、分布及危害程度；

（4）桥涵区水文及水文地质特征，附近的河流冲刷、变迁及稳定情况；

（5）勘探孔，原则上一个墩台（涵洞）一个勘探点，孔深一般应不小于 20m，遇高含冰量冻土地段，适当加深或穿透，设长期地温观测；

（6）图件比例尺，冻土工程地质图（1∶500 ~ 1∶2000），桥（涵）址冻土工程地质纵断面图（1∶500 ~ 1∶5000），附属工程地基冻土工程地质剖面图（1∶500 ~ 1∶1000）。

### 3. 隧道工程

隧道工程的冻土工程地质调查与测绘，除了应符合有关规定的要求外，冻土区尚应查明下列内容：

（1）隧道通过地段多年冻土分布及特征，以及地下水类型、补给、排泄、径流条件和动态特征。

（2）隧道口处不良冻土现象的类型、风吹积雪和危害程度。

（3）长、大隧道应进行地温、地下水和简易气象等项目的观测。

（4）勘探孔深度应达隧道路肩设计高程以下 4～5m。当属第四系地层时，孔深应不浅于路肩设计高程以下 8m，并不得浅于相当于 2 倍的天然上限深度；遇高含冰量冻土应加深或穿透；设长期地温观测。

（5）图件比例尺，冻土工程地质图（1∶2000～1∶5000）；隧道地区水文地质图（1∶5000～1∶50000）；隧道冻土工程地质纵断面图（横：1∶500～1∶5000，竖：1∶200～1∶1000）；隧道口冻土工程地质图（1∶500）；隧道口冻土工程地质纵、横断面图（1∶200）。

## 16.3.4　可行性研究阶段勘察（踏勘）

可行性研究阶段勘察（踏勘）的任务是对拟选线路优化，对线路冻土地基稳定性和适宜性进行技术经济论证和评价。主要工作体现在以下方面。

（1）当地质-冻土条件复杂、资料不全，不能满足线路方案比选和编制可行性研究报告时，进行勘察（踏勘）。

（2）了解各个线路方案区域冻土工程地质条件和影响线路方案的冻土工程地质问题，为编制可行性研究报告提供资料。

（3）广泛收集和研究线路通过地区的地质、区域冻土、航卫片、地震、工程与水文地质、气象和水文等资料，拟定勘察重点和应解决的问题。

（4）重点进行控制线路方案的不良冻土现象发育地段、越岭地段、长大隧道、大河桥渡和大型互通式立体交叉地段的研究和勘察，提出方案和比选意见。

（5）提交图件的比例尺应满足：①全线冻土工程地质图的比例尺为 1∶5 万～1∶20 万；②推荐方案和比选方案线路平面图为 1∶1 万～1∶5 万；③控制线路的越岭、桥渡、立体交叉等地段冻土工程地质平面图和剖面图中水平为 1∶5000～1∶1 万，垂直为 1∶200～1∶500。

## 16.3.5　初测阶段勘察

初测阶段勘察的任务是在可行性研究阶段的基础上进一步做好地质-冻土选线，为优选线路方案和编制初步设计文件提供依据。

主要工作内容除了按冻土调查与测绘的内容进行外，尚应重点调查和测绘下列内容：

（1）初步查明沿线的富冰、饱冰冻土和含土冰层等高含冰量冻土的分布、成因和厚度。

（2）初步查明控制线路的重大工点、大桥、隧道、互通式立体交叉等地段的冻土工程地质条件。

（3）提供冻土物理力学和热学参数。

（4）沿线重大工程地段和大地貌单元建立长期地温观测点：孔深应不小于地温年变化深度（15m），成孔后立即进行观测，根据有关技术要求确定观测周期。

（5）勘探孔间距、孔深和试验取样，应满足下列要求：

勘探点一般按冻土景观类型（地貌）单元布设，间距不宜大于500m。在控制线路的重点工程按工点布设。地温长期观测孔应满足冻土工程地质分区要求，按地貌单元布设，一般每4～10km应有一个孔。

勘探孔的深度应根据冻土工程地质条件的复杂程度确定，一般应不小于8m，也不得小于2倍的天然上限深度。地温观测孔的深度应大于地温年变化深度，也不得小于16m。

测定冻土物理性质指标的土样，由地面下0.5m开始逐层采取。当土层厚度小于1.0m时必须取样一个。当土层厚度大于1.0m时，每米采样一个。上限附近和含水率变化大时应加密取样。冻土力学、热物理试验按有关技术要求确定。试样等级按表16.9（内蒙古筑业工程勘察设计有限公司，2014）确定。

**表16.9　冻土试样等级划分**

| 等级 | 土样冻融及扰动程度 | 试验项目 | 数量 |
|---|---|---|---|
| Ⅰ | 保持天然冻结状态 | 物理、热物理、力学及土类定名 | （1）测定冻土基本物理、热物理性质指标的土样应在1件以上<br>（2）测定冻土力学性质指标的土样应在3件以上 |
| Ⅱ | 保持天然含水率，允许融化 | 含水率、土颗粒密度、土类定名 | |
| Ⅲ | 融化扰动的土样 | 土颗粒密度、土类定名 | |

冻土试样运输：①Ⅰ级土样宜就地试验，无条件时，应尽快送至试验基地，试样应保持原冻结状态，不得融化和扰动；②Ⅱ级土样，取样后立即密封，编号、称重，并在运输中避免强烈振动；③Ⅲ级土样应分别包装、编号，避免混杂异物。

（6）提交图件比例尺应满足：

全线冻土工程地质图（1∶1万～1∶20万），填绘主要地质构造界线、控制线路方案的重大工程和不良冻土现象分布、冻土工程地质分区等；

推荐和主要比较方案线路平面图（1∶2000～1∶5000），详细填绘主要地质构造界线，不良冻土现象类型及界线等；

推荐和主要比较方案线路纵断面图（横为1∶1万，竖为1∶1000），重点说明多年冻土类型和天然上限埋深、年平均地温及其他冻土工程地质特征等。

## 16.3.6　定测阶段勘察

定测阶段勘察的主要任务是在初测阶段工作的基础上，详细查明采用方案的冻土工程地质和水文地质条件，进行局部线路方案的比选，确定线路位置，为各类工程施工图设计提供资料。主要工作内容如下：

（1）实地调查，分段详细描述、复核、修改、补充冻土工程地质图。查明地层岩性、地质构造、连续与岛状多年冻土区、岛状融区、大河融区的分布、特征、界线及地温状态。查明地表水、地下水和不良冻土现象的类型、分布和特征及其对工程的影响。进行冻土类型分段和评价。

（2）对较有价值的局部线路方案提出冻土工程地质评价意见。

（3）对冻土工程地质条件控制的地段，确定合理的位置。

（4）提供岩土的物理力学、热学性质和设计参数。

（5）查明不良冻土现象的特征及对工程的影响，特别是地下冰的特征。

（6）预测工程建筑物对冻土环境的影响，提出保护措施。

（7）补充勘探、原位测试和室内试验内容。一般路基地段的勘探点间距不大于250m，孔深不得小于8m，也不得小于2倍的天然上限。测温孔按工程设置和冻土工程地质分区布置，深度应大于16m。

（8）冻土工程地质图比例尺为1∶2000～1∶1万；纵断面图中横为1∶1万，竖为1∶200～1∶1000。

## 16.4　干线管道的冻土工程地质调查与勘测

石油、天然气管道延伸成百千米至上千千米，并穿越不同冻土条件、地温状态和各类自然–气候带。输水管道虽然不如石油、天然气管道长，但亦可能处于不同的冻土条件。

决定管道的敷设方式、结构措施与运行状态的主要因素（叶尔绍夫，1999）如下：

（1）多年冻土的分布状况（连续、断续、岛状分布，隔年、残留冻土）；

（2）冻土年平均地温；

（3）冻土和正融土的成分、冷生组构、状态、物理力学和热物理性质、化学性质和介电常数；

（4）季节冻结层和季节融化层的厚度、成分、组构、水分、物理力学和热物理性质；

（5）冷生现象及其产物（冻胀丘、冰椎、地下冰、热融滑塌、融冻泥流、热侵蚀、低温裂缝等）。

干线管道的冻土工程地质调查与测绘应分阶段实施。一般分为三个阶段：可行性研究（选线）勘察、初步勘察和详细勘察。整个勘察工作是沿着构筑物的轴线进行冻土工程地质调查、勘探和室内外试验。干线管道的冻土工程地质调查与测绘工作如表16.10（叶尔绍夫，1999）。

干线管道的冻土工程地质调查与测绘应按本书第1章的调查与测绘任务内容外，尚应按各阶段增做工作。

**表16.10　干线管道的冻土工程地质调查与测绘工作**

| 工作阶段 | 工作内容 | 目的 |
|---|---|---|
| 拟建地区冻土工程地质条件评价 | 收集、分析代表性工程的冻土与水文地质条件的资料；航卫片目测调查；地形图上室内选线（定线） | 从所有可能对建筑有利和不利地段预先分离出的线路中选择远景方案 |

续表

| 工作阶段 | 工作内容 | 目的 |
|---|---|---|
| 线路拟选方案研究 | 大比例尺航空摄影测绘；航卫片工程冻土判读并选出重点地段；各方案沿线航空地球物理测绘；重点地段工程冻土详勘与线路远景方案工程冻土编图，按可能的管线敷设方式进行线路方案工程冻土分区；冻土特征和物理力学的观测与试验；气候动力学影响和施工运营期自然环境改变下工程冻土条件变化的预测 | 从所有考虑结构产生的拟选线路方案中进行优选；为实验研究选择试验场地；选择、布置冻土研究场地；选择并评价建筑材料产地和可能的供水水源 |

## 16.4.1　可行性研究（选线）勘察

可行性研究（选线）勘察是通过收集资料、调查与测绘，对线路方案的冻土工程地质条件，以及拟选穿、跨越河段的稳定性和适宜性做出评价。调查与测绘范围为线路带宽 2 ~ 5km。主要应进行下列工作：

（1）调查沿线的地形、地貌、地质构造、地层岩性、冻土类型和特征、水文地质等，并提供线路比选方案的冻土工程地质条件；

（2）对越岭地段，应调查其地质构造、岩性、冻土特征、水文地质和冻土冷生现象等情况，并推荐线路越岭方案；

（3）了解沿线，特别是沼泽湿地的冻土工程地质条件、分析其发展趋势，对管道的危害程度及管道修建后的变化；

（4）对穿越、跨越大中河流地段，应了解河流的冻结特征、冰汛及有关冻土、冰的力学参数及其对构筑物稳定性的影响；

（5）对穿过的湖泊地段，应调查湖水的含盐量、结冰厚度、水位波动淹没范围、冻结和湖底融蚀变化，以及地下水埋深等，并对线路影响方案做出评价。

## 16.4.2　初步勘察

初步勘察应对拟选线路两侧各 100 ~ 500m 范围内的冻土工程地质条件做出评价，并提出最优线路方案和合理的穿、跨越方式提出建议。主要工作内容如下：

（1）沿线地貌景观单元、冻土类型、冻土地温与冻土工程类型的划分；

（2）管道埋设深度内及下伏层的冻土工程地质条件；

（3）沿线不良冻土现象的分布、原因和井、泉分布及地下水等情况；

（4）拟穿、跨越河流岸坡的稳定性，河床及两岸冻土工程地质条件，并确定冻融土的分界线；

（5）管道（特别是热力管道）修建后，确定管道的影响半径及其对冻土地基的影响情况。

综合冻土工程地质图比例尺 1 : 5 万 ~ 1 : 20 万；冻土工程地质纵断面图 1 : 5 万 ~ 1 : 10 万。

## 16.4.3 详细勘察

应在初步勘察的基础上，查明沿线的冻土工程地质、水文地质条件，厚层地下冰和不良冻土现象的分布，以及地下水及河水的腐蚀性，并提出设计所需的冻土物理力学、热学性质参数和建议。

综合冻土工程地质图及冻土工程地质纵断面图的比例尺 1∶1000～1∶5000。

## 16.4.4 观测点与勘探工作

观测点与勘察工作应集中在线路的轴线上、跨越水体及其他建筑物交叉处、地貌单元上，不良冻土现象和地下冰发育的冻土复杂地段应加密。沿线冻土工程地质条件复杂地段，应布置由 3～5 个勘探孔构成的横剖面和地球物理观测剖面。

冻土工程地质测绘的勘探点的间距和孔深，可参考表 16.11（叶尔绍夫，1999；内蒙古筑业工程勘察设计有限公司，2014）。

取样每隔 0.5～1m 取 1 个。试验按表 16.3，大中型穿、跨越工程原位试验不少于勘探点总数的 1/2～2/3。

**表 16.11 干线管道冻土工程地质测绘的勘探工作**

<table>
<tr><th colspan="2" rowspan="3">项目</th><th colspan="4">初步勘察</th><th colspan="4">详细勘察</th></tr>
<tr><th colspan="2">间距</th><th colspan="2">深度</th><th colspan="2">间距</th><th colspan="2">深度</th></tr>
<tr><th>中等复杂场地</th><th>复杂场地</th><th>中等复杂场地</th><th>复杂场地</th><th>中等复杂场地</th><th>复杂场地</th><th>中等复杂场地</th><th>复杂场地</th></tr>
<tr><td colspan="2">比例尺</td><td colspan="4">1∶5 万～1∶20 万</td><td colspan="4">1∶1000～1∶5000</td></tr>
<tr><td colspan="2">调查范围</td><td colspan="4">2km</td><td colspan="4">0.5～2km</td></tr>
<tr><td rowspan="2">钻孔</td><td>架空式<br>地面式<br>地埋式</td><td colspan="2">按冻土类型和冻土条件的复杂程度确定，每种类型不少于 3 个孔</td><td colspan="2">超过天然上限深度 2～3m，管道埋置深度以下 1～2m</td><td>300～500m<br>500m<br>100～300m</td><td>100～150m</td><td colspan="2">管道温度>0℃时，超过最大融化圈下 3m，桩柱端下 3m，或不小于地面以下 10m。<br>管道温度<0℃时，超过计算融深 3m。或不小于地面以下 10m</td></tr>
<tr><td>穿越工程</td><td>每个方案不少于 3 个孔</td><td>每个方案不少于 5 个孔</td><td colspan="2">管道最大埋置深度下 2～3m</td><td>50～100m</td><td>20～50m</td><td colspan="2">管道最大融化圈以下 3～5m，或地面下 10～15m</td></tr>
<tr><td colspan="2">垂直电测深</td><td colspan="2">每个地貌单元<br>1～4 个横剖面</td><td colspan="2"></td><td>150～250m</td><td>50～150m</td><td colspan="2"></td></tr>
</table>

## 16.5　架空线路的冻土工程地质调查与勘测

多年冻土区大型架空线路工程，包括 220kV 及以上的高压输送电线路，在设计选线时，应考虑交通运输条件，绕过沼泽和不良冻土现象等地段。同时，也应避开石油和天然气管道、储藏库、煤场、木材堆放场地、泥炭和其他易燃材料场地。收集和调查区域有关自然和冻土环境条件，航卫片数据资料。

架空线路冻土工程地质勘察，一般分为初步设计（初勘选线）和详细勘察（终勘定位）阶段。

根据掌握的资料，开展初勘的冻土工程地质调查与测绘，对拟选地区的冻土工程地质条件进行总的评价，并挑选出线路的拟选方案。对比选方案（1～4 个）的每一个方案都要开展航卫片测绘和冻土工程地质判读（带宽 2～4km）。

专门的冻土工程地质测绘的比例尺、宽度、钻孔间距与深度可按表 16.12（叶尔绍夫，1999）采用。

**表 16.12　架空线路冻土工程地质勘察**

| 勘察阶段 | 测绘比例尺 | 轴线两侧测绘带宽/m | 钻孔间距/m | 钻孔深度/m |
|---|---|---|---|---|
| 初步设计 | 1：5 万～1：10 万 | 200～400 | 1000～2000 | 10～15 |
| 技术设计 | 1：5000～1：1 万 | 100～200 | 300～500（或 1 基 1 孔） | 10～15* |

*技术设计的详细勘察钻孔深度，宜按杆塔基础的受力性质和冻土工程地质条件确定，一般为基础埋深下 1～2 倍的基础底面宽度，桩基础应超过桩端 2～3m。

冻土工程地质勘察中，观测点和勘探点要按以下原则布置：

（1）沿线路的走向、地形地貌单元、与其他建筑物交叉处、跨越水体处；

（2）冻融土沿线路的平面和剖面上混杂分布和不良冻土现象发育地段，且要增加勘察带宽和 3～5 个探坑；

（3）松散沉积物多年冻土发育地段，且要保证钻孔深度达到年变化深度；

（4）基岩多年冻土发育区，钻孔深度应超过强风化层厚度。

### 16.5.1　初步勘察阶段

初步勘察阶段的任务是对线路杆塔基础的冻土工程地质条件做出评价，确定安全可靠、经济合理与技术可行的路径方案。利用航卫片资料选线，重要地段进行实地调查与测绘，主要工作内容，并进行综合评价。

（1）调查地形地貌，工程地质和水文地质情况，以及调查区内雷电、风沙、风吹雪、雪崩等灾害；

（2）多年冻土分布、厚度、年平均地温、地下冰分布、季节冻结和融化深度；

（3）不良冻土现象；

（4）跨越大型沟谷、河流的地段两岸的冻土地基的稳定性。

### 16.5.2　详细勘察阶段

详细勘察阶段的任务是在初步勘察的基础上进行线路定位勘察。对转角塔、耐张塔、终端塔及大跨越塔等重要塔基，及冻土工程地质条件复杂地段，进行逐基勘探。主要工作内容如下：

（1）查明塔基及其附近地下冰埋藏条件；

（2）查明多年冻土地基的年平均地温状况和基础底面的最高地温；

（3）查明丘陵和山区多年冻土分布、地下冰埋藏条件及不良冻土现象；

（4）查明水文地质和地表水情况；

（5）进行冻土物理力学、热物理性质指标试验。

## 16.6　水工建筑物的冻土工程地质调查与勘测

多年冻土区水工建筑物的冻土工程地质勘察工作主要是对规划开发流域的冻土工程地质条件做出评价，为水工建筑物的选址、设计、施工提供正确和充分的资料。

一般水利水电工程建设分为三个阶段：规划阶段、可行性研究和初步设计阶段、技术设计和施工图设计阶段。根据不同阶段的任务进行相应的冻土工程地质勘察（表 16.13）（叶尔绍夫，1999；内蒙古筑业工程勘察设计有限公司，2014）。

表 16.13　水工建筑物不同设计阶段的冻土工程地质勘察

| 设计阶段 | 勘察阶段及主要任务 | 主要工作内容 |
| --- | --- | --- |
| 编制河流（或其一部分）综合利用纲要 | 规划阶段的踏勘性勘察：对规划开发流域内的冻土工程地质条件进行调查，进行冻土分区和河道区划，初步评价各梯级水利枢纽和库区地段的冻土工程地质条件及其周边环境的相互影响做出评价 | （1）收集分析地区的资料；<br>（2）水利枢纽与引水渠道冻土测绘；<br>（3）坑探与小型钻探；<br>（4）做出冻土工程地质评价 |
| 初选河段建设可行性的技术经济论证 | 可行性与初测阶段：对水利枢纽建筑物、库区和附属建筑物布置地段的冻土条件调查与测绘 | （1）进行水利枢纽等地段的冻土测绘；<br>（2）查明不良冻土现象及滑坡等分布；<br>（3）坑槽探、钻探；<br>（4）冻土试验与地温测试；<br>（5）做出冻土工程地质评价 |
| 编制水工建筑物技术设计 | 详勘：对每个设计水工建筑物的冻土条件和建筑稳定性进行评估，提出坝基设计所需资料详细评价库区各段的冻土条件 | （1）水工建筑物地段冻土工程地质勘测；<br>（2）冻土物理力学、热学性质实验室研究；<br>（3）钻探及坑槽探；<br>（4）原位试验与观测；<br>（5）冻土工程地质评价与变化预测 |
| 编制建筑物施工图 | 补充性勘察：为各类建筑物提供确切的冻土条件，及前阶段设计中未解决的问题 | （1）勘探及坑槽探；<br>（2）专门性试验和定位动态观测 |

寒区水工建筑物往往利用岩石、半石质土和分散性土做地基。水工建筑物设计施工，采用两种原则：原则Ⅰ，在整个施工运营阶段保持地基冻结状态。通常应用于多年冻土地温较低（一般低于-2.5℃），冻土融化后具有较大的融沉性和渗透性。

原则Ⅱ，在施工运营中使冻土逐渐融化，将地基按融化后地基利用，按融化后的地基设计。多年冻土平面分布较复杂，且冻土温度动态不稳定的地区，一般均要采取预先融化措施，使地基下沉不超过允许值。此类水工建筑物的冻土工程地质勘察要揭示冻土体的形态规模、温度动态、冷生组构、饱冰程度、冷生过程与现象，以及水工建筑物施工运营期冻土条件变化的预报。

冻结岩石具有非均质冷生组构，这就决定了岩石性质的差异性和融化后性质的变化程度，如稳定性和渗透性等。仅根据有限尺寸不大的试块的试验结果进行评价往往难于切合实际。因此要通过地面调查和单独钻探剖面来揭示岩体深部的裂隙密度、宽度和长度，及水及冰的充填程度和含量。后者具有明显的分散性和偶然性特征。因此，要研究岩体作为建筑物地基的可比性。

### 16.6.1 规划阶段勘察

规划阶段的冻土工程地质勘察是在规划任务确定的河段和范围内进行，对规划开发区内的冻土条件做出总体评价，进行冻土分区。一般分为准备工作和实际勘察工作。

准备工作包括资料的收集和整理，工作地区的初步踏勘，编写勘察大纲。

实际勘察工作包括对规划河段的河谷和相邻地带，研究各梯级工程和库区冻土条件的勘察和评价。

收集资料的内容：①河谷的地形和地貌；②研究区的气象和水文资料；③河段规划的初步方案；④研究区的冻土研究资料；⑤区域开发程度和人类活动的资料；⑥工程地质和水文地质的基本资料；⑦其他资料，如卫航片等。

河段冻土工程地质调查采用控制地段法进行，其原则如下：

（1）所选控制地段在气候、地质结构、地形地貌、河谷形态等方面应是典型的，能说明规划水利枢纽的冻土条件，并对一定区域的冻土条件具有代表性；

（2）控制地段应根据资料整理分析和踏勘，对全河段冻土条件进行初步分区后选择，其数量取决于河段的冻土研究详细程度、河流大小、规划水利枢纽多少、冻土条件的变化程度和地质地貌条件等，一般选 3 ~5 个为宜；

（3）每个控制河段长的范围为 5 ~ 10km，制图比例尺不小于 1 : 5 万；

（4）河谷冻土的一般性调查采用踏勘，并选择适当的勘探方法，如坑槽探和小型钻机。

水利枢纽的冻土工程地质勘察工作如下：

（1）查明多年冻土的分布、季节融化深度、含冰率、地温状态、融化下沉性等，以及季节冻结深度、地基土的冻胀性和地下水变化、天然水体的水温、最大结冰厚度、结冰时间、解冻时间与形式等；

（2）采用钻探、坑槽探、物探和原位测试等，钻孔布置在坝体轴线上，数量为 1 ~ 2

个，孔深应超过地温年变化深度，或打穿多年冻土层；

（3）每个引水渠道的勘察宽度为 0.5 ~ 1.0km；

（4）料场的多年冻土厚度、季节融化深度和季节冻结深度；

（5）比例尺应根据规划要求确定，一般为 1∶10 万 ~ 1∶20 万。

## 16.6.2　可行性研究和初步设计阶段勘察

可行性研究和初步设计阶段勘察的主要任务是对水利枢纽建筑物布置地段、库区和附属建筑物地段冻土条件和不良冻土现象的调查和测绘，做出冻土条件变化及对周围环境影响的评价。

水利枢纽建筑物冻土工程地质勘察的主要内容如下：

（1）多年冻土及融区的分布规律；

（2）多年冻土的类型、特征、地温状态、厚度及其垂直结构；

（3）地下冰的埋藏及分布特征；

（4）多年冻土季节融化深度、土的季节冻结深度，以及季节冻结层和季节融化层的冻胀性；

（5）冻土的物理力学、热学性质；

（6）不良冻土现象；

（7）地下水位及其变化；

（8）料场的开采条件（包括土温、季节冻结深度、含水率以及开采对环境的影响等）。

另外还应查明：

（1）建筑物上下游岸坡可能出现的滑坡与融陷地段；

（2）库区因冻土融化而产生的大型滑坡和不稳定地段；

（3）引水渠道的冻土分布和可能产生的滑坡和融陷地段，冻胀性和融沉性分段；

（4）滑坡和渗透性大、多年冻土条件复杂地段的专门研究。

勘探孔除了利用规划阶段的钻孔外，根据多年冻土复杂程度增加钻孔和坑探数量，且应有 1 ~ 2 个孔穿透多年冻土层。

测绘比例尺应根据拟建工程的重要性、规模、类型和多年冻土条件的复杂性确定。多年冻土条件复杂区为 1∶5000，中等复杂区为 1∶1 万。相距 2km 以上时，可分段进行冻土工程地质测绘，库区为 1∶10 万 ~ 1∶20 万。勘探间距一般为 100 ~ 500m。

## 16.6.3　技术设计和施工图设计阶段勘察

技术设计和施工图设计阶段勘察的任务是对上述阶段的资料进一步查证，根据发现的新情况和专门技术问题进行局部更详细的勘察。

应侧重做下列工作：

（1）对地基和接头地段的冻土条件、融化压缩性和渗透性做更详细的查证；

（2）对建筑区和库区可能出现的缓坡和塌岸地段进一步补充勘探；

(3) 对土坝，特别是土心斜墙的填料性质的研究，以及填筑过程中的冻胀、冻缩而引起的裂缝、沉陷及其他现象，要提出保护和治理措施；

(4) 钻孔和坑槽探的增加数量、间距、深度要根据勘察任务和冻土条件的复杂性确定，沿轴线布置，间距从 10～20m 至 100～150m。

冻土工程地质测绘比例尺，一般为 1∶2000～1∶5000。

## 16.7　矿山与地下构筑物的冻土工程地质调查与勘测

矿山开采工程包含地面建筑工程，如露天开采、堆煤场、尾矿场、堆渣场和矸石场、露天预制场等，以及地下构筑物工程，如矿井、隧洞、地下工业设施等。当然，石油和天然气的井场地的选择与布置也可视为此类工程。

寒区矿山（隧道）作业引起的冻土工程地质问题主要体现在以下方面。

(1) 松散冻土层开挖困难。一般来说，冻土开挖的难度比融土大 10～15 倍，如含水率为 20% 的粉质黏土，融化状态时的抗切削强度为 500～700kPa，当温度降低到-1℃时的切削强度就增加到 5MPa，当土温降低到-25℃时的切削强度增长至 15MPa。

(2) 通风时地下采掘巷道和掌子面冻土会升温而融化。地下开采均要在通风条件下进行作业，使得空气温度升高，不可避免地会产生热流，使冻土融化，山岩压力增大致使巷道塌落冒顶。冬季自然通风时，又常常出现巷道冻结而产生冻胀、挂冰，引起塌傍、地鼓、轨道覆冰等。

(3) 露天（隧道进出口）开挖使地下冰暴露，导致边坡失稳。露天开挖大面积地将地表覆盖层揭露，使多年冻土层的地下冰层暴露于空气中，地下冰融化。在露天矿坑边的行车道往往因地下冰暴露和冻结层上水的浸湿，导致边坡的冻土剪切强度减小而失稳。

(4) 特殊的水文地质条件常使矿山（隧道）挖掘工作复杂化。据俄罗斯、加拿大和阿拉斯加等地区的报道，在矿坑（隧道）开挖中都发现有相当大的地下水涌出现象。随着开采时间的延长和采掘作业的深入，冻土温度升高和融化，整个矿坑（隧道）顶板会发生变形、塌落、融化深度增大，往往成为地下水的蓄水池，存在突水的隐患。

(5) 地表和地下的热力作用引起地面沉陷。在井巷开采过程中为保证工作人员能有舒适的工作温度和生命安全，必须进行通风。通常情况下，掌子面的工作温度应保持在 5℃左右。由此带来的结果使井巷的空气温度变为正温，井巷四周出现融化圈。随着井巷运营时间增长，将导致井巷融化圈增大，引起地面下沉及巷道壁塌落等。

(6) 矿山（隧道）挖掘引起冻土环境变化带来的一系列冻土工程问题等，如大量的隧道与矿山弃渣、采空区、矿坑排水、洗煤污水等以及尾矿料场、堆渣场、矸石场的堆放等都会对周围的冻土环境产生一定的影响。

由于矿山开采业的地面建筑物布置是根据现场矿点的位置而选定的，不是由冻土工程地质条件确定。因此，冻土工程地质勘察的任务是，根据已确定的场地条件，为矿山开采进行冻土工程地质勘察与测绘，预测冻土条件与矿山开采运行的相互作用所带来的变化，并选择控制冻土工程问题和冷生过程产生的措施。

矿山（隧道）冻土工程地质勘察的主要内容体现在以下方面。

（1）矿区（隧道）的岩、土特征（包括物质成分、结构构造、产状、地质构造等）；

（2）多年冻土特征（包括物质成分、分布、季节融化深度、厚度、组构、地下冰含量与分布、年平均地温、融区及其渗透性等），及多年冻土层下的地热状况；

（3）冻土物理力学性质（包括抗剪强度、抗压强度、抗切削强度、融化下沉性、冻胀性等）；

（4）冻土水文地质特征（包括地下水类型、赋存条件、补给与排泄、流量、水化学成分、岩土层的渗透性等）；

（5）冻土冷生过程与现象（包括冻土冷生现象分布、规模、成因、过程等）；

（6）尾矿料场等弃渣场地选择及其工程特性（包括围堰与堤坝地段、堆渣的边坡稳定及冻融影响、冻土地温及沉陷性等）；

（7）地下结构物的冻土工程地质勘察（包括巷道、硐室等）；

（8）冻土环境保护要求的测绘与勘察。

勘探孔应按勘探线布置，依据勘察阶段、工程要求以及自然-气候-冻土-地质条件的信息确定。每个勘探剖面应有3个以上的钻孔用于年平均地温观测孔。

## 16.8 环境岩土工程的冻土工程地质调查

寒区岩土环境工程旨在寒区工程建筑和人为活动条件下，引起多年冻土工程地质条件和冻土环境的变化，导致工程建筑物的变形与破坏，其反馈作用，又导致和加剧了冻土环境恶化。因此，寒区的环境岩土工程研究，除了环境学中所涉及的问题外，更侧重于研究寒区土木工程中的环境岩土工程问题，两者是统一，且又是相互作用的。

各类工程建筑引起的寒区环境岩土工程问题（童长江等，1996）包括以下几个方面。

### 16.8.1 城镇建设的环境岩土工程问题

1）城镇群体工程建筑与多年冻土大面积退化

随着多年冻土区的城镇建筑的无序扩张、林木砍伐，城镇的“热岛”效应导致多年冻土由连续→岛状→消亡，如满归多年冻土上限普遍由2m（1972年）下降至8m（1990年），年平均地温由-1.8℃（1974年）上升至-1.0℃（1985年）。许多地段的地面出现下沉。城镇建设和冻土环境的可持续发展将成为多年冻土区的环境岩土工程问题。

2）城镇供热系统与群体工程地基的稳定性

寒区城镇发展，供热系统则由独立式转为连片式，管道系统的布设对群体工程建设物地基热稳定性产生极大影响。大兴安岭多年冻土区供热管道的融化圈融化深度可达其埋深的7倍以上（李英武和马伟芳，1989）。昆仑山垭口泵站暖气地沟的融化盘已延至10m深度以下（王绍令等，1996），相当于2.5～3倍的多年冻土天然上限。这种热力效应不仅使沿线多年冻土融化，使地面下沉，也将影响建筑物冻土地基的热稳定性。

3）城镇给排水与多年冻土区水资源

多年冻土区的水源来源于深层冻结层下水或河床的冻结层上水。前者通常可作稳定而清洁的水源，后者则往往是季节性且易污染的水源。城镇的大量排污就成为多年冻土区水源保护和防环境污染的重要问题。

## 16.8.2　铁路、公路等道路的环境岩土工程

1）路基的热融沉陷

多年冻土区道路建设的路基工程通常都会改变多年冻土的水热平衡状态，往往导致路基下多年冻土上限下降，引起路基下沉，路基下形成融化夹层。

2）路基边坡热融滑塌

在高含冰量地带，挖方的高边坡路段，或边沟挖掘，常导致边坡的热融滑塌或泥流出现。这是冻土边坡的热、力、土体性质变化综合作用的环境岩土工程问题，常规的工程措施往往难以奏效。

3）路基、隧道的冻胀、冰丘和冰椎

路基和隧道的修筑常常引起多年冻土区水文地质环境的变化，改变地下水的径流条件，导致冻胀丘和冰椎出现。值得一提的是，冻结岩层不可视为与冻结土层一样具有良好的隔水性能，应据其水文地质条件而论，昆仑山铁路隧道渗水则为实例。

4）施工方法方式对多年冻土环境的影响

任何工程的施工方法都会对多年冻土环境产生影响和改变，但道路和管道工程的影响更为突出和严重，料场（取土、弃土）设置、运输便道、营地和机械站场等都直接影响着多年冻土环境，改变冻土的热力状态，进而影响着工程的冻土地基稳定性。

## 16.8.3　矿山工程的环境岩土工程

1）矿区地面剥离对冻土环境的影响

矿山开采，特别是煤矿的露天开采，将要进行大面积的地面剥离，铲除植被和土壤层，使地下冰融化，多年冻土上限下降，导致多年冻土大面积的退化、消失。古莲煤矿的分片承包开采的剥离面积可达 $4 \sim 5\mathrm{km}^2$。

2）露天采矿的边坡稳定性

露天开采是地面剥离，使多年冻土中的冻土上限下降。因融冰水使冻土体湿润，休止角减小，产生热融滑塌和溯源坍塌侵蚀。冬季在边坡上形成冰椎和冻胀，影响着边坡的稳定性。

3）井巷开采的冻土工程地质条件变化

多年冻土区井巷开采，且通风，改变着井巷周围的多年冻土水-热状态，形成融化圈，降低了围岩的稳定性，引起塌傍和冒顶，大量地下冰融水涌入井巷。冬季期间，井巷温度下降，引起井巷围岩冻胀（特别是井巷洞口），产生大量的冰椎、冰塞，再度引起井巷的塌傍、冒顶和地鼓。若不及时排水，最终导致井巷产生冰瀑布而废，如西藏土门格拉煤矿和新疆的某隧道等地即如此。

4）积（堆）煤场改变着多年冻土热状态

积煤场中煤炭自燃，产生大量的热量，融化下伏多年冻土层，引起地面下沉，形成水坑。一般情况下，下沉面积是积煤场面积的 1.5 ~ 2 倍，最大可达 3 倍。同时也引起多年冻土年平均地温升高，降低了多年冻土的热稳定性。

5）沙金开采对冻土环境的影响

沙金开采多处于河道和阶地，大面积的砍伐森林，铲除草皮植被，且深翻土层，机械化作业时，还需输入大量水。沙金开采使整个河道和阶地的面目全非，多年冻土融化，地温升高，生态环境遭到永久性或逆转性演变，土壤进一步干旱化。

## 16.8.4　水工建筑物的环境岩土工程

1）坝区建筑对多年冻土条件的影响

坝区建筑包含着坝体、地下厂房、泄洪洞等（图 16.1）。通常，多年冻土区的土坝体下为多年冻土，且采用冻结黏土心墙隔水。整个坝区多年冻土条件都随之发生巨大的变化。坝体和坝基多年冻土温度场的变化就成为坝体稳定性的关键，随之地基的热力学稳定性也产生变化。

2）引水渠道的冻土环境的变化

引水渠道基底会产生“浸润圈”，含水率大幅增加，其结果引起冻土地基融化、下沉、渠坡失稳滑塌。在季节性引水渠道，冬季出现冻胀，整个防渗衬砌破坏。如此反复，将使多年冻土环境发生不可逆的变化。

3）库区的岸坡稳定性

库区岸坡稳定性问题使水库水体不断地融化岸坡多年冻土中的地下冰，引起库岸热融坍塌或滑坡。如此往复，库岸不断坍塌、后退，引起水土流失。

图 16.1　俄罗斯多年冻土区的维柳伊堆石坝（引自 Ю. М. Николаев 的报告）

### 16. 8. 5　管道建设的环境岩土工程

1）管道的冻胀与融沉

管道特别是长输石油管道，在施工和油温的影响下，管道周围形成融化圈，引起冻土地基下沉。冬季，又往往产生冻胀（图 16. 2）。

(a)

(b)

图 16. 2　加拿大 norman walls 输油管道冻胀（a）与地面下沉（b）（金会军提供）

2）管道周边冻土环境的变化

管道热量影响下，沿线多年冻土融化，地面下沉，形成热融沉陷沟槽。水流作用下，斜坡地段形成冲蚀沟。管道周围通常要保持宽 30 ~ 50m 的砍伐林带，也将改变原有的冻土环境。改变冻土水文地质条件，引起冰椎、冻胀丘等。

3）敷设方式对冻土地基的影响

目前，长输石油管道的敷设方式有地面式、地埋式和架空式。对多年冻土环境影响最小的是架空式，影响最大的是地埋式。中俄输油管道采用地埋式，阿拉斯加输油管道采用架空式。地埋式敷设方式会引起多年冻土融化，管道下沉。架空式的桩柱会出现冻胀。

### 16. 8. 6　架空线路的环境岩土工程

1）塔基的冻胀与融沉

当寒区塔基设计及其与地基土间的处理不当就会产生冻胀（图 16. 3）。也会引起冻土地基融化产生不均匀下沉。

2）施工回填对冻土地基稳定性的影响

许多塔基的施工常采用机械或人工大开挖的方法，有可能出现冻土地基融化，或者回填密度达不到设计要求，除了地面下沉外，有可能出现塔基不均匀下沉。同时，可能改变塔基周边冻土环境及水文地质条件，引起冻胀和冰椎。

图 16.3　海拉尔—牙克石 220kV 送电线路 N29 号塔基冻胀

3）斜坡地段的冻土地基稳定性

许多情况下，塔基必须设置在斜坡上，就涉及冻土斜坡稳定性问题。设计不但要提供斜坡上多年冻土的特征和地下冰分布状态，而且要求提供不同环境条件下冻土和冻融界面上的剪切强度。

## 16.8.7　农业生产的环境岩土工程

1）耕地开发对冻土环境的影响

在大兴安岭的牙克石、乌尔其汉、塔河等地区，许多多年冻土区已被城镇居民大面积地开垦，成为小麦、土豆、白菜的种植基地，多年冻土上限下降或退化，地面下沉（图 16.4）。

图 16.4　大兴安岭乌尔其汉地区的开垦种小麦及冻土融化产生地面下沉（童长江摄）

2）水土流失与荒漠化

多年冻土退化，往往容易引起荒漠化和水土流失。

所有的环境岩土工程问题的焦点都基于寒区的冻土工程地质条件和冻土环境变化。这些改变都由多年冻土和融区土层的分布、埋藏、厚度、温度状态、物质成分（固体颗粒和冰）、组构和性质等决定，并与自然因素间存在着定量关系。任何一种组分和状态的改变都会引起冻土工程地质环境和条件的变化，并导致出现新的平衡（或破坏）。反映冻土环境的指标大致可分为三类：①自然因素，地质、地貌、水文地质、植被和气候；②热交换参数，土的冻结过程和土中的热交换；③冻土性状，冻土的成分、组构、性质和状态，以及它们在冻土中的过程。

### 16.8.8　寒区环境工程的冻土工程地质调查

寒区环境工程的冻土工程地质调查与测绘的主要内容如下：

(1) 自然环境因素，包括气候、地质、地形地貌、植被、水文等；

(2) 多年冻土的分布特征、埋藏条件、物质成分、组构和性质；

(3) 地下冰的分布、埋藏状态、含冰程度；

(4) 多年冻土的年平均地温及其状态分类；

(5) 冻土的物理力学参数和热物理性质；

(6) 水文及水文地质条件，主要是地下水类型、流量、补给与排泄条件；

(7) 冻土不良冷生现象的发生、发育条件和规律；

(8) 工程建筑的类型、工程措施和施工状态；

(9) 冻土环境性状，包括地表状态、植被、地表水、回填的成分和状态等；

(10) 人为活动影响下冻土变化。

做好这些调查和测绘的同时，还应进行冻土环境的评价和预报，包括水土流失、沙漠化、冻融侵蚀等。

水力侵蚀是指以地表水为主要侵蚀营力的土壤侵蚀类型。它与降水、地表径流、地下径流、地形、植被以及土壤、土体和其他地面组成的物质成分等有关（表 16.14）。青藏高原以瞬时高强度降水和高山冰雪融水形成的地表径流成为主要的水力侵蚀营力。

**表 16.14　水力侵蚀强度分级指标**

| 地类 \ 地面坡度 | | <5° | 5°～8° | 8°～15° | 15°～25° | 25°～33° | >35° |
|---|---|---|---|---|---|---|---|
| 非耕地的林草覆盖度/% | >75 | 微度 | | | | | |
| | 60～75 | | | 轻度 | | | |
| | 45～60 | | | | | | 强度 |
| | 30～45 | | | | 中度 | 强度 | 极强度 |
| | <30 | | | | 强度 | 极强度 | 剧烈 |
| 坡耕地 | | 微度 | 轻度 | 中度 | | | |

风力侵蚀是指以风为主要侵蚀营力的土壤侵蚀类型。风力侵蚀强度与地表形态、植被覆盖度有关（表16.15）。

**表16.15 风力侵蚀（沙漠化）程度分级**

| 级别 | 侵蚀强度（沙化）标准 | | 综合景观特征 | 土壤沙化程度 |
|---|---|---|---|---|
| | 植被覆盖度/% | 流沙面积比例/% | | |
| 微度 | >60 | <5 | 绝大部分土地未出现流沙，流沙分布呈斑点状，梁窝状沙丘迎风坡基本无风蚀 | 潜在沙化 |
| 轻度 | 30～60 | 5～25 | 出现小片流沙和长的风蚀沟，梁窝状沙丘迎风坡出现风蚀破口，茂密坑丛沙堆和风蚀坑，地面薄层覆沙或沙石裸露，土壤腐殖质层风蚀损失<50% | 轻度沙化 |
| 中度 | 10～30 | 25～50 | 流沙面积较大，坑丛沙堆密集，梁窝状沙丘迎风坡风蚀破口达1/2处，出现中等深度的风蚀洼地，灌丛不能覆盖，风蚀坑大部分裸露，吹蚀强烈，土壤风蚀损失≥50% | 中度沙化 |
| 强度 | <10 | >50 | 密集的流动沙丘占绝对优势，出现大风蚀坑，梁窝状沙丘迎风坡破口达到丘顶，风蚀地面砾质化、戈壁，沙堆植被呈现残墩、残柱，土壤腐殖质层几乎全部风蚀 | 强度沙化 |
| 剧烈 | 0 | 100 | 流动沙丘，呈现一片沙漠、戈壁或雅丹地貌，土壤腐殖质层完全丧失 | 严重沙漠化 |

冻融侵蚀是指寒冷地区因反复冻结和融化的交替作用，岩石和土体产生软化、风化，多年冻土中地下冰融化，使土体发生蠕动、滑塌和融冻泥流等现象。冻融侵蚀与海拔、地貌部位、植被、地表组成物质、温度条件、冻土中地下冰层、融冰（雪）水以及人类活动等有关（表16.16）。

**表16.16 冻融侵蚀强度分级指标**

| 级别 | 综合景观特征 |
|---|---|
| 微度 | 地面平坦，植被茂盛地段常见有多边形裂缝和流水侵蚀。裸露的地段有一些石环现象 |
| 轻度 | 植被发育和较为发育的缓坡，冻融作用强度一般，发育着多边形裂缝，具有流水侵蚀，地面常有斑状植被。人为和自然破坏下常见有一些融冻泥流现象。冰椎、冻胀丘发育 |
| 中度 | 中高山斜坡-陡坡，冻融风化剧烈，融化水和重力作用下形成大量的碎石坡或石冰川。<br>植被一般发育的斜坡地带，冻融作用及流水径流较大，鱼鳞状山坡及小型热融滑塌和融冻泥流，冻拔石。<br>植被发育和一般的平地，常见有大型和中小型的热融湖塘，以及融蚀洼地 |
| 强度 | 海拔4000～5000m高山积雪，基岩裸露、强烈冻融风化，融化水产生较大径流。<br>植被较为发育的斜坡地带，被人为或自然破坏，地下冰出露而产生多处的或大型热融滑塌、融冻泥流 |

## 16.9　冻土工程地质调查与勘测的报告编制

各类工程建筑物的冻土过程研究中的冻土工程地质勘测报告都应该包括如下内容:

（1）冻土工程地质勘察总报告（包括勘察目的、任务；工程概况；勘察方法、布置和工作量；场地的地形、地貌、地层、地质构造、冻土特征、冻土工程地质条件和物理力学性质、水文地质条件、冻土冷生现象的描述与评价，以及人为活动影响下冻土变化的预测）。

（2）勘探和试验点的平面布置图。

（3）冻土工程地质平面图（包括冻土工程地质分区和冷生现象分布）应反映下列内容：①多年冻土分布、上限、厚度、埋藏条件及垂向的连续性；②多年冻土的年平均地温；③冻结与未冻结岩石的成分、性质和成因；④冻土冷生组构和含冰率、地下冰夹层的分布和位置；⑤冻土冷生现象；⑥地下水的赋存、补给与排泄条件；⑦场地的季节冻结与季节融化层资料（天然和裸露条件）。

（4）冻土工程地质柱状图（包括冻土工程地质综合柱状图）。

（5）冻土工程地质剖面图（纵、横剖面）。

（6）野外、室内和原位的试验、测试图表与参数，以及温度观测图表。

（7）冻土工程计算资料与图表。

（8）影像和其他资料。

# 第 17 章　历史（古）冻土调查与测绘研究

## 17.1　历史冻土调查研究的目的及意义

我国多年冻土面积约 215km$^2$，占陆地面积的 22.3% 左右（周幼吾和郭东信，1982），在世界上属第三冻土大国。如此大面积的多年冻土主要分布于我国西部高原及山区，其面积为 170 万～180 万 km$^2$。随着西部大开发战略方针的逐步深入贯彻执行。可以预见，在此后的年代里，将会有许多开发及建设项目进入高原多年冻土区。随着高原冻土区经济开发实践活动及自然环境演变影响，必然引起区域冻土条件改变。

为了保证冻土经济开发诸多建筑工程地基基础稳定及安全运营，对冻土经济开发区建筑场地选择、各类建筑物相互配置、地基处理方案、基础设计原则，以及防止不良冻土条件发生的技术措施制定等，应当建立在开发区未来冻土变化的背景上，即以冻土条件未来变化为基础。预测区域冻土条件变化，须建立在对过去冻土环境演变深刻认识的基础上，这也是开展历史冻土研究的实际目的及意义所在。

## 17.2　古冻土遗迹标志及其形成条件的影响因素

早在 20 世纪 70 年代中期在美国地质学会上，第四纪与地貌组专门对“多年冻土存在的冰缘标志”进行过专题讨论，在讨论中涉及如下古冻土冰缘标志，现将几种可靠的古冻土标志介绍如下。

### 17.2.1　冰楔

冰楔是俄罗斯西伯利亚、美国阿拉斯加地区极为发育的多年冻土景观，在地表面形成纵横交错的多边形网格，多边形直径小者 4～5m，大者几十米至 100 多米。根据现时冰楔是否开裂有新冰加积，将冰楔分为活动的和不活动的两种。活动冰楔有隆起的土垄，呈现为中心低、四周高起的多边形；不活动冰楔则是显示出沟槽状多边形，即中心高、四周低。据此地表形态可以判别冰楔是否是活动的，一般冰楔体具有近似垂直的条纹结构，也称叶理。叶理间因活化而显示清晰叶理层次。冰楔内有时可见到与围岩侧壁平行的拉长管状气泡，一般认为是冰雪、霜冰充填裂缝后，在蒸发压力作用下形成的。据 Makay 观察，冰楔并非每年均在开裂，受积雪厚薄的影响，当雪层厚时可能不开裂，当雪层薄时一般开裂。总之，冰楔开裂受温度条件及地表条件的限制。冰楔增长速率也随地区条件而不同，一般为 1mm/a 左右。

冰楔顶部宽度为几厘米至几米，垂直深度变化较大，一般为几米至二三十米。通常在地质构造下降地区形成的共生冰楔，其深度延续几十米。对后生冰楔而言，冰楔的深度受年均地温影响，年均地温越低，楔的长度越大，反之亦然。因此，根据形态及规模可以反映环境条件，即楔的长度反映寒冷程度，即冰楔体越长，年平均地温越低。

冰楔在形成过程中冰的增长与围岩之间相互作用，在不同类型沉积物中形成的痕迹不同。一般来说，当围岩颗粒比较粗的情况下，受冰楔生长挤压作用，围岩与楔体的接触带围岩层理产生向上弯曲；在砂砾质围岩中可能产生砾石长轴沿楔壁呈定向排列；在松散细粒的有机质沉积物中，在楔体围岩中可能形成挤压变形。俄罗斯学者研究指出，在饱冰的冻结泥炭土中，当围岩与楔体接触带发生较大变形时，则反映冻土年均地温在-4～-5℃。据此推测，在围岩压缩性较大的地层中，冰楔两侧岩层无挤压变形，可能是冰楔形成过程中冻土地温较高。

### 17.2.2　冰楔假型

冰楔假型也称古冰楔或化石冰楔，它与原生土楔不同，历史时期楔内充填物是冰，后因气候变暖和局部环境条件改变，楔内冰融化被土（砂）代替。所以冰楔假型对恢复古环境及古气候具有重要意义。研究证明，假型的特征总是和它形成时冰与围岩的相互作用及楔内冰融化时的环境条件密切相关。

一般情况下，生成于含冰量小，颗粒粗大的沉积物中的假型，其围岩变形甚微，冰体融化时围岩一般不发生大的变形。因此，这类岩性对假型保存极为有利。由于围岩成分和冰楔融化时的环境条件不同，冰楔形成时在围岩中形成的原始构造受到破坏的程度也有差异。冰楔融化时气候条件湿热，加上围岩含冰量大，往往由于围岩土体过饱和而产生流动，使假型极不规则，甚至其形态非常模糊。冰楔融化时气候较干燥，围岩后期的改造较弱，大体能保持原始状态，冰楔形成时使围岩变形的痕迹清晰可辨，这时如果围岩是黏性土，尤其是泥炭化的黏性土，融化后具有坚固的侧壁，楔内充填物大多从楔顶部进入楔内，其充填物很少含围岩成分，空洞也较小。当围岩为砂性土时，冰楔融化后楔壁上常存在裂缝及断口，充填物大多为侧壁塌落物，空洞较大，楔内有与围岩成分相同的塌落块体。因此，常将楔内存在塌落结构、楔壁边界不平直、围岩具弯曲构造等特征视为假型所特有，也是区别于原生土楔的重要标志。

假型可以给出古环境方面的信息。假型的存在反映了冰楔形成期和退化期两个阶段。冰楔形成时代表寒冷的气候环境，而假型充填时期正是冰楔融化之际，属于热喀斯特过程。冰楔融化可以随气候转暖产生多年冻土区域性退化过程而发生（李作福和郭东信，1990），也可能因局部热交换条件改变而导致多年冻土融化深度加大，冰楔融化。如果假型形成原因属前者，假型存在标志古气候曾一度转暖，致使多年冻土退化；若属后者，假型不能够证明其形成时期曾发生过大范围区域性多年冻土退化过程。

### 17.2.3　土（砂）楔

土楔也称原生土脉。一般认为，原生土楔形成时的环境温度比较高。因气候条件不同，形成时楔内充填物的性质及其形成过程的差异，可分为以下两种。

在强大陆性气候条件下，冬季地面无积雪或雪盖很薄，在低洼地段的河湖相地层中，当土层垂直温度梯度大时易发生开裂，频繁强烈的冻融作用使裂口冻土壁因水分损失而形成干燥层。从而产生冻缩与干缩联合发生作用。另外，强烈的风力吹蚀，使裂缝壁上部部分物质吹失，将裂缝上部加宽，同时又将异地物质吹入裂缝。当裂缝内充填物与围岩的物理性质差异大时，次年开裂可能再次发生，如此反复开裂与充填而形成了土楔。如青藏高原清水河高平原及唐古拉山南麓缓坡地带所见的潮湿多边形潮湿网格即属此类土脉。

另一种是气候大陆度较弱条件下，冬季地表有薄层雪盖，地表开裂后原始充填物不仅是土，还有冰雪。显然，春夏季楔内冰雪融化，楔壁可能出现坍塌，围岩成分落入楔内，使楔内充填物复杂化，既有异地物质，又有围岩成分。

由于强大陆性气候条件下，楔内充填的是土，而不是冰，楔内物质细，具有明显的垂直叶理。因楔内物质较干燥，冻结时不存在挤压力，故楔壁不产生变形，也无上卷结构，当气候大陆度较弱的条件下，地表面存在一定厚度的积雪，楔内充填物系冰、土混合物。由于冰体积增大产生一定程度挤压力，使楔壁产生变形。春夏时间楔内冰体融化，常造成楔壁围岩发生塌落，使原楔壁变形痕迹遭受破坏，时常与假型形态难以辨认。

上述两种环境下形成的土楔个体均比较小，其深度一般不低于冻土上限，平面多边形直径一般为 4 ~5m。楔内充填物年代均代表土楔形成年代。

当气候大陆度特别强烈，气候极端干冷条件下，楔内充填物颗粒粗，砂粒及较小砾石进入楔内，即形成了砂楔。砂楔出现反映年均气温低，降水少，积雪薄，大陆度强的气候环境。这种条件下形成的砂楔其深度大都深入多年冻土上限以下。

### 17.2.4　冻融褶曲（冰卷泥）

冻融褶曲也称冰卷泥，此现象形成于多年冻土季节融化层（即冻土上限以上的活动内）。当秋末冬初时期，气温下降至 0℃以下，由地表面开始向下冻结，随气温继续下降，冻结面逐渐向下发展，同时冻土上限面也缓慢向上抬升。地表自然条件差异（植被密度、岩性、湿润状况不同），致使冻结面向下发展深度产生差别。在上、下冻结面不均匀挤压作用下，使其间未冻结的含水松散层产生塑性变形，当上、下冻结面会合时，塑性变形被冻结而固定下来，即冻融褶曲形成。

虽然承认冻融褶曲是多年冻土曾经存在的标志，但在其他自然条件下也易产生与其类似的变形现象，如地震震动、湖泊水下滑坡、冰川向前推进时其底部挤压构造，以及新构造运动等作用，均可能产生与冻融褶曲类似的现象。因此，进行冻土调查时，必须查清冻融褶曲与上述作用产生的类似现象的区别。

（1）冻融褶曲是多年冻土的标志，其褶曲的延续性好，因此，在自然条件相似的情况下，冻融褶曲可能有较大范围发育，其层位和时间是可以对比的，而其他类似现象多是局部出现。

（2）冻融褶曲扰动的范围是在多年冻土活动层深度，即冻土上限深度。因此，冻融褶曲存在的深度一般不会超过距地表面以下 2 ~3m。如果一些类似褶曲现象出现在距地表以下十几米至几十米的地层中，其形成的原因可能与地震及构造活动有关，而非冻融褶曲。

(3) 如果由于冰川向前堆进或滑坡作用而形成的类似褶曲现象，其褶曲的峰顶向同一方向倾斜，而冻融褶曲一般非如此变形。同时，由冰川向前推进及滑坡作用而产生褶曲现象，一般多出现于地面倾斜坡地带，在剖面上可见到褶曲周围岩性与下伏地层岩性明显不同，系下伏地层以外推进至此的岩层，其中可能存在微细的断裂构造。

### 17.2.5　古冻胀丘遗迹

地质历史时期由于气候转暖，多年冻土发生区域性退化，在其范围内的冻胀丘也随之退化。由于冻胀丘内冰核融化，丘体塌陷形成似圆形、椭圆形的低洼地。四周有凸起围堤，其高度多 2 ~ 3m 至 4 ~ 5m 不等，洼地直径由几十米至百米以上。

在青藏高原多年冻土向季节冻土的过渡地带有上述古冻胀丘遗迹存在，如西大滩东段（小南川口以东）沿北侧山前地带，分布着许多塌陷的古冻胀丘洼地，呈带状东西向展布，洼地多呈马蹄形，洼地深 5 ~ 6m，最大直径达 200m 以上（梁凤仙和程国栋，1984）。每个洼地都有一个出口，个别洼地内有积水，有的已干枯生长了草被。

## 17.3　依据古冻土遗迹恢复古气候环境

### 17.3.1　冰楔、土（砂）楔、冰楔假型的差别

楔形构造是多年冻土环境条件下形成的，可为地质历史时期多年冻土存在的直接证据。楔形构造分为冰楔、古冰楔（冰楔假型）、砂楔、土楔。不同楔形构造类型形成的环境条件各异，彼此之间具有较大差别。因此，据此恢复地质历史时期古环境，首先应确定研究区所见楔形构造属何种类型。

以楔体大小及规模而言，冰楔顶部宽度数厘米到 2 ~ 3m，垂直深度变化较大，一般为 2 ~ 3m 至十多米，可见冰楔的长度均在多年冻土上限以下。砂（土）楔一般楔顶宽度由数十厘米至 1m 左右，楔体长一般小于多年冻土上限深度。砂楔是在干冷的气候环境条件下形成的，尤其在极强干冷的环境下形成的砂楔，其长度有时可能深入多年冻土上限以下。

不同楔形构造类型在分布上也有不同。冰楔及古冰楔（冰楔假型）多分布于楔体形成时为连续或大片连续多年冻土区，而砂（土）楔则主要分布于当时为不连续或岛状多年冻土区。如俄罗斯西伯利亚多年冻土区，冰楔主要分布于 70°N 以北连续多年冻土区，而砂（土）楔多见于 55°N ~ 70°N 西伯利亚低地不连续多年冻土区（徐叔鹰和李保田，1990）。

从冰楔假型与砂土楔楔内充填物质来看，二者似乎差异不大，但就楔体结构而言，楔内物质来源是不同的。由于古冰楔（冰楔假型）是在脉冰融化后再充填而形成。脉冰在融化过程中常造成楔壁不均匀滑落，其充填物常见围岩塌落块体，因此楔壁不整齐，另可见楔壁附近围岩层理先向上弯曲，于楔壁接触附近又向下弯曲倾斜。这是区别于砂（土）楔结构的重要标志（郭东信，1988）。而砂（土）楔中砂土堆积与楔形开裂构造同时形成，

随楔体逐渐扩展而逐次充填，因此在砂（土）楔内形成平行于楔壁的层状构造，即垂直叶理。因此，基于恢复古气候环境而进行古冻土遗迹野外调查时，应依据上述楔形体的大小、形态、充填物及围岩结构等差别确定所见楔形体的类型，这样才能使古气候环境的恢复更接近实际。

### 17.3.2　多边形楔形构造反映的古气候环境

负温是形成楔形构造最基本的条件。正因为如此，也是其具有环境意义的关键所在，因而也是研究者争论的焦点。到目前为止，楔形构造生成究竟以哪个温度指标为准比较合适，尚存在分歧。下面将已取得多数研究者认同，并在恢复古气候环境时常被应用的几种温度指标介绍如下：

Pewe 对美国阿拉斯加地区现代冰楔分布进行调查后发现，现时活动的冰楔区，其边缘年平均气温为-6 ~ -8℃，腹部及北部边缘区年平均气温为-8 ~ -12℃，据此提出冰楔生长需要-6 ~ -8℃的年平均气温（崔之久，1980b）。Washburn（1978）认为，-6℃的上限有点低，应放宽到-5℃较为合适。

俄罗斯学者调查发现，西伯利亚北冰洋沿岸冰楔多边形分布区年平均气温为-10℃左右；西伯利亚低地砂（土）楔广泛发育区年均气温为-3 ~ -8℃。

俄罗斯学者 Романовский（1977）经野外观测及室内试验研究指出，在细粒土中（泥炭土、黏土、粉质黏土等）-1 ~ -2℃的地温条件即能形成砂（土）楔。而形成冰楔需要-4 ~ -5℃，在粗粒土中（细、中砂、砂砾等）形成土（砂）楔需要地温-2.5 ~ -5℃，形成冰楔需要地温-5 ~ -6℃。Романовский 综合楔形构造生成的土质，含水率及温度条件后，提出了楔形构造形成条件综合图表（图 11.23）。上述研究结果得到了国内外学者的广泛承认与应用，依此推测存在楔形构造分布的地区古今气候变化幅度（郭东信和李作福，1981）。

## 17.4　对历史冻土及其古环境研究存在问题的看法

近年来我国在历史冻土及古环境研究方面取得了许多进展，但也存在一些问题，特别是东部古冻土南界的确定存在重大分歧。

对我国东部古冻土界线确定的分歧，主要表现在确定古冻土存在的依据及标志方面。大多数研究者确定古冻土界线均依据古冻土遗迹，反映寒冷环境存在的植物群（云、冷杉林）及动物群（猛犸象、披毛犀化石）。有的将上述之一分布的界线作为晚更新世寒冷期古冻土界线。尽管动、植物群分布区域南移是晚更新世寒冷气候环境的反映，但是它们各自随气候波动，其活动区变化规律彼此是不同的，与当时冻土分布区域也并非完全吻合。因此不能将反映寒冷环境的动、植物群的分布与冻土存在区域等同看待，它们有各自的分布界线，植物学者认为，云、冷杉各有许多种，喜冷程度也不尽相同。因此在不能鉴定到种的情况下，利用古植物群（云、冷杉）恢复古气候条件时应持慎重态度，不能笼统称云、冷杉植被出现，就是寒冷环境的反映，进而推论存在古冻土。事实上在不同地区不同气候条件下，云、冷杉林与冻土在地域分布上也有差异。H. Poser 认为在 15°E 以西，末次冰期时欧洲冻土带南界位于云、冷杉带北界以北，15°E 以东，由于气候较西部干燥，冻土南界移至森林带北界以南。据 P. S. Martin 研究，末次冰期北美大陆冻土南界位于针叶林带中，比其南界偏北至少 2 个纬度。我国大小兴安岭现今冻土带南界比纯针叶林南界偏南近 2 个纬度。因此，引用古今云、冷杉林界线与冻土带的关系，说明某一地区古冻土界线时应慎重，否则可能会得出不符合客观自然规律的结论。

披毛犀、猛犸象化石的存在，虽然是寒冷环境的反映，但它们的生态、生活适应范围也不完全相同。猛犸象起源于极地，要求更寒冷的生活环境，适应在苔原-草甸带活动，比披毛犀活动南界要偏北好多。据报道，北美晚更新世寒冷期冻土南界比猛犸象分布南界往北 3 ~4 个纬度，比披毛犀活动南界偏北 6 ~7 个纬度。多年冻土南界与猛犸象、披毛犀活动南界显然不是一回事，两者不能替代。

多边形脉构造，即冰楔，冰楔假型（古冰楔），土楔、砂楔是确定多年冻土存在的可靠标志，但它们各自的形成条件，以及反映的温度环境有较大差异。因此应用楔形构造恢复古气候环境，首先应该鉴别所见楔形体属楔形构造的哪一种类型？我国北方近年来发现许多楔形构造。根据其分布深度、围岩形态及楔体大小，除个别可能属冰楔假型外，其大多数是原生土楔或砂楔，笼统称其为冰楔是不合适的。其一，所谓冰楔楔体内应充填着冰，而目前发现者均被土或砂充填；其二，即使是历史时期被冰充填，现时楔体内是被砂和土充填的砂楔，土楔正属冰楔假型或化石冰楔。

另外，确定楔形构造的形成时代也是古冻土环境调查研究应注意的问题。其方法是：一是根据楔形体所在地层层位和地貌对比制定其形成的地质时代；二是根据围岩和充填物的 $^{14}C$ 方法，测定其形成的距今年代。其中砂（土）楔内充填物年龄可代表砂（土）楔的形成年代，古冰楔（冰楔假型）中充填年龄应晚于冰楔形成时代。

最后应该指出是，我国东部地区在地质历史时期及现时都是欧亚大陆多年冻土南缘。寒冷程度及冻结强度均不及大陆北部地区，楔形构造发育不那么典型，加上后来地质作用的改造，给野外辨认古冻土遗迹增加了困难。因此历史冻土研究及其古气候环境恢复，应遵循将不同来源的证据进行对比彼此印证的原则，对来自不同方面的证据进行综合分析，研究其各自的形成条件，找出它们与多年冻土带的联系及差异。这样确定出的古冻土界线及其古环境状况才能正确地反映客观实际。

# 第 18 章　多年冻土图的编绘

冻土图是表示冻土的基本特征、属性、分布规律、形成条件的图件。冻土图编制要反映出多年冻土层分布的基本规律及其与自然环境因素的生成关系，依据多年冻土层的主要特征进行区划，突出冻土层特征的区域规律性。因此，多年冻土图应包含自然环境因素，如气候、地形地貌、地表水系和湖泊、地质构造，多年冻土层的平面与空间分布、岩石成分、冷生组构和特征，以及与土的冻融作用相关的形成物。因此，冻土图是冻土科学工作者野外考察和实验室研究成果的集中表现形式之一。当今的许多多年冻土制图都是在计算机辅助下，借助地理信息系统（GIS）软件或者其他地图成图软件，结合其他数据（如野外调查、遥感、模拟计算和再分析等资料）来完成的。

## 18.1　冻土图编制的基本原则

冻土图要表征各地区、地段、场地上分布的季节冻土和多年冻土的冻土条件，即冻土测绘区内的气候、地质-地貌、水文地质等条件以及冻土层的分布、组构、厚度等特征的重要图件。

冻土图的基础是多年冻土成因分类原则和土的季节冻结和融化类型成因分类。

按照研究要求和目的，冻土图可按小比例尺和大比例尺编制冻土图。作为区域性研究和规划、预可研使用的冻土图均为中、小比例尺冻土图。小比例尺（1∶50 万～1∶10 万或更小）、中比例尺（1∶5 万～1∶2.5 万）、大比例尺（1∶1 万～1∶5000～1∶1000），详细的平面和工程图（1∶2000 和更大）。所有的标准冻土图，从 1∶50 万开始和更大的只有在冻土测绘基础上编制。

小于 1∶50 万的冻土图可不要求进行野外测绘工作，是在综合已有的考察资料（冻土、地质、地貌、水文地质内容、各种航片和卫片）的基础上编制。

所有冻土图按反映冻土条件的方法可以为分析和综合的。

分析图编制可以作为：含一个或几个分开的冻土特征；总的冻土条件图，含有冻土和自然条件的所有特征，可以分开表示，在相互联系和相互制约中表现出来。分析图可以按现有冻土条件进行编制，也可以对冻土预报条件进行编制（自然因素动力学或区域开发引起条件变化）。

冻土图是综合冻土区划图，图上附表中列上分类单位冻土条件特征。区划图可以编制成部分的，图上仅按一两个冻土特征进行区划，也可以编成总体的，图上进行综合冻土区划，是在地质构造和景观区划的基础上划分。按照测绘时所采用的比例尺条件，可按气候、地植物、地貌和地表其他地理条件，和地质、水文地质、地热及其他决定冻土层分布、组构、岩性、地下冰、冻土厚度、地温曲线等特征进行类型划分。

在冻土图上表示冻土形成条件的基本方法是：分开反映主要的冻土特征和自然环境的

基本因素和条件。这种方法不仅有助于在图上得到冻土某一参数的信息，也可以得到它们区域变化的规律，并确定冻土层形成、分布、温度、厚度和其他特征的规律性。冻土图上的自然条件表征出测绘地区在区域中位置、等高线、坡向、坡度和地形特征、湖塘和水文网络、沼泽化、森林生长等。通过地形图和航卫片（高精度）用专门的负荷来表示或在图幅上附表中表示出来。

在所有比例尺冻土图上，最主要的冻土特征是：季节冻土和多年冻土的分布；岩石成因和冻土属性；冻融土的成分、沉积、结构和属性；冻土的冷生组构和含冰量；松散层和冻结类型，即共生、后生和复生；大气温度与地表温度较差和冻土年平均温度；冻土层厚度及在垂直方向上的连续程度；在区域内是否有高含盐量影响的干寒土和湿寒土的存在及其分布特点；冻融作用产生的不良冷生地质现象的类型和形态；在冻土区内因地表水、地下水、地热、地质构造等影响所形成的各类融区的性质及范围等。

冻土图上要编制有冻土-地质剖面，表示季节冻土和多年冻土的地质和冷生组构、成分和埋藏条件等。剖面上要反映出融区分布和冻土层的分布特征、温度动态、含水率和含冰率、冻结类型、第四纪沉积成因类型、区域破碎带和裂隙度、接触关系、地下水等。

在拟定编制冻土图的计划时，就着手编制各种实际资料工作图表，如地形图、地质图、第四纪地质图、植被分布图、气温等直线图等。如要编制 1∶60 万的青藏公路沿线冻土分布图，就必须把 1∶5 万、1∶10 万的地形图作为工作的底图，把所有资料和图表明显地注记在工作底图上。在青藏高原的无人区一没有气象观测资料，二没有经过实地考察，是一个大的盲点，就必须内插外沿，并用计算经验公式进行推算取得基本数据填补空白区。

在冻土图上基本表现手段是用颜色、线条、符号和数字等来表示。一般是，季节冻结和多年冻结的地质成因综合体和岩石建造采用岩性线条及符号表示。冻土的年平均地温和季节冻结和融化层的厚度采用数字表示。多年冻土类型划分采用深浅度不同的颜色表示。融区采用暖色调白色或淡黄色表示。冻土冷生地质现象采用非比例的符号表示。其他资料可采用线条（界线的各种类型的颜色）和符号表示。公路一般用红色显示，多年冻土用深蓝色（冷色）表示，使所编制的冻土图，科学、美观、真实、直观有很高的可读性和实用性。

在进行冻土测绘过程中编制各种实际资料工作图件、地貌图、第四纪沉积图、地植物图等，或者利用已有的图件加以补充和修正。按这些图的资料编制区域区划图（按多年冻土形成条件）——景观区划图，这是冻土图的基础。区划界限表征地质和地理因素及条件的一定综合体，是冻土层一定类型分布的界线，相互按某一冻土特征或冻土特征综合体来区别。

编制基本报告图件最好按顺序完成：首先编制初步冻土图，然后加以校验、订正和具体化（在野外和室内阶段）。冻土图是现存条件预报冻土-水文地质和冻土-工程地质图不可分割的基础。

综合冻土测绘时，建议能编制以下图件：①土的季节冻结和融化图，或者同一图与潜水、冻结层上水图联在一起；②冻土-地质图；③冻土-水文地质图（季节冻土层和地下水)；④冻土-工程地质图；⑤冻土预报图；⑥冻土-工程地质评价图；⑦冻土的环境保护图。

在复杂的地质构造和地面结构地区进行小中比例尺测绘时，很难在一张冻土图上表示出所有的季节冻土和多年冻土的特征，要能扩大图的可读性、直观性，并更详细地表示季节冻结或季节融化形成条件及其特征，最好编制两个冻土图，即季节冻结和融化图及多年冻土图。

按照图上表明的主要原始资料计算土的年平均温度和土的季节冻结和季节融化深度的诺模图，是冻土图不可分割的一部分，计算结果可按景观划分冻土特征制图的基础，以表格形式附在图幅中。

## 18.2　多年冻土图的特征指标

多年冻土图编制的目的是反映测绘区域多年冻土层分布的基本规律及其主要的自然环境因素的生成关系，并依据多年冻土层的主要特征进行区划，达到突出冻土层特征的区域性规律。所有比例尺多年冻土图都应当表征多年冻土层的基本特征指标：

(1) 多年冻土和融土平面分布；

(2) 多年冻土和融土的成分、埋藏和性质；

(3) 多年冻土和融土的冷生组构、冷生构造和含水率（含冰率)；

(4) 土的温度动态（年平均地温、冻土层中的梯度和自下热流)；

(5) 冻土层的上限、厚度及其在季节融化层中的垂向断续性；

(6) 隔年层和深埋冻土层的分布和厚度；

(7) 冷液层（含负温矿化水的岩层）的分布和厚度；

(8) 冻土冷生过程和现象及其形成物的分布和特征（如厚层状冰和脉冰、土脉和砂楔、多年生冻胀丘和冰椎、热融湖塘、热融沉陷、热融滑塌、融冻泥流、多边形及形成物等)；

(9) 冻土环境因素基本资料（气候、岩石成分、地形地貌、水文、植被、积雪等)。

由此可见，多年冻土图必须反映整个测绘区冻土层分布的规律性，表征多年冻土的冷生组构、土的性质、年变化层底部的年平均温度及其在冻土层中的梯度、冻土层厚度及自地球内部向冻土下限的热流、冻土冷生过程及现象等，同时还要表征与区域气候、地形地貌、地质及构造、水文地质、植被等环境因素的相关关系。

多年冻土图编制的基础资料应具有：能反映多年冻土层形成条件的区域区划图（地质-地貌区划或微区划图或水文地质和工程地质调查的图件)；土的季节融化和冻结类型图；钻孔、矿井、平硐、露头和线路调查中有关冻结和非冻结的土（岩）资料；冻土测温资料；雷达及电剖面和电测深资料；航卫片测绘的冻土解释资料；相关的研究成果以及大于成图比例尺的地形图；等等。

多年冻土层的形成与消亡、分布和特征是岩层与大气层热交换作用的产物，主要受自然地理地带性因素的影响，同时也受参与热交换作用的区域性地质地理因素的影响。为此，多年冻土图既要表征出多年冻土形成的地带性规律，也要反映出区域性地质地理因素的影响。

目前，我国多年冻土图的基本表现方法如下：

(1) 多年冻土层的类型及其分布。根据我国目前的冻土类型划分为大片连续多年冻土、岛状融区多年冻土、岛状多年冻土、零星多年冻土、季节冻土。

根据冻土年平均地温进行地温分带，可分为稳定带、基本（亚）稳定带和不稳定带（表 18. 1）。

用颜色表示：淡黄色表示多年冻土区内的融区，蓝色表示多年冻土区，绿色表示岛状多年冻土区，淡绿色表示季节冻土区（表 18. 1）。

**表 18. 1　多年冻土类型因素符号**

<table>
<tr><th colspan="2">带名</th><th>带号</th><th>年平均地温/℃</th><th>颜色</th><th colspan="2">带名</th><th>带号</th><th>年平均地温/℃</th><th>颜色</th></tr>
<tr><td rowspan="3">大片连续多年冻土区</td><td>稳定带</td><td>Ⅰ</td><td><-3.0</td><td></td><td rowspan="3">岛状冻土区</td><td>稳定带</td><td>Ⅰ</td><td><-3.0</td><td></td></tr>
<tr><td>基本稳定带</td><td>Ⅱ</td><td>-1.0 ~ -3.0</td><td></td><td>基本稳定带</td><td>Ⅱ</td><td>-1.0 ~ -3.0</td><td></td></tr>
<tr><td>不稳定带</td><td>Ⅲ</td><td>0 ~ -1.0</td><td></td><td>不稳定带</td><td>Ⅲ</td><td>0 ~ -1.0</td><td></td></tr>
<tr><td colspan="2">融区</td><td></td><td>>0</td><td></td><td colspan="2">季节冻土区</td><td></td><td>>0</td><td></td></tr>
</table>

(2) 多年冻土层的岩石成分，可采用岩性线条图形符号表示。当在大比例尺制图中，岩性可采用国家统一的岩层符号表示。岩土的种类很多，应按比例尺情况表现其状态。在小比例尺图上，通常按岩土的工程地质性质大致归类。

坚硬和半坚硬类岩石，如花岗岩等火成岩、石英砂岩等沉积岩，其强度受构造裂隙的控制，冻结状态和融化状态下含水率和强度的变化一般较小，且分布在山区。

软弱类岩石，如千枚岩等变质岩石，泥岩、灰岩等沉积岩石，一般风化较严重，冻结状态时含冰率较大，融化后其力学性质有较大的变化。通常分布在较低的地带或盆地。

粗碎屑类土，如粗砂、砾砂、砂砾石、卵砾石等，冻结时常有砾岩状的冻土构造，但分凝成冰作用弱，含冰率、冻胀性和融沉性都较小。融化后工程性质并不会不明显。主要分布在河谷、阶地等地段。

黏性土类土，如粉质土、黏性土以及含有部分砾碎石的混合黏性土类，冻结时往往具有分凝成冰作用，含有厚度不一的水平状或网状冻土构造，具有较大的冻胀性，融化后具有较大的融沉性，力学强度变化较大，多半分布在山前斜坡、盆地和低山丘陵地段。

按照这样分类，可简化复杂的岩性符号（表 18. 2），图较为简洁明朗，能更为突出地表现多年冻土主要特征，且能反映出多年冻土的主要工程地质特性。

表 18.2　岩土岩石符号图例

| 图例 | 名称 | 图例 | 名称 |
|---|---|---|---|
|  | 坚硬或半坚硬岩石 |  | 黏性土类土 |
|  | 软弱类岩石 |  | 粗碎屑类土 |

（3）多年冻土层的基本特性，即多年冻土上限、多年冻土厚度、年平均地温及孔号，采用下列数值表示法：

$$\text{孔号}\frac{\text{上限/m}}{\text{厚度/m}}\text{年平均地温/℃}$$

（4）多年冻土冷生现象及其形成物，采用图形符号表示（表 18.3），有关泉水露头，可采用相关图形符号表示。

表 18.3　冻土冷生现象及沙漠化图例

| 图例 | 名称 | 图例 | 名称 | 图例 | 名称 |
|---|---|---|---|---|---|
|  | 冻胀丘及爆炸性冻胀丘 |  | 多边形或石环 |  | 厚层地下冰（>0.3m） |
|  | 冰椎 |  | 热融沉陷<br>热融湖塘 |  | 砂楔、融冻扰动 |
|  | 石海、石流 |  | 热融坍塌 |  | 移动沙丘、固定沙丘 |
|  | 拔石、斑土 |  | 融冻泥流 |  | 新月形沙丘 |
|  | 寒冻裂缝 |  | 泥流阶地 |  | 阳坡、阴坡 |

（5）地质构造的平面分布状况，如断裂带，可采用地质部门的通用图例表示。

（6）气温分布特点，鉴于其主要受着地理坐标（经纬度）和海拔的影响，通常采用等值线方法表示，可以在图的某个适合的位置，单独以“年平均气温等值线图”的方式表示，亦可在图上用独特的线条形式（黑色或彩色）表示，并在等值线上标明其“年平均温度值”。

（7）为了表示不同地貌单元上冻土层与地表水、地下水、地形、地质构造、岩性和冷液层（高含盐液体、卤水等），以及多年冻土与季节融化层等之间的垂直关系，通常按各个大地貌单元分别切割绘制地质剖面图和柱状图予以表示。同时在图上还应反映多年冻土层的上限、下限、年平均地温、含冰程度等。地面上应标注地物点（地名）等参照物的地理位置。

（8）冻土测绘的工作底图，一般应比最终成图比例尺大一级以上，这样才能满足编图的精度要求。

（9）中、大比例尺冻土分布图编制的内容同小比例尺图一样，但是，需要更详细地论证冻土条件的形成规律性，给出更详细的冻土条件空间分异性的说明。这样，就要加强实验室测定、计算（不仅按近似公式，也要进行相似模拟或计算机的模拟）等项目的工作。在冻土分布图上应更明确或定量地按地形结构和组成单元划分景观微区划，更突出地表示近地面层的第四纪沉积物综合体的地质成因类型及其年代，有可能的话，按河谷阶地、各种坡度的山坡、各种侵蚀剥蚀面以及构造单元等基本地形单元的成因和年代明确地区分。从冻土分布角度，构造单元仅需要区分和表征出区域性和局部性断裂带及构造破碎带及其边缘断裂破坏、地震活动等。

中、大比例尺冻土地质图可在小比例尺图的基础上补充一些新特征，如：①冻土层中的地热梯度值，取决于构造单元、岩石成分和裂隙度；②按冻土的状况、成分、温度动态、厚度及透水性等特点反映构造单元（断层破坏、破碎带等）的冻土分异，

附图上的冻土剖面图，不仅要表明第四纪沉积物的成因类型和成分，还可表明各岩石成因类型的含冰率。在共生层发育的地区还应表明其冷生组构：存在大的冰包裹体（重复脉冰和层状冰体），冷生构造类型。

## 18.3　大比例尺冻土图的内容和编制方法

大比例尺综合冻土图和剖面采用的比例尺，一般为1∶2000～1∶1万，以致更大些。主要用于工程项目的详勘、技术设计或施工设计，或者是专项工程的施工设计。

通常情况下，这些项目需要进行大比例尺冻土图的编制：①大比例尺综合冻土（冻土-工程地质和冻土-水文地质）测绘时；②在技术设计和工程图纸阶段，论证工业和其他对象的设计以及建筑为目的的具体项目或预报时；③进行矿藏和供水水源勘探时。

大比例尺冻土图和剖面的内容在很大程度上取决于它们服务的目的，既取决于开发地区生产活动的特点（建筑的、矿山技术的等），又取决于具体建筑形式（地面和地下建筑、面上的和线性的等）。编制大比例尺冻土图和剖面图的基本原则和方法，如同中、小比例尺图件一样，都具有共同的性质。

编制的图件大致相同，但其内容与反映的重点因各类工程的特征和要求有所区别。以工业和民用建筑为例，属于地面建筑，其大比例尺测绘和制图所需要的基本图是冻土-工程地质图，包括冻土-工程地质条件基本组分的特点和工程地质评价基础上的区域区划。根据工程项目的要求，可能需要增加编制：土的季节冻结和融化类型图，包括预报进行公共建筑措施时这些类型的变化；在房屋和建筑物建筑阶段的预报冻土图；以及在房屋和工程建筑物运营期间的预报冻土图。

在大比例尺制图中，冻土-工程地质剖面起着重要的作用和意义，因在剖面上要增加有关预报课题的结果，如在房屋和建筑物各种排列情况下，岩石二维温度场求解的结果。在图上的附表、插图和诸模图也具有重要的作用和意义，它们有助于在图上追踪冻土-工程地质环境形成的规律性。由于工程项目的需要而增加预报图，使图幅数量扩大。在冻土-工程地质图的基础上预报冻土工程地质条件可能的变化，并在设计和建筑进程中进行修正所预报的结果。

除上述的基本图件和剖面外，根据工程（或研究）的方向性、自然环境的特点，以及区域的研究程度还要编制不同形式和内容的辅助图件。

一般情况下，在选建筑场址进行大比例尺测绘区域，都应具有在工程勘测的前期阶段所编制的中比例尺的冻土-地质图。在这种情况下，大比例尺测绘和制图的任务是对具体设计课题有意义的冻土环境要素作详细化。所以，大比例尺冻土图的编制从一开始就应按冻土-工程地质图的编制来进行。

冻土-工程地质图是大比例尺冻土图中的基本图件。它应当给出冻土预报课题所必需的区域平面特征，并反映预报结果。因为区域工程地质评价不只是考虑现有的冻土-工程地质条件，还要考虑其变化预报的条件。

## 18.4　中比例尺冻土图的内容和编制方法

中比例尺（1∶2.5 万～1∶5 万）冻土图通常用于一定工程项目地段的预可研或初勘阶段冻土测绘结果的编制。所以，中比例尺冻土图上所反映的冻土特征的详细程度，取决于工程项目的目的和要求。中比例尺上反映的冻土特征，如同小比例尺上的一样，但更详细，更需有实际资料的论证。这种详细性表现在以下方面：

（1）景观微区轮廓等级划分更大些，详细地划分和评价各景观微区划的自然因素；

（2）更详细地划分主要冻土特征的等级，特别在过渡和半过渡温度动态地区；

（3）定量表示一些冻土、冻土-水文地质和冻土-工程地质条件参数；

（4）不只是在基本钻孔、露头和其他山地工程及观测点上给出的参数，而且要给出面上的特征和参数。

中比例尺冻土制图本身的详细程度取决于采用的较大比例尺的地形图、地质图等。这些图一方面能够表征所有地形要素，另一方面可以在图上给出基本地段轮廓足够大的尺寸。中比例尺冻土图应起码是在同等比例尺地形图上进行冻土测绘，才能达到编制的详细程度制图结果，以更多的实际资料和更详细的程度来反映冻土条件和论证其形成规律性。

中比例尺测绘时，重点地段应以大比例尺（1∶2000～1∶5000）来编制，但仍不能达到专门大比例尺测绘时详细程度和论证程度。如以平缓南坡的冻土层分布为例：在 1∶20 万～1：50 万比例尺图上，表征为冻土层的岛状分布，而在 1∶2.5 万～1∶5 万比例尺图上可以将部分地区划分为许多地段，排水好的平缓台阶和陡坎属融土冬季成为冻结层，而在台阶后缘苔藓覆盖的低洼地属冻土，夏季出现融化。然而，在中比例尺图上的个别地段，如沼泽、山坡、阶地等或者在各种地形单元上的裂隙带范围，通常只能将冻土层以岛状分布来表示，在大比例尺图上就应划分出冻土泥炭丘和丘间洼地的融土地段。

中比例尺图基本和主要的特点是：在图上能很好地反映出地表条件与地形要素（单元）及其明显孤立的部分之间有最直接的联系。在图上清晰地划出地形单元（复杂的和简单的地形形态及其各部分），地质构造和地表条件各部分，并确定它们与冻土条件间明显的规律性联系，确定这些联系是在相应的景观-气候条件下明确的图形标志。

## 18.5　小比例尺冻土图的特点和编制方法

小比例尺（通常采用 1∶10 万～1∶50 万）冻土图的编制是在综合冻土测绘成果的基

础上编制的，也是冻土测绘的最终成果。一般可编制出冻土-地质图、冻土-水文地质图和冻土-工程地质图。

小比例尺冻土图的特点如下：

（1）阐明冻土条件形成的区域性规律（冻土条件与地质构造、水文地质、地热梯度的分异性等），以及地带性规律（与景观、气候条件地带性有关）。

（2）冻土图上应有大量的综合信息（资料）。在自然景观方面要表征所有的地形单元资料（峡谷、河谷、阶地、分水岭、山坡不同坡度和坡向地带、海拔等），地表水体资料（河流、湖泊、沼泽等），地植物资料（植被的种类、覆盖度等）以及雪盖等。要反映出不同地形-地貌单元的冻土条件（如多年冻土分布、厚度、冷生组构、年平均地温、季节融化深度等）的根本差别，较小比例尺可用符号表示。在图例和报告中均有冻土特征的叙述。在地质方面应反映出地质构造断裂带活动、岩性、温泉、地下水等。在第四纪沉积方面要反映出沉积物的成分、成因类型及其相组（成分与冷生组构等）。

分水岭山坡按坡度分异成等级，这是因为山坡成因有规律的变化、山坡过程的发育、冷生组构的成分、相组及山坡形成物质厚度的变化。在所有地形单元上（分水岭、阶地缓坡），土壤表面热量交换的分异反映在图的比例尺中，如土壤-植被覆盖的差异、沼泽化成度、微地形特点、土成分和含水量差别、土渗透的特点等。

编制小比例尺冻土图的方法是：立足于自然环境因素对制图地段内冻土条件形成影响的分析。

在测绘准备阶段应当编制初步的冻土图。这种编制初步图依靠预报分析方法，即依靠每种自然因素影响的分析，方向是预见每一编制地段上冻土的形成规律性。为此收集与分析地质、地貌、水文地质、气候、植被、冻土和其他条件方面的实际资料，并利用航卫片资料和计算方法，从各景观类型范围内冻土条件形成观点进行解释，并在此基础上编制图例，与区域冻土背景相协调。按近似公式计算，比较季节和多年冻土已有的甚至不多的实测资料和特征，可以使研究者提出整个研究区域内年平均地温、土的季节冻结和融化深度、冻土层厚度、冻土地质过程发育等形成规律性的概念。原始计算结果归入表格，附在图幅内。

### 18.5.1　青藏公路沿线多年冻土图（1∶60 万）编制原则和方法

编图的基本资料有：①青藏公路沿线 1∶20 万水文地质和工程地质调查的图件，范围在 5000m 之内；②中国科学院兰州冰川冻土研究所自 20 世纪 60 年代以来在青藏公路沿线考察，它是观测的实际资料，如西大滩、昆仑山垭口盆地、清水河、楚玛尔河、风火山、五道梁、沱沱河、桑巴盆地、布曲河、土门格拉、两道河 10 个地点的冻土考察研究的成果；③格尔木-拉萨油管线保留的钻孔资料以及工作区域内航测地形图（1∶10 万～1∶20 万）。因资料靠近公路地带较多，外围地带较少，为了弥补上述不足，把公路沿线冻土研究点站的冻土资料推广到地质地理条件大致相同的地段（内插外连）。同时利用航片编绘区内的冷生不良地质景观和冻土特征。

以 1∶10 万、1∶20 万地形图当作工作底图，编绘成多年冻土实际材料图，再缩编成 1∶60 万的冻土图，以保证图精确度（图 18.1；详见《青藏冻土研究论文集》附图）（童伯良等，1983a）。

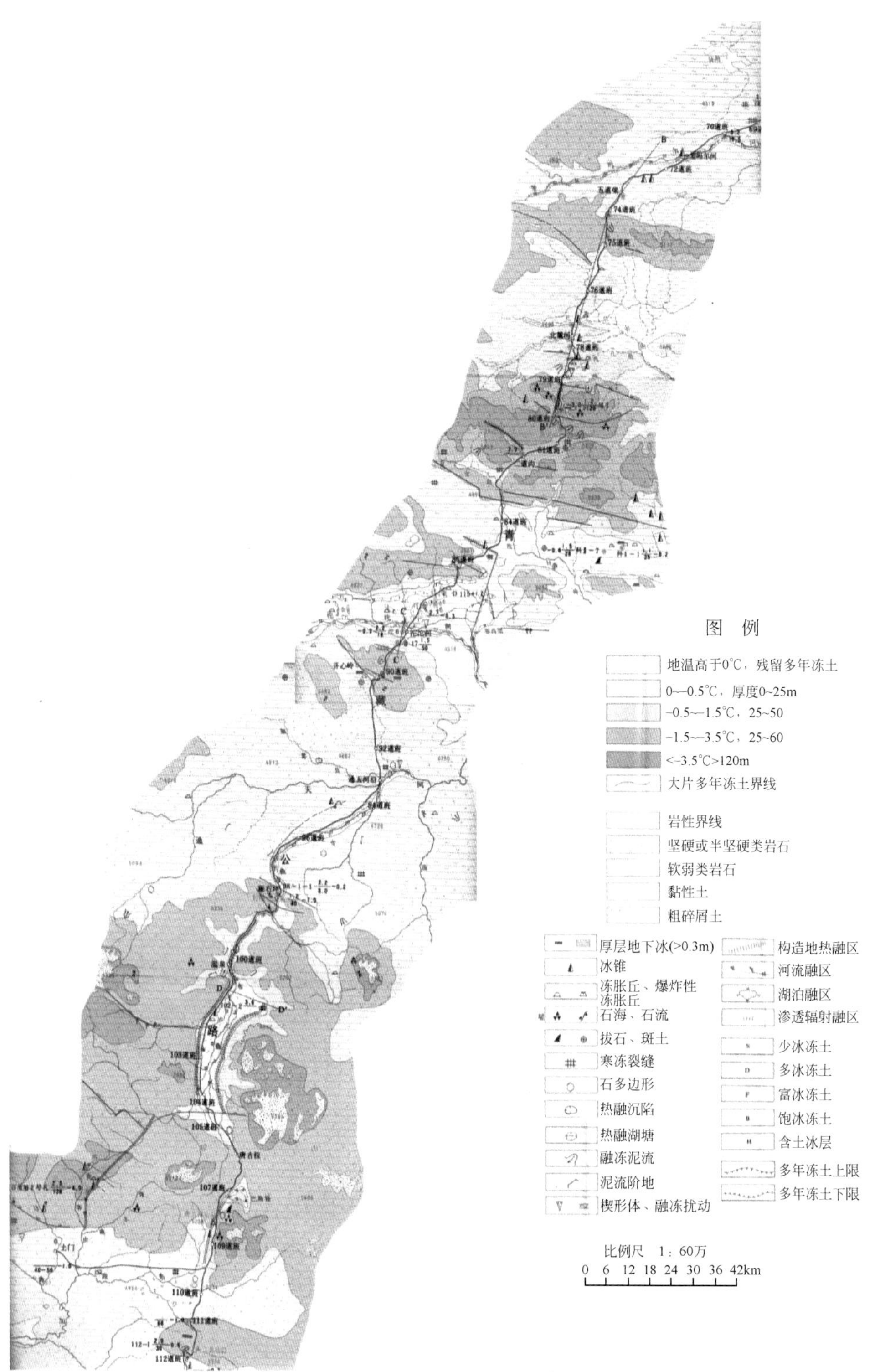


图 18.1　青藏公路沿线多年冻土分布图（局部样图）

青藏公路沿线多年冻土图编制（童伯良等，1983b）的目的在于反映公路沿线多年冻土层分布的基本规律及其与主要自然环境因素的生成关系，并依据多年冻土层的主要特征进行分区，从而突出冻土层特征的区域性规律。在内容上该图包括了编图区的自然环境：气候、地形、地植物、地表水系和湖泊、泉、河，尤其是温泉，地质构造及断裂；多年冻土层的岩石成分、冷生组构和特征以及它们在平面和空间的分布；冻融作用的不良地质现象（冰缘形态）。为了减轻图幅负载，就选择和表达多年冻土的最主要特征和有代表性的冰缘形态。

用年平均气温来表示生长和存在冻土层的热量条件。在图上附有青藏高原年平均气温等值线图，分别绘出表示现代冰缘作用带下界的0℃年平均等温线；表示青藏高原岛状多年冻土区下界的-2.5℃年平均等温线；表示大片多年冻土区下界的-3.6℃年平均等温线；表征形成多年冻土连续分布的必要条件-5.6℃的年平均温度线。在多年冻土区内，着重表现多年冻土层分带特征：地温年变层底部的年平均温度和多年冻土层厚度。

已有资料表明，编图区年平均地温与年平均气温的平均差值为3.5℃，年平均气温的垂直梯度为0.56℃/100m，由此按公式推导其他测点的年平均地温（$T_{cp}$）的近似值（童伯良等，1983b）：

$$T_{cp}=\frac{0.65\times5\Delta H}{100}+(T_a+3.5)$$

式中，$\Delta H$ 为测点高程与附近气象台站高程差（m）；$T_a$ 为附近台站的年平均气温（℃）。

考虑区域性自然因素的作用，在估算山区的年平均地温和冻土层厚度时，尽可能应用最邻近的，具有相似条件下的参数——地温和地热梯度（$g$）。这样，多年冻土层的厚度（$H$）可按公式 $H=T_{cp}\times g+10$（m）计算。这些多年冻土层的温度和厚度值可以反映出编图区多年冻土层的垂直分带规律。

据昆仑山、风火山和唐古拉山南麓的资料，年平均地温与冻土层厚度有一定相关性。据此可把冻土层温度和厚度分为三类：①年平均地温高于0℃的残留多年冻土层和隔年冻土层；②岛状多年冻土区的年平均地温一般为0～-0.5℃，冻土厚度一般小于25m；③年平均地温为-0.5～-1.5℃的多年冻土厚度为25～60m，广泛分布在高原河谷盆地的二级阶地上，如曲麻河、北麓河、沱沱河、通天河、扎加藏布曲等地；④年平均地温为-1.5～-3.5℃的冻土层厚度为60～120m，分布在高原的山地，如昆仑山、风火山、唐古拉山等山地的中下部；⑤年平均地温低于-3.5℃的冻土层厚度大于120m，位于高山顶部基岩裸露地段。综观编图区可见青藏高原上的多年冻土层具有强烈的垂直分带性：平均每升高100m地温下降0.8～0.9℃，冻土层厚度增加20m左右。

编图区内多年冻土南北延伸600km以上，纬度地带性对多年冻土分布和特征亦有影响，但作用往往受东、西向横贯高原的高峻山脉的干扰和掩盖。由编图资料可知：纬度每降低1°，冻土分布下界就升高110～160m，地温升高1℃，冻土层厚度减小20～30m。

影响冻土形成和其特征的区域性自然地理条件可划分两大类：一是从冻土界面上对冻土层的换热过程施加影响的外界因素；二是决定冻土本身物质成分及其性质的岩性、含水率等内在因素。外界因素按其性质又可以分为地理和地质因素两类。

地理因素包括山地形态、坡度、坡向、植被的种类和覆盖度及积雪时间和雪盖。在其他条件相同时，山坡不同朝向可使年平均地温相差 2℃。明显地表现在图幅南北两侧不同朝向的多年冻土分布下界高度相差 150 ~ 360m。

河流、湖泊、沼泽、沼泽化湿地等地表水体等。编图区内地表水体和山坡方位对冻土作用较强。发育于青藏高原的大江大河，一般终年畅流，5 ~ 10 月暖季流量占年总量的 90%，以致年平均流量在 $8m^3/s$ 以上的河床下均已揭露出贯穿融区，如麻河、沱沱河、布曲河等。在小于 $8m^3/s$ 流量的大小源区河支流下部，一般发育着非贯穿融区。图幅区内湖泊众多，湖泊的蓄热作用在湖泊底部和周边形成贯穿融区和非贯穿融区，如雅西错西岸有宽 3km 的湖泊融区，另有巴斯错、清水湖等。在图幅上用形态符号表示。

地质因素中对多年冻土层作用最为强烈的是地质构造断裂活动及其有关的地中热流、温泉、热泉和地下水。青藏高原自上新世以来，构造运动剧烈，在地质构造运动中产生不同热力学性质的断裂深切地层，使深层高温地下水沿构造断裂带涌出地表，形成温泉和热泉，水温一般在 50 ~ 70℃，最高可达 90℃以上（昆仑山太阳湖区冰川脚下）。在冻土区内形成构造地热融区，如青藏公路 86 道班，布曲河谷地，唐古拉山南北两坡清水河、不冻泉、乌丽、风火山、二道沟等地。在图幅内的主要地质构造断裂按其活动性质和力学性质分为活动的、不活动的张性及压扭性断裂，性质不明的和推测断层，温泉和泉源均予表示。

在图幅内另有两类融区存在：一类是由砂砾石层和大气降水共同作用生成的渗透辐射融区，分布在沱沱河北岸的高阶地和洪积扇台地上；另一类是由地质构造断裂带促使深层高温地下水出露地表，使多年冻土层退化消失，形成构造地热融区。前者以面积符号表示，后者则在构造断层符号上配置其他符号表示。

决定冻土内在因素中，岩石成分在相当大的程度上决定着冻土的密度、热学性质、渗透性、含水量、冻土组构、未冻水含量和力学性质。岩石的种类很多，在中比例尺冻土图上，根据冻土（岩）的主要工程地质性质，即冻土构造和物理力学性质区分出坚硬或半坚硬类岩石（花岗岩、石英砂岩等）、软弱岩石（泥炭、千枚岩、泥炭岩等）、黏性土（黏土、粉质黏土、粉土等）和粗碎屑土（砂土、粗砂、砂砾石、砾石等）。图上岩性以浅色面状符号表示，作为图的第二层平面的内容。

为了表达不同地貌单元上冻土层与地表水、地形、地质构造和岩性间的相互关系，尤其是它们在空间的变化规律，在图面上对每一个大地貌单元绘制了剖面图和柱状图。在柱状图中应反映出地温年变化层之内的岩性，多年冻土层的上限和冻土工程分类。

图区内重要的冻土现象和冰缘现象如下：

（1）寒冻风化，重力作用为主导作用形成的冰缘形态，有冰缘岩柱、冰缘岩堆、石海、石流、石流坡、倒石堆及岩屑裙等。

（2）雪蚀作用，雪蚀作用形成的冰缘形态多分布在雪线附近，其主要形态有雪蚀洼地、高夷平阶地、雪崩槽峰林地形、雪蚀洼地-泥流扇等。

（3）冻融蠕流，冻融蠕流-重力作用产生的冰缘形态主要有泥流阶地、泥流舌、泥流坡欠、石冰川、石流坡、草皮坡坎（鱼鳞状草皮）。

（4）冻融分选作用，由冻融分选作用形成的冰缘形态，主要有石环、石网、碎石斑土、石玫瑰等。

（5）冻胀、冻裂作用，冻胀作用形成的冻土景观，主要有冰椎、冻胀丘、自喷型冻胀丘、泥炭丘、冻拔石、冻胀草丘、冻融褶皱。冻裂作用有多边形网，多边形构造，也可形成冰脉，冰楔及冰楔假型，如砂楔、土楔、砾石楔等。

（6）热融作用，热融塌陷、热融滑塌、热融洼地、热融湖塘等。

以上这些冻土地貌景观，在冻土图上只能以非比例符号注记在原发地。

## 18.5.2　中国冻土区划及类型图（1∶1000万）

### 1. 一般原则

中国冻土区划及类型图（1∶1000万；详见《中国冻土》附图）（周幼吾等，2000）是部门自然区划的一种，在区划中也应遵循自然区划的一般原则。

自然区划包括综合自然区划和部门自然区划，是以地表区域分异的客观规律性为基础，确立各级自然地理体的分异情况，将地表较大范围内在成因和形态方面都具有共同特征的地域划为一区而与另一些区分开。在区划工作必须考虑到每一个区的自身在发生（成因上）上的共同性，区域的完整性和空间上的连续性。

类型划分与区划不同，它所考虑的是分类对象的相似性，一个类型可以在空间重复出现，它的空间分布可以是不连续的，有时还可以穿插在地表的各个地段。

区划和类型划分都是反映地理分异规律的主要手段，都是地理规律的真实摹写。因此，可以同时运用两种手段，以求全面反映地理分异规律。这样，划出来的每一个区，在图上只能出现一次一个区内，可出现一个类型或多个类型。一个类型可以出现在一个或多个区内。分布在不同区内的同一类型，既保留着这个类型自身持有的共同点和相似性，也因为在不同的区内，便带有该区的特殊性。

区和类型都有各自的属性，都可以分为较高层次的和较低层次的，从而组成区划系统和分类系统。这种划分不是随意的，必须按一定的原则来划分。反映发生统一性、相对一致性和区域共轭性的，就是一系列的区划指标，指标的选取必须是在保证区域相对一致性原则和反映区域分异主导因素的条件下进行的。同样，类型的划分也必须考虑到发生的共同性和发展条件的共同性以及由此所构成的结构和形态构造的相似性。

区划和类型的界线，其实都不是几何线，而是一些宽窄不一的过渡带。因此实际上带有模糊性，不是截然清晰地分开。无论用什么方法进行区划和类型划分，所得的结果，也只是自然界地理分异的相对近似摹写，在同一时间各区或类型的界线是相对近似的。在不同时间，这些近似的界线会随着自然的和人为的各种变化而迁移。

还因为有着这样的共同点，所以各家所提出的自然区划方案，虽然有着许多差别，但总的轮廓却是近似的，尤其是高级的区划单位，更为接近。例如，把全国分为东西两部，将东部自北而南分为若干基本区，将西部分为蒙新基本区和青藏高原基本区与把中国分为三大区——东部季风区、蒙新高山区和青藏高原区（张兰生，1964）。

### 2. 编图体系

在研究了中国冻土形成条件、基本特征和分布规律，依据中国自然区划的一般原则以及国内外冻土区划和分类方案有条件地在现有资料和研究成果的基础上编绘中国冻土区划和类型系列图。这幅图翔实地反映冻土的形成条件和分布总规律为主要内容，应该充分反映地带性因素和非地带性因素对冻土形成的影响。既要反映冻土的特点，又要遵循自然区划的一般原则，既要反映中国冻土的特点，又要考虑到国际上比较通用的冻土分类和区划衔接。

编者采用了区划和类型双系列体系，在同一幅冻土图上同时用区划体系和类型体系来反映在各个级别上冻土形成和分布的共性与个性。

按照决定冻土形成和分布规律的主要自然因素的综合特征，将中国冻土划分为三个一级区（冻土大区），在每个大区之内按照冻土主要特征的主导因素，划分出若干个二级区（冻土区），然后，视必要性和资料充实程度，决定在某二级区内是否划出三级区（冻土亚区）。这样在不同的大区内划分出二级和三级区的主要指标（表 18.4 中国冻土分区附表部分内容）（周幼吾等，2000）。

三个冻土大区是：Ⅰ. 中国东部冻土大区；Ⅱ. 中国西北冻土大区；Ⅲ. 中国西南（青藏高原）冻土大区。

根据各区冻土的形成条件和分布规律的差异性，进行各大区内二级区（冻土区）的划分。在东部大区，应根据气候条件（特别是温度）的纬度分带性来划分二级区。在西北大区和青藏高原大区，应按大地貌来划分二级区。在西北大区，这就是大山系和大盆地。青藏高原大区，就是高大山脉、高原主体及东南缘的深切割地形。正是这些大的地貌分异决定着水热条件在垂直方向上的分异和其他方向上的分异。而冻土的形成与分布规律，也是地貌条件所决定的水热条件的分异决定的。

在三个大区的基础上，又进一步划分出 16 个区及若干个亚区（周幼吾等，2000）：

类型划分系统通常以冻结存在的时间作为划分冻土类型的依据：①持续存在两年或两年以上的冻土，称为多年冻土。②持续存在时间超过 1 年但短于两年的冻土，称为隔年冻土。③持续冻结时间超过 1 个月但不足一年的土，称为季节冻土。④持续冻结一天以上，一个月以下的土，称为短时冻土。

多年冻土按其连续性可分为连续多年冻土（连续超过 90%）和不连续多年冻土（连续性低于 90%）。

在不连续多年冻土中，又可分为：①断续多年冻土，连续性为 90% ~75%；②大片多年冻土，连续性为 75% ~60%；③岛状多年冻土，连续性为 60% ~30%；④稀疏岛状多年冻土，连续性<30%。

### 3. 编图方法

根据以上原则和体系（区划、分类）的说明，以 1∶600 万中国地形素图为底图，编制了 1∶1000 万中国冻土区划及类型图。

图中各大区的区界是这样决定的：Ⅰ大区与Ⅲ大区的界线，亦是中国的东部大区与青藏高原大区界线依照李炳元（1987）意见，其东北段大致在文县-武都-岷县-民和一线以西，南界大致在泸水-丽江一线的北面。我们认为，从冻土形成的地貌条件看来，Ⅰ、Ⅲ区的东界应由大凉山以东至岷山及贺兰山。

中国冻土分区说明见表 18.4。

**表 18.4　中国冻土分区说明表(青藏高原部分)**

| 大区 | 大区特征 | 区 | 亚区 | 主要冻土类型 | 气温 | | 年降水/mm | 活动层底面年平均温度/℃ | 季节冻土 | | | 多年冻土 | | |
|---|---|---|---|---|---|---|---|---|---|---|---|---|---|---|
| | | | | | 年平均气温 $T$ | 气温年较差 $A$ | | | 历年最大厚度/m | 冻结期*/d | 连续性/% | 年平均地温/℃ | 多年冻土厚度/m | 多年冻土下界海拔/m |
| Ⅲ中国西南(青藏高原)冻土大区 | 1. 处于中国大陆的第三阶梯,是世界上最高、最大且最年轻的高原。新近纪以来大幅度上升,形成海拔 4000m,以上的高原面,并有 7000 ~ 8000m 的极高山。中、北部高差较小,东缘切割强烈,高山深谷相间。<br>2. 水热条件垂直分异显著,且具有自东南向西北方向的变化。<br>3. 多年冻土厚度及连续性向北增大。东缘多年冻土只发育于孤立山头,地热背景对冻土发育有抑制。<br>4. 第四纪以来,冰川冻土范围几经变化,高原主体仍处于冰缘环境 | Ⅲ$_{11}$阿尔金山-祁连山高寒带山地多年冻土区 | | 以山地多年冻土为主,低处有中-深季节冻土分布 | 多年冻土分布处 -2 ~ -5.7℃;季节冻土分布处 7.3 ~ -2℃ | 多年冻土分布处 28 ~ 22.5℃;季节冻土分布处 26.9 ~ 25℃ | 29 ~ 530 | 10 ~ -10 | 1.5 ~ 3.0 | 141 ~ >200 | — | 0 ~ -2(高峰估计 -3 ~ -10) | 实测最厚 139(估计最厚 400) | 3700 ~ 3950(南)<br>4600 ~ 4700(北) |
| | | Ⅲ$_{22}$柴达木盆地温带季节冻土区 | | 以中-深季节冻土为主。局部有浅季节冻土,也可能有隔年冻土 | 1.1 ~ 5.1℃ | 25 ~ 30℃ | 18 ~ 201 | 2 ~ 5<br>7 ~ 9(南缘) | 0.88 ~ 2.0 | 135 ~ 166 | — | — | — | — |
| | | Ⅲ$_{33}$青南-藏北高原北部高寒带大片多年冻土区 | | 以大片多年冻土(包括山地多年冻土)为主。局部有融区,其中发育中-深季节冻土 | 多年冻土分布处 -2.7 ~ -10℃;季节冻土分布处 2.1 ~ -2.7℃ | 多年冻土分布处 27.2 ~ 17℃;季节冻土分布处 21.1 ~ 28.1℃ | 24 ~ 503 | | 3 ~ 5(融区) | 150 ~ >240 | 70 ~ 80 | 实测 -0.1 ~ -3.5(山峰 -5 ~ -20) | 实测 10 ~ 175(估计最厚 200 ~ 700) | 4150 ~ 4300(北)<br>4600 ~ 4700(南) |
| | | Ⅲ$_{44}$藏北高原南部高寒带大片-岛状多年冻土区 | | 以大片岛状多年冻土(沼泽化湿地及高山)及中-深季节冻土为主,局部河谷有浅季节冻土或短时冻土 | 谷地 -2.5 ~ 8.5℃<br>山地 -2.5 ~ -10℃ | 16 ~ 25℃ | 73.4 ~ 700 | | 0.26 ~ 2.81 | 42 ~ 200 | 30 ~ 70 | -0.2 ~ -10 | (估计最厚 200 ~ 350) | 4800 ~ 5000 |
| | | Ⅲ$_5$喜马拉雅山高寒带山地多年冻土区 | | 以山地多年冻土为主,低处有中-深季节冻土。山南谷地有浅季节冻土及短时冻土 | 谷地 11.8 ~ 0.4℃<br>山地 -2.0 ~ -10℃ | 谷地 14 ~ 19℃<br>高山 <14℃ | 280 ~ 876 | | 0.08 ~ 1.01(山南谷地)<br>1 ~ 5(山地) | <180 | — | (估计 0 ~ -15) | (估计最厚 200 ~ 550) | 4900 ~ 5300 |
| | | Ⅲ$_6$青藏高原东缘高寒带岛状山地多年冻土区 | | 以中-深季节冻土为主,山峰上有山地多年冻土,南部深谷有浅季节冻土及短时冻土 | 17 ~ -2℃ | 12.7 ~ 26.6℃ | 254 ~ 1667 | | 0.8 ~ 2.1 | 43 ~ >190 | — | 0 ~ -10 | (估计最厚 200 ~ 400) | 4600 ~ 4900 |

* 冻结期以日平均气温≤0℃的持续天数表示。

Ⅰ大区与Ⅱ大区的界线在贺兰山–狼山一带。

Ⅱ大区与Ⅲ大区界线，就青藏高原的北界，即昆仑山–阿尔金山–祁连山北侧的山麓线。

图中各二级区（区）的界线，Ⅱ及Ⅲ两大区以地貌条件为依据进行划分，而对Ⅰ大区则以气温年较差（$A$）和年平均气温（$T_a$）的比值（$A/T_a$）为主要划分依据，并考虑到各地的冻结深度。

大区间的界线用橘红色的粗线表示，大区以大写的罗马数字及小写阿拉伯数字下标分别表示其所在大区及二级区编号。

多年冻土类型间的界线主要取自 1∶400 万中国冰雪冻土图并参考了近年来取得的新成果资料。而季节冻土界线则主要以气象台站资料为依据，均以细线圈定，并以橘红色表示。当类型界线与区划界线重叠时，则只标出区界。

## 18.5.3　我国东北大小兴安岭多年冻土分区图的编绘

### 1. 目的

1972 年由齐齐哈尔铁路局主持召开“大兴安岭多年冻土地区铁路工程科研协作会议”提出编制本区冻土分布图（铁道部第三勘测设计院，1958）。其目的是在系统整理分析以往冻土研究资料的基础上，编制冻土分区图。揭露冻土形成分布及发育的区域性和地带性基本规律及其自然地理因素的关系。同时为林区开发、铁路建设及国民经济规划合理布局提供基本依据。

### 2. 措施

以 1971 年出版的 1∶100 万黑龙江省地图为编制底图，同时据编图要求，对原图河流、居民点取舍，对等高线适当进行综合。考虑资料密度及完备性较差，尚不能满足 1∶100 万比例尺要求，因此将编稿原图进行复照缩编，成图比例尺为 1∶200 万。

1973 年以来，广泛收集了编图区的气候、水文、植被、地质、地貌及水文地质等方面的资料图件。当年 10～11 月对多年冻土分布的南界进行专题野外调查，1974 年 5～8 月对呼伦贝尔草原及小兴安岭东南山地做了补充调查，针对性地进行一些基本特征的补点工作。

1975 年 3 月东北大小兴安岭多年冻土分区图及说明书初稿完成后，参加单位进行了讨论，同时征求过有关单位的建议和意见，对图示和说明进行修改。最后成图利用中国沙漠分布图（1∶200 万）的地形、地貌资料。

### 3. 分带的原则及依据

本图的目的是反映冻土形成、分布、发育的地带性和区域性规律，同时为本区经济建设和远景规划服务。“人们为了在自然界里得到自由，就要用自然科学来了解自然，克服自然和改造自然，从自然里得到自由”。从这种意义出发，揭露冻土形成、分布发育的地带性和区域性规律，并利用这些规律为生产建设服务。

编图区南起46°N北至52°30′N，长达900km。西自116°E～136°E止，近1400km。区域广大，自然条件多变，气候、植被等自然条件由南而北，自东南向西北具有明显的纬度地带规律。年平均气温由3～4℃，递降到-5℃，年降水量由500～600mm减少到200mm以下。在中国综合自然区划中将本区划成两个自然带，即寒温带和温带。对温带由东南向西北又分出湿润区和半湿润区、半干旱区。植被由南而北，水平分带非常清楚，南部为农业区，往北过渡为森林草原，再北是阔叶混交林，最北为针叶林带。

本区地貌上总的是以丘陵山地为主，大小兴安岭近东北方向纵贯西、东部，嫩江河谷插入中间。因此地形总的趋势是东西高、中间低。大兴安岭为不对称山地，西缓东陡。西坡为平缓山地丘陵东坡陡峭，流水作用强烈，山地深切，河谷发育，大量的物质带入嫩江河谷平原，形成较厚沉积层。小兴安岭海拔较低，一般为500～600m，高于800m的山峰较少。由于隆起山地长期经受各种剥蚀作用，山地和缓，河谷多呈树枝状与大兴安岭地貌景观明显有别，独具一格。

各种自然因素积极参与岩石圈与大气圈热交换过程，对冻土的形成、分布、发育规律有着极大的影响与制约作用。自然条件（气候、降水、植被）的纬度地带性规律，在冻土形成发育过程中必须得到充分的再现。由于地貌景观及山脉走向的影响，冻土纬度地带性受到干扰。因此本区冻土的形成分布、发育既有纬度地带性又有区域性规律。前者是基础，后者以纬度地带性规律为背景展现出来。

依据分区的原则及方法，首先使冻土纬度地带性得到充分的表现，同时又能使区域性规律有明显的反映（图18.2）（铁道部第三勘测设计院，1994）。以年平均气温为一级分带的主要依据，将全区划分成四个带：-5.0℃线包括大片连续多年冻土带；-5.0～-3.0℃线之间为岛状融区多年冻土带；-3.0℃线与多年冻土（自然地理）南界之间为岛状多年冻土带，南界线以南为季节冻土带。

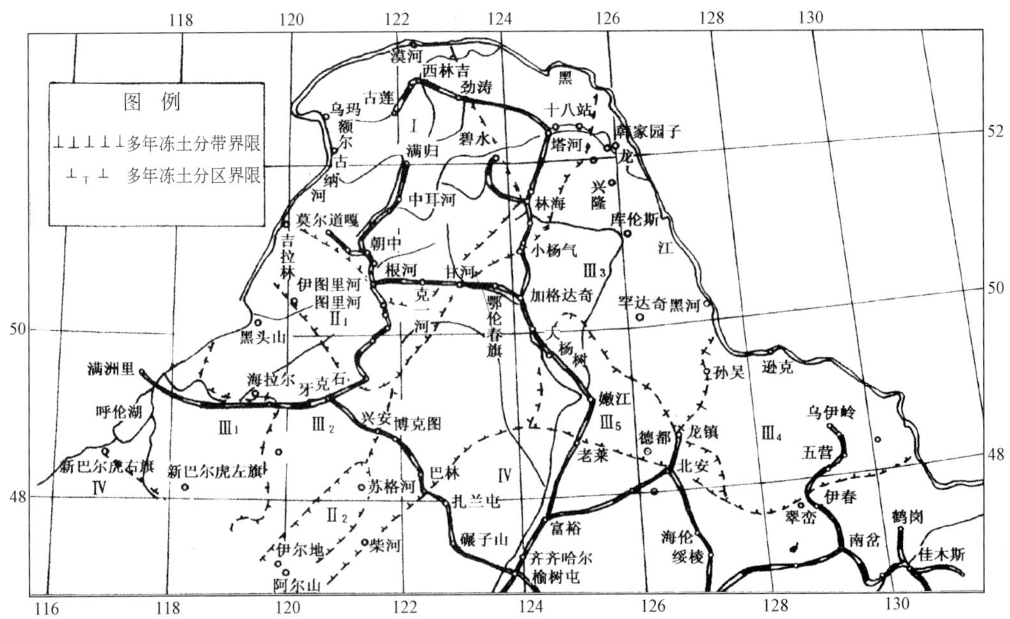


图18.2 大小兴安岭多年冻土分布图

**表 18.5　东北大小兴安岭多年冻土分布图说明表**

| 冻土分带名称 | | 冻土分区名称及符号 | | 年平均气温/℃ | 年平均地温/℃ | 冻土厚度/m | 冻土分布特征 |
|---|---|---|---|---|---|---|---|
| Ⅰ | 不连续多年冻土带 | | | 一般低于-5.0 | 一般-1.0～-2.0 最低达-4.4 | 一般50～80有的地方超过100 | 此带纬度高，冻土厚度大，温度低，平面分布广泛。多年冻土分布于除大河河床及大河融区外的所有河谷台地上、阴坡及山前缓坡上和大部分的山岭顶部。阳坡一般无多年冻土。厚层地下冰及裂隙冰极为发育，冰厚由几厘米到数十厘米乃至3～4m。季节融化深度较小，一般只有0.3～1.5m，冰椎、冰丘发育 |
| Ⅱ | 大片岛状多年冻土带 | $Ⅱ_1$ | 大兴安岭北部山地大片岛状多年冻土区 | -3.0～-5.0 | -0.5～-1.5 | 20～50 | 本区多年冻土在平面分布上连续性中断。冻土厚度和温度受岩性、植被、坡向控制较大，层状地下冰及裂隙冰极为发育，季节融化深度一般在0.5～2.5m，热喀斯特现象亦有出现 |
| | | $Ⅱ_2$ | 大兴安岭阿木尔山地大片岛状多年冻土区 | -3.0～-4.0 | | 20～30 | 本区受海拔(1000～1300m)控制，冻土略具垂直分布特点，河床下及阳坡、半阴坡、裸露陡坡一般为融区，松散层较薄，层状地下冰不常见，寒冻风化非常强烈，石河、石海分布较多 |
| Ⅲ | 零星岛状多年冻土带 | $Ⅲ_1$ | 呼伦贝尔高原丘陵零星岛状多年冻土区 | -0.5～-2.5 | 0～-1.0 | 5～15 | 呼伦湖以西，冻土仅分布于少数山间沼泽洼地中，呼伦湖以东，冻土岛仅出现在个别沙丘间湿地及湖群湿地边缘。剖面上多为不衔接，含冰量很小，有时呈干冻结状态。季节融化深度一般为2.5～3.0m |
| | | $Ⅲ_2$ | 大兴安岭西坡丘陵零星岛状多年冻土区 | -2.5～-3.5 | 0～-0.7 | 10～20 | 本区多年冻土仅分布于山间谷地、河漫滩、阶地及阴坡植被覆盖地带。季节融化深度一般较大(2.5～3.5m)，但在塔头草、泥炭化沼泽地带只有1.0～1.3m。季节性冰椎、冰丘分布较多，热喀斯特现象亦有出现 |
| | | $Ⅲ_3$ | 大兴安岭东坡丘陵岛状多年冻土区 | -0.4～-2.5 | 0～-0.5 | 5～20，一般5～10居多 | 由于森林大举砍伐，工农业生产等活动普遍进行，冻土分布极为零星，多出现在河漫滩、低阶地、山间沟谷地的沼泽化地带。大中河流下一般无冻土。自南而北，冻土岛大小由几十米，一二百米，逐渐增大到数百米，剖面上衔接的为多。季节融化深度0.7～3.0m。冻土现象多呈季节性变化，以潜水冰椎、冰丘、融化泥流等较为普遍 |
| | | $Ⅲ_4$ | 小兴安岭低山丘陵类型岛状多年冻土区 | 0～-1.0 | 0～-1.0 | 5～15 | 本区地势南高北低，冻土主要分布于山地针叶林带，即讷谟尔河、沾河、库尔滨河、汤旺河等上游的山间谷地及阴坡，北部仅在沼泽化湿地出现，河流下游一般无冻土。季节融化深度一般地区为2.5～3.0m，泥炭厚度较大的沼泽化地带及森林茂密的山地则为1.0～1.2m，厚度及层状地下冰亦有少量分布 |
| | | $Ⅲ_5$ | 松嫩平原北部边缘类型岛状冻土区 | 0～-1.0 | 0～-0.3 | 一般小于10 | 海拔为300～400m，大部分为耕地。冻土分布极为零星，仅出现在低洼潮湿的沼泽化地带。多呈塑性冻土状态，含冰量一般较小，很少有冰丘、冰椎 |
| Ⅳ | 季节冻土带 | | | 0～3.5 | | | 由东南向西北最大季节冻结深度逐渐增厚，由1.8～1.9m过渡到2.4～2.5m。在大兴安岭东麓及小兴安岭东南山麓一带，季节冻土厚度为2.5～2.8m，个别可超过3.0m |

不同地质构造单元其地貌发育过程、岩性特点、水文地质条件的明显区别，对冻土的形成、分布、发育有不同的影响，即形成冻土层的区域差异。因此依据大地构造单元界线对岛状多年冻土带再划分成5个二级分区：$Ⅲ_1$呼伦贝尔高原丘陵岛状冻土区；$Ⅲ_2$大兴安岭西坡丘陵岛状冻土区；$Ⅲ_3$大兴安岭东坡丘陵岛状冻土区；$Ⅲ_4$小兴安岭低山之坡岛状冻土区；$Ⅲ_5$松嫩江平原北部边缘岛状冻土区。

**4. 各带区冻土的主要特征**

各带区冻土的主要特征见表18.5（铁道部第三勘测设计院，1994）。

# 第 19 章　冻土-工程地质图编制方法与要求

## 19.1　冻土工程地质图

冻土工程地质图主要反映研究区的冻土工程地质条件，即岩土的基本性质、冻土类型及工程类型的分布、冻结岩土的含冰率、地质构造，以及由此而形成的冻结岩土地基的物理力学性质和变化。控制冻土工程地质性质的因素是区域性地质构造格局及大地貌单元，并由此决定了区域的自然环境因素和局地因素，如气候、地形地貌、地质、植被及水文等。通过上述因素研究进行冻土工程地质条件的归类与区划，确定冻土工程地质条件的评价，为经济建设、区域开发提供基础资料和设计参数。

小比例尺冻土工程地质图通常是为满足所有建设规划的建筑形式要求而编制，如线性的、道路的、民用的、工业的等。大比例尺冻土工程地质图则是为工程设计提供参数和建设施工实施服务。

在综合分析影响冻土工程地质条件的各种因素基础上，一般可按三级区划进行划分：

一级区划体系，冻土工程地质（大）区。依据冻土类型，将多年冻土划分为三种类型：①连续多年冻土区；②岛状多年冻土区；③季节冻土区。

二级区划体系，冻土工程地质亚区。在一级区划的基础上，根据大地貌单元的冻土岩土性质和地下冰分布的差异性划分。

三级区划体系，冻土工程地质地段。主要根据冻土层的物理力学性质和岩土建造的差异性划分。根据冻土层的岩性、含冰率、厚度、冷生组构、冻土物理力学参数、冷生现象及其形成物等，按冻土地基的建筑性能和稳定性分为四级或五级，即良好、较好、不良和极差的冻土工程地质地段。

冻土工程分类，根据国标《冻土工程地质勘察规范》（GB 50324—2001）或有关行标规范划分。对多年冻土地基而言，侧重于多年冻土工程（热融沉陷特性）分类（表 19.1），对季节冻融土地基来说，应侧重地基土冻结后的冻胀性分类（表 19.2）。

**表 19.1　多年冻土工程分类综合表**

| 冻土工程分类 | 冻土总含水率/% | | | 融沉性 | | 符号 | 颜色 |
|---|---|---|---|---|---|---|---|
| | 碎、砾石土 | 砂性土 | 黏性土 | 系数/% | 类别 | | |
| 少冰冻土 | <10 ~ 12 | <12 ~ 14 | $<\omega_p$ | <1 | 不融沉 | S | |
| 多冰冻土 | 12 ~ 15 | 14 ~ 18 | $\omega_p \sim \omega_p+4$ | 1 ~ 3 | 弱融沉 | D | |
| 富冰冻土 | 15 ~ 25 | 18 ~ 28 | $\omega_p+4 \sim \omega_p+15$ | 3 ~ 10 | 融沉 | F | |

续表

| 冻土工程分类 | 冻土总含水率/% | | | 融沉性 | | 符号 | 颜色 |
|---|---|---|---|---|---|---|---|
| | 碎、砾石土 | 砂性土 | 黏性土 | 系数/% | 类别 | | |
| 饱冰冻土 | 25 ~ 45 | 28 ~ 48 | $\omega_p$+15 ~ $\omega_p$+35 | 10 ~ 25 | 强融沉 | B | |
| 含土冰层 | >45 | >48 | >$\omega_p$+35 | >25 | 融陷 | H | |

**表 19.2　季节性冻融层冻胀性分类综合表**

| 天然含水率/% | | | 冻前地下水位距设计冻深的最小距离 $h_w$ | 冻胀性 | | 符号 |
|---|---|---|---|---|---|---|
| 碎、砾石土 | 砂性土 | 黏性土 | | 系数/% | 类别 | |
| <12 | <14 | <$\omega_p$ | >1.0 ~ 1.5m | <1 | 不冻胀 | [B] |
| 12 ~ 18 | 14 ~ 19 | $\omega_p$ ~ $\omega_p$+5 | 砂性土为 1.5m<br>黏性土为 2.0m<br>（当地下水位小于该数时，冻胀性增大一档） | 1 ~ 3.5 | 弱冻胀 | [R] |
| >18 | 19 ~ 25 | $\omega_p$+5 ~ $\omega_p$+9 | | 3.5 ~ 6 | 冻胀 | [D] |
| | >25 | $\omega_p$+9 ~ $\omega_p$+15 | | 6 ~ 12 | 强冻胀 | [Q] |
| | | >$\omega_p$+15 | | >12 | 特强东张 | [T] |

注：表中碎、砾石土指其粉黏粒含量>15%；砂性土为砾砂、细砂和粉砂；黏性土为塑性指数<7 的粉土及<10 的黏性土。

冻土工程类型可采用线型将其区划出来，并按不同类别（表 19.1）冠用其代表性文字符号。属于季节性冻土区或融区地段，亦用线型区划出不同冻胀性的地段，并也冠用其代表性（表 19.2）文字符号。

冻土工程地质图是在地质图和冻土图的基础上编制的。划分制图的主要对象岩石是按建造原则（地质成因），划分出以下工程地质岩组（Кудрявцев，1979）：①火成岩；②变质岩；③胶结的、化学的和有机的沉积岩；④松散沉积岩。对于冻土制图还必须分出冻结和融化状态的沉积岩组（分散和弱胶结岩）。由于冷生结构连接具有随温度条件而不同的特殊性，冻结沉积岩组可以具有结晶连接、分子连接、离子-静电（如分散融土）结构连接。划分工程地质亚组的基本指导性标志是岩石的成因和成岩特点，这些特点制约某种结构连接（键）的形成。这样，松散沉积岩组可分成亚组：①黏性土（海洋的、冰碛的、洪积的等）；②黄土（残积的、坡积的、洪积的等）；③砂（残积的、冲积的等）；④粗碎屑（残积的、重力的等）。

冻土工程地质综合图和剖面上制图的主要对象是冻结岩土（冻土）。所有图和剖面都应当表明区域冻土条件的基本特征，如冻土层的分布、埋藏条件、成分、冷生组构、含冰率、温度动态和厚度、土的季节冻结和融化深度、冷生过程和形成物。还应该反映出在工程地质方面重要的地貌和水文地质条件、外生地质过程发育（有岩石冷生作用和人类经济活动所制约）的特点。

可见，冻土工程地质制图最重要的任务是在图上确定和反映出地质-构造和冻土条件与区域自然环境所有基本（主要）因素之间的历史-成因联系。由此得出类似综合性图编制的基本原则性特点，即必须对基本自然因素在其相互联系和相互制约中进行全面的分析，也就是说，要研究冻土工程地质条件形成的局部规律和普遍规律。

在冻土工程地质图上（也包括小比例尺在内）要反映出普遍的和最重要的自然因素。包括：①土的成因、成分、冷生组构、含冰率（含水率）、埋藏条件、构造特点；②土的状况（冻结的、寒冻的、融化的），融土和冻土层的分布条件、温度动态、厚度、冻土层成因，土的季节冻结和融化类型、深度；③地貌条件（年龄、成因、地形形态）；④水文地质条件（沉积物的充水性及地下水的工程地质特征）；⑤工程地质和地质过程及形成物；⑥土的工程地质性质。所有这些因素都用于区域冻土工程地质评价、工程建筑设计和建筑施工。

岩土成分用线条图形符号表示（松散沉积物参照表 19.3，基岩可简化岩石性质，参照表 18.2 或者按地质系统的通用线条图形符号）。冻土特性按多年冻土图表示方法，采用数值表示。为了最完善地和有论证地评价区域工程地质环境，对地面和地下各种建筑，要求在一张冻土工程地质图上反映出地表形成物及其下伏基岩。为表现岩层的双层构造特征，可借助在图上附于窄条带柱状图，表明土层与下伏基岩的性质。

**表 19.3　第四纪松散沉积物图例**

| 图例 | 名称 | 图例 | 名称 | 图例 | 名称 | 图例 | 名称 |
|---|---|---|---|---|---|---|---|
| | 泥炭土 | | 粉质砂土 | | 砾石质粉质砂土 | | 粉质砂土夹砾石 |
| | 砂 | | 粉土 | | 砾石质粉质黏土 | | 粉质砂土夹碎石 |
| | 砾砂 | | 粉质黏土 | | 砾石质黏土 | | 粉质黏土夹砾石 |
| | 砂砾石 | | 黏土 | | 碎石质亚砂土 | | 粉质黏土夹碎石 |
| | 卵石土 | | 黄土状粉性土 | | 碎石质粉质黏土 | | 冰水沉积 |
| | 碎石土 | | 黄土状砂性土 | | 碎石质黏土 | | 圆砾土 |

冻土的工程分类和含冰率值可用字母符号和数值表示。

冻土工程地质图上应详细地反映出地质构造、岩石破碎地区及工程地质特征（裂隙状孔隙度模量、渗透性、裂隙充填程度、含冰量的总评价）。

从工程地质目的出发要特别注意冻结岩土的物理-力学性质。进行地区综合评价时，冻结岩石工程地质性质的特征最好不绘在图和剖面上，而是采用专门表格，即冻土工程地质性质评价一览表（表 19.4）。划分研究区冻土所发育的基本特性及其评价，因地貌条件在形成冻土-工程地质条件及其空间变化中的巨大作用，通过地质和冻土轮廓来充分反映。小比例尺制图时最好在图上用专门的符号表示地形类型，其形态特征（形态、高度、山坡类型、坡度）在图例的文字部分表示。

**表 19.4　青藏直流联网工程 400kV 输电线路线路冻土工程地质条件一览表**

| 区 | 亚区 | 地段 | 分段对应公路里程 | 线路距公路(G)铁路(T)距离/m | 地层名称 | 多年冻土(地质)基本特征 | | | | | | 冻土工程地质特征 | 主要指标 | | | | | | | | 冻土工程地质综合评价 | 备注 |
|---|---|---|---|---|---|---|---|---|---|---|---|---|---|---|---|---|---|---|---|---|---|---|
| | | | | | | 地形地貌特征 | 冻土类别 | 年平均/℃ | | 季节冻结或融化深 | 不良地质或冷生现象 | | 天然密度/(kN/m³) | 粘聚力/kPa | 内摩擦角/℃ | 承载力标准值/kPa | 冻胀系数/% | 冻结强度/kPa | 切向冻胀力/kPa | 融沉系数/% | | |
| | | | | | | | | 气温 | 地温 | | | | | | | | | | | | | |
| 季节冻土区 | 西大滩 | 59-60道班 | K2865~K2872 | 300~800(G) | 圆砾、砾砂、碎石 | 冲积阶地、河漫滩 | | 0~-1.5 | | $h_f$=2.5~3.0m | 洪水冲刷 | 西大滩的冲积、洪积缓坡的圆砾、砾砂、中粗砂等。夏季期间地表较为潮湿，稍密-中密，有些地段土质松软。线路在公路的南侧约300m。不冻胀-弱冻胀。地下水位大于3m | 22~24 | 0 | 28~35 | 250~350 | 1~3 | 30~60 | 30~60 | | 良好、较好工程地质地段 | 冻胀等参数的取值取决于详勘的具体塔基位置地基土的岩性、含水率而判断的冻胀性，冻胀性大取大值，冻胀性小取小值，中间可采用内插法取值。多年冻土的融沉性亦如此 |
| | | 60道班 | K2872~K2879 | 200左右(G) | 圆砾、砾砂、碎石 | 冲积阶地、河漫滩 | | | | | 洪水冲刷 | 西大滩的冲积、洪积缓坡的圆砾、砾砂、碎石，含有砂层及较多的土颗粒。潮湿，稍密-中密。以2%~3%的坡度向西进入多年冻土区。地下水位大于3m | 22~24 | 0 | 28~35 | 250~350 | | | | | | |
| 岛状多年冻土区 | | 61道班 | K2879~K2886 | 200~800(G) | 圆砾、碎石 | 冲积-洪积扇 | S-D | -3.0~-5.0 | -0.2~-0.5 | $h_t$=3.0~4.0m | 洪水冲刷 | 冲积、洪积的碎石、圆砾、角砾、块石，含有砂层及较多的土颗粒。地表较为潮湿，稍密-中密，有些地段土质松软。季节融化层为弱冻胀性土。属于岛状多年冻土区，冻土的含冰量较小，为少冰、多冰冻土，部分地区有富冰冻土。多年冻土年平均地温较高。冻土融化后沉降量较小。地下水位大于3m | 22~24 | 0 | 28~35 | 250~300 | 1~3 | 30~60 | 30~60 | 3~5 | 良好、较好工程地质地段 | |

在冻土工程地质图和剖面上还应表示第一个地下水层离地面的埋藏深度及其对建筑物的侵蚀性。在小比例尺冻土-工程地质图上最好反映地面下第一个地下水层的成因类型，用数字表示其埋藏深度。对于裂隙和裂隙-脉水发育的区域（结晶岩分布的山地-褶皱区等），由于单个岩体及其各部分的不均匀充水性，其特征只可按单个水点绘出，在图例和说明书文字中反映。可能的话，最好在图上和剖面中按单个水点绘出侵蚀种类。

冻土环境组成的冻土工程地质图是借助在基本底色上附加（底色反映建造和地质-成因综合体）线条体系（淡紫色的、黑色的或蓝色的），线条方向、特点和其间距用来表示冻土特征组。

土的季节冻结和融化深度是影响许多类型工程建筑物的设计和建筑条件。房屋基础最佳埋置深度、路基特点和高度等取决于季节融化层和季节冻结层的厚度。由于季节冻结和融化类型及深度在区域上具有极大的变化性，在小比例尺图上都要反映这些特征往往会增大图上的负荷。较为正确的方法是在专门的表格中反映土的季节冻结和融化特征或者说明各种自然因素对年平均地温和季节冻结（融化）深度影响的定量值。

在冻土工程地质图上除了反映冻土地质过程和现象外，还必须表明其他具有重要工程地质意义的地质过程（冰椎、冻胀丘、热融滑塌、融冻泥流、滑坡、崩塌、泥石流、雪崩等），如图 19.1 冻土工程地质图。

中比例尺冻土工程地质图。由于地区开发的目的和设计阶段不同可以编制为双层的（在一张图上反映松散土和基岩的平面特征），也可以编制为专门的冻土工程地质图（表征新近纪-第四纪、第四纪和全新世地面沉积层）和表征基岩特征图。中比例尺冻土工程地质图的内容与测绘的目的关系最为密切，其特点是要附加各种构造地质和冻土-气候环境中的冻土工程地质条件。

在这样的图上，构造-地质的和冻土工程地质条件的所有基本指标均具有平面特征。这些指标必须用以评价区域开发可用性程度，以及为设计所需得到的分类和计算指标。

冻土工程地质条件参数在图上具有的平面表征：①建造，地质-成因综合体，岩石的成因和岩石类型，给出岩层垂直剖面的概念；②所划岩土类型的冷生组构和性质，如骨架密度、孔隙度、饱水性、透水性、体积导热性和导温系数（在空气干燥和饱水状况下），抗压缩性；③冻土特征，如冻土层的分布、年平均地温和厚度，以及在测绘期间地表热交换条件被破坏的地段；④含水综合体埋藏深度，通过 10m 的地下水等高线；⑤构造单元的特征，指出岩石破碎带的宽度、其含冰率和透水性；⑥岩石裂隙度特征，按裂隙度模量和单轴抗压缩性划分岩体；⑦冻土冷生过程形成物。

在中比例尺冻土工程地质图上，平面表示如此大量的资料（信息）是可能的，可以通过色调，各种方向的窄宽条带，条带间距、宽窄条带的细线条颜色、形式和方向的特点，不同形式、尺寸和颜色的符号和线性标记等，进行合理和逻辑的综合，使之简洁而明亮。

附在冻土工程地质图中的剖面，除了表示在冻土地质（冻土-水文地质）剖面上的特征外，还要表示融化时岩土类型的沉降特征值，通常用强度、融沉性、密度、孔隙度和裂隙度模量等表示。

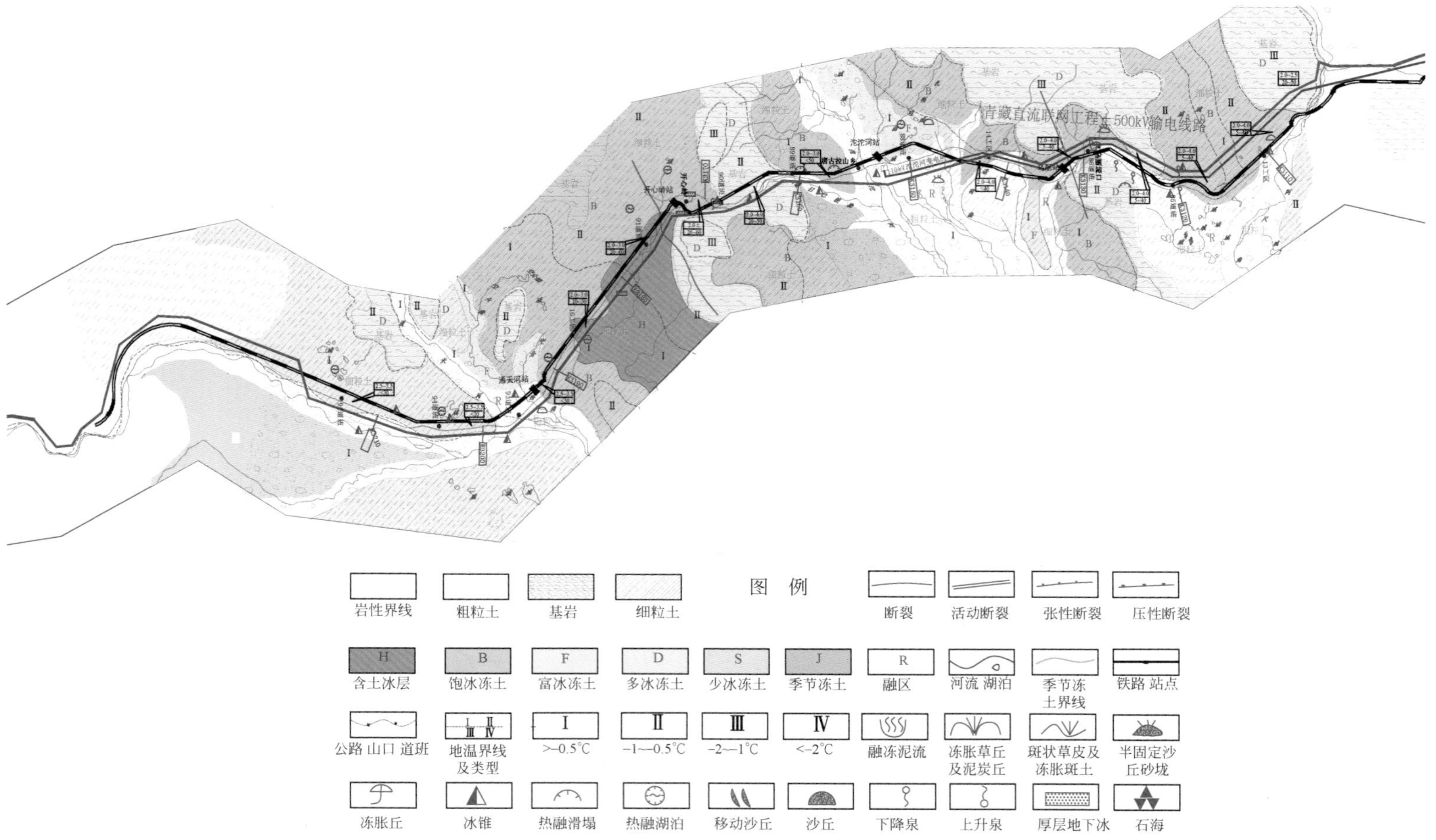


图19.1　冻土工程地质图（青藏直流联网工程）

中比例尺冻土工程地质图上所反映出的冻土工程地质条件的深度要比非冻土地区的工程地质图上大得多。研究和制图深度取决于冻土条件的特点、建筑物类型及其对土层力学和热作用的深度。热影响带可以大大超过力学影响带范围。

图上要附上冻土的区域分类和综合冻土工程地质区划说明表，自然因素对年平均地温和季节冻结融化深度数值，可能时做出预报的计算诺模图。

冻土工程地质图上一定要附有前第四纪岩石的地层柱状剖面图，制图区第四纪覆盖组构图和剖面。

图上的冻土工程地质剖面应当反映成分、岩石建造和地质-成因综合体沿深度的埋藏条件，主要的构造断裂带，含水层或综合体埋藏面，含冰率、年平均温度、冻土的厚度、冻土-工程地质区域的界限，融区类型，并将其特点在剖面上的附表中做简要的说明。

冻土工程地质图上一定要有地形和地下水的特征。

岩石的类别及其温度动态，以及地下水和地形特点，决定土的工程地质性质和冻、融作用下所发生过程的特点。这些过程以独特的冻土冷生过程形成物（冻胀丘、冰椎等）表现出来或者影响到外生地质过程（风化、熔岩、机械潜蚀、边岸再造、流沙等等）的特点。

融土和多年冻土用清晰的界限分开。地下水一般用各种形式的蓝色稀疏线条（随地下水类型和含水层埋藏深度而异）以及符号（泉眼、冰椎等）表示。地下水位及其化学成分可用数值表示出来。

冻土冷生过程和形成物采用通用的符号在图上表明。土的工程地质性质，如含冰率、融化下沉、密度、塑性指数、总含水率、起始冻胀含水率、土的标准强度等可在表中表示，或在综合工程地质柱状图中反映。

## 19.2　土的季节冻结和冻土融化类型图

土的季节冻结和冻土融化类型图编制的目的是反映土壤和岩石与大气之间的热交换及季节冻结和季节融化层形成的规律性，伴随季节冻结和融化产生的冻土-地质过程形成的规律性。

图中反映各区划内土层的温度动态和季节冻结、融化深度。通过反映地质-地理（景观）条件的基本特征及土季节冻结和季节融化类型的分类特征，表现两者之间的定性和定量关系。这种关系可以采用附在图上的计算表格内（因素对季节融化或冻结深度上的岩土地温年平均值 $t_f$、地表温度年较差 $A_0$ 和岩土的季节融化和冻结深度 $h_f$ 形成的影响）和计算诺模图来表现。利用该表和计算诺模图可以读出和追踪区域内首先是土温度动态的局部规律和普遍规律。

根据B. A. 库德里亚采夫的分类方案，综合指标应有四个：地温年平均值（$t_j$）、地表温度年较差（$A_0$）、岩土性质及含水率（$\omega$）。

地温年平均值和地表温度年较差属于地理标志，受纬度地带性和高度地带性控制。

岩土性质属于物性标志，包括土的粒度成分和构造，以及在冻结状态和融化状态下土的矿物骨架密度。

土的含水率具有能量标志，取决于土在冻结状态和融化状态下的热物理特性，以及融化（冻结）时所吸收的热量。

除此之外，坡向和坡度对季节融化深度的影响也很大。一般来说，北坡和东坡的融化深度比南坡或西坡小22%和16%。在南部陡峻的南坡上，季节融化深度比北坡大50%～60%或更多（苏联科学院西伯利亚分院冻土研究所，1988）。

鉴于景观微区划图所表现的特点是以地形地貌为主要的区划图，也反映出冻土的基本特点。所以，土的地温年平均值和季节冻结、季节融化类型的线条也往往与景观微区划图上所有地段界线重合。

为了反映出全区地温动态及季节冻结和融化深度形成的规律性，在图上应当反映以下特征：①季节冻结和融化层土的成因、成分、组构和性质；②沉积物的冷生构造和含水率；③季节融化和季节冻结层底部土的温度年平均值；④地表温度年平均变化较差；⑤融土和多年冻土的平面分布，存在隔年层和非衔接冻土；⑥潜水位与季节冻结和季节融化层的接触特点；⑦土的季节冻结和融化类型，通过基本的分类特征及其相应的多年平均深度，以及在研究期间深度的极值；⑧与季节冻结和融化层有联系的冻土冷生过程和形成物（冰椎，一年生冻胀丘和土的季节性冻胀、石质的寒冻分选和冻拔、泥流、热融滑塌、热融洼地、沼泽化、寒冻劈裂作用和干缩裂缝）；⑨新近纪—第四纪和现代沉积物的控制剖面的基本冻土资料。

土的季节融化和冻结类型图的编制是通过在一张地形图上综合以下内容（或图件）而成的：①景观微区划图；②第四纪沉积物及其含冰率（含水率）；③地温年平均值和地表温度较差；④与季节融化和冻结层有关的冻土冷生过程发育图。

制图的基本表示方法，通常采用颜色、线条和符号。

（1）对于松散沉积物的地质成因类型综合体，可采用不同符号表示。第四纪地层的成因类型按通用的符号表示（表19.5）。

**表19.5 第四纪地层的成因类型符号**

| 地层名称 | 符号 | 地层名称 | 符号 | 地层名称 | 符号 |
|---|---|---|---|---|---|
| 人工填土 | $Q^{ml}$ | 残积层 | $Q^{el}$ | 冰水沉积 | $Q^{fql}$ |
| 植物层 | $Q^{pd}$ | 风积层 | $Q^{eal}$l | 崩积层 | $Q^{col}$ |
| 冲积层 | $Q^{al}$ | 湖积层 | $Q^{l}$ | 滑坡堆积层 | $Q^{del}$ |
| 洪积层 | $Q^{pl}$ | 沼泽沉积层 | $Q^{h}$ | 泥石流堆积层 | $Q^{sel}$ |
| 坡积层 | $Q^{dl}$ | 冰积层 | $Q^{ql}$ | 生物堆积层 | $Q^{o}$ |

注：①两种成因混合而成的沉（堆）积，可采用混合符号，如冲积和洪积混合物，可用$Q^{al+pl}$表示；

②地层与成因的符号可以合起来使用，如冲积形成的第四系上更新统，可以用$Q_3^{al}$表示。

（2）对于冷生组构差异，可采用图形符号表征（表19.6，参阅表15.4）。

（3）土的岩性成分特点可用不同的线条表示或各行业通用的线条图形符号来表示，表19.3是青藏公路沿线常遇到的第四纪沉积物图例。

**表 19.6　冻土冷生组构分类**

| 图例 | 砾砂组构 | 描述 |
|---|---|---|
| | 整体状 | 肉眼看不见的均匀分布的细小冰晶。含水率为 16% ~17% |
| | 斑状 | 在整体状构造的基础上，有各种形状的冰体。含水率在 20% 左右 |
| | 包裹状 | 在粗碎屑物质周围形成冰壳，充填物中为胶结冰，偶尔有分散的不大的冰异离体。含水率为 17% ~20% |
| | 微层状 | 延伸的冰层，其厚度小于 0.1cm。含水率为 17% ~24% |
| | 厚层状 | 延伸的冰层，其厚度为 0.1 ~2cm。含水率为 24% ~32% |
| | 网状 | 互相斜交的冰异离体系统组成的冰网，冰层厚度小于 0.1cm。含水率为 17% ~24% |
| | 基底状 | 矿物集合体及粗碎屑物质在冰体中杂乱分布，冰体占优势。含水率>52% |

（4）含冰率（冻土沉积物的含水率）直接与沉积物的地质成因类型及其岩石特点有关，用反映松散沉积物成分的颜色符号表示，可分为三挡（表 19.7）。

**表 19.7　季节冻结和融化层土体含水率分级**

| 土体含水率/% \ 等级 | 土体类别 | | | | 冻胀性 | 融沉性 |
|---|---|---|---|---|---|---|
| | 砾（碎）石土 | 粉砂、细砂 | 粉土 | 黏性土 | | |
| 低（S） | <10 ~ 15 | <14 ~ 18 | <19 ~ 21 | $<\omega_p \sim \omega_p+4$ | 弱冻胀 | 弱融沉 |
| 中（M） | 15 ~ 25 | 18 ~ 28 | 21 ~ 32 | $\omega_p+4 \sim \omega_p+15$ | 冻胀 | 融沉 |
| 高（H） | >25 | >28 | >32 | $>\omega_p+15$ | 强冻胀 | 强融沉 |

（5）季节冻结与融化层底部土的地温年平均值和地表温度年平均较差，可采用数值表示。如冻土年平均地温$\dfrac{\text{地表温度年平均较差}}{\text{季节冻结（融化）层底部土温年平均值}}$季节融化（冻结）深度

（6）冻土层平面分布的特点往往与自然景观微区划和环境因素影响有关，可以在景观区划的基础上来绘制，一般用可用颜色表示：淡黄色表示融土地段，绿色表示岛状多年冻土分布地段，蓝色表示连续多年冻土分布地段。根据多年冻土年平均地温分别用深浅颜色表示。如果能计算出冻土层所占面积的百分比来划分非连续分布地段最为理想。

（7）季节融化（和融土上的冻结）的多年平均深度采用数值表示（可用红色或黑色）。可能的话，可用等值线表示，在等值线上用数值表示其深度。

（8）影响土的季节融化（冻结）层底部温度年平均值（$t_j$）、地表温度年平均较差（$A_0$）、季节融化深度（$h_r$）和季节冻结深度（$h_f$）的地表景观特征条件（冻土冷生现象及形成物），在图上采用图形符号表示（表 18.3）。

（9）附在季节融化和季节冻结类型图上的冻土-地质剖面图，应能反映地区不同景观（地貌）区划单元的特征。剖面上的地层岩性、最大季节融化（冻结）深度、多年冻土年

平均地温、冻土冷生现象、地表景观特征等可按上述颜色、符号、图例及数值等方法表示，同时应表示地形地物标志、潜水及地下水位（表 19.8）。

**表 19.8　地下水图例**

| 图例 | 名称 | 图例 | 名称 |
| --- | --- | --- | --- |
| 20°C | 下降泉<br>上升泉（右边写水温数值） | $HCO_3$-Ca·Mg 1.0<br>0.5g/l | 地下水位<br>（右边写地下水位数值左边分子为化学成分，分母为矿化度） |

(10) 土季节冻结和季节融化层中潜水和冻结层上的水，应是土的季节冻结和融化类型图的重要内容之一。该层水的动态完全取决于夏季融化的动态特点，也是季节冻结和融化类型图编图的重要原则。所以，在编制含潜水和冻结层上水的土季节冻结和融化类型综合图时，除上述基本图的冻土-地质特征外，还要表示：①冻结层上水和潜水含水综合体的分布，该综合体相当于土的季节冻结和融化类型；②含水层和综合体的化学成分、矿化度、富水性、侵蚀性和硬度；③冻结层上水和潜水源及其流量和温度。这些内容可在剖面图的描述中叙述。

(11) 中比例尺，土的季节冻结和融化类型图中一定要补充这些水的水文地质特征。两组特征在图上主要用平面反映出来，冻土、水文地质或工程地质特征，在图上用符号反映其具体值或者以数字形式附在所研究范围内的符号上。

在中比例尺图上不仅有可能划出沉积物的成因类型，也可以在其内划出个别相组或者甚至划出成分和性质均一的相。这些相和相组的部位可以清楚地用岩性符号及地层符号表示在图上，并用轮廓线划出。不仅其年龄和成因有平面特征，成分和含水率（含冰率）、冷生构造及其他冻土特征也应有。根据以上要求，在中比例尺图上的平面特征是：①沉积物地质成因类型。岩石类型及其组合的分布和埋藏条件，其厚度、成分、含水率和热物理特征。对一定地形单元的赋存性（按坡向、高度和坡度划分）。②按地表温度年较差和季节融化（冻结）深度、层底部的地温年平均值划分的季节冻结和融化类型，划分间距可按照类型或更详细些。③按含水率划分的土的季节冻结和融化类型及相应的多年平均深度间距。④土的季节冻结和融化层中地下水在面上的分布特点、补给和存在条件（渗浸的、凝结的、混合的、经常存在的、周期性耗损的等）、土的渗透系数。

在图上及其附表中给出冻土冷生过程分布和表现较详细的特征，反映出它们与土的季节性和多年性冻结、融化的关系。分析这种图可以了解到划分地段内冻土特征形成的规律性，其形成的地表条件和季节融化或季节冻结层内及下伏岩石的条件。

(12) 大比例尺，土的季节冻结和季节融化类型图。

一般情况下主要编制天然条件下土的季节融化（冻结）类型图。如果工程需要，可编制建筑改变条件下土的季节融化（冻结）类型图。鉴于大比例尺编图，其内容虽然和小比例尺季节融化（冻结）类型图的大致相同，但详细程度却大大增加。因而，不仅要求测绘底图的比例尺要大于编图比例尺，而且要求增加的测绘和编图详细程度其所带来的工作量将成倍地增大，并增加许多定量指标，如物理力学和热学的定量化指标。所以，天然和建筑条件下的季节融化（冻结）类型图和剖面都应含有场地冻土-工程地质条件及其在建筑过程中的变化。

图和剖面上反映天然的和变化的条件下季节冻结和季节融化层，以及其下伏融土或冻土层的地质-成因综合体的成分、组构、含水率和性质。此外，要特别划出土的成分在平整工程中出现变化的地段，在倾倒土范围内的土按人工土专用符号表示。

土（包括人工土在内）的工程地质性质，除了在图上表示出季节冻结-融化层深度，土的天然含水率、含冰率等外，在附表中应给出土的水理性质、密度、热物理性质以及起始冻胀含水率、冻胀量、冻胀力等。

在图和剖面上应表示主要天然的和预报（建筑后）的冻土特征：土的温度年平均值、地表温度年较差和土的季节冻结和融化深度，以及预报由于建筑期内工程技术作用下（如铲除植被和土壤层上部的泥炭化及腐殖质层、雪压实、平整倒土的压实等）预报冻土环境变化的结果。

在图上划分出天然和变化条件下土季节冻结和融化类型及其分布特点，并表示天然和变化的条件下多年冻土和融土所占据的面积，以及冻土层垂直剖面的特性（如形成与土的季节融化（冻结）“衔接”关系的可能性）。

在图上反映季节冻结和融化层潜水的特点（其在剖面中的位置、存在时间长短等），及其对应土的季节冻结和融化类型。

在图上应反映天然的冻土冷生过程和形成物，以及建筑过程（包括运营）中可能产生的次生冻土冷生现象。用符号表示出来，可在附表中反映某形成物的成因、发展阶段、尺寸等。

评价冻土过程的动态和强度是冻土预报的主要任务之一。其定性评定包含在图上类型的命名中（过渡、半过渡、长期-稳定等）。分析图就可能评价出与季节冻结层和季节融化层内热周转的变化有关过程的强度。通过天然和变化条件下土的温度年平均值（$t_j$）、地表温度年平均较差（$A_0$）和季节融化（冻结）深度（$h_r$和 $h_f$）比较来做出评价。

相应地做出关于土季节冻结（融化）动态和某具体阶段冻土过程动态的补充信息（资料）的附图和诺模图。按诺模图可评价在气候波动和地表面热交换条件等可能变化过程中季节冻结（融化）层厚度的变化。在图上可直接表示最“冷”和最“热”的年份对多年平均值影响的偏移值。为此，土的季节冻结和季节融化类型图和剖面上要补充有表格、附图和诺模图。

## 19.3　地下冰分布图

多年冻土的工程地质性质和非冻土的工程地质性质的本质差别，在于多年冻土中含有地下冰。地下冰的存在不但改变着岩土的状态，也改变了它的工程地质特性。同类岩土和在含水状态下，冻结时，冻结岩土的强度将大大提高，随着冻土体温度降低，其强度可达到岩石的强度；融化时，解冻的岩土不仅丧失了冻结时的强度，甚至达不到未冻时的强度，产生严重的沉陷。

从工程建设的目的或是从冻土工程地质研究的角度，密切注意多年冻土中地下冰的含量和分布特点，编制多年冻土地下冰分布图不论是对冻土研究或对工程设计都具有重要的意义。

这几年的重大工程项目的建设，如青藏公路、青藏铁路、输变电高压线路、输油管道等，在详勘阶段都要求编制工程沿线多年冻土地基的地下冰分布图。从而决定工程设计原则和工程处理措施方法。

冻土中地下冰状态属于多年冻土特征之一，它的形成、发育和分布都受着多年冻土形成因素的控制，存在着地带性因素和地区性因素的影响。在多年冻土区中，地区性因素往往对地下冰的形成与分布起着更为重要的影响作用，如土质成分与性质、含水率、地形地貌部位、植被覆盖层等，即便是同一地带性环境条件下，这些地区性因素的差异，也往往导致地下冰的含冰程度和分布完全不同。

按多年冻土工程类型划（表 19.1）绘制地下冰分布图（图 19.2）。

当地下冰分布图反映出多年冻土的地带性特点、岩土性质和特性、冻土中含水率、多年冻土年平均地温、地形地貌特征、地面性状（植被及其覆盖度）等时，就和冻土工程地质图一样了（图 19.3）。

所以冻土工程地质图中为反映地下冰的类别和分布特点，常常也按地下冰的分类绘制在图中。此时，可作为地下冰分布图之一来表现。

多年冻土中地下冰沿垂向的分布特点是非常不均匀的，经常在多年冻土上限附近富含地下冰，随着深度的增加，地下冰的含量一般都逐渐减小，但在泥岩等一些粉质黏土含量高的湖相冲积地段，在较大的深度内，存在着高含冰量冻土。公路、铁路工程属于冷基础构筑物，其热状态的影响深度一般在多年冻土上限以下 1 ~ 3m，也就是说自地面往下一般为路堤高度的（2 ~ 3m）1.5 ~ 2 倍深度。因此，编图时一般取多年冻土上限再往下 3m 范围内的最不利条件作为依据（从工程安全角度考虑，应以最不利情况作为条件）。对于建筑物、输油管道等具有热力作用的工程，以及桥梁、高压线等桩柱基础工程来说，编图时考虑的深度可能要大些，起码应考虑桩柱基础埋置深度加上桩底以下的持力层厚度，以及有热力作用构筑物的热力影响范围。一般来说，桩柱基础底面下 1 ~ 2m（与基础底面积及附加应力有关），采暖房屋融化盘深度为 8 ~ 10m。

## 19.4　融区类型图

融区形成原因是很复杂的，它的发生、发展和特征，受着诸如气候、地质构造、水文因素和地表覆盖条件等的制约和影响。这些因素的作用，在不同时期和地点是有差异的。其中，地质构造因素的作用是长期的。

从我国多年冻土形成和发育规律看，既受地带性（经度、纬度）的气候因素控制，又受区域性的局地因素影响。东北大小兴安岭地区的多年冻土形成主要受纬度地带性因素的控制，而西部山地多年冻土的形成，除了纬度地带性因素的影响外，更重要的是受区域性的局地因素控制，特别是海拔的控制（高度地带性），这与我国西部强烈的构造运动，特别是强烈的新构造运动有着密切的关系。不同的地质历史阶段，随着全球性的气候波动、

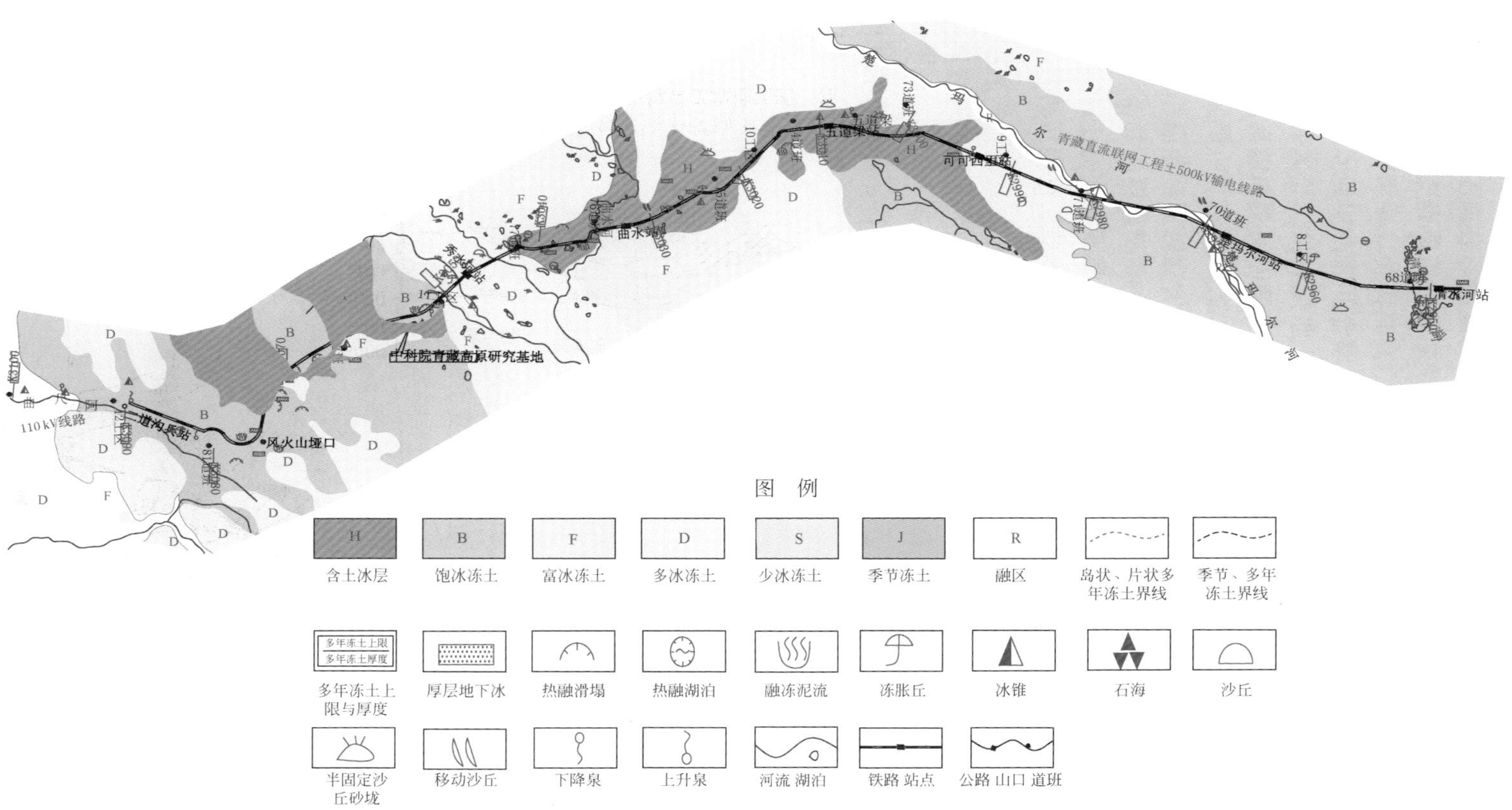


图19.2 多年冻土区地下冰分布图

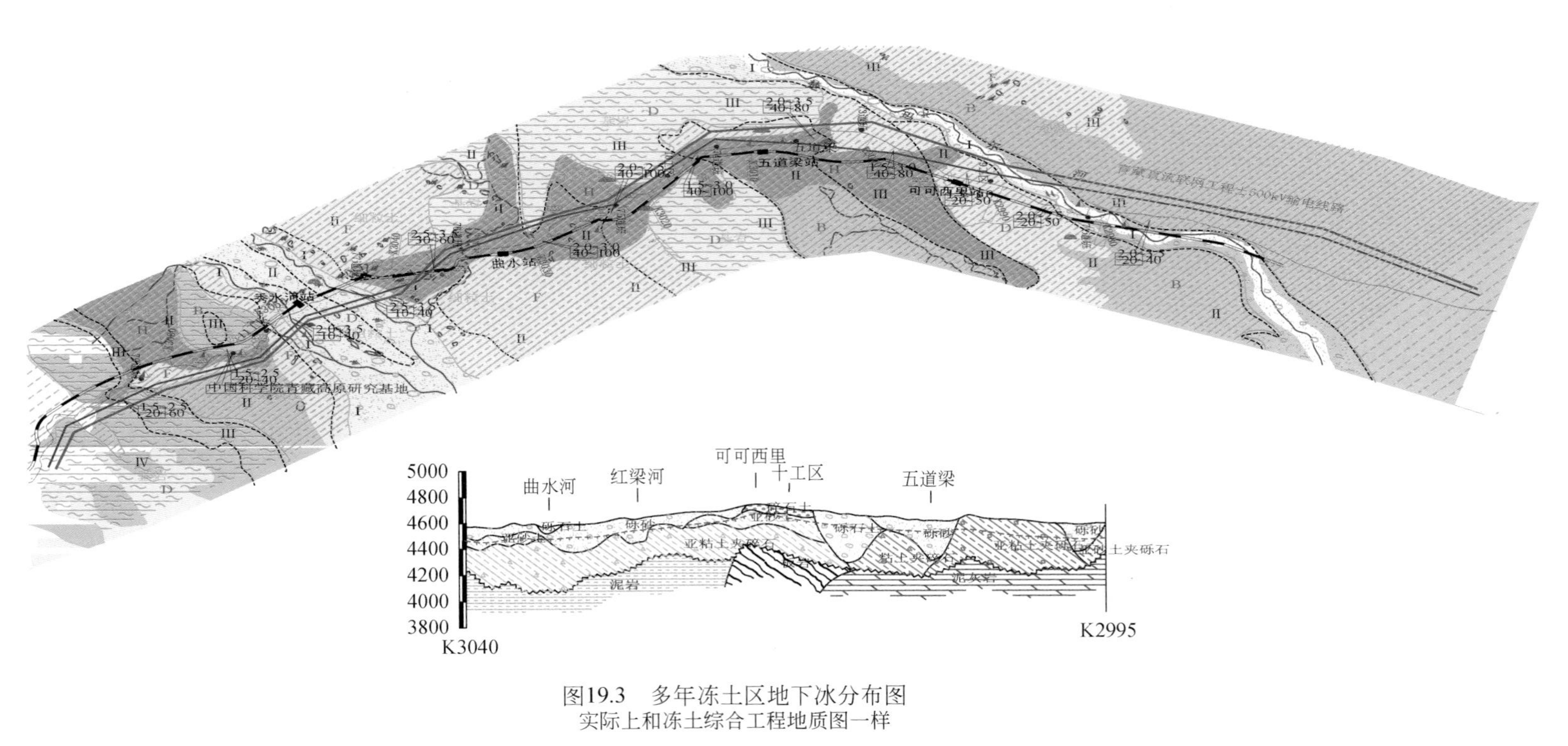


图19.3　多年冻土区地下冰分布图
实际上和冻土综合工程地质图一样

构造运动强弱程度、水流作用规模的变化，以及地面状况的变动，融区与冻土的分布范围时而缩小，时而扩大，此消彼长。而在同一个地质历史阶段，由于各地段局部条件的差异，有的地方分布着多年冻土，有的地方分布着融区。在融区中，由于其形成条件有别，它的类型、范围和特点亦不尽相同。

根据融区产生和存在的主导因素，多年冻土区存在的融区可分为三种类型（邱国庆和郭东信，1983）：①主要由于构造因素造成的融区；②主要由地表水作用造成的融区；③主要由渗透-辐射作用造成的融区。

（1）由构造因素造成的融区分为构造-地热融区和构造-地下水融区。

构造-地热融区是地下热源造成的。一般是因地下热水（水温高于45℃）沿断裂构造上升至地表形成热泉，其范围取决于泉水温度和流量的大小。

构造-地下水融区是沿着构造断裂带活动的地下水热影响下形成的融区。它与构造-地热融区并无本质差别。但这部分融区的地下水水温较低，一般不会超过 10℃，属于“冷泉”。融区范围较小，稳定性较差。

（2）由地表水作用形成的融区，主要有河流融区、湖泊融区等。

河流融区基本上是沿着河流呈带状分布，均限于河水的热力影响范围内，其融区的大小取决于河流的流量、水温以及河流与构造的关系。较大的河流，具有较大的流量、较高的水温和较长的径流期，往往可以形成贯穿融区。流量相对较小、径流期较短的河流，多半形成非贯穿融区。

湖泊融区是洼地积水的热力作用而使下卧多年冻土层产生融化。不论何种原因都有补给来源的长期积水，导致多年冻土融化，形成贯穿或非贯穿的湖泊融区。

（3）渗透-辐射融区是因地表面强烈地吸收太阳辐射和大气降水的入渗而形成融区。一般来说，主要分布在岛状多年冻土区和连续多年冻土与岛状多年冻土的过渡带，多半出现在年平均地温较高（高于-1℃）的开阔地带或平缓的分水岭地带。渗透-辐射融区所存在的地段，通常都是地表裸露，具有较厚的松散砂砾层，且有较好的排水条件。它们存在的地区为：①历史上曾有过较大规模的洪水作用区，可能存在地表水融区；②地表裸露，且地面年平均温度较高地段；③具有较好的渗透和排水条件的热交换地段。如图 19.4 青藏公路沱沱河地区多年冻土与融区分布图①。

融区类型图应反映如下主要内容：①多年冻土的分布及其特点，上限、厚度和年平均地温；②不同融区类型的分布特征；③多年冻土与融区平面与剖面的关系；④融区的季节冻结深度及年平均地温；⑤地形特点；⑥地表水系及湖泊；⑦地质构造；⑧地层的主要岩性；⑨冻土冷生现象及不良地质现象等。

多年冻土区及融区一般采用颜色表示；岩性和地质构造用图形符号表示；季节冻结与融化深度（上限）及年平均地温均用数值表示。

---

① 邱国庆. 1978. 沱沱河盆地融区与多年冻土的分布特征及形成条件［内部资料］。

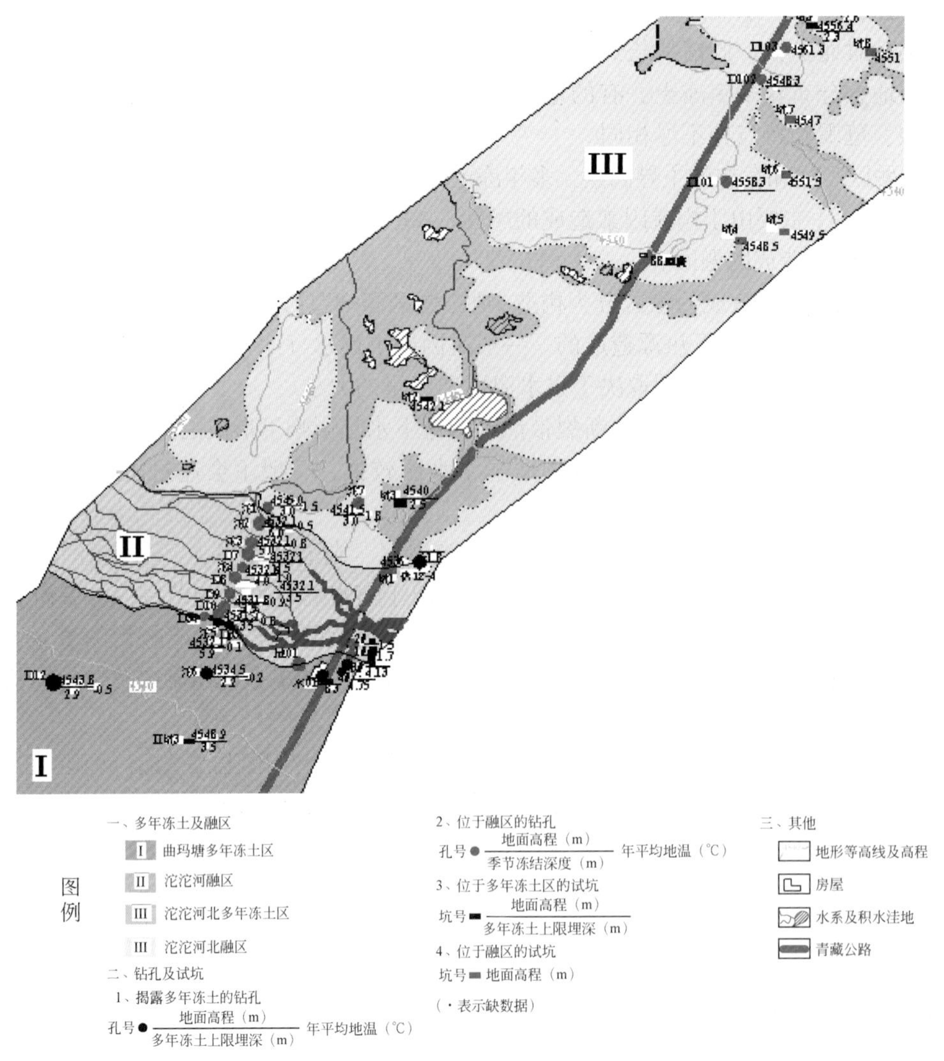


图 19.4　青藏公路沱沱河多年冻土区融区分布图（1∶5 万）
（据邱国庆 1978 年编制图件截图绘制）

## 19.5　冻土预报图及评价–预报图

根据工作和工程项目的要求，对自然和人为影响下研究场地的冻土工程地质条件变化做出预报或评价。除了文字的论述外，也常常需要编制冻土预报图或评价–预报图。下面根据 B. A. 库德里亚采夫的《冻土测绘》一书节录编写。

中比例冻土预报和评价图的编制方法，通常是在小比例尺冻土测绘中取得的大量详细资料的基础上进行编制。如果没有进行小比例尺冻土测绘的地区，冻土研究程度往往是不均匀的（在重点地段详细些，在其他地区差些）。在重点或关键地段，其编图的详细程度基本上是按大比例尺图进行编制。

中比例尺冻土测绘时，自然条件下冻土评价图主要包含该地段项目（研究）具体目的（要求）的可用性信息。为此，中比例尺冻土评价–预报图应该附有每一个地段相关详细表，主要说明改善现有冻土条件和预报冻土条件变化所采用的措施。

专门的冻土预报图和剖面图，是冻土工程地质图的补充，使具体工程冻土预报的结论具体化，并以图说明。在图上将评价各种各样自然因素对冻土条件的影响和工程（如房屋和工程建筑物热影响）对冻土条件变化的影响。

大比例尺冻土预报图的总任务，是要表明冻土环境的特点及其形成规律，在图和剖面中应含有以下冻土条件要素和特征：

（1）在图上和剖面上用颜色表明融土的地质–成因综合体。在地质–成因基础上划分出岩石冷生综合体（成分、组构和性质）。特别划出：①在天然条件下形成和在建筑地区保存下来，以及在施工和运营过程中可能融化掉的多年冻土；②在建筑阶段形成的多年冻土；③在运营阶段形成的多年冻土。这些岩石综合体的不同含水率（含冰率）和各种物理力学性质特征，可在岩石温度场和湿度场的各种状态下形成，也可在地区开发的过程中发生变化，这些特征可用数字表示在图上和图的附表中。岩石（土）的成分以及其冷生组构和含冰量特点可用线条表示。

（2）在图和剖面上应反映垂向组构特点和多年冻土的厚度，圈出非衔接的和衔接冻土层（由于工程建筑物热影响而形成的融化“盘”和“圈”）。

（3）在图上给出冻土的年平均地温（施工期和运营期）及其在气候短周期波动过程中可能的变化。多年冻土物理力学性质的相应变化可在附图中表示。

（4）在图和剖面上表示季节冻结（融化）类型和土季节冻结（融化）的最大、标准和计算深度，以及在气候短周期变化进程中可能形成隔年层和“非衔接冻土”的地段。

（5）表示地区水文地质的特点，并要考虑到因工程漏水出现灌水或者因改良工程而疏干的可能性。

（6）在图和剖面上反映冻土冷生过程和现象（如工程建筑物含冰地基土融化时产生热融和热沉降、冻胀、泥流、冰椎等）及其随时间过程的发展强度。后者应根据图上地基土的季节冻结和融化过程附图做出评价。

由于冻土环境的变化方向在施工和运营阶段不同，大比例尺预报冻土图和平面图可以根据施工、运营阶段分开编制。

建筑阶段的冻土预报图和剖面，描述工程建筑物进行建筑和开始运营的冻土环境。它具有完全独立的工程意义，是科学地组织建筑（包括土方）工程的基础，是保证工程建筑时能够营造最佳的冻土工程地质条件。

在图上不仅要表示出上述冻土环境要素和特征，还要考虑到建筑前期因砍伐森林、铲除植被层和地面平整（与土方工程的工期、作业强度和回填土的成分和性质等有关）等而发生的变化。如果仅仅是扰动了岩石的最上层，并由此决定了土季节冻结（融化）的变化特点时，那么，建议将冻土预报图与土的季节冻结和融化类型图结合起来编制。

根据各种建筑措施方案进行编制冻土预报图时，图上要反映出建议方案所预报的冻土特征，从冻土工程地质条件和进行建筑工程条件观点来看都能确认是最佳的。

运营阶段的预报冻土图，编制冻土预报图时要考虑到工程建筑地区的真实平面状态，并反映冻土环境变化特点（与建筑特点及其措施，工程特点——密度、楼层等、岩石与各种类型建筑工程相互作用的特点有关）。在总预报的基础上，还要评价工程建筑物影响区以外的冻土特点。这些特点取决于各种环境条件下（如在发展道路网和设置人工覆盖层、草坛、花圃、人行道条件下，在工程建筑物使地面遮阴、地表水和潜水排走或因工业和生活水流漏失使地区灌水等）岩石与大气圈热交换的规律性。根据工程预报的结果反映出工程建筑物的影响带：尺寸、温度和其他冻土-工程地质特征分布的特点。由此可得到，在各种各样冻土条件的运营阶段的预报图，其作用将会大大增加。例如，在总的冻土工程地质的基础上，将一般预报和工程预报结果联合起来，将有助于阐明和较完整地描述特别复杂环境下（如在采暖和不采暖房屋相邻的水、热交换条件极不相同地段的边界上，有可能形成不利的冻土冷生过程和现象，如冰椎、冻胀丘等）冻土条件特征。

由此可见，预报图是极复杂的，并含有综合冻土预报变化的特征。一般编制一组预报图，其中有一部分是辅助性工作图，如运营阶段的土季节冻结和融化类型图、岩石冷生组构图、含冰量和热沉降图等。对于特别复杂和重要的地段，最好编制预报（镶嵌）平面图，例如：①设备良好和设备不好的地区；②在工业用水排水条件下和由于工业水流漏失地区灌水情况等。冻土预报图和剖面图必要补充一些表格、附图和诺模图。这样做将有助于按图来追踪冻土条件在各种自然和技术性因素影响下的变化规律性，并在此基础上完成工程建筑施工、运营进程的预报修正。表征土季节和多年冻结、融化过程变化的附图具有特殊意义，它们可以表示各建筑阶段（尤其是建筑物运营的第一至第五年）冻土环境的特征。

按照预报结果和专门冻土预报图进行区域冻土工程地质区划。在冻土工程地质图上要将分区界线和符号标出来。在附图的综合表中应给出总的冻土工程地质评价，以及建筑物施工、运营动态、防护和其他措施实施情况（在保证工程建筑物最佳运营条件下）的建议。

# 第 20 章　冻土长期观测

## 20.1　建立长期观测系统的必要性

据《1∶400 万中国冰川冻土沙漠图》（王涛等，2006）最新计算统计资料，我国多年冻土分布面积达 175.39 万 $km^2$，占陆地总面积的 18.27%，其中中低纬度、海拔最高的青藏高原冻土区，面积达 109.83 万 $km^2$（表 20.1）。若以最大季节冻结深度为 0.5m（对建筑物有较大影响）统计，季节冻土区（东北、华北、西北）面积约达 446 万 $km^2$；若以对道路、渠系构筑物有影响的最大季节冻结深度 0.1m 统计，则约达 514 万 $km^2$。在广大的冻土区中有着人类居住生活和各种各样的工程建设。

表 20.1　中国多年冻土类型分布面积统计

| 分布地区 | 类型 | 面积/万 $km^2$ | | 占全国多年冻土总面积比例/% |
|---|---|---|---|---|
| | | 总数 | 分项 | |
| 东北 | 不连续 | 35.6 | 6.74 | 3.8 |
| | 岛状 | | 28.86 | 16.5 |
| 青藏高原 | 高原不连续 | 109.83 | 83.37 | 48.7 |
| | 高原岛状 | | 24.46 | 13.9 |
| 山地 | 山地多年冻土 | 29.96 | | 17.1 |

作为资源环境科学领域的冻土研究，野外观测试验站是在野外对冻土环境系统的关键要素进行长期观测和试验，并结合室内分析等手段开展有关气象、地质、冻土、水文、生态、环境和工程建筑等基本特征及其演变过程的长期定位监测研究的野外科学研究工作基地。同实验室一样，野外站是科技创新的重要源头，是科技创新体系中不可缺少、不可替代的重要组成部分。不仅如此，野外站还可为减灾防灾、合理利用自然资源、有效保护生态环境、工程建设的安全运营、参与国际谈判和履行国际公约等提供科学依据。

气候是冻土形成的基本条件，气候的变化直接影响着冻土的发展和退化。冻土观测和研究工作首先应了解和掌握当地的气候特征和变化，气候的大陆度（型）和地表辐射热量平衡形成，再利用国家气象台站的气象资料来研究其他地区的冻土特征。

土（岩）是冻土的载体，土（岩）的特征指标是冻土特征的基础。冻土研究和观测应研究土（岩）的基本性质和物理力学特性，要测定土（岩）的基本性质和物理力学参数。同时必须考虑该区地质发展历史的特点，大地构造和新构造、地形和岩石地质-成因综合体形成的规律性、水文地质构造、地质过程、岩石成分和性质（与成因和相特点有关）。

冻土环境是冻土依存和发育的基本条件，冻土环境条件如何变化都直接和间接地影响着冻土的发展和消亡。冻土研究和观测应对影响冻土生成或退化的基本因素进行研究和观测，如纬度地带性、高度地带性和植物地带性，以及水热交换特点等。所有这些特征对形成冻土区域特征和地区特点有重要作用，对冻土研究和冻土工程地质研究都具有很大的意义。

冻土研究不只是研究冻土生成和发育的基本规律，而且要研究经济开发后冻土工程地质条件的变化和工程建筑物运营的安全性和可靠性。正是如此，冻土长期监测就具有重要的作用。因此，冻土长期观测包含着研究冻土生成与发育规律，研究冻土工程体系的参数变化与工程措施的可靠性。两者有时是独立的，但往往又是相互结合的，对自然-冻土工程体系的参数进行系统观测，并基于对这些参数的调控进行冻土工程体系状态的预报。

在多年冻土区，所有这些问题有着自己的特殊性，并要求有特别的研究方法。首先多年冻土层具有成因、相成分、形成、分布、埋藏条件、性质和冷生过程的特殊性。它们有自己的发展历史和整个自然环境综合体特殊的联系方式。所以，在多年冻土区要进行工程地质研究和解决工程地质问题，只有在冻土研究的基础上才是可能的。

（1）多年冻土分布和埋藏条件不仅取决于地质因素，也取决于土壤表面和岩体中热交换的条件。所以，在同一个地质综合体，甚至同一岩石类型分布范围内可以看到它们有不同的状况，即多年冻结和非冻的或融化的。依热交换条件的依附关系来预定多年冻土层界限有很大的变动性。

（2）冻结土（岩）的物理力学性质形成有独特的规律性。这独特特性是由其地质、冷生组构、水的相变、温度变化和物理-化学过程决定的。冻结土（岩）的性质在冻、融作用时有很大的易变性，还有当土（岩）温度在负温范围，尤其是在0℃附近变化时，其性质也有很大的变化。由于冻土成分和冷生组构的不同，在冻土温度变化和融化时，土的强度和承载力、渗透性能、矿山采掘的可能性等均可发生很大的变化。冻土中有胶结冰和冰包裹体以及黏滞未冻水存在，决定流变过程的强烈发育，甚至在很小的荷载下，冻土中也发生应力松弛和蠕变变形增长。考虑时间因素和流变性质表现的特点决定着冻土力学性质指标提出和研究方法一定的特殊性。

（3）多年冻土区工程地质条件的特点取决于独特的冻土过程的发育，如冻胀、热沉降和热融、泥流、寒冻裂缝形成作用、冰椎形成、石质的冻拔等。这些外生过程的独特综合体，促使在多年冻土层分布区形成特殊的地貌条件。冻土过程发展结果是形成这样一些地形形态，如斑状苔原、多边形-埂状地形、各种冻胀丘形态、热融湖等。

（4）地区的水文地质和水文特点与冻土条件有关。冻土层实际上是不透水的，使地表水和地下水的联系复杂化，改变河流和水塘的动态，影响到地面的水-热平衡，影响到大气降水和潜水的径流和渗浸条件。潜水在很大程度上促使地表沼泽化和形成大量的湖泊。

（5）人类经济开发和工程建筑促使地表性状发生巨大的变化，加上各种工程措施，冻土与地面的热交换条件出现变迁，导致工程建筑下的冻土温度场发生巨大的变化，改变着冻土地基的工程性质，引起地基土体的状态和基础变形的偏差，以及危险的冷生过程发育。

鉴于冻土环境随时间与气候，特别在人类生产活动影响下有很大的易变性，冻土环境及区域工程地质评价不仅取决于研究期间现存的自然条件，也取决于其在气候和经济开发的时空变化。所以，在多年冻土层分布区的冻土环境与冻土工程地质研究必须包含长期监测所组成的冻土及工程冻土预报，它是基于冻土环境形成的规律性，表现出冻土特征与具体地质–地理因素和条件之间的定性和定量关系。通过长期观测揭示冻土条件和冻土工程地质条件之间有规律性的相互联系，确定该地区现存条件下，冻土工程地质条件是怎样形成的，随着现存冻土条件的改变冻土工程地质条件又是怎样变化的。

由于我国的冻土有高海拔、低纬度的高原高山多年冻土区和高纬度、低海拔东北大小兴安岭多年冻土区。在设置冻土观测时应考虑不同多年冻土区的冻土特性差异，考虑不同研究和工程服务的目的。有关季节性冻土区的观测内容与要求也可以参照多年冻土的相关内容，根据季节性冻土的特点和工程要求，适当地简化观测内容。

20世纪50年代哈尔滨建筑工程学院建立冻土实验室，1956年在内蒙古额尔古纳旗某煤矿建立过我国第一个冻土观测点。1956年内蒙古林业勘察设计院第一个建立了地下冻土试验室（用冰砌筑），并在大兴安岭地区牙林线的牙克石、牛耳河和满归等地建立了多个冻土地温长期观测站。1960年中铁西北科学研究院在风火山建立冻土观测站（冻土路基工程和构筑物的冻胀、融沉性及工程措施为主），20世纪60年代在兰州建立冻土实验室，2002年移至格尔木。1964年铁道部第三勘测设计研究院在大兴安岭多年冻土地区进行设计、运营、科研试验，并在阿木尔建立长期观测站（以房屋建筑物为主）。20世纪60年代松辽委水利科学研究院建立了我国第一个冻土实验室。中国科学院兰州冰川冻土研究所于1963年在西藏土门格拉建立冻土观测站，1965～1968年在青海省木里煤矿建立冻土观测站，1965年在兰州建立了冻土实验室，1968年在祁连山热水、江仓煤矿建立冻土观测站，1973年与铁道部齐齐哈尔铁路科学研究所合作在东北大兴安岭满归建立冻土观测站，1974年开展青藏铁路格–拉段科技大会战时在风火山、两道河建立冻土观测站，1982年建立冻土工程国家重点实验室（兰州），1983年在格尔木建立“中国科学院青藏高原综合观测研究站”，1984年与大庆油田设计研究院合作在大庆建立冻土力学试验场，2000年在青藏高原北麓河建立了冻土观测站，2008年在黑龙江漠河机场跑道对地温变化进行监测。上述冻土观测站包括气象、冻土活动层、多年冻土地温、地基土和工程建筑物的冻胀性和融沉性、冻土环境等项目。20世纪70年代中交第一公路勘察设计研究院在青藏公路五道梁等地设立公路路基温度场及工程措施长期监测站。20世纪70年代吉林省水利科学研究院、西北水利科学研究所及辽宁、吉林、黑龙江、河北、甘肃、青海、内蒙古、新疆等省水利科研所（院）都相继建立季节冻土观测站（地基土、渠系和构筑物冻胀性为主）。20世纪70年代黑龙江省水利科学研究院在哈尔滨建立冻土实验室和万家冻土试验观测站，2006年在哈尔滨市郊万家建立（省、部级）冻土工程重点实验室（以水利工程为主）。20世纪80年代初黑龙江省交通科学研究所在庆安建立冻土观测站（桥桩冻胀力及路基冻胀性为主）。20世纪80年代黑龙江寒地建筑科学研究院在阎家岗建立观测站（以房屋冻胀为主）以及省境内的地基土冻胀性观测场。20世纪90年代哈尔滨工业大学土木工程学院建立冻土实验室。2009年黑龙江省交通科学研究所和吉林省交通科学研究所分别建立冻土重点实验室（黑龙江省交通科学研究所以桥涵病害防治为主，吉林省交通科学研究所以道路翻浆病害防治为主），以及在中交第一公路勘察设计研究院和青海省交通科学研究院分别建立冻土重点实验室（中交第一公路勘察设计研究院以青藏高原路桥工程为主，青海省交通科学研究院在 214 国道建立多年冻土区公路建设与养护技术交通行业重点实验室青海研究观测基地）。2006 年青藏铁路公司、中国科学院寒区旱区环境与工程研究所、中铁西北科学研究院有限公司合作对青藏铁路的地温、变形和工程措施进行监测。2011 年中国科学院寒区旱区环境与工程研究所、国家电网公司、甘肃电力公司经济技术研究院，以及中国电力科学院等单位分别对青藏直流输电工程的地温、变形进行监测。2010 年石油部廊坊管道公司、中国科学院寒区旱区环境与工程研究所分别对中俄原油管道的地温、变形进行监测。还有未能列举的一些单位也在多年冻土区的工程项目进行了监测。从上述各部门建立的观测站坚持的观测年限看，中铁西北科学研究院有限公司的风火山冻土观测站的观测年限最长，从 1960 年建站至今达近 60 年的观测历史。中国科学院寒区旱区环境与工程研究所的格尔木站观测历史近 30 年。一般情况，观测站的观测历史为 3 ~5 年。

回顾我国冻土研究历史表明，科学院、高等院校和设计产业单位都非常重视和相继建立了许多冻土研究观测研究站。这是研究冻土时空变化规律的基本方法和基地。

## 20.2　冻土长期观测系统

冻土长期观测通常有两种类型，其一，旨在研究全球气候变暖条件下，观测或监测冻土环境变化，探索保护和利用冻土环境的方法，积累基本数据；其二，旨在研究人类工程活动以及全球气候变暖的综合作用条件下，监测冻土地基温度状态、地基土体状态的变化和基础变形的偏差，随机检查温度和水质动态，以及冻土与工程相互作用区冻土状态和危险冷生过程的发育情况，以便制定有利于确保建筑物稳定和调控冻土变化的措施。

冻土长期观测系统应有两个基本组成，即随机跟踪和管理部分（图 20.1）（叶尔绍夫，1999）。

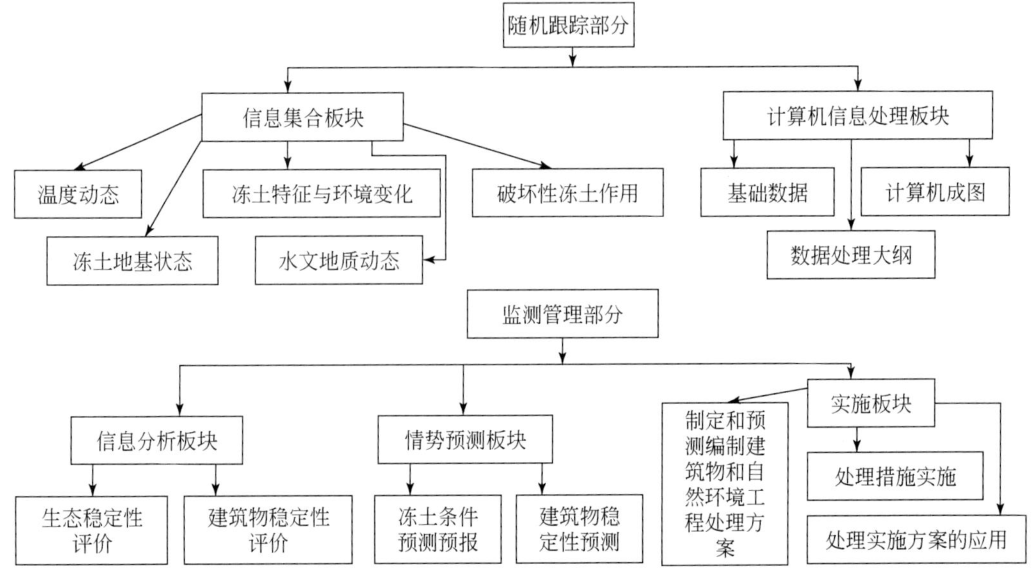


图 20.1　冻土长期观测系统结构

随机跟踪部分有两部分：一是信息集合板块，即温度动态、水文地质动态、冻土特征与环境变化、冻土地基状态、破坏性冻土作用等；二是计算机信息处理板块，包括保存和积累原始与观测信息基础数据、观测数据处理，以图形方式反映冻土和冻土工程地质条件变化，并采用计算机绘制冻土图和剖面图。

监测管理部分应由三个部分组成，即信息分析板块、情势预测板块和实施板块。信息分析板块主要用于随机评价冻土环境变化、冻土对建筑物稳定性和生态稳定性的影响。情势预测板块是根据观测资料来预测冻土条件和建筑物稳定性的随机变化。情势预测板块可以预防自然环境出现临界状态和工程对象的不允许变形。实施板块是要根据预测预报的结果制定和保证冻土环境稳定与建筑物安全运营的必要措施的实施及应用情况。

实际上，冻土长期观测应在冻土研究或工程建设开始时，就对冻土环境评定（或称本底资料）布置观测网络，此时的成果应作为评价自然-冻土工程体系施工和运营期的原始资料。在施工期间对监测网络进行观测，可适时提供给设计和运营部门使用，以对施工作业和建筑地区生态危险性进行适时检查。运营期间的监测是对开发地区的冻土特点和工程荷载随时间的不同变化程度进行观测。

作为冻土环境评定（本底资料）观测期应是无限期的，时间越长，资料越为宝贵和越有价值。

对工程建设项目来说，初始监测阶段，历时 3 ~ 5 年。主要监测阶段是从 3 ~ 5 年起至工程建筑运营结束。初始阶段是工程建筑与冻土环境相互作用最为活跃，冻土条件变化和工程建筑变形可能发生的重要阶段，可以对冻土地基的热稳定性、自然环境保护状况和建筑区工程运营方式与效率进行评估或评价。3 ~ 5 年后进入主要监测阶段，冻土环境与工程建筑间处于动态平衡状态，此时是采取保证自然环境和工程建筑稳定性手段的适时阶段。这期间如果运营条件被严重破坏或冻土环境发生显著变化（如全球性气候转暖），危险性冻土作用和建筑物变形有可能发生。可见，在初始监测阶段能完成多数观测工作，就可以缩短和集中处理冻土条件特别复杂和工程建筑最危险的地段。

判断冻土环境和冻土工程的危险性应有相应的质量准则（表 20.2）（叶尔绍夫，1999），所有的质量准则是以各种项目（承载力、变形、稳定性等）的极限状态工作能力，诱发可能发生破坏性冻土过程的稳定性为基础。如果监测所得到的资料达到或接近这些质量准则的极限状态时，即表明冻土环境和冻土工程体系已经进入危险区，必须采取相应的稳定化措施。

**表 20.2　自然-岩土工程体系质量准则**

| 自然-岩土工程体系 | 编号 | 质量准则 | 准则形式 | 符号 |
|---|---|---|---|---|
| 1 | 2 | 3 | 4 | 5 |
| 城市工业体系 | 1 | 承载能力 | $P \leqslant f_a$ | $P$—地基上的设计荷载<br>$f_a$—地基的承载能力 |
| | 2 | 变形 | $S \leqslant S_u$ | $S$—冻结与建筑物的协同变形<br>$S_u$—允许变形值的极限 |
| | 3 | 抗冻胀力稳定性 | $\sigma_{th} \leqslant \sigma_r$ | $\sigma_{th}$—冻胀力<br>$\sigma_r$—冻胀抗力 |

续表

| 自然-岩土工程体系 | 编号 | 质量准则 | 准则形式 | 符号 |
|---|---|---|---|---|
| 油气运输和道路体系 | 4 | 强度 | $\lvert \sigma_{\lim}N \rvert \ll \Psi_2 \cdot R_{stl}$ | $\lvert \sigma_{\lim}N \rvert$—极限抗拉（抗压）应力<br>$\Psi_2$、$\Psi_3$—考虑管子金属应力状态系数<br>$R_{stl}$、$R_{st}^{N}$—金属计算抗压强度和标准抗压强度 |
| | 5 | 变形 | $\lvert \sigma_{\lim}N \rvert \ll \Psi_3 \cdot R_{st}^{N}$ | |
| | 6 | 抗漂浮（暴露）稳定性 | $P_{act} \leqslant P_{pas}$ | $P_{act}$—向上作用的总荷载<br>$P_{pas}$—向下作用的总荷载 |
| 土工和天然冻土体系 | 7 | 抗喀斯特稳定性 | $S_{th,t} \leqslant S_{th,0.5t}$或<br>$S_{th.t} \leqslant S_{th,0.5t}$且<br>$v_s<2$ | $S_{th,t}$，$S_{th,0.5t}$—$t$ 和 0.5$t$ 年期间地面沉降量<br>$v_s$—地面平均冲积速度（cm/a） |
| | 8 | 抗冻胀稳定性 | $h_{fh,i} \leqslant h_{th,0.5t}$或<br>$h_{fh,i} \leqslant h_{th,0.5t}$且 $v_{th}>1$ | $h_{fh,i}$，$S_{th,0.5t}$—$t$ 和 0.5$t$ 年期间内冻胀绝对变形<br>$v_{th,0.5t}$—平均冻胀变形速度（cm/a） |
| | 9 | 抗寒冻开裂稳定性 | $\dfrac{[(1-V) \cdot \sigma_{\infty s}]}{(\Psi \cdot E) \geqslant \alpha_{ss} \cdot [T_{01}]}$ | $V$—冻土泊松比<br>$\sigma_{\infty s}$—冻土长期抗拉强度极限<br>$E$—冻土长期变形极限模量<br>$\alpha_{ss}$—冻土温度线胀系数<br>$T_{01}$—寒冷月份地表平均温度<br>$\psi$—无量纲参数 |
| | 10 | 抗热侵蚀稳定性 | $E_k/K_1<0.01$ 和<br>$T/K_2<0.01$ | $E_k$—流水的动能<br>$T$—水流温度<br>$K_1$、$K_2$—冻土抗冲刷的力学和热物理指标 |
| | 11 | 抗泥流作用稳定性 | $\tau \leqslant \tau_t$ | $\tau$—土中切应力值<br>$\tau_t$—土的抗剪强度 |
| | 12 | 抗冰椎形成稳定性 | $H_i \leqslant H_{cr}$ | $H_i$—冻土中冷生压头值<br>$H_{cr}$—临界冷生压头值 |
| | 13 | 地温稳定性 | $T_{cp}<[T_{cp}]$ | $T_{cp}$—冻土年平均地温值<br>$[T_{cp}]$—各地温带临界冻土年平均地温值 |

关于质量准则的建立应该根据各类工程建筑物的要求的极限值，设立各自的质量准则。有些准则是直接的，有些是通过间接指标确定，如冻土区的道路和管道的变形质量准则，往往通过地温状态的变化来判断，当多年冻土地基的年平均地温 $T_{cp} \geqslant -0.5$℃时，即进入极不稳定的高温冻土区，高温冻土地基的抗压强度降低，承载力下降，蠕变性增加，必然出现可能超过建筑物允许的极限值。又如，运营过程中，建筑物地基下的多年冻土上限下降值超过设计原则所确定的极限值时，即进入危险状态，等等。为此，表 20. 2 仅是一般情况所需的内容。冻土环境或各类建筑物的长期监测都要依据各自的设计规范和使用年限，确定各自的质量准则作为监测的判断准则。只有这样，才能做出预测预报，超前做

出相关措施的实施决策。

## 20.3　冻土地区长期监测的项目与设备

多年冻土区冻土环境和冻土工程体系的长期监测包含基本项目和专项项目。长期监测的基本项目应构成多年冻土与气候和环境动态长期监测系统，开展多年冻土动态过程及其环境效应、多年冻土与大气间的能量平衡过程等方面的监测，旨在为全面分析和预测气候变化背景下多年冻土的变化及为工程防护、水文和生态效应提供完善的数据基础。长期监测的专项项目应构成冻土工程与多年冻土相互作用的动态变化的长期监测系统，开展冻土工程作用下多年冻土的热量平衡过程和冻土环境变化的监测，旨在为分析与研究冻土地基动态变化过程中冻土工程的稳定性及其保证措施。

### 20.3.1　基本监测项目

（1）气象要素观测：气温、地表和浅层地温、降水、蒸发、积雪、风速风向、日照、辐射平衡等。可参考第 3 章“多年冻土调查与测绘中的气象研究”。

（2）季节活动层观测：不同地区（经纬度）、不同地貌单元和坡向与坡度、不同的植被（植物种类和覆盖度）条件下的地温、土中水分、季节冻结与融化深度、热通量等。

（3）多年冻土层观测：年变化深度、年平均地温、不同深度的地温、上限和下限、地中热流、影响多年冻土发育的地带性和地区性因素。

（4）冻土冷生现象观测：冻胀丘、冰椎、热融滑塌、融冻泥流、热融湖塘、石海、石流坡等。

（5）冻土环境观测：植被（植物种类、草地和森林）、水体（湖泊、河流）、荒漠（沙漠）化、水土流失、冻融侵蚀、人为活动和经济开发（工程建筑物、环境改变等）等。

（6）地下水观测：地下水位、水温，泉水流量、温度、水化学成分等。

（7）工程建筑物的稳定性观测：地温场、水分场、应力场、变形（建筑物变形、地面变形）、边坡稳定性、工程措施效应等。

实际上，上述各个方面的观测项目和内容不是孤立的，往往是互相关联的。建立长期观测项目时都必须综合各方面的内容，研究多年冻土区地气水热交换过程及其效应，研究多年冻土地基及建筑物的相互作用，研究全球气候变化大背景下多年冻土层变化过程及其水热动态。

### 20.3.2　观测分类

根据研究（工程）项目的需要，设置长期观测的内容均有不同，其宗旨在于为研究（工程）最终目标服务。

**1. 冻土发育规律研究的长期观测**

这类研究的目标是研究多年冻土形成、发育、变化、退化等变迁与自然环境要素的相关性。长期观测项目的重点放在自然环境要素及多年冻土演变规律的因子上。主要体现在以下方面。

气象：常规气象观测项目，特别注重热量平衡的观测，如辐射平衡、热通量。地面热量输运特点，如不同介质的地面温度、反射率等。

地表性状：地形地貌、朝向、坡度，地表覆盖的物质性质和成分，植被种类和覆盖度，水流性质（包括河流、湖泊、地表径流等）和强度等。

土体物性：从地面至观测深度内土体的物质成分（岩性）、结构与构造、水分、密度、孔隙率、物理化学和热学性质、生物化学、成因类型与时代等。

地下水：地下水类型，水位、补给、径流与排泄条件，水化学成分等。

冻土：多年冻土层的季节冻融过程与厚度、上限、下限、地温年变化深度、地温（包括活动层、冻土层、年平均地温、下限下土层岩层），地下冰，冷生现象等。

**2. 工程建筑物稳定性研究的长期观测**

这类研究的目标是研究多年冻土地基与建筑物的相互作用，冻土地基的热、力状态，建筑物的长期稳定性等。长期观测的重点放在冻土地基的温度场、水分场、应力场、变形与多年冻土工程性质变化规律，以及建筑物的稳定性。主要体现在以下方面。

地上：气温、降水（包括降雪）、风、地面温度、冷生现象等。

地下：浅层和深层地温、季节活动层的水分状态、上限变化，冻土工程地质变化。

建筑物：变形（包括地面、基础、地中、斜坡）、工程措施的效应。

## 20.3.3 主要设备

表 20.3 仅列出目前现状和了解的部分长期观测主要设备，包括气象、地温、水分、应力、变形等。随着研究（工程）项目的内容和要求以及科技发展，随时都有新的观测仪器设备的更新。因此，表 20.3 仅供参考。

**表 20.3 主要试验观测仪器**

| 序号 | 目的 | 仪器设备名称 | 观测内容 | 备注 |
|---|---|---|---|---|
| | | 气象 | | |
| 1 | | 全自动边界层气象观测系统 | 陆面水热过程 | |
| 2 | | 全自动微气象站 | 天气和气候监测 | |
| 3 | | 涡动相关自动观测系统 | $CO_2$、热量和水汽通量 | |
| 4 | | 风温廓线仪 | 1～5km 高空风、温廓线 | |
| 5 | | 智能化辐射仪和天空辐射仪 | 地面直接辐射和散射辐射 | |
| 6 | | 雨量器 | 降雨/雪量 | |

续表

| 序号 | 目的 | 仪器设备名称 | 观测内容 | 备注 |
| --- | --- | --- | --- | --- |
| 多年冻土 | | | | |
| 8 | | 多年冻土地温自动监测系统 | 多年冻土地温 | |
| 9 | | 活动层水热动态自动监测系统 | 活动层水分、温度和热通量监测 | |
| 10 | | 路基表面热状况观测系统 | 路基表层温湿度、热通量和辐射 | |
| 建筑物稳定性 | | | | |
| 11 | | Trimble5700 高精度 GPS 和红外水准测量仪 | 道路工程路基变形监测、冰川运动监测 | |
| 12 | | EKKO100 探地雷达系统等 | 定期天然状态和监测道路工程路基下多年冻土顶板变化 | |

## 20.4　长期观测资料整理与使用

各科研、高校和设计产业部门在过去和现在都陆陆续续地建立了许许多多冻土观测站，有研究冻土特征（分布规律、季节活动层、年平均地温、相关影响因素等），研究冻土与工程相互作用（变形、温度场、水分场、应力场、工程措施效果等），研究冻土工程地质-水文地质特征（冻融过程中岩土物理力学及水理性质、冻胀性和融沉性、地下水动态及其影响等），还有相关学科研究（植物生态、土壤、碳循环、湿地等），等等。由于各系统部门的管理不一，以致同一单位不同科室，资料不能相互交流，使有些观测项目出现重复。资料整理若能分门别类，建立相应格式（如气象观测资料），纳入数据库与信息系统统一管理，合作交流、产权所属、有偿使用，就能使长期观测资料发挥最大的效益。

# 第 21 章　多年冻土测绘的预测预报方法

## 21.1　冻土预报的前提

冻土条件作为自然因素之一，在天然动态和人为活动影响下会发生各种各样的变化。冻土预报要对这些变化做出科学的预见，只有在充分认识和掌握季节冻土与多年冻土的形成及其相伴随的过程和现象的规律，特别是要了解决定冻土环境的全部自然环境参数后，才能做出正确和科学的预报。也正是那些表征冻土及其中发生过程与自然环境各种因素之间的定性、定量关系规律，即冻土条件形成的普遍规律和局部规律，就成为冻土预报的科学前提，而研究这些规律性是在冻土测绘过程中进行的。

所谓局部规律，是建立自然环境中个别因素（包括人类生产活动）与冻土特征间的关系，既要建立定性关系，更主要的是定量关系和双方因果关系。自然环境各组成分，即辐射与热量平衡的性质、地貌（坡度与坡向）、覆盖物（积雪、植被、水体、人工覆盖物等）、土的成分、组构、含水率等。冻土特征是多年冻土的分布、埋藏和厚度、季节融化（冻结）深度和温度状态、冷生组构和含冰率、冷生作用及其形成物。

所谓普遍规律，可理解为自然环境中所有因素（包括人类生产活动）的具体组合与冻土条件综合体间的相互关系。普遍规律可反映出相互联系和相互作用的具体表现。

冻土预报作为一门学科早在 20 世纪六七十年代就形成和发展起来了。冻土形成于一定气候条件下，与一系列地质-地理因素相关，与其他地质地理生成物相比，最大的特征就是热力学的不稳定性。正如 B. A. 库德里亚采夫、Э. Д. 叶尔绍夫等著作中所指出的，发生在寒冷气候条件下的成岩作用，伴随着沉积物的冻结与融化作用和土中水的相变，就导致：①土中形成冰胶结链，冰包裹体在土中形成各种各样的冷生组构；②提高了分散性土的粉土颗粒含量；③形成具有特殊成分和组构的各种地质成因类型（如海洋、冲积、河流、湖泊、泥流等）的第四纪沉积物；④形成各种成因的厚层地下冰。

研究冻土条件必须与自然环境综合体紧密联系，首先与土的地质-地理成因类型紧密联系，研究冻土条件与地质-地理环境各个组成部分的因果关系，取得关键地段的冻土形成的特殊规律。通常的景观方法是将研究区分为许多具有一定的地质条件和自然环境综合体的地段（区），再在每一个小的地段（区）范围内来研究季节冻土和多年冻土形成和发育的具体形式和规律。但应注意的是，物质运动都具有连续性规律，多年冻土的特点及其参数都有随时间产生较大变化的特性。

土由冻结状态转变为融化状态，由融化状态转变为冻结状态的条件是冰的消失和出现。这种量变到质变的物质发展规律是和岩土的不同状态及造岩矿物（包含冰）紧密联系的。这些规律，一方面取决于热力学和热物理学的规律，另一方面取决于研究区的地质特征。所以，冻土条件变化不能仅仅看成是热物理过程和结果，而且还要看成是地质条件和土的水分状况物质变化过程和结果。

多年冻土的分布与埋藏条件是由土体表面的热交换条件、沉积物的物质成分和土中水热状态所决定的。多年冻土的物质成分、冷生组构、水的相变、温度的变异和物理化学过程决定着多年冻土具有特殊物理力学性质的独特规律，特别是在0℃附近的变化，将会使冻土的所有性质发生巨大变化。冻土过程（冻结与融化）的独特作用又会形成特殊的地形（如冻胀丘、斑土、热融湖和融冻泥流阶地等）。冻土的存在又会大大地改变当地的水文地质和水文条件。

由此可见，多年冻土区各地段的工程地质环境是由季节冻土、多年冻土和融区土的分布、埋藏、厚度、温度状况、物质成分、地下冰、冷生组构和性质的规律性所决定的。它们与自然环境间维持着多年至几个世纪的动态定量关系，一旦自然因素（如地表辐射热平衡、气候及小气候、自然覆盖物、地貌结构和新构造运动、地表水和地下水等）发生相当快速的改变时，就会使冻土环境发生不可逆的剧烈变化。同样，地区的经济开发、各种建筑物的建筑与运营、频繁的人类活动等都往往使冻土环境发生剧烈变化。所以，冻土预报，首先应对研究区进行冻土测绘，然后研究冻土的地质成因类型、冻土冷生构造的形成特点，季节冻土和多年冻土形成及其中发生的冻土过程的一般规律。此时，不仅要建立冻土特征与自然环境的地质–地理因素的定性关系，而且要考虑具体环境中现象的热物理和地质方面，建立计算方案的定量关系。

冻土预报的最终目的是要对研究区的冻土工程地质条件做出评价。这一评价，不仅要应用冻土测绘成果，也要确立冻土预报的成果。

## 21.2　冻土预报的任务

冻土预报的内容和任务，一方面是预报建筑物下和地表条件遭受破坏的毗邻地区的冻土温度状态、季节和多年冻土的冻结（融化）深度，以及评价地基土的性状和冻土过程的发展。另一方面是预报区域性（小比例尺）冻土分布、特征和地温状态的变化过程。

根据 B. A. 库德里亚采夫所述，冻土预报可区分为三类：

（1）预报与地质、地理环境变化的自然动态有关的冻土条件变化；

（2）预报各地段与人类生产活动有关的冻土条件变化；

（3）预报区域性经济开发时，建筑物群对地基土和相邻地段的综合作用引起的冻土条件区域性变化。

第一组任务主要是评价气候波动、新构造运动、陆地与海洋比例变化、剥蚀和堆积过程、冰盖动态、水文地质和水文条件变化、植被条件的改变等对多年冻土分布、厚度、温度状态、组构、成分和性质以及冻土过程的影响。这种预报资料是来自于古地理、古地质和古冻土的重建，以及建立相关的气候变化模式等来预报冻土变化。

第二组任务是评价人为活动作用对冻土条件的影响，如清除自然覆盖物或改变覆盖物的性质、平整土地而改变地形、清除或置换土层、人造蓄水池或围堰、疏干及排出地表积水、修筑路堤、开挖采石场或基坑和排水沟、建造人工铺砌层、建造构筑物或建筑物等，这些人为活动都会对冻土地基产生热学和力学的作用。冻土预报结果就是要评价这些人为活动下冻土自然综合体的稳定性（热和力方面）。

第三组任务是评价大区域性开发时采用的综合措施下冻土过程及相邻地段自然冻土过程的区域性变化，尤其是建筑群间的综合作用下冻土环境的变化。

三个方面的冻土预报都基于冻土热动力学的不稳定特殊性。地表面热交换条件的改变导致土的季节或多年的冻结和融化，导致不太长的时间内和大区域范围内一种过程代替另一种过程。这个过程也因土的组分、结构、水分状态和埋藏特征而影响着地表面传递的热量循环。随着时间、岩土和地表性状的变化，多年冻土层分布面积、厚度、性质都可以根本不同，且伴随着独特的冻土-地质过程发育，又形成一定组构和成分的沉积物。

区域经济开发也导致冻土条件产生各种变化。在建筑物建筑和运营过程中，冻土层常常发生融化，失去承载力，产生很大的沉降和热融现象。在研究阶段视为有利的冻土条件，但在建筑物建筑和运营过程中可能转变成不利的。这要通过冻土预报做出冻土工程地质条件的评价。

可见，评价冻土特征在自然因素和人类经济活动影响下的变化是冻土预报的基本任务和内容。冻土预报的科学基础是：①认识冻土条件形成的局部规律和普遍规律，这些规律性揭示出季节冻土和多年冻土特征、冻融过程参数及其与地质-地理因素的定性和定量关系；②知道第四纪时期自然因素发展的历史（包括现代阶段在内），这些自然因素决定了多年冻土层形成历史和动力学。所以，冻土测绘是冻土预报的基础及其主要方法。

由于目的和任务不同，可划分为天然-历史类和技术成因类的冻土预报。

（1）天然-历史类冻土预报。

其目的是评价自然因素天然变动后冻土环境的未来变化。这种预报的任务是包括评价第一组自然因素变化对多年冻土层分布、埋藏条件、组构、成分和性质、厚度、温度动态及冷生过程的影响。同时，还应考虑到，这些因素不是各自变量，而是在某种程度上相互联系在一个统一的系统中，即自然环境。

（2）技术成因类冻土预报。

其目的是评价第二组人类的经济活动因素影响下冻土环境的变化。这类预报也可称为工程冻土预报，其目的是开发区的冻土工程地质评价，确定冻土上建筑的原则和方法，以及确定多年冻土区自然环境的保护、培植和定向改造的合理利用的方法。这类预报是为了解决这样一些实际问题，如选择建筑场地和线性建筑路线，建筑对象配置方案，各种管道铺设方法，矿藏开采，确定冻土作为工程建筑物地基的利用原则等。在工程冻土预报的基础上提出排除或限制对建筑和自然环境产生有害的措施，以保证工程建筑物运营和冻土环境状态达到最佳条件。

冻土预报应随区域特点、研究详细程度及其目的而具体化，也取决于冻土测绘所能取得的原始资料及其特定用途。第一组任务仅在小比例尺（1∶50 万～1∶10 万）冻土测绘阶段的预报；第二、三组任务是在中比例尺（1∶5 万～1∶2.5 万）和大比例尺（1∶1 万～1∶5000）冻土测绘阶段的预报。

（1）小比例尺冻土测绘时的预报。其是根据区域经济发展的远景规划为广大地区而编制，用以评价自然资源和选择其合理利用的方法。小比例尺区域预报必须评价：①在土季节冻结和融化类型分类的基础上，评价自然景观因自然和人为活动影响使自然因素变化的敏感性；②评价多年冻土层分布、埋藏条件、厚度和温度动态、冻土冷生现象等冻土过程可能出现的区域性变化；③评价冻土环境变化引起的地形、植物、水文和水文地质条件的区域性变化，并确定其变化区域范围。小比例尺区域预报应当以全面研究相互作用的因素系统为基础，既包括天然-历史类预报，又包括技术成因类预报。前者为主要的，因它是以研究季节冻土和多年冻土在个别自然因素及其整个综合因素影响下的形成和发育规律为基础的。

（2）中比例尺冻土测绘时的预报。其目的是对经济开发区进行工程地质评价，以论证建筑路线的最佳条件，选择施工方法，确定主要结构，制定建筑物使用的技术规范，以制定和选择控制冻土过程的最有效措施。在此基础上，制定自然环境保护和改造的原则与方法。中比例尺冻土预报的任务是：①评价开发区内所有景观类型上岩土温度动态的可能变化。这些变化是在自然因素的天然变动和在建筑物施工与运营影响下发生的；②评价与建筑物结构方案和使用技术参数有关的岩土温度状态的变化；③评价所预报岩土温度状态变化的影响下多年冻土层分布、埋藏条件和厚度的可能变化；④评价冻土在其温度状态变化影响下性质的可能变化，以及评价正融土和重冻结土的性质变化特征；⑤评价主要景观类型的冻土工程地质过程发展速度及其表现程度，这些变化与所预报的季节融化或季节冻结层土温度和水分动态，多年冻土埋藏条件和性质，地形、植被、水文条件等变化结果有关；⑥评价开发区自然条件的区域变化，这种变化受冻土环境变化和在人为作用下的景观类型间相互联系制约；⑦评价为控制自然因素变化过程所采取措施的有效性，以保证有利冻土条件和环境保护。

中比例尺测绘时冻土预报的对象是季节冻土和多年冻土类型。这些类型的划分是按具体景观特有的热交换特点，各种地质成因和类型的岩石特点和埋藏条件，表征岩石热状况稳定性的地质构造及其要素（组分）。在中比例尺测绘阶段，冻土预报包括天然-历史预报和技术成因预报，两者同样重要。天然-历史预报结果是为编制技术成因预报的初始资料，再往上附加自然因素技术性改造的资料。

（3）大比例尺冻土测绘时的预报。其目的是为国民经济具体对象服务。在此基础上给出区域工程地质评价，论证冻土作为地基土的利用原则（或者采掘矿藏方法），确定季节冻土和多年冻土的标准特征，制定保证工程建筑物运营、矿藏开采及环境状况的最佳条件和环境改造措施。该阶段预报的主要形式是技术成因的，其任务是评价工程设计方案在施工和建筑物运营过程中对被开发及毗邻地段冻土条件的影响。

在任何条件下都应该对下列几方面做出预报：①确定建筑物与地基土之间的热作用；②计算建筑物与地基土间的力学参数；③确定建筑物与毗邻地段冻土环境的变化；④评价保障建筑物热稳定性和地质环境至合理利用所采用措施的有效性。①和②的任务决定了建筑物与冻土体间的力学作用。④只能在上述两项完成的基础上才能完成。③一般是中、小比例尺测绘的冻土预报结果。

各类经济开发区和冻土原始条件下，中、小比例尺的冻土测绘（研究）项目都是相同的，即在自然因素和人为活动作用影响下，确定冻土的温度和湿度状态、岩性等冻土地质过程的变化，这些因素是：①积雪厚度和密度的变化；②植被部分或全部铲除；③水体状况的变化，地表沼泽化或疏干程度；④地表辐射热量平衡结构的变化；⑤地形的变化；

⑥清除表层土壤；⑦修筑路堤和围堰；⑧开挖路堑、基坑或露头开采场；⑨敷设人工铺砌层等。因此，自然因素的天然动态、建筑施工与运营对自然条件的预期变化、地基土的热和力学等勘测资料都是完成上述任务所需的原始资料。

各种工程中，建筑物与冻土间的热作用问题、相关的冻土性质和冻土工程地质过程等问题均有差异。

工业与民用建筑的冻土预报任务：①房屋下的融化盘，以及随之产生的沉降和性质的变化；②保护冻土设计原则时，房屋下的冻土温度钻孔和相应的强度性质指标的标准值；③条件改变后土的季节冻结和融化深度；④根据预报的季节冻结和融化深度所确定的基础（包括给排水管）埋置深度；⑤考虑到地基土的状况、温度和湿度、冷生组构的变化条件下，冻土地基的物理力学性质；⑥建筑物毗邻地段多年冻土分布和厚度对辅助工程建筑安装的影响；⑦冻土冷生过程的发展速度或表现程度。

线性工程（公路、铁路、输电线路、长输管道等）的冻土预报任务：①因路堤（路堑）参数、施工技术和施工季节等条件下，路堤（路堑）中的温度和湿度状况变化；②铺设各种人工铺砌层后的多年冻土的温度和湿度状况变化；③与冻土温度和湿度状态变化相联系的冻土物理力学性质的变化；④动荷载作用下冻土、融土的性质特性与变化；⑤铺设管道形成的融化圈和冻结圈；⑥依据冻土的温度和湿度及季节冻融深度变化判断构筑物基础埋置深度的合理性和可靠性；⑦冻土冷生作用过程和生成物的发育程度。

水工建筑物的冻土预报任务：①由于水库集水和高水位引起的多年冻土变化（融化）；②水库和坝址区底部的热融沉降、边岸再造的变化；③坝基和两侧围堰融化时，土的渗透性变化；⑤土堤（坝）的多年冻结状态变化。

农业开发区的冻土预报任务：①由于积雪、松土等引起土壤的温度与湿度状况的变化；②多年冻土区土壤温度和湿度状况对农业的影响及改造利用措施；③自然条件变化引起的热融凹地过程和利用。

应该指出的是，冻土预报任务中应着重强调的部分包括对保障建筑物安全和保护环境措施的评价。过去只注意多年冻土区工程建筑物的安全措施的评价预报，而没有注意生态环境保护问题。事实上，在多年冻土区，自然生态环境变化引起冻土条件和参数的变化，将导致人类工程建筑物冻土条件变化，影响着建筑物的安全性。研究冻土条件变化对局部景观环境稳定性的影响预报也应该是冻土预报的重要任务。

冻土预报各阶段的任务是相互关联的，首先要依次完成小、中、大比例尺各阶段的冻土测绘任务，所得资料要连续相继。假如在研究区（地段）未进行小比例尺测绘，那么，其他阶段的冻土预报必须先做到更详细的测绘（研究）工作才能完成。

冻土预报分为短期的、长期的和超长期的。短期预报的期限在 10 年内，其描绘气候短周期波动，或工程施工和建筑物运营的最初年份等影响下冻土条件的变化。

长期预报的年限为 10 ~ 100 年，实际上是冻土体向新的稳定温度动态过渡时期。这种新的稳定温度动态是与地表和土层在建筑物影响下热交换条件的改变相适应的。预报期末的多年冻土年平均地温及其冻土特征值的变化。

超长期预报的年限超过 100 年，以评价在自然因素的天然变动或自然环境区域改造影响下冻土条件的变化。

## 21.3　冻土预报方法

如前所述，冻土预报的科学基础是冻土条件形成的局部规律和普遍规律。冻土测绘将有助于最全面和最深入地研究这些规律性和追踪其时空变化，是揭示季节冻土和多年冻土基本规律和普遍规律的综合方法，也是冻土预报的主要和基本的方法。所以，不论对任何区域和出自何种目的冻土预报都必须进行冻土测绘。在冻土测绘基础上的预报方法在参考文献（库德里亚夫，B. A.，1974；加拉古里亚，Л. C.，1992）中有详细介绍，这里不再赘述。

除了上述冻土预报的主要方法外，可适当地利用一些其他的预报方法，如模拟、相似、数值计算、成因分类、外推和内插、专家评估等。

（1）可以采用逻辑的、数学的和物理的现场和实验室方法来模拟冻土-地质情况及过程、建筑物与环境的相互作用。

逻辑模型可分为假设模型、理论模型和性状模型（研究程序和方法），是建立任何其他模式的初始阶段。这些模式反映出研究者对冻土工程地质条件形成特点和建筑物与环境相互作用的地质概念认识和综合理念。所采用的逻辑模型决定了可否利用某个具体建筑物现有方法，以及要不要拟定做补充（专门）研究的新课题。所以，逻辑模式的建立主要在最早研究阶段。

在各勘测阶段，建筑物与环境相互作用过程的研究和预报中，更广泛地应用数学模拟。目前采用的数学模式有定解模型和统计（概率）模型。第一类模型是各种方程、附图和诺模图，主要表现土的特性及其发生的过程与自然因素和建筑物参数之间的函数关系。现有的大量方程式可以用来研究冻土温度场的形成和过程，它们可以不同精度地反映出土壤表面和土中的热交换状况，主要有斯蒂芬课题的各种解。B. A. 库德里亚采夫等研制的预报方法就是应用定解模型的例子。这种方法对研究季节冻土和多年冻土、冻土冷生过程和现象形成及动力学规律性是很有效的。它成功地应用于多年冻土区各种形式经济开发的所有勘测阶段。

该方法的优点是，在相对短时间内以最低人力物力，研究大量影响因素和相关因素容易变动情况下的任何一种过程。由于定解模型在很大程度上是一种简化模型，其预报结果主要取决于冻土测绘和勘测过程中所得到的原始资料和选择的正确性。

统计（概率）模型是将自变量当作随机变量的方程式。显然，这种模型比定解模型要全面些，且在更大程度上与真实过程相符。目前采用统计模型预报冻土和工程地质条件变化的难处是：准确地评定预报事件和性质的概率所必需的原始资料（测绘和勘测中）数量往往不足。

所有在试验场地上的试验研究可归属于物理（现场、实物）模型。现场模拟方法的优点在于：在模型中真实地再现冻土和工程地质过程和现象。但因试验周期很长，必须建立大量模型来研究各种自然因素（个别地和在一定组合下）对工程建筑物的影响，因而限制了该方法的应用，特别是对解那些数学模型已研制好了的课题。但是，在研究建筑物与环境间相互作用这一特定的问题时，或者验证用其他方法预报的结果是否正确时，现场（实物）模型具有重要且不可替代的作用。现场（实物）模型必须在各个研究阶段进行（从小比例尺测绘开始）。

实验模型研究也可以获得可靠的结果。为预报土的性质变化，在试验室中进行土的试验是不可缺少的。但是，在实验室条件下，研究建筑物与冻土相互作用时，却难以做到模型和现场（实物）对象的相似准则。在这些情况下，必须建立现场（实物）模型，并进行试验。

计算机（或水力和电力模拟）上的过程模拟属于实验室模拟。在这种情况下，所研究的过程为具有相似数学表达式代替。所以，相似模拟在很大程度上是离开实物而抽象出来的，实质上解的是数学方程。过程的相似模拟主要用于中、大比例尺冻土测绘（技术设计和工程图阶段），以解决复杂的非标准问题，研究热过程的动态和验证近似方程计算的结果。

（2）预报冻土条件变化和建筑物与冻土地基相互作用的另一种方法是相似方法。该方法应用于勘测的各个阶段。根据此方法来预报即将开发地段的自然条件变化时，是借鉴具有相似条件地段的相似建筑物的工程建筑经验为基础的。工程建筑经验可以通过系统的地面调查、过程的动态观测以及借助航卫片来研究。相似方法是定性的方法，它给出的定量评价也只是近似的。但是，这个方法有助于实现开发区自然条件的区域变化预报。

借助研制的模拟方法对自然条件变化预报的结果是严格对应的，具体到一个地区类型，某一个建筑物或其一部分。这种预报反映一定地区类型范围内因素与过程间的相互联系。每一个景观类型的形成与周围景观都是有规律地联系着的。所以，个别场地上自然条件的变化，不仅可能因建筑物施工和运营的直接作用引起，也可能因毗邻地段自然条件的改变引起。在土壤过潮湿地区（降水量大于蒸发量）、管道线变成地表水和潜水流的排水沟。土体水分状态的变化、季节性或多年性地下潜水流出现，就加剧了侵蚀和潜蚀过程的发展，改变管道沿线的地形。在管道线路上沼泽化的发生和加剧，将导致植物群落的更替，土质和土壤盐分的变化等。只有在研究各种景观类型及其在建筑物影响下变化之间相互联系的基础上，才能进行类似区域变化的预报。在预报类似自然条件的区域性变化时，利用建筑经验和重复航空摄影，应用相似法可以获得良好的效果。研究各种航空摄影方法、航片解释和判读方法，按重复航摄资料有可能做出自然条件变化的定量预报。

（3）成因分类法亦可以定性地来预报冻土的变化，因为多年冻土、地下冰、融区、季节融化和季节冻结类型的成因分类的冻土分类参数指标与冻土条件的变化间存在着因果关系，可以有效地利用多年冻土分类来进行冻土工程地质条件变化的定性评价预报。这种方法多在早期的小比例尺研究中应用。在中、大比例尺冻土测绘中，也可以将成因分类法和数学方法结合起来应用。

（4）外推法和内插法在各个研究、勘测阶段中都广泛地应用。这种方法既用来预报建筑物运营阶段或建立了新的稳定状态时期自然因素的变化，也可以用来预报自然因素的时空变化。空间和时间的外推法是常用的。外推法的最重要条件是证明外推的时间或空间间隔内保持着研究所确立的过程变化趋势（规律性）。当时间间隔很长，或者冻土研究难以到达的地区时，要证明这种趋势是恒定的那将是极为困难。所以，外推法在地质学中的应用就受到限制。但是，在冻土学和工程地质学领域，许多短时（瞬时）的过程又不得不利用外推法来进行预报。在研究冻土参数随时间变化的函数关系数学式时，利用外推法特别有效。在这种情况下，外推法与数学模拟法就完全结合起来。外推法在评价某些建筑物（如管道）工作条件的变化时，其精度是靠研究区的观察工作来保证，预报的时间间隔不超过 30 ~ 40 年。在建筑物运营阶段可以进行观测，对预报结果予以订正。内插法的应用特点和外推法是一样的。

（5）专家评估方法是利用该地区工作的高学术水平和修养的冻土专家、工程地质专家、设计师和建筑师的职业经验和知识、直观为基础的。在预报线路和地段上自然条件变化时，应用这种方法如同逻辑模拟一样，是在勘测的早期和冻土条件变化后，可以阐明工程建筑物运营工作的可靠性。专家评估方法首先要用来详细定性研究工程实践中经常产生的普遍性问题。在专家评估的基础上，决定对各勘测阶段研究和预报冻土及工程地质条件的手段、方法和技术资料做出选择。

上述是冻土预报的概略性分类，预报方法与认识规律的各种水平不一，其所得的结果具有不同可靠程度。一般来说，借助数学模拟方法（反映过程的物理本质）和成因分类法（反映现象与自然因素综合体之间的成因关系）能够获得最可靠的结果。为了保证预报结果的可靠性，必须应用综合方法。随着预报中所解问题的新颖、复杂性和类型不同，以及随对被预报过程规律性的认识程度不同，各种预报方法可以有所偏重。

编制冻土预报图是冻土工程地质研究的重要部分。冻土预报图的基础是天然条件的冻土条件图，在冻土分类的基础上亦可编制冻土预报图。

从冻土预报研究的角度看，冻土预报方法主要组成部分应包括以下内容。

（1）在冻土测绘和多年冻土、融区、冻土过程分类的基础上建立多年冻土、融区、和冻土过程与其构成的统一的自然综合体的全部要素间的成因关系。

（2）对多年冻土、融区及其中发生的过程与自然因素间的关系进行定量评价，以编制冻土预报。

（3）划分工程建筑时自然条件破坏的类型。

（4）编制冻土评价图。

## 21.4　冻土工程地质研究中的冻土预报

冻土预报主要是冻土层温度状态和活动层厚度变化的预报方面。其基本是地表、地中热量平衡的计算，综合考虑土体相变、植被覆盖、积雪覆盖等自然及人为因素影响下冻土的发展变化趋势。下面从《工程地质研究中的冻土预报原理》（B. A. 库德里亚采夫）选择有关季节冻结（融化）深度等方面的预报。

### 1. 主要自然因素对 $t_{\mathrm{hf.u}}$、$h_{\mathrm{f.u}}$ 形成的综合影响计算

$$t_0 = t_{\mathrm{a}} - \Delta t_{\mathrm{R}} - \Delta t_{\mathrm{CH}} \pm \Delta t_{\mathrm{pacT}} \tag{21.1}$$

$$A_0 = A_{\mathrm{a}} + \Delta A_{\mathrm{R}} - \Delta A_{\mathrm{CH}} - \Delta A_{\mathrm{pacT}} \tag{21.2}$$

$$t_{\mathrm{h \cdot fu}} = t_0 - \Delta t_{\lambda} + \Delta t_{\mathrm{oc}} \tag{21.3}$$

式中，$t_0$ 与 $A_0$ 分别为土壤表面的年平均温度和年温较差；$t_{\mathrm{h \cdot fu}}$ 为深度为 $h_{\mathrm{fu}}$ 处的年平均温

度；$t_a$ 和 $A_a$ 分别为该地区的年平均气温和年温较；$\Delta t_R$ 与 $\Delta A_R$ 分别为辐射平衡对温度位移和年温较差增减的影响；$\Delta t_{CH}$ 与 $\Delta A_{CH}$ 分别为雪盖对温度位移和年温较差增减的影响；$\Delta t_{pacT}$ 与 $\Delta A_{pacT}$ 分别为植被对温度位移和年温较差增减的影响；$\Delta t_{\lambda}$ 为因冻结和融化状态的导热系数不等而形成的温度位移；$\Delta t_{oc}$ 为因夏季大气降水渗入或潜水及地下水的增温作用而形成的温度位移。

**2. 雪盖对土季节冻结与融化深度影响的计算**

$$\Delta t_{CH}=\Delta A_{CH}=\frac{A_a}{2}\left(1-e^{-Z_{CH}\sqrt{\frac{\pi}{a_{CH}T}}}\right) \tag{21.4}$$

式中，$\Delta A_{CH}$ 为积雪下年温较差的减少（物理量）（℃）；$Z_{CH}$ 为雪盖厚度（m）；$a_{CH}$ 为积雪导温系数（$m^2/h$）；$T$ 为周期，等于一年（h）；$A_a$ 为气温年较差（气象值）（℃）。

融（冻）土的体积热容量（$C_u$，$C_f$），冻结时土中水相变耗热量（$L$）：

$$C_f=C\rho_d+0.5\,\frac{(\omega-\omega_u)\rho_d}{100}+1.0\,\frac{\omega_u\rho_d}{100}[\mathrm{kcal/(m^3\cdot ℃)}]$$

$$C_u=C\rho_d+1.0\,\frac{\omega\rho_d}{100}[\mathrm{kcal/(m^3\cdot ℃)}] \tag{21.5}$$

$$L=80\,\frac{(\omega-\omega_u)\rho_d}{100}[\mathrm{kcal/(m^3\cdot ℃)}]$$

式中，$C$ 为土比热［$\mathrm{kcal/(m^3\cdot ℃)}$］；$\rho_d$ 为土骨架容重（$kg/m^3$）；$\omega_u$ 为未冻水含率（%）；$\omega$ 为天然含水率（%）。

**3. 植被作为隔热层对土温度状况影响的计算相关公式**

1）任一深度 $Z$ 的温度较差

$$A_Z=A_0e^{-Z\sqrt{\frac{\pi}{aT}}} \tag{21.6}$$

由此可计算出导温系数 $a$。

式中，$A_0$ 为土壤表面温度较差（℃）；$T$ 为时间（a 或 h）

2）植被作为隔热层对土壤表面温度的热影响

$$\Delta A_{pacm}=\frac{\Delta A_1\tau_1+\Delta A_2\tau_2}{T} \tag{21.7}$$

$$\Delta t_{pacm}=\frac{\Delta A_1\tau_1-\Delta A_2\tau_2}{T}.\ \frac{2}{\pi} \tag{21.8}$$

式中，$\Delta A_1$ 和 $\Delta A_2$ 为与年内冷季和暖季相对应的植被表面和下面的日平均气温差（℃）；$\tau_1$ 和 $\tau_2$ 为与负气温和正气温相对应的持续时间（h）；$T$ 为周期，等于一年（h）。

$$\begin{aligned}&\Delta A_1=A_1\left(1-e^{-Z_{pacm}\sqrt{\frac{\pi}{a_f\cdot 2\tau_1}}}\right),\ A_1=A_{pacm}-t_{pacm}\\&\Delta A_2=A_2\left(1-e^{-Z_{pacm}\sqrt{\frac{\pi}{a_u\cdot 2\tau_2}}}\right),\ A_2=A_a-t_a\end{aligned} \tag{21.9}$$

式中，$Z_{pacm}$ 为植被高度（m）；$a_f$，$a_u$ 分别为冻结、融化状态的植被导温系数；$A_{pacm}$ 和 $t_{pacm}$ 为相应的气温年较差和雪下植被表面的年平均气温，即考虑 $\Delta t_{CH}$。

### 4. 水层对底部沉积物温度状况及其季节冻结和融化的影响

当深度不大、冻结到底的湖泊底部沉积物温度状况：

$$t_{H_w}=\frac{\left(\dfrac{H_i-H_w}{H_i}\right)t_{i\cdot \min}+t_{i\cdot \max}}{2} \tag{21.10}$$

式中，$t_{i\cdot \min}$为冰盖最低温度；$t_{i\cdot \max}$为冰盖最高温度；$H_w$为湖水深度；$H_i$为冰盖厚度。

### 5. 夏季降水渗入和空气对流对土温及其季节冻结和融化深度的影响

1）进入季节融化层的附加热量收入

$$Q_s=p_{oc}t_{oc}C_w \tag{21.11}$$

式中，$p_{oc}$为渗入土中的夏季降水量（$kg/m^2$）；$t_{oc}$为降水的夏季平均温度（℃）；$C_w$ 为水的热容量，取为 1。

2）由季节冻结（融化）层到大气中的热流

$$Q=\frac{\Delta t_p}{h_{fu}}\lambda_y\tau \tag{21.12}$$

3）评价入渗水热影响（库德里雅采夫，1974）

$$\Delta t_{oc}=\frac{p_{oc}t_{oc}h_{fu}}{\lambda_y\tau} \tag{21.13}$$

其中引用导热系数 $\lambda_y=\dfrac{\lambda_u\ (A_0+t_0)\ +\lambda_f\ (A_0+t_0)}{2A_0}$

### 6. 多年冻土冻结深度计算

$$h_f=\frac{2(A_{0.f}-t_{0.f}-gh_f)\sqrt{\dfrac{\lambda TC}{\pi}}+\dfrac{(2A_{CP}Ch_{2C}+Lh_f)L\sqrt{\dfrac{\lambda T}{\pi C}}}{(2A_{CP}Ch_{2C}+Lh_f)+\sqrt{\dfrac{\lambda T}{\pi C}}(2A_C C+L)}}{2A_{CP}C+L} \tag{21.14}$$

其中，

$$h_{2C}=\frac{2(A_{0.f}-t_{0.f}-gh_f)\sqrt{\dfrac{\lambda TC}{\pi}}}{2A_{CP}C+L}$$

式中，$t_{0.f}$为地表面周期 $T$ 的平均温度（℃）；$h_f$ 为最大多年冻（融）深度（m）；$g$ 为地热梯度（℃/m）。

### 7. 计算季节冻结（融化）深度

1）当土壤冻结和融化状态下的导热系数相等时（$\lambda_u=\lambda_f$）

$$h_{fu}=\frac{2(A_0-|t_{h_{fu}}|)\sqrt{\frac{\lambda TC}{\pi}}+\frac{(2A_{CP}Ch_{2C}+Lh_{fu})L\sqrt{\frac{\lambda T}{\pi C}}}{2A_{CP}Ch_{2C}+Lh_{fu}+\sqrt{\frac{\lambda T}{\pi C}}(2A_C C+L)}}{2A_{CP}CL} \tag{21.15}$$

其中，

$$h_{2C}=\frac{2(A_0-|t_{h_{fu}}|)\sqrt{\frac{\lambda TC}{\pi}}}{2A_{CP}C+L}$$

2）当土壤冻结和融化状态下的导热系数不相等时（$\lambda_u\neq\lambda_f$）

$$\Delta t_\lambda=\frac{h_{fu}}{T\lambda_y}\left(1-\frac{\sqrt{\lambda_u}}{\sqrt{\lambda_f}}\right)\left[\sqrt{2}A_0\sqrt{\frac{\lambda TC}{\pi}}+\frac{(2A_{CP}Ch_{2C}+Lh_{fu})L\sqrt{\frac{\lambda T}{\pi C}}}{2A_{CP}Ch_{2C}+Lh_{fu}+\sqrt{\frac{\lambda T}{\pi C}}(2A_C C+L)}-\frac{1}{2}nA_C Ch_{fu}a\right] \tag{21.16}$$

其中，

$$\lambda_y=\frac{\lambda_u(A_0+t_0)+\lambda_f(A_0+t_0)}{2A_0}$$

式中，$\Delta t_\lambda$ 为导热系数不相等时的温度位移。

**8. 温度年变化层内多年冻土温度状况变化预报**

1）总冻结积温值

$$\Omega(\tau_{CM})=t_0(\tau_{CM}-\tau_0)+\frac{A_0T}{2\pi}\sin\frac{\pi}{T}(\tau_{CM}+\tau_0)\sin\frac{2\pi}{T}(\tau_{CM}-\tau_0) \tag{21.17}$$

式中，$\tau_0=\frac{T}{2}+\frac{T}{2\pi}\arcsin\frac{t_\xi}{A_0}$为季节融化层开始冻结时间；$\tau_{CM}$为季节融化层与多年冻土衔接时间。

2）简化计算

$$|\Omega(\tau_{CM})|=\frac{h_f^2L}{2\lambda_f} \tag{21.18}$$

式中，$h_f$为季节冻结深度。

**9. 季节性冻土地区土壤冻结（李超等，2009）：**

1）斯蒂芬冻深近似解析解

简化假定：未冻区温度呈直线分布，其上边界温度为 $t_s$，未冻区温度恒定等于 $t_0$，即 $t_u(x)=t_0$，可以得到：

$$h_f=\sqrt{\frac{2\lambda_f(t_f-t_s)\tau}{Q_0}} \tag{21.19}$$

如果考虑空气放热及表面有保温材料时，修正后得

$$h_{\mathrm{f}}=\sqrt{\frac{2\lambda_{\mathrm{f}}(t_{\mathrm{f}}-t_{\mathrm{s}})\tau}{Q_0}+s^2}-s \tag{21.20}$$

式中，$s$ 为空气热阻和表面保温材料热阻之和；$s=\left(\frac{1}{a}+\frac{\delta}{\lambda_1}\right)$，$a$ 为空气放热系数 [kJ/(m² · h · ℃)]，$\delta$ 为保温材料厚度（m），$\lambda_1$ 为保温材料的导热系数 [kJ/(m² · h · ℃)]。

2）列本庄冻深近似解析解

简化假定：冻结区温度为直线分布，土表面负温保持常数 $t_{\mathrm{s}}$，未冻区的温度初始状态为多年平均温度 $t_{\mathrm{m}}$，温度分布按半无穷大平面求解，可得到冻深解为

$$h_{\mathrm{f}}=\sqrt{\frac{2\lambda_{\mathrm{f}}(t_{\mathrm{f}}-t_{\mathrm{s}})}{Q_0}}\left(\sqrt{1+A^2}-A\right) \tag{21.21}$$

其中，

$$A=0.399\,\frac{t_{\mathrm{m}}-t_{\mathrm{f}}}{\sqrt{t_{\mathrm{f}}-t_{\mathrm{s}}}}\sqrt{\frac{\lambda_{\mathrm{u}}C_{\mathrm{u}}}{\lambda_{\mathrm{f}}Q_0}}$$

3）纽曼近似解析解

简化假定：初始状态下未冻区温度及冻结开始后未冻区的无穷深处温度均为 $t_{\mathrm{m}}$，冻结开始时，表面温度突然降低为 $t_{\mathrm{s}}$，可以得到：

$$h_{\mathrm{f}}=m\sqrt{\tau} \tag{21.22}$$

式中，$m$ 为超越方程的解，即

$$\frac{Q_0\sqrt{\pi}\,m}{2}=\frac{\lambda_{\mathrm{f}}(t_{\mathrm{f}}-t_{\mathrm{s}})\,\mathrm{e}^{-\frac{m^2}{4a_{\mathrm{f}}}}}{\sqrt{a_{\mathrm{f}}\operatorname{erf}\left(\frac{m}{2\sqrt{a_{\mathrm{f}}}}\right)}}-\frac{\lambda_{\mathrm{u}}(t_{\mathrm{m}}-t_{\mathrm{f}})\,\mathrm{e}^{-\frac{m^2}{4a_{\mathrm{u}}}}}{\sqrt{a_{\mathrm{u}}\left[1-\operatorname{erf}\left(\frac{m}{2\sqrt{a_{\mathrm{u}}}}\right)\right]}} \tag{21.23}$$

4）鲁基扬诺夫近似解析解

简化假定：在冻结期表面温度取平均值 $t_{\mathrm{s}}$，未冻区流向冻结区之热流 $q$ 取平均值，冻结期温度分布取直线，可解得：

$$\tau=\left[Q_0+\frac{C_{\mathrm{f}}}{2}(t_{\mathrm{f}}-t_{\mathrm{u}})\right]\left[\frac{\lambda_{\mathrm{f}}\Delta t}{q^2}\ln\frac{\lambda_{\mathrm{f}}\Delta t-qS}{\lambda_{\mathrm{f}}\Delta t-q(h_{\mathrm{f}}+S)}-\frac{\zeta}{q}\right] \tag{21.24}$$

其中，

$$\Delta t=t_{\mathrm{f}}-t_{\mathrm{s}}$$

**10. 考虑相变的冻土温差场预报**

温度场问题应该是一个带相变的传热问题。带相变瞬态温度场问题的热量平衡控制微分方程为（Lai et al.，2003；Zhang et al.，2002）

在 $\Omega_{\mathrm{f}}$ 内，

$$C_{\mathrm{f}}\frac{\partial T_{\mathrm{f}}}{\partial t}=\frac{\partial}{\partial x}\left(\lambda_{\mathrm{f}}\frac{\partial T_{\mathrm{f}}}{\partial x}\right)+\frac{\partial}{\partial y}\left(\lambda_{\mathrm{f}}\frac{\partial T_{\mathrm{f}}}{\partial y}\right)+\frac{\partial}{\partial z}\left(\lambda_{\mathrm{f}}\frac{\partial T_{\mathrm{f}}}{\partial z}\right) \tag{21.25}$$

在 $\Omega_{\mathrm{u}}$ 内，

$$C_{\mathrm{u}}\frac{\partial T_{\mathrm{u}}}{\partial t}=\frac{\partial}{\partial x}\left(\lambda_{\mathrm{u}}\frac{\partial T_{\mathrm{u}}}{\partial x}\right)+\frac{\partial}{\partial y}\left(\lambda_{\mathrm{u}}\frac{\partial T_{\mathrm{u}}}{\partial y}\right)+\frac{\partial}{\partial z}\left(\lambda_{\mathrm{u}}\frac{\partial T_{\mathrm{u}}}{\partial z}\right) \tag{21.26}$$

式中，符号 f、u 分别表示冻、融状态；$T_f$、$C_f$、$\lambda_f$ 分别为正冻区 $\Omega_f$ 内介质的温度、体积比热和导热系数，带“u”者为融区 $\Omega_u$ 内介质的相应物理量。

在相变移动边界 $s(t)$ 上，必须满足连续条件和守恒条件，即

$$T_f(s(t),t)=T_u(s(t),t)=T_m \tag{21.27}$$

$$\lambda_f\frac{\partial T_f}{\partial n}-\lambda_u\frac{\partial T_u}{\partial n}=L\frac{ds(t)}{dt} \tag{21.28}$$

式中，$L$ 为含水岩土的相变潜热。

固定边界上的边界条件为

$$T=T_a$$

$$\frac{\partial T}{\partial n}=-\alpha(T_a-T)$$

式中，$\alpha$ 为常数；$T_a$ 为环境温度。

初始条件为

在 $\Omega_f$ 内，

$$T_f\big|_{t=0}=T_0$$

在 $\Omega_u$ 内，

$$T_u\big|_{t=0}=T_0$$

由于体积比热和导热系数是随着温度的变化而变化的，且两相界面的位置也是变化的，所以界面的能量守恒条件是非线性的，该问题在数学上是一个强非线性问题，无法获得解析解。本书用焓法处理相变问题，将其定义为热容对温度的积分：

$$H=\int_{T_0}^{T}C(T)dT \tag{21.29}$$

或等效的微分形式：

$$C(T)=\frac{dH}{dT} \tag{21.30}$$

按下式构造热容：

$$C=\frac{\frac{\partial H}{\partial x}\frac{\partial T}{\partial x}+\frac{\partial H}{\partial y}\frac{\partial T}{\partial y}+\frac{\partial H}{\partial z}\frac{\partial T}{\partial z}}{\left(\frac{\partial T}{\partial x}\right)^2+\left(\frac{\partial T}{\partial y}\right)^2+\left(\frac{\partial T}{\partial z}\right)^2}$$

对空间问题采用八节点等参元：

$$H=\sum_i N_i(x,\ y)H_i(t) \tag{21.31}$$

其中，

$$\frac{\partial H}{\partial x}=\sum_i\frac{\partial N_i}{\partial x}H_i$$

$$\frac{\partial H}{\partial y}=\sum_i\frac{\partial N_i}{\partial y}H_i$$

$$\frac{\partial H}{\partial z}=\sum_i\frac{\partial N_i}{\partial z}H_i$$

式中，$N_i$ 为八节点等参元各节点的函数；$H_i$ 为单元各节点的焓值。

在区域 $\Omega$ 内，焓场方程为

$$\frac{\partial H}{\partial t}=\frac{\partial}{\partial x}\left(\lambda\ \frac{\partial T}{\partial x}\right)+\frac{\partial}{\partial y}\left(\lambda\ \frac{\partial T}{\partial y}\right)+\frac{\partial}{\partial z}\left(\lambda\ \frac{\partial T}{\partial z}\right) \tag{21.32}$$

采用伽辽金法得到焓场的有限元计算公式为

$$[C]\left\{\frac{\partial H}{\partial t}\right\}=\{Q_1\}+\{Q_2\} \tag{21.33}$$

其中，

$$C_{ij}=\sum\int_{\Omega^e}N_iN_j\mathrm{d}\Omega$$

$$Q_i^1=\sum\int_{\Omega^e}\lambda\left(\frac{\partial N_i}{\partial x}\cdot\frac{\partial T}{\partial x}+\frac{\partial N_i}{\partial y}\cdot\frac{\partial T}{\partial y}+\frac{\partial N_i}{\partial z}\cdot\frac{\partial T}{\partial z}\right)\mathrm{d}\Omega$$

$$Q_i^2=\sum\left(\int_{\Gamma_2^e}\alpha(T_{\mathrm{a}}-T)N_i\mathrm{d}\Gamma-\int_{\Gamma_3^e}N_iq_v\mathrm{d}\Gamma\right)$$

用焓处理相变问题，可将式（21.1）、式（21.2）可写成统一的形式：

$$C\frac{\partial T}{\partial t}=\frac{\partial}{\partial x}\left(\lambda\ \frac{\partial T}{\partial x}\right)+\frac{\partial}{\partial y}\left(\lambda\ \frac{\partial T}{\partial y}\right)+\frac{\partial}{\partial z}\left(\lambda\ \frac{\partial T}{\partial z}\right) \tag{21.34}$$

采用伽辽金法得到问题的有限元计算公式为

$$[M]\left\{\frac{\partial T}{\partial t}\right\}+[K]\{T\}=\{F\} \tag{21.35}$$

其中，

$$M_{ij}=\sum\int_{\Omega^e}CN_iN_j\mathrm{d}\Omega$$

$$K_{ij}=\sum\int_{\Omega^e}\lambda\left(\frac{\partial N_i}{\partial x}\cdot\frac{\partial N_j}{\partial x}+\frac{\partial N_i}{\partial y}\cdot\frac{\partial N_j}{\partial y}+\frac{\partial N_i}{\partial z}\cdot\frac{\partial N_j}{\partial z}\right)\mathrm{d}\Omega+\sum\int_{\Gamma_2^e}\alpha N_iN_j\mathrm{d}\Gamma$$

$$F_i=\sum\left(\int_{\Gamma_2^e}\alpha T_aN_i\mathrm{d}\Gamma+\int_{\Gamma_3^e}N_iq_v\mathrm{d}\Gamma\right)$$

**11. 冻土温度的概率预报**

利用摄动技术将冻土热力学参数及边界条件的随机性引入温度场泛函的变分中，得到了随机温度场和有限元公式，利用计算机进行求解（刘志强等，2006）。另外，基于现有气候变化模式预测青藏铁路沿线冻土活动层温度和厚度（杨成松和程国栋，2011）。其方法是以 IPCCA2 气候变化情景预测为背景，利用大气再分析资料和不同空间分辨率数字地形高程模型进行动力降尺度和统计降尺度结合的方法，得到青藏铁路沿线 1km 分辨率的气温数据。在考虑气温数据预报误差和地形复杂性误差的基础上，产生未来气候情景的概率分布集合，作为陆面过程模型的驱动，对青藏铁路沿线钻孔数据中的土壤水分进行水平和垂直两个方向内插处理，作为 COLM 模型中土壤水分初始场。利用钻孔数据中的土壤质地

数据，确定铁路沿线土壤质地信息（粉土和砂土含量），在此基础上计算 COLM 模型所需的土壤水热参数。利用 1961 ~ 2000 年的大气数据对 COLM 模型预热运行，2001 ~ 2100 年概率分布的大气数据集合预报铁路沿线多年冻土区分层土壤温度，得到未来 100 年逐日的活动层厚度与土壤温度预报结果。

其他类型的预报分析，参见《工程地质研究中的冻土预报》（库德里亚采夫，1974）一书。

# 参考文献

陈克造 . 1981. 青藏高原的盐湖 . 地理学报，36（1）：8-16

陈亚明，印艳华 . 1996. 大兴安岭森林开发对冻土季节融化层的影响//第五届全国冰川冻土学大会论文集（下）. 兰州：甘肃文化出版社，1081-1091

程国栋 . 1982. 厚层地下冰的形成过程. 中国科学（B 辑），3：281-287

程国栋，王绍令 . 1982. 试论中国高海拔多年冻土带的划分 . 冰川冻土，4（2）：1-17

程国栋，邱国庆 . 1983. 青藏高原冻胀地形分类——以扎苏梢格塘盆地为例//青藏冻土研究论文集 . 北京：科学出版社，12-22

程国栋，王根绪，王学定，等 . 1998. 江河源区生态环境变化与成因分析 . 地球科学进展，13（增刊）：24-31

崔之久 . 1980a. 初探青藏高原特殊的冰缘现象 . 科学通报，25（11）：509-512

崔之久 . 1980b. 试论多年冻土的冰缘标志及冰川与冰缘作用的关系问题 . 冰川冻土，2（2）：1-6

戴竞波 . 1982. 大兴安岭北部多年冻土地区的地温度特征 . 冰川冻土，4（3）：53-63

高春香，苏立娟，宋进华，等 . 2004. 内蒙古东北部冻土分布与地温关系 . 内蒙古气象，（1）：19-22

高建义，丁家光 . 1982. 青藏公路六十二道班冰丘的形成条件及其发展规律//青藏高原地质文集（5）. 北京：地质出版社，113-118

顾钟炜，周幼吾 . 1994. 气候变暖和人为扰动对大兴安岭北部多年冻土的影响——以阿木尔地区为例 . 地理学报，49（2）：182-187

郭东信 . 1985. 地质构造对多年冻土的影响 . 地理科学，5（2）：97-105

郭东信 . 1988. 我国历史冻土研究的若干进展及其问题 . 冰川冻土，10（3）：300-304

郭东信，黄以职，王家澄，等 . 1989. 大兴安岭北部霍拉河盆地地质构造在冻土形成中的作用 . 冰川冻土，11（3）：215-221

郭东信，黄以职，赵秀锋 . 1993. 青藏高原风火山垭口盆地融冻泥流阶地初步研究//第六届国际冻土会议论文特辑（一）. 冰川冻土，15（1）：58-62

郭东信，李作福 . 1981. 我国东北地区晚更新世以来多年冻土历史演变及其形成时代 . 冰川冻土，3（4）：9-10

郭东信，王绍令，鲁国威，等 . 1981. 东北大小兴安岭多年冻土分区 . 冰川冻土，3（3）：1-9

郭东信，徐叔鹰，黄以职，等 . 1982. 唐古拉山北坡布曲河谷地融区的初步研究//中国地理学会 . 冰川冻土学术会议论文选集（冻土学）. 北京：科学出版社，10-16

郭鹏飞 . 1983. 祁连山区的多年冻土//第二届全国冻土学术会议论文选集 . 兰州：甘肃人民出版社，30-35

何平 . 1996. 土冻结过程中电阻的特性及应用 . 冰川冻土，12（4）：365-370

黑龙江省寒地建筑科学研究院 . 2011. 冻土地区建筑地基基础设计规范（JGJ118-2011）. 北京：中国建筑工业出版社

加拉古里亚 Л С. 1992. 人为引起冻土条件变化的预报评价方法 . 童伯良译 . 兰州：甘肃科学技术出版社

贾铭超，苑福，程国栋，等 . 1987. 中国首次发现冰楔 . 冰川冻土，9（3）：257-260

交通部第一铁路设计院 . 1975. 铁路工程地质手册 . 北京：人民出版社

金会军，孙立平，王绍令，等. 2008. 青藏高原中、东部局地因素对地温的双重影响：植被与雪盖. 冰川冻土，30（4）：535-545
金会军，于少鹏，吕兰芝，等. 2006a. 大小兴安岭多年冻土退化及其趋势初步评估. 冰川冻土，28（4）：467-476
金会军，赵林，王绍令，等. 2006b. 青藏高原中、东部全新世以来多年冻土演化及寒区环境变化. 第四纪研究，26（2）：198-210
库德里亚采夫 B A. 1974. 工程地质研究中的冻土预报. 郭东信等译. 兰州：兰州大学出版社
李超，刘建军，程建军，等. 2009. 季节性冻土区土壤冻结深度的研究. 低温建筑技术，10：81-83
李吉均，文世宣，张青松，等. 1979. 青藏高原隆起的时代、幅度和形式的探讨. 中国科学，（6）：608-616
李韧，季国良，李述训，等. 2005. 五道梁地区土壤热状况的讨论. 太阳能学报，26（3）：299-303
李新，程国栋. 2002. 冻土和气候关系评述. 冰川冻土，24（3）：313-321
李炳元. 1987. 青藏高原的范围. 地理研究，6（3）：57-63
李树德. 1996. 1∶300 万青藏高原冻土图. 兰州：甘肃文化出版社
李树德，李世杰. 1993. 青海可可西里地区多年冻土与冰缘地貌. 冰川冻土，15（1）：77-82
李树德，李作福，王银学. 1993. 兰州马啣山多年冻土特征与环境因素的关系. 冰川冻土，15（1）：83-89
李树德，程国栋，蒲建辰，等. 1996. 黑龙江省五大连池火山岩洞中冰的形成研究//第五届全国冰川冻土学术会议论文集（上）. 兰州：甘肃文化出版社，119-122
李树德，贺益贤，王银学，等. 1998. 喀喇昆仑山-昆仑山地区的多年冻土与冰缘环境//喀喇昆仑山-昆仑山地区冰川与环境. 北京：科学出版社，181-215
李英武，马伟芳. 1989. 多年冻土采暖房屋架空不通风式桩基础应用. 冰川冻土，11（2）：167-171
李作福，郭东信. 1990. 多边形-脉构造及其环境意义. 冰川冻土，12（4）：301-309
梁凤仙，程国栋. 1984. 青藏公路沿线的多边形-脉构造及其古气候意义. 冰川冻土，6（4）：49-59
林培. 1988. 现代土壤调查技术. 北京：科学出版社
刘志强，赖远明，张明义，等. 2006. 冻土路基的随机温度场. 中国科学（D 辑），36（6）：587-592
吕兰芝，金会军，常晓丽，等. 2010. 中俄原油管道工程（漠河-大庆）沿线气温、地表和浅层地温年际变化特征. 冰川冻土，32（4）：794-802
罗汉民，阎秉耀，吴诗敦. 1986. 气候学. 北京：气象出版社
南卓桐. 2006. 1∶400 万中国冰川冻土沙漠图. 北京：科学出版社
南卓桐，李述训，刘永智. 2002. 基于年平均地温的青藏高原冻土分布. 冰川冻土，24（2）：142-148
内蒙古筑业工程勘察设计有限公司. 2014. 冻土工程地质勘察规范（GB 50234—2014）. 北京：中国计划出版社
彭海云，程国栋. 1990. 中国东北大兴安岭地区冰楔及其古气候意义//第四届全国冰川冻土学术会议论文选集（冻土学）. 北京：科学出版社，9-16
秦大河. 2002a. 中国西部环境演变评估，第一卷：中国西部环境特征及其演变. 北京：科学出版社
秦大河. 2002b. 中国西部环境演变及其影响研究. 地学前缘，9（2）：321-328
青藏公路科研组. 1983. 青藏公路沿线高含冰量冻土的分布规律//第二届全国冻土学术会议论文选集. 兰州：甘肃人民出版社，43-51
邱国庆，郭东信. 1983. 论青藏公路沿线的融区//青藏冻土研究论文集. 北京：科学出版社，30-38
邱国庆，黄以职，李作福. 1983. 中国天山地区冻土的基本特征//第三届全国冻土学术会议论文选集. 兰州：甘肃人民出版社，21-29

邱国庆，刘经仁，刘鸿绪 . 1994. 冻土学辞典 . 兰州：甘肃科学技术出版社
沈永平 . 2007. IPCC WGI 第四次评估报告：关于全球气候变化的科学要点 . 冰川冻土，29（1）：156
苏联国家建设委员会（Госстрой СССР）. 1988. 建筑规程与规范《多年冻土上的地基基础》СНиП 2. 02. 04-88. 中铁西北院译 . 兰州 .
苏联科学院西伯利亚分院冻土研究所 . 1988. 普通冻土学 . 郭东信等译 . 北京：科学出版社
汤懋苍，程国栋，林振耀 . 1998. 青藏高原近代气候变化及对环境的影响 . 广州：广东科技出版社
铁道部第三勘测设计院 . 1958. 多年冻土的工程地质和铁路建设 . 北京：铁道出版社
铁道部第三勘测设计院 . 1994. 冻土工程 . 北京：中国铁道出版社
铁道部第三勘测设计研究院 . 1994. 冻土工程 . 北京：中国铁道出版社
童伯良，等 . 1983a. 青藏公路沿线多年冻土图（1：60 万）//青藏冻土研究论文集 . 北京：科学出版社
童伯良，等 . 1983b. 青藏公路沿线多年冻土图（1：600000）编制原则和方法//第二届全国冰川冻土学学术会议论文集 . 兰州：甘肃文化出版社，75-80
童伯良 . 1993. 中国东北部的冰楔 . 冰川冻土，15（1）：41-46
童伯良，李树德 . 1983. 青藏高原多年冻土的某些特征及其影响因素//青藏冻土研究论文集 . 北京：科学出版社，1-11
童长江，等 . 1996. 我国寒区环境工程地质研究现状和任务//第五届全国冰川冻土学大会论文集（下）. 兰州：甘肃文化出版社
童长江，吴青柏 . 1996. 我国西部多年冻土地带性与工程建设稳定性 . 冰川冻土，18（增刊）：166-173
汪劲武 . 1983. 怎样识别植物 . 北京：科学出版社
王保来 . 1990. 基岩中的大块地下冰 . 冰川冻土，12（3）：209-218
王炳忠 . 1988. 太阳辐射能的测量与标准 . 北京：科学出版社
王春鹤，等 . 1999. 中国东北冻土区冻融作用与寒区开发建设 . 北京：科学出版社
王根绪，李元寿，吴青柏，等 . 2006. 青藏高原冻土与植被的关系及其对高寒生态系统的影响 . 中国科学（D 辑），36（8）：743-754
王平 . 1978. 中子测水技术在冻土科研中的应用 . 冰川冻土，试刊：34-38
王绍令 . 1993. 近几十年青藏公路沿多年冻土变化 . 干旱区地理，16（1）：1-8
王绍令 . 1997. 试论青藏高原多年冻土类型划分 . 干旱区地理，30（3）：56-61
王绍令 . 1998. 青藏高原冻土退化与冻土环境变化探讨 . 地球科学进展，13（增刊）：65-73
王绍令，李位乾 . 1990. 黄河源头区首次发现深埋藏湖冰 . 冰川冻土，12（3）：201-208
王绍令，陈肖柏，张志忠 . 1995. 祁连山东段宁张公路达板山垭口段的冻土分布 . 冰川冻土，17（2）：184-188
王绍令，赵秀锋，郭东信，等 . 1996. 青藏高原冻土对气候变化的响应 . 冰川冻土，18（增刊）：157-165
王涛，等 . 2006. 1：400 万中国冰川冻土沙漠图 . 北京：中国地图出版社
王文龙 . 2003. 青藏铁路多年冻土勘察的物探方法选择及其应用效果 . 物探与化探，27（2）：150-154
王宪伟，李秀珍，吕久俊，等 . 2010. 温度对大兴安岭北坡多年冻土湿地泥炭有机碳矿化的影响 . 第四纪研究，30（3）：591-597
翁笃鸣 . 1997. 中国辐射气候 . 北京：气象出版社
吴青柏，李新，李文君 . 2001. 全球气候变化下青藏公路沿线冻土变化响应模型的研究 . 冰川冻土，23（1）：1-6
吴青柏，刘永智，童长江 . 2008. 寒区冻土环境与工程环境间的相互作用 . 工程地质学报，（3）：281-287
吴征镒，王献溥，等 . 1983. 中国植被 . 北京：科学出版社
吴紫汪 . 1979. 多年冻土的工程分类 . 冰川冻土，（2）：52-60

吴紫汪 . 1982. 冻土工程分类 . 冰川冻土，（4）：43-48
吴紫汪 . 2010. 多年冻土地区工程地质调查和勘探的若干问题//冻土研究 50 年——吴紫汪，周幼吾研究文集 . 北京：科学出版社，241-284
吴紫旺，周幼吾 . 2010. 多年冻土地区工程地质调查和勘探的若干问题//冻土研究 50 年研究文集 . 北京：科学出版社，241-245
谢应钦 . 1996. 青藏高原冻土区典型下垫面湍流热交换与蒸发耗热的计算//中国科学院青藏高原综合研究观测站（3）. 兰州：兰州大学出版社，97-102
谢应钦，曾群柱 . 1983. 青藏高原多年冻土发育的气候条件//第二届全国冻土学学术会议论文选集 . 兰州：甘肃人民出版社，13-20
徐叔鹰，潘保田 . 1990. 青海高原东部冰缘楔形构造及其成因环境//第四届全国冰川冻土学术会议论文选集（冻土学）. 北京：科学出版社，9-179
徐学祖，付连弟 . 1983. 地气体系有关参数的换算及季节最大冻融深度的确定//第三届全国冻土学会议论文选集 . 兰州：甘肃人民出版社，108-120
徐学祖，郭东信 . 1982. 1：400 万中国冻土图分布的编制 . 冰川冻土，4（2）：18-26
严水玉，赵秀锋，王绍令 . 1996. 青藏公路沿线植被分布及其与冻土区沙化的关系//第五届全国冰川冻土学大会论文集（上）. 兰州：甘肃文化出版社，69-76
杨成松，程国栋 . 2011. 气候变化条件下青藏铁路沿线多年冻土概率预报 . 冰川冻土，（3）：461-477
叶尔绍夫 Э Д. 1999. 工程冻土学 . 张长庆译 . 冻土学原理，第五卷 . 兰州：兰州大学出版社
尹承庆 . 1983. 亚黏土的冷生构造与含水量关系的初步研究//青藏冻土研究论文集 . 北京：科学出版社，52-53
俞祁浩，白旸，金会军，等 . 2008. 应用探地雷达研究中国小兴安岭地区黑河-北安公路沿线岛状多年冻土的分布及其变化 . 冰川冻土，30（3）：461-468
曾群柱，等 . 1982. 青藏高原辐射平衡研究//中国科学院兰州冰川冻土研究所集刊，第 3 号 . 北京：科学出版社
张汉文 . 1983. 大兴安岭林区植被与冻土的关系//第三届全国冻土学术会议论文选集 . 兰州：甘肃人民出版社，81-84
张兰生 . 1964. 从水热条件的成因看中国自然区划//中国地理学会，自然区划讨论会论文集 . 北京：科学出版社，46-53
张森琦，王永贵，朱桦，等 . 2003. 黄河源区水环境变化及其生态环境的地质效应 . 水文地质工程地质，30（3）：11-13
张森琦，王永贵，赵永真，等 . 2004. 黄河源区多年冻土退化及其环境反映 . 冰川冻土，26（1）：1-6
赵其国，龚子同 . 1989. 土壤地理研究法 . 北京：科学出版社
郑度，姚檀栋，等 . 2004. 青藏高原隆升及环境效应 . 第八章：青藏高原生态系统碳过程特征与气候变化的关系 . 北京：科学出版社
中国建筑科学研究院 . 2002. 建筑地基基础设计规范（GB 50007）. 北京：中国建筑工业出版社
中国科学院兰州冰川冻土研究所 . 1975. 冻土 . 北京：科学出版社
中国科学院地质研究所地热组 . 1978. 矿山地热研究及其地温类型的划分//地热研究文集 . 北京：科学出版社
中国科学院寒区旱区环境与工程研究所 . 2006. 1：400 万中国冰川冻土沙漠图及说明书 . 北京：科学出版社
中国科学院林业土壤研究所 . 1980. 中国东北土壤 . 北京：科学出版社
中国科学院青藏高原科学考察队 . 1982. 青藏高原地质构造 . 北京：科学出版社

中国气象局政策法规司. 2007. 气象行业标准汇编. 北京：气象出版社

中华人民共和国地质矿产部. 1994. 冻土地区工程地质调查规程（比例尺 1 : 10 万 ~ 1 : 20 万）（DZ/T 0061-93）. 北京：中国地质出版社

中央气象局. 1979. 地面气象观测规范. 北京：气象出版社

周琳. 1991. 东北气候. 北京：气象出版社

周梅. 2003. 大兴安岭森林生态系统水文规律研究. 北京：中国科学技术出版社

周以良，等. 1991. 中国大兴安岭植被. 北京：科学出版社

周幼吾，郭东信. 1982. 我国多年冻土的基本特征. 冰川冻土，4（1）：1-19

周幼吾，梁林桓，顾钟炜. 1993. 大兴安岭北部森林火灾对冻土水热状态的影响. 冰川冻土，15（1）：17-26

周幼吾，郭东新，邱国庆，等. 2000. 中国冻土. 北京：科学出版社

《青海省综合自然区划》编写组. 1990. 青海省综合自然区划. 兰州：兰州大学出版社

《三江源自然保护区生态环境》编辑委员会. 2002. 三江源自然保护区生态环境. 西宁：青海人民出版社

Gorham E. 1991. Northern peatlands：role in the carbon cycle and probable responses to climatic warming. Ecological Applications，1（2）：182-195

Guo P F，et al. 1983. Zonation and formation history of permafrost in Qilian mountains of China. Proceedings of Fourth International Conference on Permafrost. Washinton，D. C.，（1）：395-400

Holden J. 2005. Peatland hydrology and carbon release：why small-scale process matters. Philosophical Transactions of the Royal Society A：Mathematical，Physical，and Engineering Sciences，263：2891-2913

Lai Y M，Zhang L X，Zhang S J，et al. 2003. Cooling effect of ripped-rock embankments on Qing-Tibet railway under climatic warming. Chinese Science Bulletin，48（6）：598-604

Wang S L，Jin H J. 2000. Permafrost degradation on the Qinghai-Tibet plateau and its environmental impacts. Permafrost and Periglacesses，11：43-53

Washburn A L. 1978. Earth science Reviews，（15）：4，237-246

Washburn A L. 1979. Geocryology：a survey of periglacial processes and environments. London：Edward Arnold

Zhang X F，Lai Y M，Yu W B，et al. 2002. Nonlinear analysis for the three-dimensional temperature fields in cold region tunnels. Cold Region Science and Technology，35（3）：207-219

Втюрин Б И. 1975. Подзсмиы льды СССР. Изд-во Наука Москва

Кудрявцев В А. 1979. Методика мерзлотной сьемки. Изд-во МГУэ

Романовский Н Н. 1977. Формирование полигонально-жильных структур. Изд-воНаука，70-85